数林外传系列
跟大学名师学中学数学

巧用抽屉原理

◎ 冯跃峰 著

中国科学技术大学出版社

内 容 简 介

在数学解题中，抽屉原理的应用往往是“从天而降”的，读者在赞叹之余却不得章法. 他们急切地想知道：究竟应如何使用抽屉原理？本书正好满足了广大数学奥林匹克爱好者在这方面的需求.

本书介绍了抽屉原理的几种形式，详细讨论了抽屉原理的使用技巧，包括元素设置、抽屉构造、过程优化、精细讨论、多层次运用等.

本书介绍的技巧和方法，大都是作者首次提出的，比如目标元、分解元、复合元、多维抽屉、去掉“小抽屉”、寻找“空抽屉”、避开“大抽屉”、筛选“好元素”、剔除和改造紧元素、等容分组等，这些都是作者潜心研究的成果. 书中还选用了一些原创数学问题，这些问题难度适中而又生动有趣，有些问题还是第一次公开发表. 此外，书中对问题求解过程的详细分析，尚能给读者以思维方法的启迪.

图书在版编目(CIP)数据

巧用抽屉原理/冯跃峰著. —合肥：中国科学技术大学出版社，2015.10(2022.8 重印)

(数林外传系列：跟大学名师学中学数学)

ISBN 978-7-312-03760-3

Ⅰ. 巧…　Ⅱ. 冯…　Ⅲ. 组合数学—青少年读物　Ⅳ. O157-49

中国版本图书馆 CIP 数据核字(2015)第 106653 号

出版　中国科学技术大学出版社
安徽省合肥市金寨路 96 号，230026
http://press.ustc.edu.cn
http://zgkxjsdxcbs.tmall.com

印刷　安徽省瑞隆印务有限公司

发行　中国科学技术大学出版社

开本　880 mm×1230 mm　1/32

印张　12.375

字数　310 千

版次　2015 年 10 月第 1 版

印次　2022 年 8 月第 3 次印刷

定价　45.00 元

前　　言

抽屉原理是数学中解决存在性问题的有力工具,其应用非常广泛,也为广大数学爱好者所熟悉.几乎可以说,在所有组合数学的工具中,人们最为熟悉的就是抽屉原理了,因为不少人在小学阶段就开始接触它,而且还经常用到它.既然如此,那我们还有必要写一本介绍抽屉原理的书吗?何况关于抽屉原理的专著或相关竞赛数学图书中关于抽屉原理的专题都随处可见!

其实,我们以往见到的关于抽屉原理的论述,常常侧重于如下两个方面:一是介绍抽屉的一些表现形式,即有哪些类型的抽屉.二是运用抽屉原理的基本步骤.这些当然是重要的,但仅有这两个方面还远远不够.

比如,就抽屉而言,我们更关心的是在具体问题中如何构造抽屉.打一个浅显的比方:当我们去逛商场时,在衣橱中看到商家陈列了不少衣服的新款式,你喜欢哪一款,就会买其中一件,你当然不会关心这样款式的衣服是怎样制作的.但在解题中则并不是这样,因为题目本身不会陈列各种抽屉的"款式",更何况所用的抽屉必须由题中所给的材料来制造.因此,如何"就地取材"来构造抽屉比了解有哪些形式的抽屉更为重要.所以我们在本书中专列了一章来介绍如何构造抽屉.

抽屉原理的运用中,除了"抽屉构造"这一非常重要的环节外,还有另一个重要的环节常常被人们所忽视,那就是元素的选择.也许你会感到奇怪,元素还需要选择?它不是题中早就给定好了的吗?事实并非如此!运用抽屉原理时,元素的选择很有讲究,所以我们也专列了一章来介绍如何选择元素.

此外,对于一个较为复杂的问题,抽屉原理的运用并非是轻而易举的,还需要一些技巧,所以我们用了比较多的章节来介绍如何运用抽屉原理,这些都是少有人提及的.

当然,以上一些想法,可能囿于个人的知识或涉猎范围,在这之前早有人提出或研究,那本书就作为这些工作的一些补充,提供一些例子加以印证.

限于水平,书中谬误难免,敬请读者不吝指正.

冯跃峰

2015 年 9 月

目　　录

第 1 章　抽屉原理的几种形式

抽屉原理又叫“鸽巢原理”“邮箱原理”“重叠原则”等，它是组合数学中解决存在性问题的一个重要原理.

抽屉原理是由德国数学家狄利克雷(Dirichlet，1805～1859)首先总结的，因此又叫作狄利克雷原理.

1.1　简单形式

抽屉原理的简单形式如下：将 $n+1$ 个元素，归入 n 个类(抽屉)，一定有 2 个元素属于同一个类.

抽屉原理的简单形式还有如下更广泛的表述方式：将 m 个元素，归入 n 个类，如果 $m>n$，则一定有 2 个元素属于同一个类.

虽然抽屉原理的简单形式是抽屉原理的一种最简单的情形，但它的运用却最为广泛.

从抽屉原理的表述不难看出，运用抽屉原理，有如下 3 个步骤：

(1) 选定若干个元素；

(2) 将选定的元素分为若干类；

(3) 计算元素的个数 m 及类的个数 n，证明 $m>n$，得出相关结论.

由此可见，运用抽屉原理是非常灵活的，有很多技巧，比如，如何选取元素，如何构造抽屉(分类)，如何计算抽屉个数与元素个数等，这些我们都会在后面的章节中一一介绍.

下面先看几个利用抽屉原理的简单形式的例子.

例 1 在$\{1,2,3,\cdots,20\}$中,存在 p 个数,其中任何两个数的和都不是平方数,求 p 的最大值.(原创题)

分析与解 可这样考虑:只要 p 足够大,就可能有两个数属于同一抽屉,而同一抽屉中的两个数的和为平方数.

以"同一抽屉中的两个数的和为平方数"为准则来构造抽屉,可将$\{1,2,\cdots,20\}$划分为如下 11 个子集(抽屉),使 $1,2,\cdots,10$ 分别属于不同的子集:

$$A_i=\{i,16-i\}\quad(1\leqslant i\leqslant 4),$$
$$B_j=\{j,25-j\}\quad(5\leqslant j\leqslant 9),$$
$$C=\{10\},$$
$$D=\{11\}.$$

设取出的 p 个数构成的集合为 A.若 $p\geqslant 12>11$,则由抽屉原理(简单形式),必有一个子集含有其中的两个元素,这两个元素的和为平方数,矛盾.所以 $p\leqslant 11$.

若 $p=11$,且 A 中任何两个数的和不为平方数,则上述 11 个子集中都恰有一个数属于 A,于是 $10,11\in A$.

因为 $10+6=4^2$,而 $10\in A$,所以 $6\notin A$,进而 $19\in A$.

因为 $10+15=5^2$,而 $10\in A$,所以 $15\notin A$,进而 $1\in A$,所以 $8\notin A$,于是,$17\in A$.

但 $19+17=36$ 为平方数,矛盾.所以 $p\leqslant 10$.

另一方面,我们可构造合乎条件的 A,使$|A|=10$.

从上述不等式等号成立的条件入手,可在每个二元子集中适当取一个元素属于 A.

首先取 $11\in A$,则 $5,14\notin A$,进而 $20,2\in A$,所以 $16,7\notin A$,于是,$9,18\in A$.最后取 $3,4\in A$,则 $1,6\notin A$,于是 $15,19\in A$,进而 $17\notin$

A,$8\in A$,得到如下合乎要求的集合:

$$A=\{2,3,4,8,9,11,15,18,19,20\},$$

此时$|A|=10$.

综上所述,p 的最大值为 10.

本题属于抽屉原理中的一类典型问题,我们称为$(n;p,q)$型问题,它可分为两种类型.

第一类$(n;p,q)$型问题:给定正整数 n,q,设 A 是含有 n 个元素的集合,在 A 中任取 p 个元素,都存在其中 q 个元素具有某种性质 U,求 p 的最小值.

该类问题的解题思路是:适当构造抽屉,使同一抽屉中的任何 q 个元素都具有性质 U.然后证明 $p=p_0$ 合乎条件:任取 A 中 p_0 个元素,都有 q 个元素属于同一抽屉.最后证明 $p<p_0$ 时,p 不合乎条件,也即构造 A 的 p 元子集,使其中任何 q 个元素都不具有性质 U.

第一类$(n;p,q)$型问题的等价表述是:给定正整数 n,q,设 A 是含有 n 个元素的集合,若 A 中存在 p 个元素,使其中任何 q 个元素都具有某种性质 U',求 p 的最大值.

该类问题的解题思路是:适当构造抽屉,使同一抽屉中的任何 q 个元素都不具有性质 U'.然后证明 $p\geqslant p_0$ 时,任取 A 中 p 个元素,都有 q 个元素属于同一抽屉,从而 $p\geqslant p_0$ 时,p 不合乎条件,由此得 $p\leqslant p_0$.最后证明 $p=p_0$ 时,p 合乎条件,即构造 A 的 p 元子集,使其中任何 q 个元素都不具有性质 U'.

第二类$(n;p,q)$型问题:给定正整数 p,q,设 A 是含有 n 个元素的集合,在 A 中任取 p 个元素,都存在其中 q 个元素具有某种性质 U,求 n 的最大值.

该类问题的解题思路是:适当构造抽屉,使同一抽屉中的任何 q 个元素都具有性质 U.然后证明 $n=n_0$ 合乎条件:在 n_0 个元素中任取

p 个元素,都有 q 个元素属于同一抽屉.最后证明 $n>n_0$时,n 不合乎条件,即构造 n 个元素的 p 元子集,使其中任何 q 个元素都不具有性质 U.

第二类$(n;p,q)$型问题的等价表述是:给定正整数 p,q,设 A 是含有 n 个元素的集合,若 A 中存在 p 个元素,使其中 q 个元素都具有某种性质 U',求 n 的最小值.

该类问题的解题思路是:适当构造抽屉,使同一抽屉中的任何 q 个元素都不具有性质 U'.然后证明 $n<n_0$时,任取 A 中 p 个元素,都有 q 个元素属于同一抽屉,从而 $n<n_0$时,n 不合乎条件,由此得 $n\geqslant n_0$.最后证明 $n=n_0$时,n 合乎条件,即构造 n_0个元素的 p 元子集,使其中任何 q 个元素都具有性质 U'.

显然,例 1 属于第一类$(n;p,q)$型问题的等价形式,我们再看一个这样的例子.

例 2　设 A,B 是$\{1,2,3,\cdots,100\}$的两个子集,满足:

(1) $|A|=|B|$;

(2) $A\cap B=\varnothing$;

(3) 对任何 $n\in A$,有 $2n+2\in B$.

求$|A\cup B|$的最大值,其中$|X|$表示集合 X 中元素的个数.(2007 年全国高中数学联赛试题)

分析与解　由于 $A\cap B=\varnothing$,所以$|A\cup B|=|A|+|B|$.又$|A|=|B|$,所以$|A\cup B|=|A|+|B|=2|A|$,由此可见,只需求$|A|$的最大值.

因为对任何 $n\in A$,有 $2n+2\in B$,所以 $2n+2\leqslant 100$,即 $n\leqslant 49$,所以 A 是$\{1,2,\cdots,49\}$的子集.

此外,我们可从另一种角度理解条件:对任何 $n\in A$,有 $2n+2\in B$,从而对任何 $n\in A$,有 $2n+2\notin A$.

我们来构造这样的抽屉，使每个抽屉至多含有 A 中一个元素，这只需将 $n,2n+2$ 归入同一抽屉即可.

于是，将 $\{1,2,\cdots,49\}$ 划分为如下 $12+4+13+4=33$ 个子集：

$$A_i=\{2i-1,4i\}\quad(1\leqslant i\leqslant 12),$$

$$B_j=\{2j,4j+2\}\quad(j=1,5,7,9),$$

$$C_k=\{2k-1\}\quad(13\leqslant k\leqslant 25),$$

$$D_t=\{2t\}\quad(t=13,17,21,23).$$

若 $|A|\geqslant 34$，则 A 中 34 个元素都属于上述 33 个子集. 由抽屉原理(简单形式)，必有一个子集含有其中两个元素，而这两个元素具有 $n,2n+2$ 的形式，矛盾. 所以 $|A|\leqslant 33$，从而 $|A\cup B|=|A|+|B|=2|A|\leqslant 66$.

另一方面，从上述不等式等号成立的条件入手，在每个子集中取一个元素属于 A. 可令

$$A=\{2i-1\mid 1\leqslant i\leqslant 25\}\cup\{2,10,14,18,26,34,42,46\},$$

$$B=\{2n+2\mid n\in A\},$$

则 A,B 满足题设条件，此时 $|A\cup B|=66$.

综上所述，$|A\cup B|$ 的最大值为 66.

下面我们看一个第二类 $(n;p,q)$ 型问题.

例 3　设 $X=\{1,2,3,\cdots,n\}$. 若对 X 的任意一个含十个元素的子集 A，都存在 A 中的三个元素两两互质，求 n 的最大值.(原创题)

分析与解　当 $n\geqslant 15$ 时，取 X 的一个十元子集：$A=\{2,4,6,8,10,12,14\}\cup\{3,9,15\}$，对 A 中任何三个元素，将其归入两个集合 $\{2,4,6,8,10,12,14\}$，$\{3,9,15\}$. 由抽屉原理(简单形式)，必有一个子集含有其中两个元素，这两个元素不互质，从而 n 不合乎条件，所以 $n\leqslant 14$.

当 $n=14$ 时，$X=\{1,2,\cdots,14\}$，将 X 划分为如下两个子集：

$$X_1=\{4,6,8,9,10,12,14\},$$

$$X_2=\{1,2,3,5,7,11,13\}.$$

对 X 的任意一个十元子集 A，其中至多含有 X_1 的七个元素，必有三个元素属于 X_2，这三个元素两两互质，所以 $n=14$ 合乎条件.

综上所述，n 的最大值为 14.

例 4 n 阶简单图 G 中不存在 K_3，求 $\|G\|$ 的最大值.

分析与解 这是一个大家熟悉的图论问题，常用的方法是数学归纳法，这里介绍一个简单的证法.

先构造一个不存在 K_3 的 n 阶简单图 G，使 $\|G\|=\left[\frac{n^2}{4}\right]$.

关键是如何利用条件“不存在 K_3”，这等价于任何 3 个点中至多可连两条边. 从反面看，它又等价于任何 3 个点中都有 2 点不相连，这恰好可以利用抽屉原理：“任何 3 个点中必有 2 个在同一抽屉内”.

由此可见，我们只需构造 2 个抽屉，且同一抽屉中的点不相连. 而为了使边数尽可能多，让不在同一抽屉中的点都相连，于是，将所有顶点分为两个集合：

$$P=\{A_1,A_2,\cdots,A_s\},$$

$$Q=\{B_1,B_2,\cdots,B_t\}\quad(s+t=n),$$

其中 P 中的点互不相连，Q 中的点互不相连，而 P 与 Q 中的点两两相连，则得到一个二部分完全图.

此时，图中的边数

$$\|G\|=st\leqslant\frac{n^2}{4}.$$

为了使等号尽可能成立，让 s,t 尽可能接近即可.

当 n 为偶数时，取二部分完全图 $K_{\frac{n}{2},\frac{n}{2}}$，有 $\|G\|=\left[\frac{n^2}{4}\right]$；

当 n 为奇数时，取二部分完全图 $K_{\frac{n+1}{2},\frac{n-1}{2}}$，有 $\|G\|=\left[\frac{n^2}{4}\right]$.

上述两种情况可以统一为：取 G 为 $K_{\left[\frac{n+1}{2}\right],\left[\frac{n}{2}\right]}$，则 G 有

$\left[\frac{n+1}{2}\right]\cdot\left[\frac{n}{2}\right]=\left[\frac{n^2}{4}\right]$条边(图 1.1).

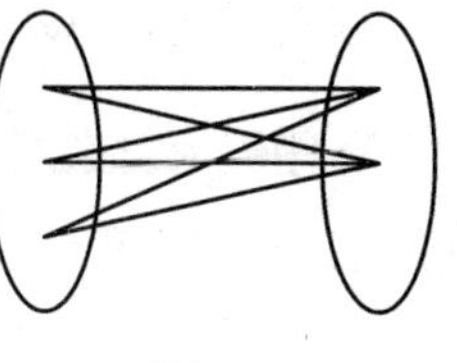

图 1.1

对 G 中任何 3 个点,必有 2 个点属于两部分中的同一部分,从而这两个点不相连,所以无三角形,G 合乎条件.

另一方面,我们证明 $\|G\|\leqslant\left[\frac{n^2}{4}\right]$.

为此,任取一个点 A.设与 A 相邻的点的集合为 $M=\{A_1,A_2,\cdots,A_s\}$,与 A 不相邻的点的集合为 $N=\{B_1,B_2,\cdots,B_t\}(s+t=n-1)$.

由于 G 中无三角形,所以 M 中没有边(图 1.2).于是,所有边都是由顶点 A 和顶点 $B_1,B_2,\cdots,B_t$ 引出的.所以

$$\|G\|\leqslant d(A)+d(B_1)+d(B_2)+\cdots+d(B_t).\qquad ①$$

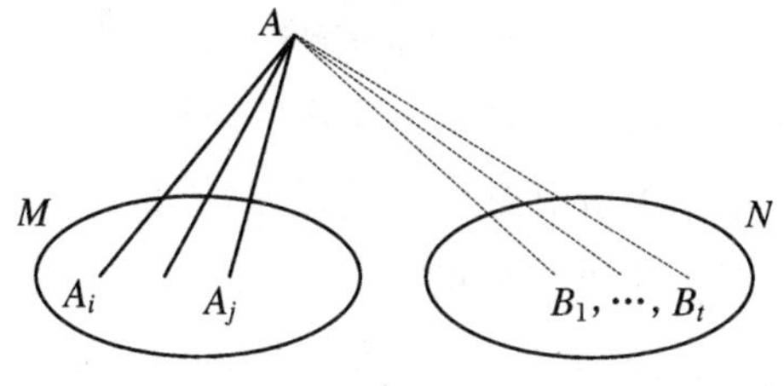

图 1.2

我们期望 $\|G\|\leqslant C$(常数),而式①的右边含有多个变量,为了减少变量,想到“统一缩放”的技巧,期望 $d(B_1),d(B_2),\cdots,d(B_t)\leqslant d(A)$,此式成立的充分条件是“$A$ 是度最大者”,于是需要优化假设.设最初选取的顶点 A 是度最大者,这样

$$\begin{aligned}\|G\|&\leqslant d(A)+d(B_1)+d(B_2)+\cdots+d(B_t)\\&\leqslant s+s+\cdots+s=(t+1)s\\&\leqslant\left(\frac{s+r+1}{2}\right)^2=\frac{n^2}{4}.\end{aligned}$$

又 $\|G\|\in\mathbf{Z}$,所以 $\|G\|\leqslant\left[\frac{n^2}{4}\right]$.

综上所述，$\| G \|_{\max}=\left[\frac{n^2}{4}\right]$.

有些较为复杂的问题，需要对题给的元素进行适当的处理，才能利用抽屉原理.我们看下面的一个例子.

例 5　在正 $4n$ 边形 $A_1A_2\cdots A_{4n}$ 的各顶点上随意填上 $1,2,3,\cdots,n$ 中的一个数，求证一定存在四个顶点满足如下条件：

(1) 这四个顶点构成的四边形是矩形；

(2) 此四边形相对两顶点所填数之和相等.

分析与证明　我们的目标是找到“四个顶点”，它们满足两个条件：(1) 构成矩形；(2) 填数之和相等.

这似乎不能利用抽屉原理的简单形式，因为目标不是找“2 个元素”具有某种性质.其实不然，尽管我们要找的是四个点，但并非任意四点都合乎要求，而是要满足特定的条件：构成矩形.

怎样的四点才“构成矩形”呢？注意到矩形的特征：四个内角都是直角.如何保证四点构成的四边形的内角都是直角？

注意到题中的点不是任意的，其位置非常有规律：它们都在一个圆周上(正 $4n$ 边形的外接圆)，从而四边形的内角都是圆周角，而直径所对的圆周角为直角，由此可见，要使四点“构成矩形”，则四点中相对两个点的连线为正 $4n$ 边形的外接圆的直径.于是，构成矩形的四个顶点应划分为两组，每组两个点关于正 $4n$ 边形的中心对称.

由此可见，我们不能简单地以题给的点为元素使用抽屉原理，而是要先将 $4n$ 个点分为 $2n$ 组，每组 2 个点关于正 $4n$ 边形 $A_1A_2\cdots A_{4n}$ 的中心对称，我们称每一个组为一个对子，则共有 $2n$ 个对子 (A_i, A_{i+2n})，其中 $i=1,2,\cdots,2n$.

显然，任意两个对子包含的四个点都构成一个矩形，因为其对角线平分且相等(都为直径).

设某个对子的两个顶点上所填的数分别为 x, y，则填数之和为

$x+y$. 因为 $1 \leqslant x, y \leqslant n$，所以 $2 \leqslant x+y \leqslant 2n$. 于是对子的填数之和只可能为 $2,3,\cdots,2n$，共有 $2n-1$ 种可能.

因为 $2n > 2n-1$，由抽屉原理(简单形式)，其中必有两个对子，其填数之和相等，于是这两个对子包含的四个点都构成一个矩形，证毕.

从上述例子可以看出，选择怎样的元素归入抽屉是很有讲究的，究竟应如何选择元素才能顺利完成解题，我们将在第 2 章中详细讨论.

例 6　在正方体的每个顶点处写一个非负实数，这些实数的和为 1. 甲选择其中一个面，乙再选择另一个面，最后甲选取第三个面. 规定选取的三个面中任何两个面必须互不平行. 求证：甲可以使选取的三个面的公共顶点处的数不大于 $\frac{1}{6}$.

分析与证明　设正方体为 $ABCD\text{-}A'B'C'D'$，为叙述问题方便，定义不大于 $\frac{1}{6}$ 的数为"好数".

显然，甲取的面"好数"越多越好，那么最坏情形中都能找到一个面含有几个好数？

首先看至少共有多少个好数.

由于六个数的和等于 1，所以其中至少有三个好数. 否则，至少有六个坏数，其和大于 1，矛盾.

甲取好数最多的面，则由抽屉原理，该面中至少有两个好数.

这两个好数能保证甲获胜吗？——还须看好数所在的位置. 发现一个充分条件是：两个好数在一个面对角线上(图1.3).

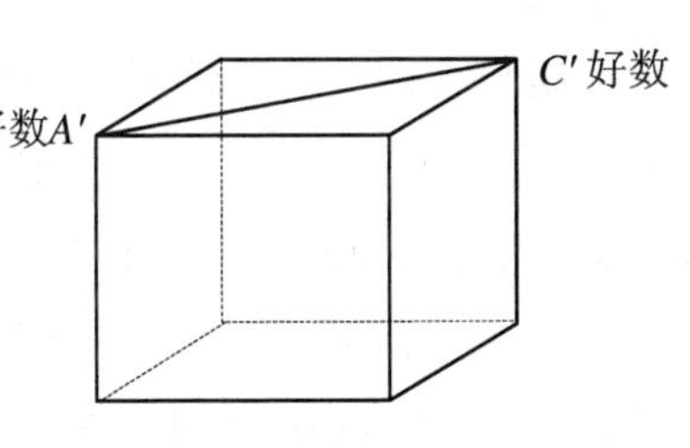

图 1.3

实际上，甲取定这个面后，

乙有四种取面的方法——取周围四个面之一，该面必过对角线的一个端点，从而乙取的面必过前面取的面中的一个好数！这样，甲取第三个面过该好数即可.

现在的问题是，如何找到两个好数在同一面对角线上.可以此为标准进行分类讨论.

如果该面有两个好数在其同一条对角线上，则结论成立.

如果该面恰有两个好数且它们在某条边上，不妨设 A，B 为好数，则 A'，B'，C'，D'中至少有一个为好数时，同样有两个好数在同一个面的某条对角线上，结论成立.

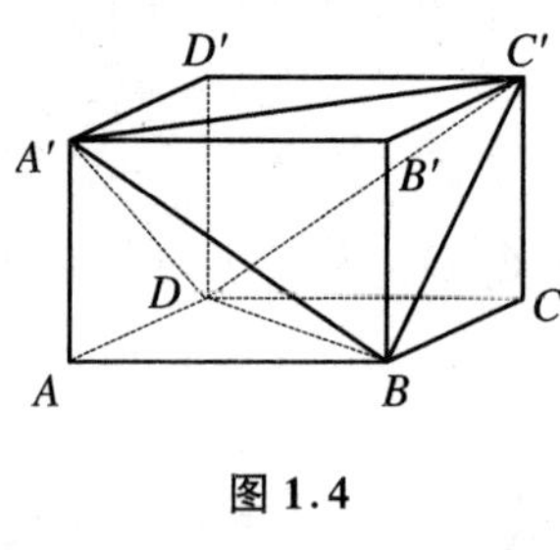

图 1.4

注 如果我们对找到的三个好数再使用一次抽屉原理，则得到如下巧妙的证法.将正方体 $ABCD$-$A'B'C'D'$的八个顶点分为两组：$\{B',A,C,D'\}$，$\{A',B,D,C'\}$（图 1.4）.将至少三个好数归入这两组，必有两个好数属于同一组，这两个好数在一个面对角线的端点处，结论成立.

值得指出的是，有些问题表面上看可以利用抽屉原理的简单形式解决，但实际上却并非如此，我们看下面的例子.

例 7 将 5×9 的长方形分成十个边长为整数的长方形.证明：无论怎样分，分得的长方形中必有两个是完全相同的.（1999 年北京市初中数学竞赛试题）

分析与证明 从边长考虑，5×9 的长方形分成十个边长为整数的长方形，边长有多种取值，似乎难于找到相同的长方形.进一步，从周长考虑，因为相同的长方形的周长必相等，但周长也有多种取值，难于找到周长相等的两个长方形.究其原因，是因为我们没有利用一个关键条件：十个长方形应能拼成 5×9 的长方形，从而可从面积考虑，对每一个可能的面积，列出所有可能的长方形，由此找到完全相同的长方形.

实际上,面积为1的长方形有一个:1×1;

面积为2的长方形有一个:1×2;

面积为3的长方形有一个:1×3;

面积为4的长方形有两个:1×4,2×2;

面积为5的长方形有一个:1×5;

面积为6的长方形有两个:1×6,2×3;

面积为7的长方形有一个:1×7;

面积为8的长方形有两个:1×8,2×4;

面积为9的长方形有两个:1×9,3×3;

面积为10的长方形有一个:2×5;

……

如果所分的十个长方形互不相同,则其面积之和$S\geqslant1+2+3+4\cdot2+5+6\cdot2+7+8$(前十个面积最小的和)$=46$,但$S=5\times9=45$,矛盾.故分得的长方形中必有两个是完全相同的.

1.2　一般形式

抽屉原理的一般形式如下:将m个元素归于n个集合:A_1,A_2,…,A_n,则必有一个集合$A_i(1\leqslant i\leqslant n)$,使$|A_i|\geqslant\frac{m}{n}$.

显然,抽屉原理的一般形式所述的结论有如下两大特点:

(1)“大集”的存在性.

有一个“元素较多”的集合,我们称这个集合为“大集”.但哪个集合是大集并不知道.因而适用解决“存在某个集合具有性质P”的存在性问题.(着重于找一个整体或一种状态.)

(2)“大集”的下界估计.

“大集”中的元素个数有一个确切的下界:大于或等于$\frac{m}{n}$.因而适

用解决“存在 r(具体数)个元素具有性质 P”的存在性问题.(着重于找 r 个元素.)

由此可见,抽屉原理是解决存在性问题的有力工具.

抽屉原理的一般形式通常有两种表述方式:

一是用不等式描述“大集”的下界,此时,其结论表示为:“必定有某个集合(类)中元素的个数不少于$\frac{m}{n}$”,由此得到相关量的估计.

二是精确指出某个集合(类)中元素的最少个数,此时结论可分解为如下两种情况:

(1) 当 $n \mid m$ 时,必有一个集合至少含有$\frac{m}{n}$个元素.

(2) 当 $n \nmid m$ 时,必有一个集合至少含有$\left[\frac{m}{n}\right]+1$个元素.

这两种情况又可合并为:必有一个集合含有至少$\left[\frac{m-1}{n}\right]+1$个元素.

例 1 在平面直角坐标系中,横坐标与纵坐标都为整数的点称为格点,如果一条线段的两个端点都是格点,则称为格点线段.如果一条格点线段的中点也是格点,则称为对称格点线段.

如果任给平面上 n 个格点,都存在其中 4 个点,它们两两连接而成的 6 条线段都是对称格点线段,求 n 的最小值.

分析与解 由中点坐标公式知,格点线段是对称格点线段的充分必要条件为:两个端点的对应坐标的奇偶性相同,因此我们需要把格点的坐标按奇偶性分成如下四类:(奇,奇)、(奇,偶)、(偶,奇)、(偶,偶).

这样,我们只需其中一个类中有 4 个格点,一个充分条件是$n \geqslant 13$.实际上,当 $n \geqslant 13$ 时,由抽屉原理(一般形式),必定有一个类至少有$\left[\frac{n-1}{4}\right]+1 \geqslant \left[\frac{13-1}{4}\right]+1=4$个元素.所以,$n=13$时合乎条件.

另一方面，当 $n\leqslant 12$ 时，令 $A=\{(1,1),(3,5),(5,7),(1,2),(3,4),(5,6),(2,3),(4,5),(6,7),(2,2),(4,6),(6,8)\}$，在 A 中取 n 个点，则没有合乎要求的 4 个点，所以 $n\geqslant 13$.

综上所述，n 的最小值为 13.

例 2　设 A 是 $\{1,2,3,\cdots,2\,015\}$ 的子集，且对任何 $a,b,c\in A$，$a<b<c$，有 $c\neq ab$，求 $|A|$ 的最大值.(原创题)

分析与解　我们用形如 $\{m,n,mn\}$ 的三数组来构造抽屉，则每个抽屉中至多含有 A 中的两个数，由此可得到 $|A|$ 的上界估计.

注意到 $45^2=2\,025>2\,015$，从而形如 $\{m,n,mn\}$ 的三数组中，mn 最大可以为 44×45. 令

$$A_i=\{45-i,44+i,(45-i)\times(44+i)\}\quad(1\leqslant i\leqslant 43),$$

$$B=\{1,2,3,\cdots,2\,015\}\setminus\left(\bigcup_{i=1}^{43}A_i\right),$$

则

$$|B|=2\,015-3\cdot 43=2\,015-129=1\,886.$$

如果 $|A|\geqslant 1\,973$，则 A 中至多有 1 886 个数属于 B，从而至少 $1\,973-1\,886=87$ 个数属于 $\bigcup_{i=1}^{43}A_i$. 由抽屉原理，至少有一个集合含有其中 $\left[\frac{87}{43}\right]+1=3$ 个数. 由抽屉 A_i 的特征可知，这 3 个数中最大的数是另外两个数的积，矛盾. 所以 $|A|\leqslant 1\,972$.

另一方面，令 $A=\{1\}\cup\{45,46,47,\cdots,2\,015\}$，则 $|A|=1\,972$.

对 A 中任何 $a,b,c\in A$，$a<b<c$，若 $a=1$，则 $ab=1\cdot b=b<c$，从而有 $c\neq ab$；若 $a\neq 1$，则 $a\geqslant 45$，$b\geqslant 46$，此时 $ab\geqslant 45\cdot 46=2\,070>2\,015\geqslant c$，从而有 $c\neq ab$.

所以 A 合乎题目要求，故 $|A|$ 的最大值为 1 972.

例 3　某班有 50 个学生，男女各占一半. 他们围成一圈. 证明：必有一个学生，此人的两旁坐的都是女生.

分析与证明 1 目标等价于有两个女生是“跳跃相邻”的(她们只隔一个学生),这等价于两个女生在相邻的奇(或偶)号位上,由此可将所有奇(偶)号位看成一个抽屉,必有较多的人在同一抽屉中,进而有跳跃相邻.

设圆周上 50 个座位为 $A_1,A_2,\cdots,A_{50}$,将其分为 2 组:一组是奇号位的集合 $A=\{A_1,A_3,\cdots,A_{49}\}$,另一组是偶号位的集合 $B=\{A_2,A_4,\cdots,A_{50}\}$.

将 25 个女生归入上述两个集合 A,B,必定有 13 个女生在同一集合,不妨设有 13 个女生在 A 中,则必有 2 个女生坐在相邻的奇号位 A_i,A_{i+2}上,此时 A_{i+1}的两旁都坐女生,结论成立.

分析与证明 2 先将目标分解为:或者出现“女男女”,或者出现“女女女”,分情况讨论如下:

(1) 如果有一个男生,他的两旁坐的都是女生,则结论成立.

(2) 如果每一个男生,至少与一个男生相邻,则将连座的男生看作一组(相邻男生捆绑成一个“紧元素”),每组至少 2 个男生,于是 25 个男生至多分为 12 组.这 12 组按原来的顺序排在圆周上,每相邻 2 组之间有一个“空”,恰有 12 个空.将 25 个女生归入这 12 个空,由抽屉原理,至少有一个空有 3 个女生,于是有一个女生,他的两旁坐的都是女生,结论成立.

分析与证明 3 如果存在 3 个女生相邻,则结论成立.

下设任何 3 个女生都不相邻,将连续相邻的几个女生看成一组,则同一组中至多 2 个女生,这样,25 个女生至少分成 13 组.每相邻 2 组之间(并非两个女生之间)形成一个“空”,将男生排在 13 个“空”中,至少有一个空不多于 $\left[\frac{25}{13}\right]=1$ 个男生,此男生两旁都是女生,结论成立.

分析与证明 4 用反证法.25 个男生,相邻 2 个男生之间有一个空,共有 25 个空.假设结论不成立,则相邻 2 个空不能同时有女生,从而至多 12 个空中排女生.又每个空中至多 2 个女生,从而女生人数至多为 $12\cdot 2=24<25$,矛盾.

注　上述解答中,方法 3 是先排女生(分组),再排男生(每空都排).方法 4 是先排男生(无须分组),再排女生(有些空不排).可谓异曲同工、相映成趣.

例 4　有 100 个人,其中每一个人都认识其中 50 个人.求证:可以从中选出 4 个人,让他们坐成一个圆圈,使得每个人都认识他的邻座.

分析与证明　将人用点表示.如果两人认识,则将两点连边,反之不连边,得到一个简单图 G.这样,问题转化为证明图 G 中有四边形.

目标的前一步:同一条边张两个角(拼成四边形).

考察某条边 AB,我们期望 AB 对两个角.假定 AB 对一个角 $\angle APB$,即点 P 同时与 A,B 连边.由此可见,目标的再前一步是 $|D(A)\cap D(B)|\geqslant 2$,其中 $D(A)$是与点 A 连边的点的集合,$D(B)$是与点 B 连边的点的集合.由条件 $|D(A)|=50$,$|D(B)|=50$,自然想到计算 $|D(A)\cup D(B)|$.

如果 A,B 连边,则 $|D(A)\cup D(B)|=100-1=99$(边 AB 被算两次),此时 $|D(A)\cap D(B)|=1$,不满足 $|D(A)\cap D(B)|\geqslant 2$.

如果 A,B 不连边,则 $|D(B)\cup D(A)|=100$(边 AB 未被计算,从而每条边只计算一次),此时 $|D(A)\cap D(B)|=2$.

但 A,B 一定不连边吗?显然不一定,但采用分类处理即可达到目的.

如果任何两点都连边,则显然有四边形.如果存在两个点 A,B 不连边,由于 $|D(A)|+|D(B)|=100$,所以由抽屉原理,必有 2 个点 C,D,它们同时与 A,B 都连边,此时有四边形 $ACBD$.

综上所述,命题获证.

例 5 给定 70 个集合：

$A_i=\{i,i+1,i+2,\cdots,i+59\}\quad(i=1,2,\cdots,11)$,

$A_{11+j}=\{11+j,12+j,\cdots,70,1,2,\cdots,j\}\quad(j=1,2,\cdots,59)$.

如果这 70 个集合中存在 k 个集合，满足任 7 个的集合的交非空，求 k 的最大值.

分析与解 为方便，记

$$A_i=\{i,i+1,i+2,\cdots,i+59\}\quad(i=1,2,\cdots,70),$$

其集合中的元素按模 70 理解，即 $x>70$ 时，将 x 换作 $x-70$.

显然 $60\in A_1,A_2,\cdots,A_{60}$，于是存在 60 个集合 $A_1,A_2,\cdots,A_{60}$，其中任 7 个的集合的交非空，所以 $k=60$ 合乎要求.

下面证明任何满足条件的 $k\leqslant 60$.

用反证法. 若 $k\geqslant 61$，将 $A_1,A_2,\cdots,A_{70}$ 分为如下 10 组：

$$M_1=(A_1,A_{11},A_{21},\cdots,A_{61}),$$
$$M_2=(A_2,A_{12},A_{22},\cdots,A_{62}),$$
$$\cdots,$$
$$M_{10}=(A_{10},A_{20},A_{30},\cdots,A_{70}),$$

因为 $\overline{A_1}\cup\overline{A_{11}}\cup\cdots\cup\overline{A_{61}}=I$，所以 $A_1\cap A_{11}\cap A_{21}\cap\cdots\cap A_{61}=\varnothing$，即 M_1 中各集合的交为空集.

同理，$M_i\,(i=1,2,\cdots,10)$ 中各集合的交集为空集.

由于取出了 $k\geqslant 61$ 个集合，由抽屉原理，至少有一个组 M_i 中含有其中的 $\left[\dfrac{61}{10}\right]+1=7$ 个集合，而这 7 个集合的交集为空集，矛盾. 所以 $k\leqslant 60$.

综上所述，$k_{\max}=60$.

例 6 在 n 个连续正整数中，对其中任何 7 个数，都有其中 3 个数 a,b,c，使得 $\gcd(a,b,c)=1$，求 n 的最大值.(原创题)

分析与解 本题属于前面所述的第二类 (p,q,r) 型问题，我们先构造若干个尽可能大的抽屉，使这些抽屉中的元素构成若干个连续正整数，且对同一抽屉中的任何 3 个数 a,b,c，都有 $\gcd(a,b,c)=1$.

为了使这些抽屉中的元素构成若干个连续正整数，一个充分条件是，每个抽屉中的元素都为若干个连续正整数.

显然，连续 4 个正整数构成的集合是合乎上述要求的抽屉.

实际上，考察任意连续 4 个正整数构成的集合 $A=\{x+1,x+2,x+3,x+4\}(x\in\mathbf{N})$. 任取 $a,b,c\in A$，$a<b<c$，则 $a\geqslant x+1$，$c\leqslant x+4$，$b\leqslant x+3$.

设 $\gcd(a,b,c)=t$，则由 $t\mid a$，$t\mid b$，得 $t\mid b-a$，而 $b-a\leqslant(x+3)-(x+1)=2$，所以 $t\leqslant 2$.

如果 $t=2$，则 a,b,c 都是偶数，所以 $x+1,x+2,x+3,x+4$ 中有 3 个偶数，矛盾. 因此 $t=1$，即 $\gcd(a,b,c)=1$.

要使其中任何 7 个数中都有 3 个数属于同一抽屉，抽屉的个数要不多于 $\left[\dfrac{7-1}{3-1}\right]=3$. 想象取 3 个大抽屉 A_1,A_2,A_3，使其中都有 4 个元素，则可以得到 12 个连续正整数. 所以，对任何连续 12 个正整数 $x+1,x+2,\cdots,x+12$，将其划分为 3 个集合(抽屉)：$A_1=\{x+1,x+2,x+3,x+4\}$，$A_2=\{x+5,x+6,x+7,x+8\}$，$A_3=\{x+9,x+10,x+11,x+12\}$，对任何 7 个数，必有一个抽屉中所含数的个数不少于 $\left[\dfrac{7}{3}\right]+1=3$. 设这 3 个数为 a,b,c，则 $\gcd(a,b,c)=1$.

于是，$n=12$ 合乎条件.

当 $n\geqslant 13$ 时，令 $A=\{2,3,4,\cdots,n+1\}$，则 A 是 n 个连续正整数构成的集合，但其中有 7 个偶数 $2,4,6,\cdots,14$，这 7 个偶数中，不存在 3 个数 a,b,c，使得 $\gcd(a,b,c)=1$，矛盾. 所以 $n\leqslant 12$.

综上所述，n 的最大值为 12.

例 7 设 A,B 都是平面上的有限点集，$A\cap B=\varnothing$，$A\cup B$ 中无 3

点共线，且$|A|$和$|B|$中至少有一个不小于 5，求证：存在一个三角形，它的顶点全在 A 中或全在 B 中，且它的内部不含另一个集合的点.（第 26 届 IMO 备选题）

分析与证明 题设条件中含有非严格不等式，常可先取等号成立这一特例讨论.本题中，不妨假定$|A|\geqslant 5$，从而可讨论$|A|=5$的特例.为方便起见，我们称合乎条件的三角形为奇异三角形，并用反证法的模式叙述.

为叙述问题方便，如果一个三角形的顶点全在 A 中或全在 B 中，且它的内部不含另一个集合的点，则称为奇异三角形.

当$|A|=5$时，反设不存在奇异三角形，考察 A 中 5 个点的凸包.由于无 3 点共线，凸包的形状有以下几种情形：

(1) 凸包为五边形 $A_1A_2\cdots A_5$，为了找到奇异三角形，可连接 A_1A_3，A_1A_4，得到 3 个三角形：$\triangle A_1A_2A_3$，$\triangle A_1A_3A_4$，$\triangle A_1A_4A_5$.则这些三角形的内部各有 B 中的一个点（图 1.5），这 3 点构成一个奇异三角形，矛盾.

(2) 凸包为四边形 $A_1A_2A_3A_4$，此时 A_5在四边形 $A_1A_2A_3A_4$的内部，依次连接 A_5A_i（$i=1,2,3,4$），得到 4 个三角形，每个三角形中各有 B 中的一个点，得到四边形 $B_1B_2B_3B_4$（图 1.6）.再连接 B_1B_3，则由抽屉原理，$\triangle B_1B_2B_3$和$\triangle B_1B_3B_4$中至少有一个不含 A 中的点，此三角形为奇异三角形，矛盾.

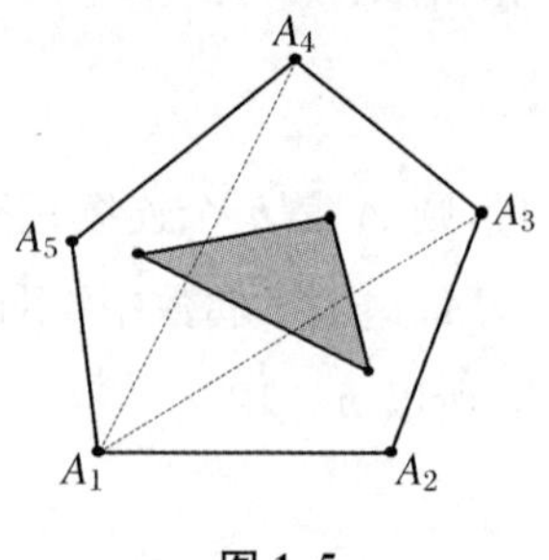

图 1.5

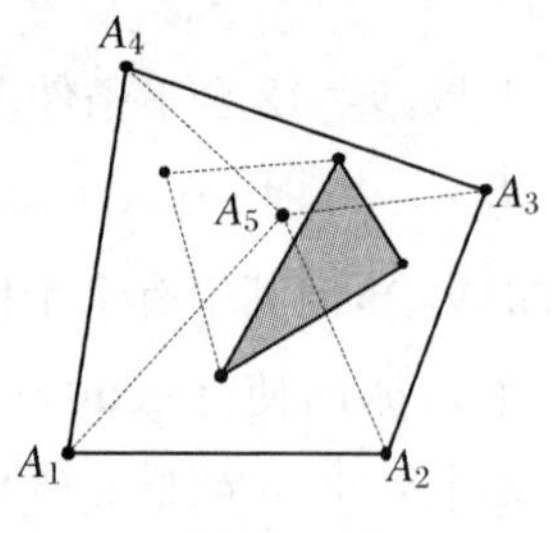

图 1.6

(3) 凸包为$\triangle A_1A_2A_3$，此时 A_4，A_5在$\triangle A_1A_2A_3$的内部，依次连接 A_4A_i（$i=1,2,3$），得到 3 个三角形，其中必有一个三角形中含有 A_5，不妨设在$\triangle A_1A_3A_4$内，依次连接 A_5A_1，A_5A_3，A_5A_4，则一共得到 5 个三角形，每个三角形中都有 B 中的一个点，由抽屉原理，其中必有 B 中的三个点在直线 A_4A_5的同侧（图 1.7），此三点构成奇异三角形，矛盾.

当$|A|>5$ 时，可找到边缘上的 5 个点，使这 5 点的凸包中不含 A 在这 5 点之外的其他点. 其中找边缘点的技巧是利用凸包和射线旋转：设 A_1，A_2是 A 的凸包的两个连续顶点（图 1.8），作射线 A_1A_2，令其绕点 A_1旋转，依次越过的 A 中的点分别记作 A_3，A_4，A_5，….

令 $A'=\{A_1,A_2,\cdots,A_5\}$，则对 A'利用上述结论即得证.

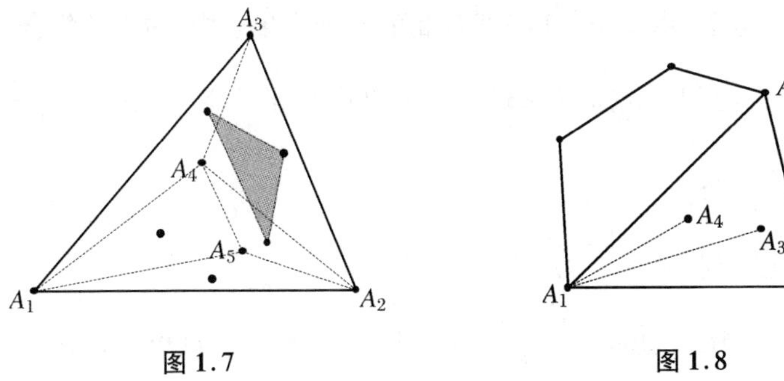

图 1.7　　　　图 1.8

例 8　给定平面上 n 个点 $A_1,A_2,\cdots,A_n$（$n\geqslant 3$），令 $M=\{|A_iA_j|:1\leqslant i<j\leqslant n\}$，求证：$|M|\geqslant\sqrt{n-\frac{3}{4}}-\frac{1}{2}$.

分析与证明　首先，自然地想到任取一个点 P，从点 P 可以引出 $n-1$ 条线段，但这些线段中可能有些是长度相等的. 我们可以把所有等长的线段归为一个类（抽屉），希望类的个数不小于$\sqrt{n-\frac{3}{4}}-\frac{1}{2}$.

若类的个数很少，必有某个类中含有较多的等长线段，这些线段具有公共的端点，而另一个端点在同一圆周上，利用弦之间的关系可解.

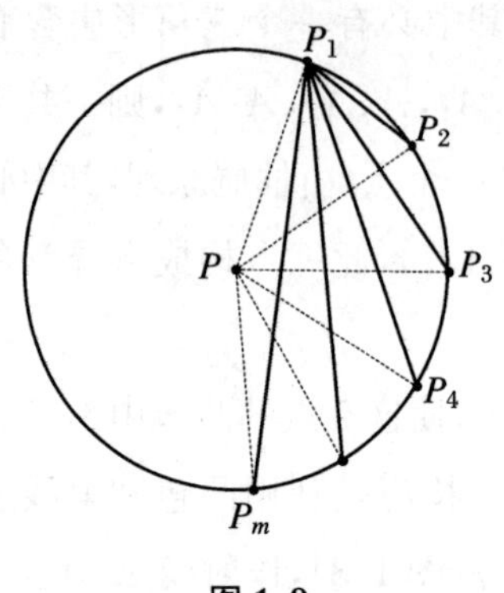

图 1.9

设 $X=\{A_1,A_2,\cdots,A_n\}$，任取 X 的凸包的一个顶点 P，将 P 与 X 中其他 $n-1$ 点相连，得到 $n-1$ 条线段，将这些线段中长度相等的线段作为一个类，设含有线段最多的一个类中有 m 条线段，设为 $PP_i(i=1,2,\cdots,m)$，其中 $P_i\in X$.

连接 $P_1P_2,P_1P_3,\cdots,P_1P_m$，得到 $m-1$ 条线段(图 1.9)，但 P 是 X 的凸包的一个顶点，所以 $\angle P_1PP_m\leqslant 180^\circ$，于是 $P_1,P_2,\cdots,P_m$ 在同一个半圆上，这样，$P_1P_2<P_1P_3<\cdots<P_1P_m$，所以 $|M|\geqslant m-1$.

另一方面，由于 $n-1$ 条线分属的若干个集合中，最大的集合只有 m 个元素，所以由抽屉原理，不同的集合的个数不少于 $\frac{n-1}{m}$，即 $|M|\geqslant\frac{n-1}{m}$.

综上所述，有

$$|M|\geqslant\max\left\{\frac{n-1}{m},m-1\right\}=f(m)\geqslant f(m)_{\min}.$$

下面只需求出 $f(m)$ 的最小值 $f(m)_{\min}$，这利用图像即可解决.

在同一个坐标系中作出两个函数：

$$g(m)=\frac{n-1}{m},\quad h(m)=m-1$$

的图像，其中 $g(m)$ 是减函数，$h(m)$ 是增函数，两个图像相交于点 P(图1.10).

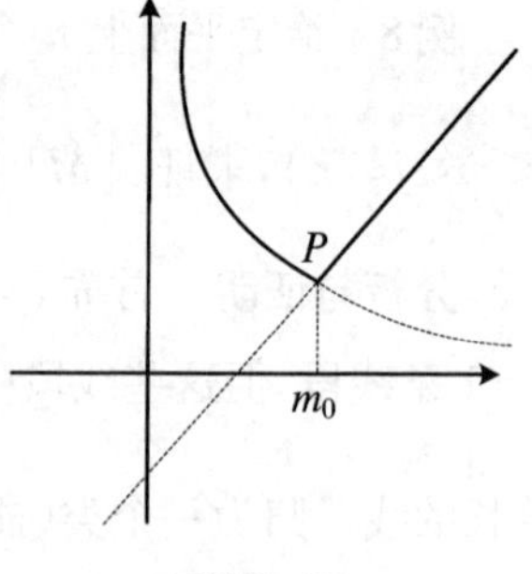

图 1.10

由图像可知，$f(m)$ 在点 P 处达到最

小值，此时，由$\frac{n-1}{m}=m-1$，解得

$$m_0=\sqrt{n-\frac{3}{4}}+\frac{1}{2},$$

所以

$$|M|\geqslant f(m)_{\min}=f(m_0)=m_0-1=\sqrt{n-\frac{3}{4}}+\frac{1}{2}-1$$
$$=\sqrt{n-\frac{3}{4}}-\frac{1}{2}.$$

综上所述，命题获证.

注　*在得到 $S=|M|\geqslant\frac{n-1}{m}$，$S=|M|\geqslant m-1$ 后，可采用回归放缩求最值.*

由 $S=|M|\geqslant m-1$，得 $m\leqslant S+1$，所以 $S\geqslant\frac{n-1}{m}\geqslant\frac{n-1}{S+1}$，故有 $S^2+S-n+1\geqslant 0$，解得

$$S\geqslant\frac{\sqrt{4n-3}-1}{2}=\sqrt{n-\frac{3}{4}}-\frac{1}{2}.$$

例 9　二十一世纪城的街道都是东西向和南北向. 为了加强治安，在一些十字路口安装有电子监控器. 以 2 个监控器为顶点，街道为边围成的矩形形成一个监控区，监控区（包括边界）内监控器的个数称为该监控区的监控强度.

如果二十一世纪城两个方向的街道都至少有 15 条，且任何两条不平行的街道都交成一个十字路口，今任意选定其中 15 个十字路口各安装一个监控器，求监控强度最大的监控区的监控强度的最小值.（原创题）

分析与解　用一个由街道围成的充分大的矩形覆盖已知的 15 个监控器，再不断缩小矩形直至不能再缩小，使之仍覆盖所有 15 个监控器. 设此时的矩形为 M，则 M 的每条边上都至少有一个监控器. 在 M

的四边上依次各取一个监控器 A,B,C,D(可能有重合). 用 $S(X)$ 表示监控区 X 的监控强度.

(1) 若 A,B,C,D 中至少有 2 个为 M 的顶点,则 M 为监控区,有

$$S(M)=15.$$

(2) 若 A,B,C,D 中恰有一个为 M 的顶点,不妨设为 A(图 1.11),则 M 的不含 A 的两边上各有一个监控器,设为 B,C,那么,3 个监控区 AB,BC,CA 覆盖了 M,从而由抽屉原理,至少有一个监控区,设为 AB,使

$$S(AB)\geqslant\frac{15}{3}=5.$$

(3) 若 A,B,C,D 都不是 M 的顶点(先去掉 A,B,C,D,对其他点使用抽屉原理),此时,若其中有两个监控器,设为 A,C,在同一条街道上,则街道 AC 将 M 划分为两个监控区,这两个监控区覆盖了 M,从而由抽屉原理,至少有其中一个监控区,记为 X,使

$$S(X)\geqslant\frac{15}{2}>5.$$

若其中任何两个监控器都不在同一条街道上(图 1.12),则 4 个监控区 AB,BC,CD,DA 覆盖了 M 中除矩形 $A'B'C'D'$ 外的所有监控器. 又监控区 AC 覆盖了矩形 $A'B'C'D'$,于是 A,B,C,D 外的 11 个监控器都被上述 5 个监控区覆盖,从而由抽屉原理,至少有一个监控

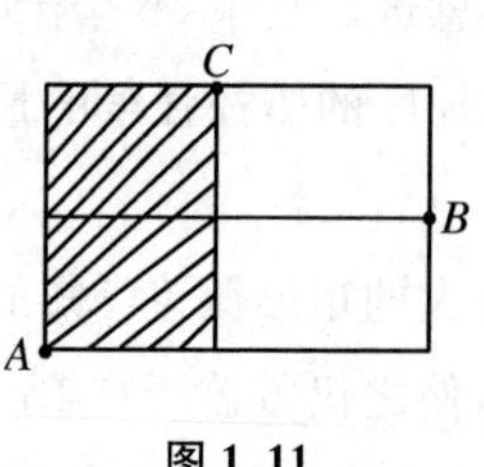

图 1.11

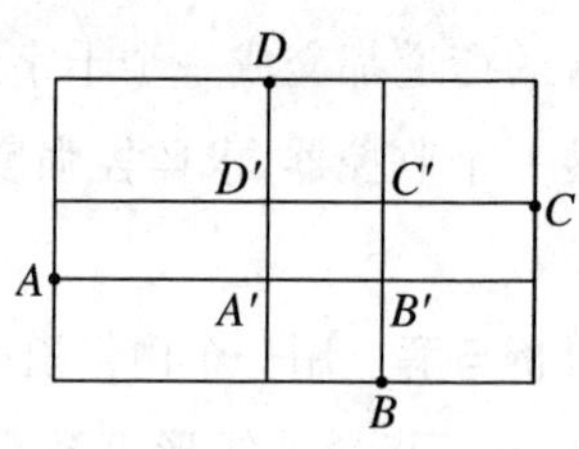

图 1.12

区,记为 Y,它覆盖了这 11 个监控器中至少 $\left[\frac{11}{5}\right]+1=3$ 个监控器.

又 Y 覆盖了 A,B,C,D 中至少 2 个监控器(以其中 2 个为顶点),所以

$$S(Y)\geqslant 3+2=5.$$

综上所述,$S_{\max}\geqslant 5$.

现在来构造 $S_{\max}=5$ 的情形.

首先,为了设法使任何监控区中监控器尽可能少,从而可安排"腹地"没有监控器,即监控器都安排在"边域".

其次,采用分组构造技巧:将 15 个监控器分为 A,B,C,D 四组,各组监控器的个数分别为 4,4,4,3,每一个组中的监控器都安排在一个较小的区域 4×4 或 3×3 区域内. 这样,对同一组中的任何两个监控器,以它们为顶点的监控区只包含该组中的监控器,从而 $S\leqslant 4$.

此外,对不同组中的任何两个监控器,可设想以它们为顶点的监控区只包含该两组中的监控器,于是安排所有监控器不同行不同列,从而 4 个组不能位于角上(否则,与"边域"中的另一组同行或同列),这样可得出 4 个组的大致位置.

最后,对任何两组,我们期望,当监控区含有一个组中多个监控器时,该监控区只含另一组中的一个监控器,以保证 $S\leqslant 5$. 考察相邻两组 A 与 B,可发现每一个组中监控器都排在相应区域的对角线上,且相邻区域排监控器的对角线方向不同,得到如图 1.13 所示的构造.

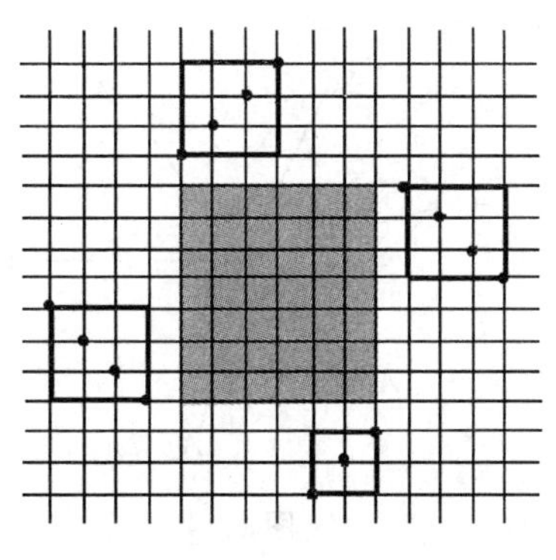

图 1.13

综上所述,监控强度最大的监

控区的监控强度的最小值为 5.

1.3 均值形式

抽屉原理的均值形式：如果 $a_1+a_2+\cdots+a_n=S$，则至少有一个 $i(1\leqslant i\leqslant n)$，使 $a_i\leqslant\frac{S}{n}$，也至少有一个 $j(1\leqslant j\leqslant n)$，使 $a_j\geqslant\frac{S}{n}$.

我们称上述结论为平均值抽屉原理.

例 1 有若干个同学在操场上做游戏，他们彼此的距离都不相等，每个人手中有一把水枪，每个人都向距离自己最近的人打一枪.求证：每一个人都至多挨 5 枪.

分析与证明 假定有一个人至少挨 6 枪，设此人为 A，向 A 开枪的人依次为 $A_1,A_2,\cdots,A_n(n\geqslant6)$（图 1.14），则与 $A_1,A_2,\cdots,A_n$ 最近的人都是 A.

能否同时有 $n(n\geqslant6)$ 个人都是与 A 相距最近的？

考察局部性质：若与 P,Q 相距最近的都是 A，会有什么性质？

在 $\triangle PAQ$ 中（图 1.15），因为 $AP<PQ,AQ<PQ$，所以 PQ 是最大边，而三边互不相等，故 $\angle A>60^\circ$.

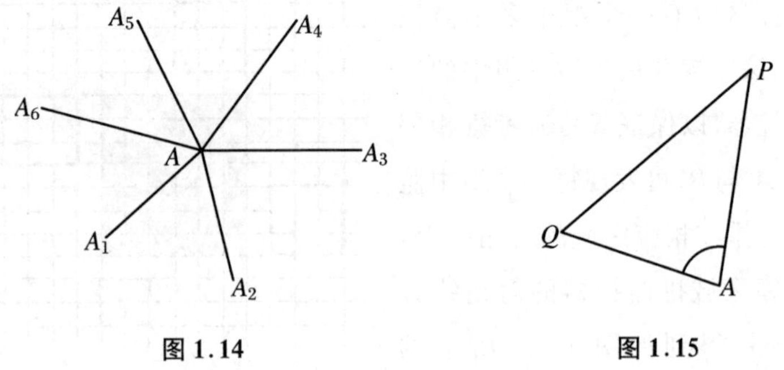

图 1.14 图 1.15

因为 $\sum_{i=1}^{n}\angle A_iAA_{i+1}=360^\circ$，所以由平均值抽屉原理，必定存在

$i(1\leqslant i\leqslant n$,其中规定 $A_{n+1}=A_1$),使

$$\angle A_iAA_{i+1}\leqslant\frac{360^\circ}{n}\leqslant\frac{360^\circ}{6}=60^\circ.$$

考察$\triangle A_iAA_{i+1}$,因为 $AA_i< A_iA_{i+1}$,$AA_{i+1}< A_iA_{i+1}$,所以 A_iA_{i+1}是最大边,而三边互不相等,故$\angle A_iAA_{i+1}>60^\circ$,矛盾.所以结论成立.

下面两个问题使用了类似的估计方法.

例 2　给定平面上一个圆 O,半径为 r,求最大的自然数 n,使得平面上存在 n 个半径不小于 r 的圆,它们两两没有公共点,但都与圆 O 相交.

分析与解　直接作图,容易画出 5 个合乎条件的圆(图 1.16),但画不出 6 个合乎条件的圆,于是猜想 n 的最大值为 5.

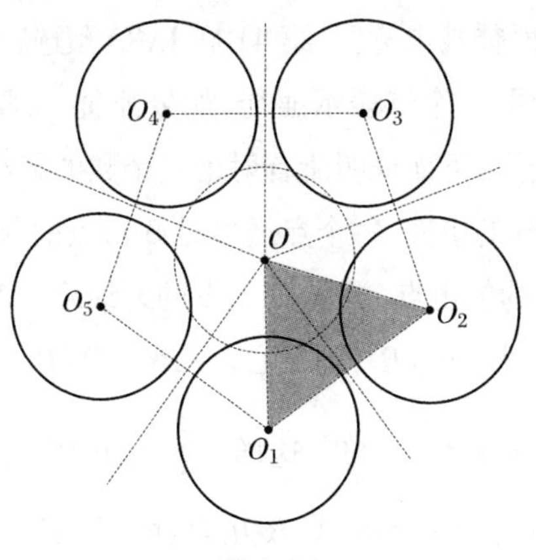

图 1.16

作半径为 r 的圆O,以 O 为顶点作 5 条射线将平面划分为 5 个全等的角形区域.在第一个角形区域的角平分线上取点 O_1,使 $OO_1=2r$,以 O_1为圆心作半径为 r 的圆O_1,则圆 O_1与角形区域的边界没有公共点,将 O_1沿 O_1O 向O 移动微小距离,使圆 O_1仍与角形区域的边界没有公共点,但圆 O_1与圆 O 相交,类似地作圆 O_2,O_3,O_4,O_5,则

圆 $O_1,O_2,\cdots,O_5$ 合乎要求.

下面证明 $n<6$,用反证法.

反设有 6 个圆与圆 O 有公共点,设想从 O 出发的射线绕 O 按逆时针方向旋转,依次越过 6 个圆的圆心分别为 $O_1,O_2,\cdots,O_6$,则由平均值抽屉原理,不妨设 $\angle O_1OO_2\leqslant 60^\circ$. 又设圆 O_1,O_2 的半径分别为 r_1,r_2,则 $r\leqslant r_1,r\leqslant r_2$,但圆 O_1,O_2 都与圆 O 相交,所以 $OO_1\leqslant r+r_1,OO_2\leqslant r+r_2$.

在 $\triangle O_1OO_2$ 中,$\angle O\leqslant 60^\circ$,于是 O_1O_2 不是最大边,即 $\max\{OO_1,OO_2\}\geqslant O_1O_2$. 于是 $O_1O_2\leqslant\max\{OO_1,OO_2\}\leqslant\max\{r+r_1,r+r_2\}\leqslant r_1+r_2$($r$ 是最小半径),所以圆 O_1 与圆 O_2 有公共点,与题意矛盾.

例 3　有 10 个匪徒站在屋顶,他们之间两两的距离均不相同,当教堂的钟在 12 点敲响时,每一个匪徒都向距他最近的一个匪徒开枪,问最少有多少个匪徒被击毙?(第 41 届 IMO 预选题)

分析与解　用 10 个点表示匪徒,如果匪徒 A 将匪徒 B 击毙,则称 B 为 A 的射击点,下面证明所有射击点个数的最小值为 3.

首先注意这样的事实:每个点最多是 5 个点的射击点.若不然,假定点 P 是 6 个点的射击点,设从 P 出发的射线绕点 P 旋转,越过的射 P 的点依次为 $P_1,P_2,\cdots,P_6$,则在 $\triangle P_iPP_{i+1}$ 中,$P_iP<P_iP_{i+1}$,$P_{i+1}P<P_iP_{i+1}$,所以 $\angle P_iPP_{i+1}>60^\circ$,这样,$\sum\limits_{i=1}^{6}\angle P_iPP_{i+1}>360^\circ$,矛盾.

此外,距离最近的两个点 A,B 互为射击点,从而射击点的个数不少于 2.

假设只有 2 个射击点,即只有距离最近的两个点 A,B 为射击点,则其余 8 个点要么射 A,要么射 B,但至多有 5 个点射 A,而 B 显然射 A,于是,另外 8 个点中至多有 4 个点射 A.

同理,另外 8 个点中至多有 4 个点射 B,于是,另外 8 个点中恰有 4 个点射 A,也恰有 4 个点射 B.

设射 A 的 4 个点按逆时针方向排列为 M_1, M_2, M_3, M_4（图 1.17），由 M_i（$1 \leqslant i \leqslant 4$）射 A，知 $\angle M_i A M_{i+1} > 60°$，所以 $\sum_{i=1}^{3} \angle M_i A M_{i+1} > 180°$，于是，$AM_4$ 到 AM_1 的角 $\angle 1 + \angle 2 < 180°$.

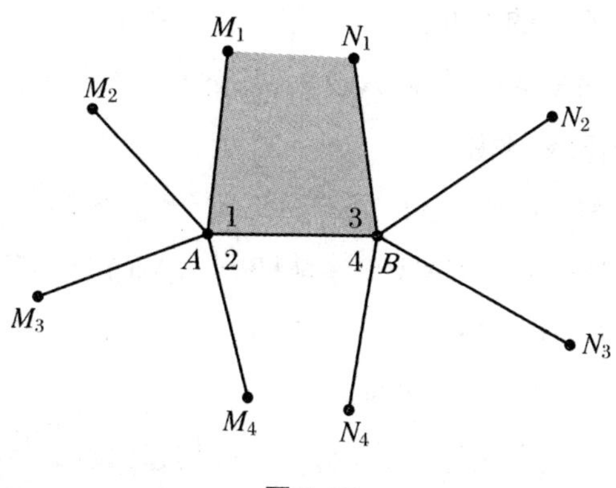

图 1.17

同理，设射 B 的 4 个点按顺时针方向排列为 N_1, N_2, N_3, N_4，则 BN_1 到 BN_4 的角 $\angle 3 + \angle 4 < 180°$.

于是，$(\angle 1 + \angle 3) + (\angle 2 + \angle 4) = (\angle 1 + \angle 2) + (\angle 3 + \angle 4) < 180° + 180° = 360°$，不妨设 $\angle 1 + \angle 3 < 180°$.

下面用 M, N 代替 M_1, N_1. 如图 1.18 所示.

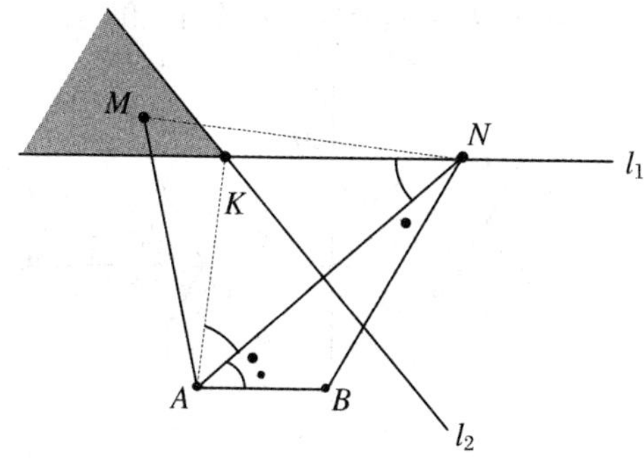

图 1.18

因为 AB 最短，所以 $\angle ANB<90^\circ$. 又 M 射 A，所以 $\angle ANM<90^\circ$，于是 $\angle MNB<180^\circ$，同理 $\angle NMA<180^\circ$，即 $ABNM$ 是凸四边形(确定点的分布状态).

不妨设 M 到 AB 的距离不小于 N 到 AB 的距离，过 N 作 AB 的平行线 l_1，则 M 在 l_1 的上方.

再作线段 AN 的中垂线 l_2，设 l_1，l_2 交于点 K，则因 $MA<MN$，故 M 在图中的阴影区域内.

于是，$\angle MAB+\angle NBA\geqslant\angle KAB+\angle NBA=(\angle KAN+\angle NAB)+\angle NBA=\angle KNA+\angle NAB+\angle NBA>\angle KNA+\angle ANB+\angle NBA$(因为 $AB<NB$)$=180^\circ$，矛盾.

最后，3 个射击点是可能的.

先想象允许距离相等，则可利用对称构造：设 O 是线段 O_1O_2 的中点，其中 $|O_1O_2|=2$. 下面构造另 7 个点，使之都射向 O_1，O_2，O 之一.

设 l 是 O_1O_2 的中垂线，在 l 两侧各构造 3 点 A，B，C 与 A_1，B_1，C_1，使 B，B_1 分别在线段 O_1O_2 的延长线上，且

$$|AO_1|=|BO_1|=|CO_1|=|A_1O_2|=|B_1O_2|=|C_1O_2|=1,$$
$$\angle AO_1B=\angle BO_1C=\angle A_1O_2B_1=\angle B_1O_2C_1=70^\circ.$$

再在 l 上构造一点 M，使 $|OM|=1$(图 1.19).

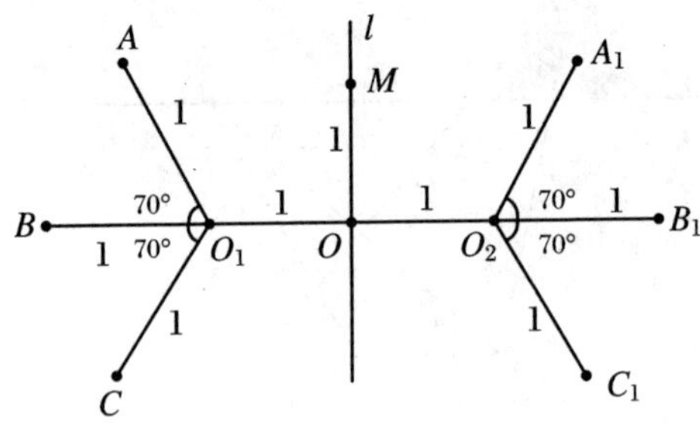

图 1.19

然后适当调整，使任何两点距离不相等，便得到合乎条件的构造.

作两个半径分别为 9 和 11 的圆，使两圆外切，设切点为 O，圆心分别为 O_1, O_2，在射线 OO_1 上取点 B，使 $O_1B = 12$，作 $\angle AO_1B = \angle BO_1C = 70^\circ$，使 A, C 在圆外且 $\angle O_1AB = 58^\circ$，$\angle O_1CB = 56^\circ$，则 O_1A, O_1B, O_1C 互不相等，且都小于 BA, BC，从而 O_1 为射点(图1.20).

同样，在射线 OO_2 上取点 B_1，使 $O_2B_1 = 13$，类似作点 A_1, C_1. 最后，作 OM 切圆于 O，且 $OM = 10$，那么恰有 O, O_1, O_2 为射击点.

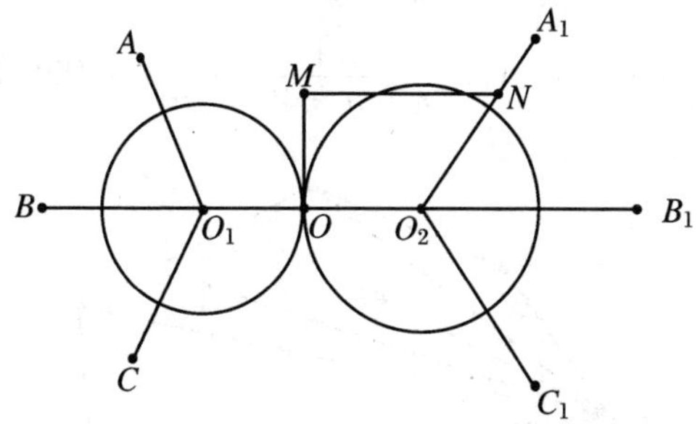

图 1.20

实际上，设 $MN \parallel O_1O_2$，交 O_2N 于 N，因为 $\angle MNA_1 = \angle OO_2A_1 = 110^\circ$ 为钝角，所以 $MO = OO_2 < MN < MA_1$，同理，$MO < MA$，所以 M 射 O.

又 $OM = 10 > 9 = OO_1$，所以 O 不射 M，M 不是射击点.

例 4　给定正整数 $n(n \geqslant 3)$，对平面上任意 n 个点 $A_1, A_2, \cdots, A_n$，其中无三点共线，令 $\alpha = \min\{\angle A_iA_jA_k, 1 \leqslant i, j, k \leqslant n, (i-j)\cdot(j-k)(k-i) \neq 0\}$，求 α 的所有可能取值.(原创题)

分析与解　当 $n = 3$ 时，$\triangle A_1A_2A_3$ 的内角和为 180°，从而

$$\alpha \leqslant \frac{180^\circ}{3} = \frac{180^\circ}{n}.$$

当 $n \geqslant 4$ 时，考察 n 个点的凸包，设为凸 k 边形 $A_1A_2\cdots A_k (3 \leqslant k \leqslant n)$，因为 $A_1 + A_2 + \cdots + A_k = (k-2)\cdot 180^\circ$，其中至少有一个角不

大于

$$\frac{1}{k}\cdot(k-2)\cdot 180^\circ=\left(1-\frac{2}{k}\right)\cdot 180^\circ,$$

不妨设$\angle A_kA_1A_2\leqslant\left(1-\dfrac{2}{k}\right)\cdot 180^\circ$,又 $k\leqslant n$,所以

$$\angle A_kA_1A_2\leqslant\left(1-\frac{2}{k}\right)\cdot 180^\circ\leqslant\left(1-\frac{2}{n}\right)\cdot 180^\circ=\frac{n-2}{n}\cdot 180^\circ.$$

将 A_1 与其他所有点都相连(图 1.21),由于无三点共线,这些连线将$\angle A_kA_1A_2$划分为 $n-2$ 个角,所以由平均值抽屉原理,有

$$\alpha\leqslant\frac{1}{n-2}\cdot\angle A_kA_1A_2\leqslant\frac{1}{n-2}\cdot\frac{n-2}{n}\cdot 180^\circ=\frac{180^\circ}{n}.$$

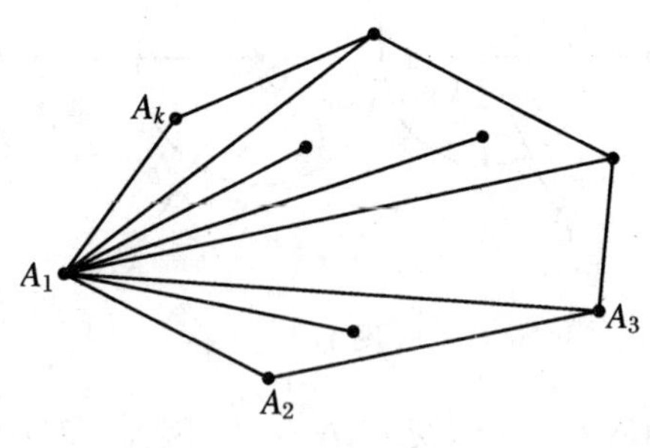

图 1.21

所以,对所有正整数 $n\geqslant 3$,都有 $\alpha\leqslant\dfrac{180^\circ}{n}$.

另一方面,对$\left(0,\dfrac{180}{n}\right]$中的任意实数$k$,作圆 O,在圆周上取 n 个点$A_1,A_2,\cdots,A_n$,其中弧 $\overset{\frown}{A_nA_1}$ 所对的圆周角为 k°,而其他弧 $\overset{\frown}{A_iA_{i+1}}$ $(i=1,2,\cdots,n-1)$所对的圆周角都为$\left(\dfrac{180-k}{n-1}\right)^\circ$. 此时,因为 $k\leqslant\dfrac{180}{n}$,所以

$$\frac{180-k}{n-1}\geqslant\frac{180-\dfrac{180}{n}}{n-1}=\frac{180}{n}\geqslant k.$$

因此 $\alpha = k^\circ$，故 α 的所有可能取值为 k°，其中 k 为 $\left(0, \frac{180}{n}\right]$ 中的任意实数.

例 5　在 18×18 的方格棋盘中，每个方格都填入一个彼此互不相等的正整数，求证：无论哪种填法，至少有两对相邻(具有公共边)小方格，每对相邻小方格中所填数的差的绝对值均不小于 10.(2003 年山东省数学竞赛试题)

分析与证明　为了找到相邻方格，它们所填的数的差尽可能大，应考察最大数 a 和最小数 b 所在的位置("$a-b$"是最大的差)，期望有一串相邻的格将 a 和 b 所在的格连起来，我们称为一条路径. 由于各个数互不相同，所以

$$a - b \geqslant 18 \times 18 - 1 = 323.$$

(1) 若 a, b 所在的方格既不同行，也不同列，则有如下两条路径：

① 从 a 所在的方格出发，先移动到与 b 所在的格同行，再移动到 b，得到一条路径；

② 从 a 所在的方格出发，先移动到与 b 所在的格同列，再移动到 b，又得到一条路径.

这两条合乎条件的路径没有公共的相邻方格对，且每条路径至多含有 35 个方格，设某条路径依次经过的格所填的数(包括 a 与 b)分别为 $a_1, a_2, \cdots, a_n$，其中 $a_1 = a, a_n = b$，则 a_i 与 a_{i+1} 相邻，且 $n \leqslant 35$. 那么

$$a - b = a_1 - a_n = (a_1 - a_2) + (a_2 - a_3) + \cdots + (a_{n-1} - a_n).$$

由平均值抽屉原理，一定有

$$a_i - a_{i+1} \geqslant \frac{a-b}{n-1} \geqslant \frac{323}{34} > 9.$$

于是，每条路径各有一个相邻方格对所填数的差的绝对值均不小于 10.

(2) 若 a,b 所在的方格同行或同列,不妨设在同一行,则有如下两条路径:

(ⅰ) 从 a 所在的方格出发,它所在的行移动到 b 所在的格,得到一条路径;

(ⅱ) 从 a 所在的方格出发,先移动到上面(或下面)一行,然后移动到 b 所在的列,最后移动到 b,又得到一条路径.

这两条合乎条件的路径没有公共的相邻方格对,且每条路径至多含有 20 个方格.设某条路径依次经过的格所填的数(包括 a 与 b)分别为 $a_1,a_2,\cdots,a_n$,其中 $a_1=a,a_n=b$,则 a_i 与 a_{i+1} 相邻,且 $n\leqslant 20$.那么

$$a-b=a_1-a_n=(a_1-a_2)+(a_2-a_3)+\cdots+(a_{n-1}-a_n).$$

由平均值抽屉原理,一定有

$$a_i-a_{i+1}\geqslant\frac{a-b}{n-1}\geqslant\frac{323}{19}>9.$$

于是,每条路径各有一个相邻方格对所填数的差的绝对值均不小于 10.

综上所述,命题获证.

例 6　设 100 个非负数的和为 1,试证:可将它们适当排列在圆周上,使得每两个相邻数相乘,所得的 n 个乘积的和不超过 $\frac{1}{100}$.

分析与证明　记这 100 个数为 $x_1,x_2,\cdots,x_{100}$,则 $x_1+x_2+\cdots+x_{100}=1$.

这 100 个数排在圆周上的不同排列个数为 99!,每一个排列产生一个相应的和,从而共有 99! 个不同的和,分别记为 $S_1,S_2,\cdots,S_n$,这里 $n=99!$.

考虑这些和的总和 $M=S_1+S_2+\cdots+S_n$.

对每一个 $1\leqslant i<j\leqslant 100$,考虑乘积 x_ix_j 在 M 中出现的次数.首

先，x_i，x_j相邻，有2种排列方法，而x_i，x_j相邻排列后，其余的98个数在圆周上作“线性”排列，有98！种排列方法，所以乘积x_ix_j在M中共出现2·98！次，所以

$$M = S_1 + S_2 + \cdots + S_n = 2 \cdot 98! \sum_{1 \leqslant i < j \leqslant 100} x_i x_j$$

$$= 98!\left(\left(\sum_{i=1}^{n} x_i\right)^2 - \sum_{i=1}^{n} x_i^2\right)$$

$$\leqslant 98!\left(\left(\sum_{i=1}^{n} x_i\right)^2 - \frac{1}{100}\left(\sum_{i=1}^{n} x_i\right)^2\right) = \frac{99!}{100}.$$

由平均值抽屉原理，存在$i(1 \leqslant i \leqslant n)$，使

$$S_i \leqslant \frac{M}{n} \leqslant \frac{1}{n} \cdot \frac{99!}{100} = \frac{1}{100}.$$

综上所述，命题获证.

例7 设$x_1, x_2, \cdots, x_5$是实数，求具有下述性质的最小正整数n：如果n个不同的形如$x_p + x_q + x_r(1 \leqslant p < q < r \leqslant 5)$的和都等于0，则$x_1 = x_2 = \cdots = x_5 = 0$.(2003年保加利亚国家数学奥林匹克决赛试题)

分析与解 我们先取一组不全为0的5个实数，使其有尽可能多的三数和为0.不妨先取定$x_1 \neq 0$.

一个自然的想法是，能否取尽可能多的0来产生尽可能多的三数和为0.显然，当$x_2 = x_3 = x_4 = x_5 = 0$时，只有$C_4^3 = 4$个三数和为0.由此可见，为0的三数和中应该含有$x_1$.

考察任意一个$x_1 + x_i + x_j(2 \leqslant i < j \leqslant 5)$，要使$x_1 + x_i + x_j = 0$，则$x_i + x_j = -x_1$.为使构造简单，可令

$$x_i = x_j, \quad x_i = x_j = -\frac{1}{2}x_1.$$

再令$x_1 = 2$，则$x_i = x_j = -1(2 \leqslant i < j \leqslant 5)$，此时，有$C_4^2 = 6$个不同的形如$x_1 + x_i + x_j(2 \leqslant i < j \leqslant 5)$的和都等于0，从而有$n$个不同的形如$x_p + x_q + x_r(1 \leqslant p < q < r \leqslant 5)$的和都等于0，但$x_1, x_2, \cdots, x_5$不

全为 0,矛盾.所以 $n\geqslant 7$.

下面证明 $n=7$ 合乎条件,即如果 7 个不同的形如 $x_p+x_q+x_r$ $(1\leqslant p<q<r\leqslant 5)$的三数和都等于 0,则 $x_1=x_2=\cdots=x_5=0$.

考察上述 7 个不同的形如 $x_p+x_q+x_r(1\leqslant p<q<r\leqslant 5)$的三数和,一共有 $3\cdot 7=21$ 项,由平均值抽屉原理,一定有一个数 x_i,它在这些"和"中出现不少于$\left[\frac{21}{5}\right]+1=5$ 次.不妨设 x_1 在这些"和"中出现不少于 5 次.

因为含有 x_1 的形如 $x_p+x_q+x_r(1\leqslant p<q<r\leqslant 5)$的三数和有 $C_4^2=6$ 个,而已有上述 5 个和为 0,从而形如 $x_1+x_i+x_j(1\leqslant i<j\leqslant 5)$的和至多有一个不为 0.设这个可能不为 0 的和为 $x_1+x_2+x_3$,而其余 5 个和都为 0,即

$$\begin{aligned}x_1+x_2+x_4&=x_1+x_2+x_5=x_1+x_3+x_4\\&=x_1+x_3+x_5=x_1+x_4+x_5=0.\end{aligned}$$

由此解得

$$x_2=x_3=x_4=x_5=-\frac{1}{2}x_1.$$

由于含有 x_1 的三数组共有 $C_4^2=6$ 个,而其和为 0 的三数组共有 7 个,于是,一定有一个其和为 0 的三数组不含 x_1.设该三数组的和为 $x_i+x_j+x_k=0(2\leqslant i<j<k\leqslant 5)$,而 $x_i=x_j=x_k$,所以 $x_i=x_j=x_k=0$,从而 $x_2=x_3=x_4=x_5=0$,进而 $x_1=0$.所以 $n=7$ 合乎条件.

综上所述,n 的最小值为 7.

例 8　求最大正整数 n,使得存在 n 个实数 $x_1,x_2,\cdots,x_n$,满足对任何 $1\leqslant i<j\leqslant n$,有

$$(1+x_ix_j)^2\leqslant 0.99(1+x_i^2)(1+x_j^2).$$

分析与解　本题与抽屉原理的特征相距较远,需要对解题目标进行改造.

首先,将不等式中的系数化为整数,得

$$100(1+x_ix_j)^2\leqslant 99(1+x_i^2)(1+x_j^2).$$

进而,将两边的系数化得相同,可在100中分离出99,则不等式变为

$$\begin{aligned}(1+x_ix_j)^2&\leqslant 99(1+x_i^2)(1+x_j^2)-99(1+x_ix_j)^2\\&=99\big((1+x_i^2)(1+x_j^2)-(1+x_ix_j)^2\big)\\&=99(x_i-x_j)^2.\end{aligned}$$

现在,分离常量(物以类聚),得

$$\left(\frac{x_i-x_j}{1+x_ix_j}\right)^2\geqslant\frac{1}{99}.$$

观察$\dfrac{x_i-x_j}{1+x_ix_j}$的结构,它与三角形公式

$$\tan(\alpha_i-\alpha_j)=\frac{\tan\alpha_i-\tan\alpha_j}{1+\tan\alpha_i\tan\alpha_j}$$

右边的结构相似,由此想到代换:令

$$x_i=\tan\alpha_i\quad(i=1,2,\cdots,n),\qquad 其中-\frac{\pi}{2}<\alpha_i<\frac{\pi}{2}.$$

所以,我们只需找到最大的正整数n,使存在n个实数$\alpha_1,\alpha_2,\cdots,\alpha_n$,其中$-\dfrac{\pi}{2}<\alpha_1\leqslant\alpha_2\leqslant\cdots\leqslant\alpha_n<\dfrac{\pi}{2}$,满足

$$\tan^2(\alpha_i-\alpha_j)\geqslant\frac{1}{99}. \qquad ①$$

先注意这样的事实:如果$\alpha\leqslant x\leqslant\pi-\alpha$,且$\alpha$为锐角,$x\neq\dfrac{\pi}{2}$,则

$$\tan^2x\geqslant\tan^2\alpha.$$

实际上,如果$\pi-\alpha\leqslant\dfrac{\pi}{2}$,则当$\alpha\leqslant x<\dfrac{\pi}{2}$时,$\tan x$在$\left[\alpha,\dfrac{\pi}{2}\right)$上递增,有$\tan x\geqslant\tan\alpha$,从而$\tan^2x\geqslant\tan^2\alpha$.

如果$\pi-\alpha>\dfrac{\pi}{2}$,则当$\alpha\leqslant x<\dfrac{\pi}{2}$时,同上,有$\tan^2x\geqslant\tan^2\alpha$.

当$\frac{\pi}{2}<x\leqslant\pi-\alpha$时，$\tan x$在$\left(\frac{\pi}{2},\pi-\alpha\right)$上递增，有$\tan x\leqslant\tan(\pi-\alpha)=-\tan\alpha<0$，从而$-\tan x\geqslant\tan\alpha>0$，所以$\tan^2 x\geqslant\tan^2\alpha$.

现在，为了使$\tan^2(\alpha_i-\alpha_j)\geqslant\frac{1}{99}$，可取锐角$\alpha$满足$\tan^2\alpha=\frac{1}{99}$，即$\alpha=\arctan\frac{1}{\sqrt{99}}$，则式①变为

$$\tan^2(\alpha_i-\alpha_j)\geqslant\tan^2\alpha.$$

这样，利用上述事实，只需将所有$\alpha_i-\alpha_j(1\leqslant i<j\leqslant n)$控制在区间$[\alpha,\pi-\alpha]$中，于是，取$x_k=\tan(k\alpha)(k=1,2,\cdots,n)$，则因为

$$\tan\alpha=\frac{1}{\sqrt{99}}<\frac{10}{99}<\frac{\pi}{31}<\tan\frac{\pi}{31},$$

从而$0<\alpha<\frac{\pi}{31}$.

所以对任意$1<i<j\leqslant n$，有$\alpha\leqslant\alpha_i-\alpha_j\leqslant(n-1)\alpha$.

现在，取n尽可能大，但满足$(n-1)\alpha\leqslant\pi-\alpha$，即$n\alpha\leqslant\pi$.

由于$0<\alpha<\frac{\pi}{31}$，$n\alpha\leqslant n\cdot\frac{\pi}{31}$，取$n=31$，则不等式①成立，于是$n=31$合乎要求.

另一方面，如果$n\geqslant32$，我们证明不等式①不成立，即对任何实数$\alpha_1,\alpha_2,\cdots,\alpha_n$，其中$-\frac{\pi}{2}<\alpha_1\leqslant\alpha_2\leqslant\cdots\leqslant\alpha_n<\frac{\pi}{2}$，都有

$$\tan^2(\alpha_i-\alpha_j)<\frac{1}{99}.$$

这也只需$|\alpha_i-\alpha_j|=\alpha_j-\alpha_i$充分小，由此想到考察若干个的$\alpha_j-\alpha_i$和，然后利用平均值抽屉原理.

因为

$$\begin{aligned}&(\alpha_n-\alpha_{n-1})+(\alpha_{n-1}-\alpha_{n-2})+\cdots+(\alpha_2-\alpha_1)\\&=\alpha_n-\alpha_1<\frac{\pi}{2}-\left(-\frac{\pi}{2}\right)=\pi,\end{aligned}$$

由平均值原理,存在 $\alpha_j-\alpha_{j-1}$,使 $\alpha_j-\alpha_{j-1}\leqslant\frac{\pi}{n-1}$,于是

$$\tan^2(\alpha_j-\alpha_{j-1})\leqslant\tan^2\frac{\pi}{n-1}.$$

进一步发现,上述估计可以改进为

$$\tan^2(\alpha_j-\alpha_{j-1})\leqslant\tan^2\frac{\pi}{n}.$$

这利用"充分条件"来分类即可.

实际上,如果 $\alpha_n-\alpha_1\leqslant\frac{(n-1)\pi}{n}$(充分条件),则由平均值原理,存在 $\alpha_j-\alpha_{j-1}$,使 $\alpha_j-\alpha_{j-1}\leqslant\frac{\pi}{n}$,于是

$$\tan^2(\alpha_j-\alpha_{j-1})\leqslant\tan^2\frac{\pi}{n}.$$

如果 $\alpha_n-\alpha_1>\frac{(n-1)\pi}{n}$,则因为 $\alpha_n-\alpha_1<\pi$,有 $\pi-\frac{\pi}{n}<\alpha_n-\alpha_1<\pi$,从而

$$\tan^2(\alpha_n-\alpha_1)\leqslant\tan^2\frac{\pi}{n}.$$

于是,不管哪种情况,都有 $1\leqslant i<j\leqslant n$,使 $\tan^2(\alpha_i-\alpha_j)\leqslant\tan^2\frac{\pi}{n}$.所以

$$\tan^2(\alpha_i-\alpha_j)\leqslant\frac{\sin^2\frac{\pi}{n}}{1-\sin^2\frac{\pi}{n}}=\frac{1}{\frac{1}{\sin^2\frac{\pi}{n}}-1}.$$

而 $n\geqslant32$ 时,$\sin\frac{\pi}{n}\leqslant\frac{\pi}{n}\leqslant\frac{\pi}{32}<\frac{1}{10}$,$\sin^2\frac{\pi}{n}<\frac{1}{100}$,所以

$$\tan^2(\alpha_i-\alpha_j)\leqslant\frac{1}{\frac{1}{\sin^2\frac{\pi}{n}}-1}<\frac{1}{\frac{1}{\frac{1}{100}}-1}=\frac{1}{99},$$

矛盾.

综上所述,所求 n 的最大值为 31.

例 9 在半径为 1 的圆周上任意给定两个点集 A,B,它们分别都由有限段互不相交的弧组成,其中 B 的每一段弧的长度都等于 $\frac{\pi}{m}$ (m 为给定的自然数),用 A_j 表示将集合 A 沿逆时针方向在圆周上旋转 $\frac{j\pi}{m}$ 所得的集合($j=1,2,\cdots,2m$),求证:存在自然数 k,使 $L(A_k\cap B)\geqslant\frac{L(A)L(B)}{2\pi}$,其中 $L(X)$为点集 X 的互不相交的弧长的和.(1989 年中国数学奥林匹克试题)

分析与证明 本题的目标是,找到点集 A_k,使其满足题设不等式,即要求 $A_k\cap B$ 的长度足够大,也即找到与 B 尽可能相交的一个点集 A_k.

从目标看,应以每个点集 A_k 对应的数 $L(A_k\cap B)$ 为元素(目标元).

因为不是涉及元素"个数"的问题,而是"长度"问题,从而可利用平均值抽屉原理.

至此,我们只需从整体上估计 $S=\sum_{k=1}^{2m}L(A_k\cap B)$.在估计总和时,有一个小小的技巧:不是对每一个 A_k 进行求和,而是对 B 的每一段弧进行求和.

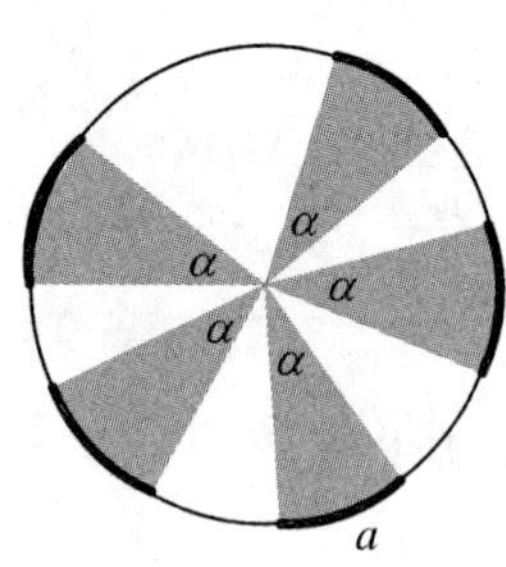

图 1.22

对 B 的任意一段弧 a(图 1.22),当 A 旋转一周时,等价于弧 a 反向旋转一周,由于每步跳动 $\frac{\pi}{m}$,这恰好是 a 的长,从而旋转过程中弧 a 将整个圆周上的点都恰好覆盖一次,当然弧 a 将集合 A 中的点也都恰好覆盖一次,从而弧 a 对 S 的贡献是 $L(A)$.

又 B 的总长度为 $L(B)$，每一段弧长为 $\frac{\pi}{m}$，从而共有 $L(B)\div\frac{\pi}{m}=\frac{mL(B)}{\pi}$ 段弧，于是 B 的所有弧对 S 的贡献为 $\frac{mL(A)L(B)}{\pi}$，即 $S=\frac{mL(A)L(B)}{\pi}$.

因为共有 $2m$ 个位置，于是必有某个位置 A_k，使

$$L(A_k\cap B)\geqslant\frac{S}{2m}=\frac{mL(A)L(B)}{2m\pi}=\frac{L(A)L(B)}{2\pi}.$$

例 10　证明：单位面积的凸图形内（含边界）任取 5 个点，则至少有 3 个点所成三角形面积不大于 $\frac{2}{5+\sqrt{5}}$，且这个常数是最好的.

分析与证明　考虑 5 个点的凸包.

(1) 若凸包为三角形或四边形，则将凸包剖分为 5 个或 4 个三角形，由平均值抽屉原理，必有一个三角形的面积 $S\leqslant\frac{1}{4}<\frac{2}{5+\sqrt{5}}$，结论成立.

(2) 若凸包为五边形 $ABCDE$，记 $S_{\triangle EAB}$，$S_{\triangle ABC}$，$S_{\triangle BCD}$，$S_{\triangle CDE}$，$S_{\triangle DEA}$ 为 S_A，S_B，S_C，S_D，S_E.

用反证法. 设 5 点形成的所有三角形的面积都大于 $\frac{2}{5+\sqrt{5}}$，则 $S_C>\frac{2}{5+\sqrt{5}}$，$S_E>\frac{2}{5+\sqrt{5}}$，所以

$$S_{\triangle ADB}=1-(S_C+S_E)<1-\left(\frac{2}{5+\sqrt{5}}+\frac{2}{5+\sqrt{5}}\right)=\frac{1+\sqrt{5}}{5+\sqrt{5}}.$$

同理，$S_{\triangle ACE}<\frac{1+\sqrt{5}}{5+\sqrt{5}}$.

设 AC，BD 交于点 F（图 1.23），则

$$\frac{CF}{AF}=\frac{S_{\triangle BCD}}{S_{\triangle ABD}}>\frac{2}{1+\sqrt{5}},$$

于是

$$\frac{AC}{AF}=\frac{AF+CF}{AF}=1+\frac{CF}{AF}>1+\frac{2}{1+\sqrt{5}}=\frac{3+\sqrt{5}}{1+\sqrt{5}},$$

所以

$$S_{\triangle EAF}=\frac{AF}{AC}\cdot S_{\triangle EAC}<\frac{1+\sqrt{5}}{3+\sqrt{5}}\cdot\frac{1+\sqrt{5}}{5+\sqrt{5}}=\frac{2}{5+\sqrt{5}}.$$

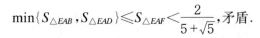

注意到 B,F,D 三点共线，所以

$$\min\{S_{\triangle EAB},S_{\triangle EAD}\}\leqslant S_{\triangle EAF}<\frac{2}{5+\sqrt{5}},\text{矛盾}.$$

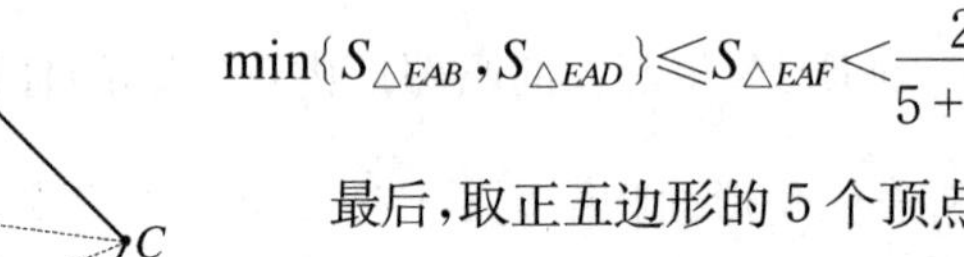

图 1.23

最后，取正五边形的 5 个顶点 $ABCDE$，则 $S_{\triangle ABC}=\frac{2}{5+\sqrt{5}}$，故此常数是最好的.

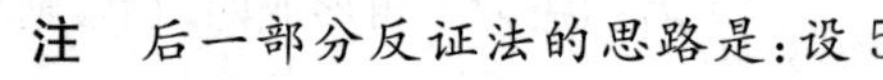

注 后一部分反证法的思路是：设 5 点形成的所有三角形的面积都大于$\frac{2}{5+\sqrt{5}}$，而 5 点形成的所有三角形可分为两种类型：Ⅰ型三角形，其 3 个顶点有两对相邻；Ⅱ型三角形，其 3 个顶点只有一对相邻.

由

$$S_{\text{Ⅰ}}>\frac{2}{5+\sqrt{5}}\to S_{\text{Ⅱ}}<\frac{1+\sqrt{5}}{5+\sqrt{5}}\to\frac{S_{\text{Ⅰ}}}{S_{\text{Ⅱ}}}>\frac{2}{1+\sqrt{5}}\to\frac{CF}{AF}>\frac{2}{1+\sqrt{5}}$$
$$\to S_{\triangle EAF}=\frac{AF}{AC}\cdot S_{\triangle EAC}<\frac{2}{5+\sqrt{5}},$$

矛盾.

1.4 反向形式

抽屉原理的反向形式有以下几种表现形式.

反向形式 1 将 m 个元素归于 n 个集合：$A_1,A_2,\cdots,A_n$，则必有

一个集合 $A_i(1\leqslant i\leqslant n)$，使 $|A_i|\leqslant\frac{m}{n}$.

特别地，如果 $m<n$，则至少有一个类中没有元素.

抽屉原理的反向形式 1 与抽屉原理的一般形式本质上是一致的，只是对同一个问题从不同的角度思考而产生不同的结论.

我们举一个例子.

例 1　试证：可以将整数 1，2，…，2 000 染上 2 种颜色，使得其中任何长为 18（有 18 个项）的等差数列的项都不全同色.

分析与证明　考察任意一个长为 18 的等差数列，设其首项为 a，公差为 d，则最后一个项 $a+17d\leqslant 2\,000$，所以 $d\leqslant\left[\frac{2\,000-a}{17}\right]$.

这表明，对固定的 a，以 a 为首项的长为 18 的等差数列有 $\left[\frac{2\,000-a}{17}\right]$ 个，是因其公差 d 可以取 $1,2,\cdots,\left[\frac{2\,000-a}{17}\right]$.

又由 $a+17d\leqslant 2\,000$，得 $a\leqslant 2\,000-17d\leqslant 2\,000-17=1\,983$，于是，所有长为 18 的等差数列的个数：

$$S=\sum_{a=1}^{1\,983}\left[\frac{2\,000-a}{17}\right].$$

因为 $\left[\frac{2\,000-a}{17}\right]\leqslant\frac{2\,000-a}{17}$，所以

$$\begin{aligned}S&\leqslant\sum_{a=1}^{1\,983}\frac{2\,000-a}{17}=\frac{1}{17}\sum_{a=1}^{1\,983}(2\,000-a)\\&=\frac{1}{17}\sum_{k=17}^{1\,999}k=\frac{1}{17}\cdot 1\,983\cdot 1\,008\\&<\frac{1}{2^4}\cdot 2^{11}\cdot 2^{10}=2^{17}.\end{aligned}$$

考察含有长为 18 的同色等差数列的染色方法数 T.

对于每个这种形式的染色，将其中长为 18 的等差数列的每个项染其中同一种颜色，有 2 种方法；对该数列外的其他项，都有 2 种染色

方法.于是,含有该长为 18 的同色等差数列的染色方法有 $2\cdot 2^{2\,000-18}=2^{1\,983}$种.

由于共有 S 个长为 18 的等差数列,从而 $T=S\cdot 2^{1\,983}$.而 $S<2^{17}$,所以 $T=S\cdot 2^{1\,983}<2^{17}\cdot 2^{1\,983}=2^{2\,000}$.显然,将 1,2,…,2 000 染 2 种颜色的总的染色方法数为$2^{2\,000}$,而 $T<2^{2\,000}$,故一定有一种染色方法,使其中不含长为 18 的同色等差数列.

综上所述,命题获证.

反向形式 2 将 m 个元素归于 n 个集合:$A_1,A_2,\cdots,A_n$,如果每个集合 $A_i(1\leqslant i\leqslant n)$都至多含有其中 r 个元素,则含有元素的抽屉的个数不少于$\frac{m}{r}$.

抽屉原理除以上所述的一些形式外,还有如下几种形式.

(1) 抽屉原理的无限形式

将无穷多个元素分成 n 个集合,则至少存在一个集合,其中有无穷多个元素.

(2) 抽屉原理的等容形式

将不多于$\frac{n(n-1)k}{2}-1$个元素分成 kn 类,则至少有 $k+1$ 类元素的个数一样多.

证明 反证法.假设至多有 k 类的元素一样多,那么元素个数最少的情形是:有 k 个类没有元素,有 k 个类都恰有 1 个元素,有 k 个类都恰有 2 个元素……有 k 个类都恰有 $n-1$ 个元素,这样,元素个数不少于

$$k\times(0+1+2+\cdots+(n-1))=\frac{n(n-1)k}{2}.$$

因为$\frac{n(n-1)k}{2}<\frac{n(n-1)k}{2}-1$,与已知条件矛盾.

(3) 抽屉原理的加权形式

将不少于 $m_1+m_2+\cdots+m_n+1$ 个元素分成 n 类,那么或者第1类中至少 m_1+1 个元素,或者第2类中至少 m_2+1 个元素……或者第 n 类中至少 m_n+1 个元素.

证明　反证法.假设第1类中至多 m_1 个元素,且第2类中至多 m_2 个元素……且第 n 类中至多 m_n 个元素,那么元素个数的总数为 $S\leqslant m_1+m_2+\cdots+m_n$,与已知条件矛盾.

(4) 抽屉原理的面积重叠形式

在平面图形 A 内有另外 n 个平面图形 $A_1,A_2,\cdots,A_n$,用 $S(X)$ 表示平面图形 X 的面积.

① 如果 $S(A_1)+S(A_2)+\cdots+S(A_n)>A$,则 A 中至少有一个点被两个平面图形覆盖;

② 如果 $S(A_1)+S(A_2)+\cdots+S(A_n)<A$,则 A 中至少有一个点未被任何平面图形覆盖.

例2　在1,2,…,20中最多能选出多少个数,使其中任何一个选出来的数都不是另一个选出来的数的2倍.并问:这样的取数方法有多少种?(原创题)

分析与解　把能构成2倍的数放在一起作为一个抽屉,当抽屉中有较多元素时,必有两个数在抽屉中"相邻",其中一个是另一个的2倍.

令 $A_1=\{1,2,4,8,16\}$, $A_2=\{3,6,12\}$, $A_3=\{5,10,20\}$, $A_4=\{7,14\}$, $A_5=\{9,18\}$, $A_6=\{11\}$, $A_7=\{13\}$, $A_8=\{15\}$, $A_9=\{17\}$, $A_{10}=\{19\}$.

如果取出 $n\geqslant 15$ 个数,由于 $15=3+2+2+1+1+\cdots+1+1$(共八个1),由抽屉原理的加权形式,要么 A_1 中取四个数,要么 A_2 中取三个数,要么 A_3 中取三个数,要么某个 A_j $(j\geqslant 4)$ 中取两个数,此时,有一个选出来的数是另一个选出来的数的2倍,矛盾.

所以最多可取出 14 个数.

当取出 14 个数时，只能是 A_1 中取三个数，A_2 中取两个数，A_3 中取两个数，$A_j(j\geqslant 4)$ 中都取一个数.

因为 $A_1=\{1,2\}\cup\{4,8\}\cup\{16\}$，而 A_1 中取出三个数，所以必取 16，于是不能取 8，所以必取 4，于是不能取 2，所以必取 1. 因而只有唯一的方法在 A_1 中取出三个数.

同理可知，A_2 中只有唯一的方法取出两个数.

而 A_4，A_5 中都有两种方法取出一个数. 其他集合都只有唯一的方法取出一个数.

故共有 $2\cdot 2=4$ 种方法，取出来的数构成的集合为

$$X\cup Y_i\quad (i=1,2,3,4),$$

其中

$$X=\{1,4,16,3,12,5,20,11,13,15,17,19\},$$

$$Y_1=\{7,8\},\quad Y_2=\{7,9\},\quad Y_3=\{14,8\},\quad Y_4=\{14,9\}.$$

故取出来的数的个数的最大值为 14.

另解　令 $A_1=\{1,2\}$，$A_2=\{3,6\}$，$A_3=\{4,8\}$，$A_4=\{5,10\}$，$A_5=\{7,14\}$，$A_6=\{9,18\}$，$A_7=\{11,12,13,15,16,17,19,20\}$.

如果取出 $n\geqslant 15$ 个数，则 A_7 中最多取八个数，将另七个数归入六个抽屉：A_1，A_2，…，A_6，必有一个集合有两个数被选取，此时，有一个选出来的数是另一个选出来的数的 2 倍，矛盾. 所以最多可取出 14 个数.

若取出 14 个数，则一定是 A_7 中最多取八个数，A_1，A_2，…，A_6 中各取出一个数，因为必取 11，12，13，15，16，17，19，20. 注意取了 12，16，20 后不能取 6，8，10，所以必取 3，4，5. 又取了 4 后不能取 2，所以必取 1. 剩下 A_5，A_6 中各取出一个数，共有 $2\cdot 2=4$ 种方法.

1.5　拉姆齐定理

拉姆齐定理是抽屉原理的一个重要而且深刻的推广，本节简要介绍这一定理及其应用，但略去它的较为困难的证明.

拉姆齐(F. P. Ramsey)是英国数学家，逻辑学家，他提出了如下的结论，人们称为拉姆齐定理：

设 $q_1,q_2,\cdots,q_k,t$ 是给定的满足 $q_i\geqslant t\geqslant 2(1\leqslant i\leqslant k)$ 的自然数，S 是有 n 个元素的集合，那么，存在一个只依赖于 q_i 和 t 的最小自然数 $N(q_1,q_2,\cdots,q_k;t)$，当 $n\geqslant N$ 时，将 S 的 t 元子集归入 k 个类中，或者存在 q_1 个元素，使这 q_1 个元素的所有 t 元子集都在第一个类中；或者存在 q_2 个元素，使这 q_2 个元素的所有 t 元子集都在第二个类中……或者存在 q_k 个元素，使这 q_k 个元素的所有 t 元子集都在第 k 个类中. 其中 $N(q_1,q_2,\cdots,q_k;t)$ 称为拉姆齐数.

拉姆齐定理较为抽象，为了使表述简单，我们称 n 元集合 S 的每一个 r 元子集为 S 的一个结，并用 k 种颜色代替 k 个类，则拉姆齐定理可以直观地表述为：

设 $q_1,q_2,\cdots,q_k,t$ 是给定的满足 $q_i\geqslant t\geqslant 2(1\leqslant i\leqslant k)$ 的自然数，必存在一个只依赖于 q_i 和 t 的最小自然数 $N(q_1,q_2,\cdots,q_k;t)$，当 $n\geqslant N$ 时，将 n 元集合 S 的所有结都染 k 种颜色之一，那么，必定存在 $i(1\leqslant i\leqslant k)$，使 S 存在一个 q_i 元子集，它的所有结都是第 i 种颜色.

特别地，当 $t=2$ 时，其结就是两个元素组成的元素对，相应的拉姆齐数简记为 $R(q_1,q_2,\cdots,q_k)$.

用 n 阶完全图 G 的顶点表示 n 个元素的集合，那么，该集合的所有结可用 G 的边表示，用 k 种颜色代替 k 个类，某条边染第 i 色，表示该边对应的子集属于第 i 个类中，这样，$t=2$ 时的拉姆齐定理可以叙述为：

给定整数 $q_i \geqslant 2(1 \leqslant i \leqslant k)$，一定存在最小的正整数 $R(q_1, q_2, \cdots, q_k)$，当 $n \geqslant R(q_1, q_2, \cdots, q_k)$时，对 n 阶完全图 G 的边 k-染色，那么，或者存在第 1 色的 q_1阶完全图，或者存在第 2 色的 q_2阶完全图……或者存在第 k 色的q_k阶完全图.

拉姆齐定理只证明了拉姆齐数的存在性，至于这个数是多少却不得而知，尽管这一问题早已广泛地引起了人们的兴趣，但探求一般的拉姆齐数直到现在仍是相当困难的.

20 世纪 50 年代后期，不少数学家对此进行了深入的研究，但迄今为止，人们对它的了解还相当有限，即使是对一类简单的拉姆齐数 $R(p,q)$（对 $R(p,q)$阶完全图 G 的边 2-染色，必存在红色的 K_p或存在蓝色的K_q），除显然的 $R(1,q)=R(p,1)=1$，$R(p,2)=p$，$R(2,q)=q$外，已经知道的确定的也只有少数几个，如表 1.1 所示.

表 1.1　拉姆齐数 $R(p,q)$

$p\backslash q$	3	4	5	6	7	8	9
3	6	9	14	18	23	[27,30]	[36,37]
4		18	[25,28]	[34,35]			
5			[38,55]	[38,44]			
6				[102,178]			

但据报道，有人在 2005 年利用巨型计算机证明了 $R(4,5)=25$.

在所有的拉姆齐数中，形如 $N(\underbrace{33\cdots3}_{k个3};2)=R(\underbrace{33\cdots3}_{k个3})$的拉姆齐数是最简单的，称为经典拉姆齐数，简记为 $r_t=R(\underbrace{33\cdots3}_{k个3})$，此时的拉姆齐定理可以叙述为：

一定存在最小的正整数 $n=r_t$，使对 n 阶完全图G 的边k-染色，必存在同色三角形.

对于经典拉姆齐数 r_t，至今知道的只有 3 个：$r_1=3$，$r_2=6$（即 $N(3,3;2)=6$），$r_3=17$（即 $N(3,3,3;2)=17$），而 r_4的值还未确定，只知道它是 65 或 66.

由此可见，拉姆齐数的探求有相当的难度.在数学解题中，我们通常只用到它的简单结果，而直接利用一般拉姆齐数的问题是很少的，更多的是使用它隐含的深刻的数学思想.

例 1　试证：$r_2=6$，即对 K_6的边 2-染色，必有同色三角形.

分析与证明　我们用三种方法证明该结论.

方法 1　用 $x_0,x_1,x_2,\cdots,x_5$表示 K_6的 6 个顶点，将其边用红、蓝进行 2-染色，考察边 x_0x_i（$i=1,2,\cdots,5$），必有 $\left[\dfrac{5}{2}\right]+1=3$ 条边同色，不妨设为 x_0x_j（$j=1,2,3$）同为红色.

再考察 x_j之间的连线，若其中有一条为红色，则此边与 x_0构成红色三角形，结论成立.

否则，x_1,x_2,x_3构成蓝色的 K_3，证毕.

方法 2　如果一个角的两边同色，则称为同色角.

K_6中共有 $C_6^3=20$ 个三角形，设其中有 x 个同色三角形，则有 $20-x$个异色三角形，而一个同色三角形对应 3 个同色角，一个异色三角形对应 1 个同色角，所以同色角的个数为

$$S=3x+20-x=2x+20.$$

另一方面，对某个顶点 x，设 x 引出 p 条蓝色边，q 条红色边（$p+q=5$），则以 x 为顶点的同色角个数为

$$C_p^2+C_q^2=\frac{1}{2}p(p-1)+\frac{1}{2}q(q-1)=\frac{1}{2}(p^2+q^2)-\frac{1}{2}(p+q)$$

$$\geqslant\frac{1}{4}(p+q)^2-\frac{5}{2}=\frac{25}{4}-\frac{10}{4}=\frac{15}{4}>3,$$

于是以 x 为顶点的同色角至少有 4 个，所以

$$S \geqslant 6 \times 4 = 24, \quad 即 \quad 2x + 20 \geqslant 24,$$

解得 $x \geqslant 2$,即至少有两个同色三角形.

方法 3 如果一个角的两边异色,则称为异色角.

K_6中共有 $C_6^3 = 20$ 个三角形,设其中有 x 个同色三角形,则有 $20 - x$个异色三角形,而同色三角形中没有异色角,一个异色三角形对应 2 个异色角,所以异色角的个数为

$$S = 2(C_6^3 - x) = 40 - 2x.$$

另一方面,对每个给定的点 x,设 x 引出了 r 条红色边,$5 - r$ 条蓝色边,则以 x 为顶点的异色角的个数为

$$C_r^1 C_{5-r}^1 = r(5 - r) \leqslant \left[\left(\frac{5}{2}\right)^2\right] = 6,$$

所以 $S \leqslant 6 \times 6 = 36$,即 $40 - 2x = S \leqslant 36$,解得 $x \geqslant 2$.

注 *后两种方法都找到了两个同色三角形.*

例 2 在 17 位科学家中,每一位和其他的所有科学家都通信,他们在书信中仅仅讨论 3 个题目,而每两位科学家都仅讨论一个题目.求证:至少有 3 位科学家,他们在通信中讨论同一个题目.(第 6 届 IMO 试题)

分析与证明 用点 $x_0, x_1, x_2, \cdots, x_{16}$表示 17 位科学家,如果两个科学家通信讨论第 i 个题目,则在对应两点之间连一条第 i 色的边,从而问题等价于证明:$r_3 = 17$.

考察边 $x_0 x_i (i = 1, 2, \cdots, 16)$,将其归入 3 种颜色,由抽屉原理,必有$\left[\frac{16}{3}\right] + 1 = 6$ 条边同色,不妨设为 $x_0 x_j (j = 1, 2, \cdots, 6)$同为第 1 色.

再考察各点 $x_j (j = 1, 2, \cdots, 6)$之间的连线,若其中有一条为第 1 色,则此边两端点与 x_0构成第 1 色的三角形,结论成立.

否则,$x_1, x_2, \cdots, x_6$构成 2 色的 K_6,由 $r_2 = 6$,可知必有同色三角形,命题获证.

例3　试证：在4色K_{25}中，必有同色四边形.

分析与证明　我们将"同色四边形"分解为两个"对接"且同色的单色角，于是只需估计单色角的总数，然后归入若干点对(抽屉中).

设图中同色角的个数为S，考察点x处引出的边，设第1,2,3,4色的边分别有p,q,r,s条，则$p+q+r+s=24$.

于是，以x为顶点的同色角的个数为

$$
\begin{aligned}
&C_p^2+C_q^2+C_r^2+C_s^2\\
&\quad=\frac{1}{2}(p^2-p)+\frac{1}{2}(q^2-q)+\frac{1}{2}(r^2-r)+\frac{1}{2}(s^2-s)\\
&\quad=\frac{1}{2}(p^2+q^2+r^2+s^2)-12\\
&\quad\geqslant 2\left(\frac{1}{4}(p+q+r+s)\right)^2-12=60.
\end{aligned}
$$

因为图中共有25个顶点，所以

$$S\geqslant 60\times 25=1\,500.$$

将1 500个同色角归入K_{25}的$C_{25}^2=300$条边(点对)，由抽屉原理，必有一条边xy对着$\frac{1\,500}{300}=5$个同色角.

但只有4种颜色，在边xy所对的5个同色角中必有两个同色，此两个同色角构成同色四边形，命题获证.

例4　对K_{16}的边r染色，使之不含同色三角形，求r的最小值.

分析与解　先证明$r\geqslant 3$，否则，设$r\leqslant 2$，考察点A引出的15条边，将其归入$r\leqslant 2$种颜色，必定有8条边同色，设为红色.

考察这8条边另8个端点之间连的边，不能有红色边，设这些边都为蓝色，从而出现蓝色三角形，矛盾.

下面证明$r=3$合乎条件，采用轮换对称构造.

考察点P引出的15条边，为便于利用对称性，设P引出的第1色边、第2色边、第3色边的另一端点的集合分别为$A=\{A_1,A_2,\cdots,$

$A_5\}$, $B=\{B_1,B_2,\cdots,B_5\}$, $C=\{C_1,C_2,\cdots,C_5\}$.

先考虑 A,B,C 内部的第 1 色边，所以 A 中的边是一个 2 色的 K_5. 又无同色三角形，由图论熟知的定理，它只能是一个第 2 色的 C_5 与一个第 3 色的 C_5 的并.

于是，设 A 中有一个第 2 色的五角星和一个第 3 色的凸五边形. 进而将 A 中的边按字母 A,B,C 轮换，可知 B 中的第 1 色边构成一个凸五边形，C 中的第 1 色边构成一个五角星.

下面连 A,B,C 之间的第 1 色边. 先考察 A 中点引出的第 1 色边，因为每点的"1 色度"为 5，所以 A 中每个点还要引出 4 条第 1 色边，由"均衡分布"，可令 A 中每个点都向 B,C 各引出 2 条第 1 色的边.

于是，令 A 向 B 引出的所有第 1 色的边为

$$A_1B_5, A_2B_1, A_3B_2, A_4B_3, A_5B_4;$$

$$A_1B_2, A_2B_3, A_3B_4, A_4B_5, A_5B_1.$$

A 向 C 引出的所有第 1 色的边为

$$A_1C_3, A_2C_4, A_3C_5, A_4C_1, A_5C_2;$$

$$A_1C_4, A_2C_5, A_3C_1, A_4C_2, A_5C_3.$$

至此，B,C 中每个点都已引出 4 条第 1 色边(内部圈中引 2 条，外部向 A 引 2 条)，只需再引一条第 1 色边，构造 B,C 间的一个完全匹配即可. 于是，规定 B,C 间的所有的第 1 色边为

$$B_1C_1, B_2C_2, B_3C_3, B_4C_4, B_5C_5.$$

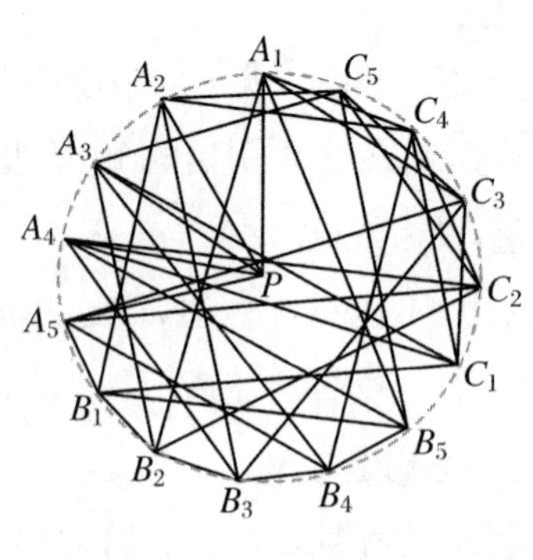

图 1.24

这样，第 1 色边共有 15 + 25 = 40 条.

将 40 条第 1 色边的集合记为 X，我们证明：将 X 中的边按 A,B,C 顺序轮换 2 次，先后得到的边都不会与 X 中边重叠，得到如图 1.24 所示

构造(图中只标出了1色边).

综上所述,r 的最小值为3.

习　题　1

1. 在$\{1,2,3,\cdots,2\,015\}$中任取 p 个数,都有其中任何两个数的和不等于2 015,求 p 的最大值.

2. 平面上至少应给出几个格点(也称整点,即横坐标、纵坐标都是整数的点),才能使得其中至少有两个点的连线的中点仍是格点.

3. 有12双筷子,其中红色、白色、黑色筷子各4双.从中取出一些筷子,要使一定有两双不同颜色的筷子(同一双筷子的两只筷子同色),那么至少要取出多少只筷子?(1987年部分省市初中数学竞赛试题)

4. 设 $M=\{1,2,\cdots,1\,996\}$,A 是 M 的子集,若对任何 $a_i\neq a_j\in A$,都能以 a_i,a_j 为边长唯一地确定一个等腰三角形,求$|A|$的最大值.

5. 设 A 是N 的子集,对任何 $x,y\in A,x\neq y$,有 $|x-y|\geqslant\dfrac{xy}{25}$.求$|A|$的最大值.

6. 已知集合 $P=\{x\,|\,x=7^3+a\times7^2+b\times7+c$,其中 a,b,c 为不大于6的正整数$\}$,设 $x_1,x_2,\cdots,x_n$ 为集合P 中构成等差数列的n 个元素,求 n 的最大值.(2013年全国高中数学联赛福建赛区预赛试题)

7. 在坐标平面上取定100个格点,证明:存在一个格径矩形,它的内部(包括边界)至少有20个格点,格径矩形至少有2个顶点为格点.(1992年圣彼得堡数学竞赛试题)

8. 二十一世纪城的街道都是东西向和南北向,为了加强安全管理,在一些十字路口设置保安亭(任何两个保安亭都不在同一街道上),以两个保安亭为其两个顶点、街道为边围成的矩形称为一个安全区,安全区(包括边界)内保安亭的个数称为该安全区的安全强度.

如果世纪城两个方向的街道都至少有 $n(n\geqslant 5)$ 条，且任何两条不平行的街道都交成一个十字路口，今按要求选定 n 个十字路口设置保安亭，求安全强度最大的安全区的安全强度的最小值.（原创题）

9. 有 100 个运动员参加比赛，其中任何 12 个人中都有 2 个人相互认识. 求证：无论怎样给运动员分配号码（不一定从 1 到 100，号码的首位都不是 0），都可以找到 2 个相识的运动员，使他们的号码都是从同一个数字开始的.（第 16 届全俄数学奥林匹克十年级试题）

10. 面积为 1 的三角形内有 8 个点，求证：其中必有 3 个点，它们构成的三角形的面积不大于 $\frac{1}{8}$.

11. 已知一平面内任意 4 点，其中任何 3 点都不在同一直线上，试问：是否一定存在从这样 4 点中选出的 3 个点构成一个三角形，使这个三角形至少有一个内角不大于 45°，请证明你的结论.（2001 年江苏省初中数学竞赛试题）

12. 以凸四边形的 4 条边为直径在包含四边形的一侧作半圆，求证：

(1) 四边形内每一个点至少被其中一个半圆覆盖；

(2) 四边形内至多有一个点同时被 4 个半圆覆盖，并讨论四边形的形状.

13. 平面上一个有限点集中如果任何两个点的距离都是确定的，则这个有限点集称为“稳定的”. 给定正整数 $n\geqslant 4$，设 M_n 是平面上 n 个点的集合，其中任何 3 个点都不共线，试证：若 M_n 中有 $\frac{1}{2}n(n-3)+4$ 对点之间的距离都是确定的，则 M_n 是稳定的.（1999 年上海市中学生数学奥林匹克试题）

14. 将平面上的每一个格点 2-染色，求证：存在无数多个红色三角形或无数多个蓝色三角形.

15. 给定正整数 m，若存在凸 m 边形，它可以划分为 n 个钝角三角形($m\geqslant 4$)，且凸 m 边形的边上无新增的点，求 n 的最小值.

16. 给定正整数 $k,n(2\leqslant k\leqslant n)$，$S=\{a_1,a_2,\cdots,a_k\}$(其中 $a_1<a_2<\cdots<a_k$)是 $X=\{1,2,\cdots,n\}$的任一子集，求

$$M=\max_S\left(\min_{1\leqslant i\leqslant k-1}(a_{i+1}-a_i)\right).$$

17. 已知平面上两个不同的点 O 和 A，对于平面上不同于 O 的每一点 X，由 OA 按逆时针方向到 OX 的角的弧度数用 $a(X)$表示($0\leqslant a(X)<2\pi$)，设 $C(X)$是以 O 为圆心、以 $OX+\dfrac{a(X)}{OX}$ 的长为半径的圆.将平面的每一个点用有限多种颜色染色，试证：存在一个点 Y，使 $a(Y)>0$，它的颜色出现在圆 $C(Y)$的圆周上.(第25届国际数学奥林匹克试题)

18. 对 K_n 进行4-染色，若有某个点引出至少17条同色边，则必有同色三角形.

19. 对 K_n 进行4-染色，若图中至少有 $8n+1$ 条同色边，则必有同色三角形.

20. 当 $n>65$ 时，对 K_n 进行4-染色，则必有同色三角形.

习题1解答

1. 从反面考虑：如果 p 很大，就可能有两个数属于同一抽屉，而我们可以这样来构造抽屉，使同一抽屉中的两个数的和为2 015.

将$\{1,2,\cdots,2\,015\}$划分为如下1 008个子集：$A_i=\{i,2\,015-i\}$($1\leqslant i\leqslant 1\,007$)，$A_{1\,008}=\{2\,015\}$.设取出的 p 个数构成的集合为 A，若 $p\geqslant 1\,009$，则由抽屉原理(简单形式)，必有一个子集含有其中两个元素，这两个元素的和为2 015，矛盾.

所以 $p\leqslant 1\,008$.若 $p=1\,008$，且 A 中任何两个数的和不为2 015，

则上述 1 008 个子集中都恰有一个数属于 A，于是令 $A=\{1\,008,1\,009,\cdots,2\,015\}$，此时 $|A|=1\,008$，且对 A 中任何两个数 a,b，有 $a+b\geqslant 1\,008+1\,009=2\,017>2\,015$，从而 A 合乎要求. 综上所述，p 的最大值为 1 008.

2. 设两个格点的坐标分别为 (x_1,y_1)，(x_2,y_2)，则连线的中点坐标为 $\left(\frac{x_1+x_2}{2},\frac{y_1+y_2}{2}\right)$. 易见，为保证中点坐标为整数，当且仅当 x_1 与 x_2，y_1 与 y_2 同奇偶；因此，可按奇偶性将所有格点的坐标分类，共有(奇，奇)，(奇，偶)，(偶，奇)，(偶，偶)四种情况，把这四种情况看作抽屉，由抽屉原理，至少应给出 5 个格点，才能保证至少有两点属于同一类，从而才有两点连线的中点是格点.

3. 至少要取出 11 只筷子.

首先，若取出 11 只筷子(先找一双同色，去掉该颜色，再找一双同色)，则至少有 $\left[\frac{11}{3}\right]+1=4$ 只同色，设为红色，得到一双红色的筷子.

又红色的筷子只有 4 双，所取的筷子中至多有 8 只为红色，至少有 3 只是另外 2 种颜色，由抽屉原理，这 3 只筷子中必有 2 只筷子同色，得到一双其他色的筷子.

其次，若取出 $r\leqslant 10$ 只筷子，设 8 只红色、1 只白色、1 只黑色筷子构成的集合为 A，在 A 中取出 r 只筷子，其中没有 2 双不同色的同色筷子.

综上所述，至少要取出 11 只筷子.

典型错误：取 10 只筷子，其中 8 只为红色，1 只为白色，1 只为黑色. 其中没有 2 双不同色的筷子. 若再取 1 只，必有 2 双不同色的同色筷子. 所以 $r_{\min}=11$.

错误原因：只列举了一种取筷子情形，并没有证明任取 11 只筷子，都有 2 双不同色的同色筷子.

4. 将 M 划分为 11 个子集：$A_1=\{1\}$，$A_2=\{2,3\}$，$A_3=\{2^2,2^2+1,\cdots,2^3-1\}$，$\cdots$，$A_{11}=\{2^{10},2^{10}+1,\cdots,1\,996\}$. 如果 $|A|\geqslant 12$，则由抽屉原理，必有某集合 A_i 含有 A 中两个元素 $a,b(a<b)$，由 A_i 的特征，有 $2a>b$，于是，a,b 为边长确定 2 个等腰三角形，矛盾. 所以 $|A|\leqslant 11$. 又 $A=\{1,2,\cdots,1\,024\}$合乎条件，故 $|A|$的最大值为 11.

5. 令 $X_1=\{1\}$，$X_2=\{2\}$，$X_3=\{3\}$，$X_4=\{4\}$，$X_5=\{5,6\}$，$X_6=\{7,8,9\}$，$X_7=\{10,11,\cdots,16\}$，$X_8=\{17,18,\cdots,53\}$，$X_9=\{54,55,\cdots\}=N\backslash\{1,2,\cdots,53\}$.

直接验证，可知 $X_1,X_2,\cdots,X_8$ 中任何 $x,y(x\neq y)$，有 $|x-y|<\frac{xy}{25}$. 而对于 X_9，注意到 $y-x<\frac{xy}{25}$，等价于 $y<\frac{x}{25}\cdot y+x$，而 $x,y\in X_9$ 时，有 $x>25$，所以$\frac{x}{25}\cdot y+x>y+x>y$ 成立，从而 $y-x<\frac{xy}{25}$.

如果 $|A|\geqslant 10$，则由抽屉原理，必有某集合 X_i 含有 A 中两个元素 $x,y(x<y)$，由上所述，$y-x<\frac{xy}{25}$，矛盾. 所以 $|A|\leqslant 9$.

又 $A=\{1,2,3,4,5,7,10,17,54\}$合乎条件，所以 $|A|$ 的最大值为 9.

6. 显然 1,2,3,4,5,6 这 6 个数在集合 P 中，且构成等差数列. 下面证明集合 P 中任意 7 个不同的数都不能构成等差数列. 用反证法.

设 $x_1,x_2,\cdots,x_7$ 为集合 P 中构成等差数列的 7 个不同的元素，其公差为 $d(d>0)$. 由集合 P 中元素的特性知，集合 P 中任意一个元素都不是 7 的倍数.

由抽屉原理知，$x_1,x_2,\cdots,x_7$ 这 7 个数中，存在 2 个数，它们被 7 除的余数相同，其差能被 7 整除. 设 $x_i-x_j(1\leqslant i<j\leqslant 7)$ 能被 7 整除，则 $7|(j-i)d$. 而$(7,j-i)=1$，所以 $7|d$. 设 $d=7m$(m 为正整数)，$x_1=7^3+a_1\times 7^2+a_2\times 7+a_3$($a_1,a_2,a_3$ 为不大于 6 的正整数)，则

$x_i=7^3+a_1\times7^2+a_2\times7+a_3+7\times(i-1)m$，其中 $i=2,3,\cdots,7$. 因为

$$x_7\leqslant7^3+6\times7^2+6\times7+6,$$
$$x_7\geqslant7^3+1\times7^2+1\times7+1+7\times(7-1)m,$$

所以 $1\leqslant m\leqslant6$，即公差 d 只能为 $7\times1,7\times2,\cdots,7\times6$.

由 $1\leqslant m\leqslant6$，知 $(7,m)=1$，从而 $m,2m,\cdots,6m,7m$ 是模 m 的完系，所以 $m,2m,\cdots,6m$ 关于模 m 的余数是 $1,2,\cdots,6$ 的一个排列，因此，存在 $k\in\{1,2,\cdots,6\}$，使得 a_2+km 能被 7 整除. 设 $a_2+km=7t$（t 为正整数），则

$$\begin{aligned}x_{k+1}&=7^3+a_1\times7^2+a_2\times7+a_3+7km\\&=7^3+a_1\times7^2+(a_2+km)\times7+a_3\\&=7^3+a_1\times7^2+7t\times7+a_3=7^3+(a_1+t)\times7^2+a_3.\end{aligned}$$

这样，x_{k+1} 的七进制表示中，7 的系数为 0，与 $x_{k+1}\in P$ 矛盾.

所以集合 P 中任意 7 个不同的数都不能构成等差数列，故 n 的最大值为 6.

7. 为叙述问题方便，称至少有 2 个顶点为格点的格径矩形为好矩形. 我们证明更强的结论：存在好矩形至少含有 22 个格点.

用一个充分大的格径矩形覆盖已知的 100 个格点，再不断缩小格径矩形直至不能再缩小，使之仍覆盖所有 100 个格点.

设此时的格径矩形为 M，则 M 的每条边上都至少有一个格点. 在 M 的四边上依次各取一个格点 A,B,C,D（可能有重合）. 用 $S(X)$ 表示好矩形 X 中已知格点的个数.

(1) 若 A,B,C,D 中至少有 2 个点为 M 的顶点，则 M 为好矩形，$S(M)=100>22$.

(2) 若 A,B,C,D 中恰有 1 个点为 M 的顶点，不妨设此点为 A（图 1.24），则 M 的不含 A 的两条边上各有一个已知格点，设为 B,C，

那么,3个好矩形 AB,BC,CA 覆盖了 M,由抽屉原理,至少有其中一个矩形,设为 AB,使 $S(AB)\geqslant\frac{100}{3}>22$.

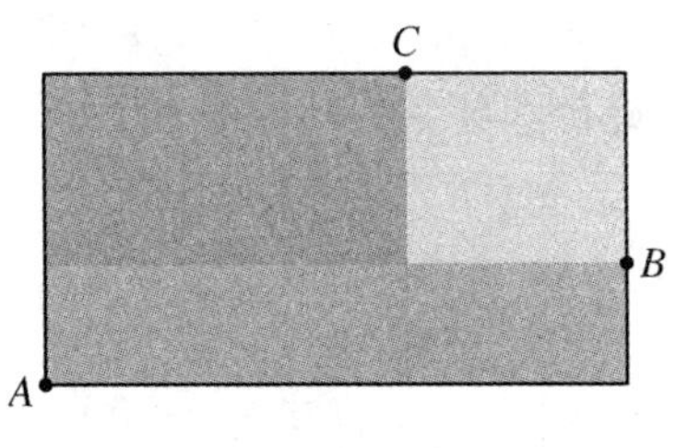

图1.24

(3) 若 A,B,C,D 都不是 M 的顶点,此时,其中有2个点在同一条格线上,不妨设此2点为 A,C(图1.25),则 AC 将 M 划分为2个好矩形,这2个矩形覆盖了 M,从而由抽屉原理,至少有其中一个矩形,记为 X,使 $S(X)\geqslant\frac{100}{2}>22$;

若其中任何2个点都不在同一条格线上,则如图1.26所示,4个好矩形 AB,BC,CD,DA 覆盖了 M 中除矩形 $A'B'C'D'$ 外的所有点,又好矩形 AC 覆盖了矩形 $A'B'C'D'$,于是 A,B,C,D 外的96个格点都被上述5个好矩形覆盖,从而由抽屉原理,至少有一个好矩形,记为 Y,使 Y 覆盖了这96个格点中至少 $\left[\frac{96}{5}\right]+1=20$ 个格点.

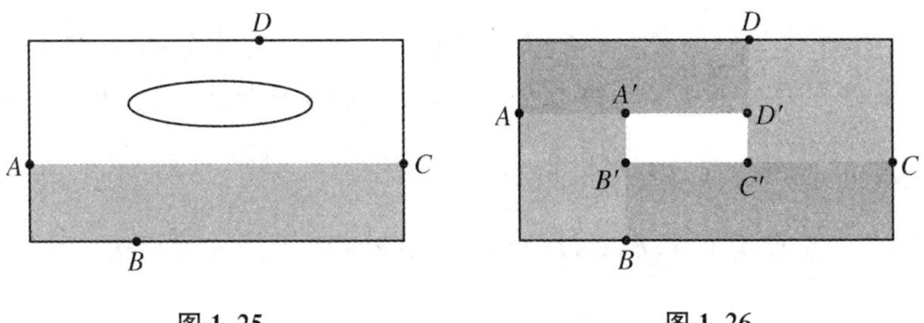

图1.25　　图1.26

又 Y 以 A,B,C,D 中 2 个格点为顶点，所以 $S(Y)\geqslant 20+2=22$.

综上所述，命题获证.

8. 设最南、最东、最北、最西边的一个保安亭分别为 A,B,C,D（可能有重合），分别过 A,C 的东西向街道与分别过 B,D 的南北向街道围成一个矩形 M，则所有保安亭都在 M 内. 令 $n=5k+r(0\leqslant r\leqslant 4,k\geqslant 1)$，并用 $S(X)$ 表示安全区 X 的安全强度.

(1) 若 A,B,C,D 中至少有 2 个不同点为 M 的顶点，则 M 本身为安全区，此时

$$S(M)=n\geqslant\left[\frac{n}{5}\right]+2.$$

(2) 若 A,B,C,D 中恰有一个为 M 的顶点，则不妨设为 A. 此时，M 的不含 A 的两边上各有一个保安亭，设为 B,C.

因为 3 个安全区 AB,BC,CA 覆盖了 M，于是 A,B,C 外的 $n-3$ 个保安亭都被上述 3 个安全区覆盖，从而由抽屉原理，至少有一个安全区 X，它覆盖了这 $n-3$ 个保安亭中至少 $\left[\frac{5k-3}{3}+\frac{2}{3}\right]\geqslant k$ 个保安亭.

又 X 覆盖了 A,B,C 中 2 个点(以其中 2 个点为顶点)，所以

$$S(X)\geqslant k+2=\left[\frac{n}{5}\right]+2.$$

(3) A,B,C,D 都不是 M 的顶点，则 4 个安全区 AB,BC,CD,DA 覆盖了 M 中除矩形 $A'B'C'D'$ 外的所有保安亭.

又安全区 AC 覆盖了矩形 $A'B'C'D'$，于是 A,B,C,D 外的 $n-4$ 个保安亭都被上述 5 个安全区覆盖，从而由抽屉原理，至少有一个安全区 Y，它覆盖了这 $n-4$ 个保安亭中至少 $\left[\frac{5k-4}{5}\right]+1=k$ 个保安亭.

又 Y 覆盖了 A,B,C,D 中 2 个点(以其中 2 个点为顶点)，所以

$$S(Y)\geqslant k+2=\left[\frac{n}{5}\right]+2.$$

由上可见,不论哪种情况,都有 $S_{max} \geqslant \left[\frac{n}{5}\right]+2$.

其次,将 $n=5k+r$ 个保安亭分为5组,各组保安亭个数及分布如图1.27所示,其中边界4组中有 r 个组含有 $k+1$ 个保安亭,其他的组都含有 k 个保安亭.

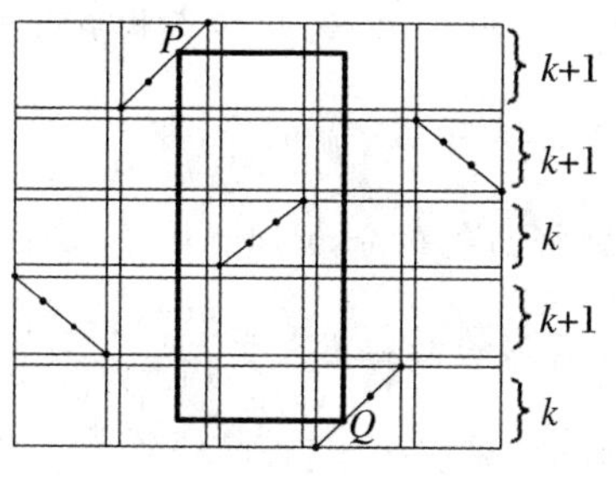

图 1.27

对其中任何两个保安亭 P,Q,当 P,Q 属于同一组时,$S(PQ) \leqslant k+1$.

当 P,Q 中恰有一个属于中央一组时,安全区 PQ 或者恰含中央一组中的一个点,或者恰含非中央一组中的一个点,所以 $S(PQ) \leqslant 1+(k+1)=k+2$.

当 P,Q 都属于边界相邻两组时,安全区 PQ 或者恰含其中一组中的一个点,或者恰含另一组中的一个点,所以 $S(PQ) \leqslant 1+(k+1)=k+2$.

当 P,Q 都属于边界相对两组时,安全区 PQ 恰含这两组中的一个点,且最多含有中央一组中的 k 个点,所以 $S(PQ) \leqslant 1+k+1=k+2$.

又图1.27中显然存在保安亭 P,Q,使 $S(PQ)=k+2$,所以 $S_{max}=k+2$.

综上所述,$(S_{max})_{min}=\left[\frac{n}{5}\right]+2$.

9. 用 N_i 表示从数字 i 开始的号码个数,则 $N_1+N_2+\cdots+N_9=100$.

由平均值抽屉原理，必存在 i，使 $N_i \geqslant 12$，即至少有 12 个人的号码是从同一数字开始的，而这 12 个人中一定有 2 个人相识，命题获证.

10. 设三角形为$\triangle ABC$，若已知的 8 点中有 3 点共线，结论显然成立；若无 3 点共线，则考虑 8 个点的凸包，设为凸 n 边形.

(1) 若 $n \geqslant 7$，作$\triangle ABC$ 的中线 AD，两个三角形 ABD，ADC 中必有一个三角形含有凸包的 4 顶点，此四点构成凸四边形，则必有其中的一个三角形的面积不大于 $S_{\triangle ABD}$ 的$\frac{1}{4}$，即$\frac{1}{8}$.

(2) 若 $n \leqslant 6$，则将凸包剖分为 $14 - n$ 个三角形，由平均值抽屉原理，其中必有一个三角形的面积不大于$\frac{1}{14-n} \leqslant \frac{1}{8}$.

11. 结论是肯定的. 证明如下：

考察 4 个点的凸包，有以下两种情形.

(1) 如果 4 点构成一个凸四边形 $ABCD$（图 1.28），则连接 AC，BD，考察四边形的内角和，有

$$\angle 1 + \angle 2 + \angle 3 + \angle 4 + \angle 5 + \angle 6 + \angle 7 + \angle 8 = 360^\circ.$$

由平均值抽屉原理，必有一个角不大于$\frac{360^\circ}{8} = 45^\circ$，含此角的三角形合乎条件.

(2) 如果 4 点构成一个凹四边形 $ABCD$，不妨设点 D 在$\triangle ABC$ 内（图 1.29），则连接 DA，DB，DC. 考察三角形的内角和，有

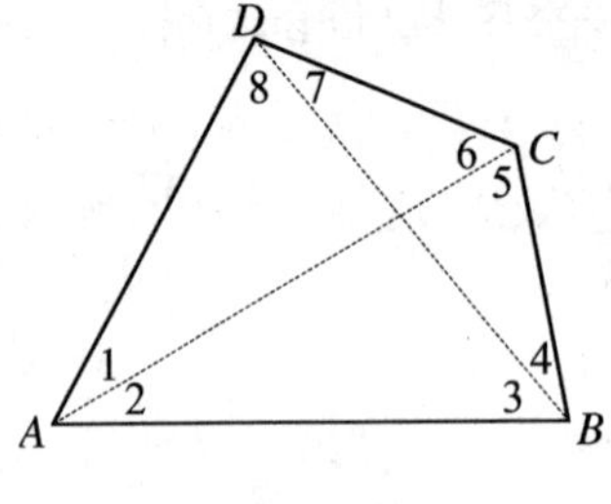

图 1.28

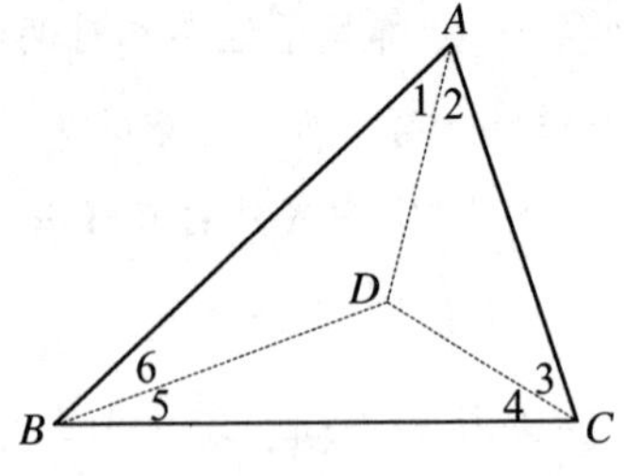

图 1.29

$$\angle 1+\angle 2+\angle 3+\angle 4+\angle 5+\angle 6=180^\circ.$$

由抽屉原理，必有一个角不大于$\frac{180^\circ}{6}=30^\circ<45^\circ$，含此角的三角形合乎条件.

12. (1) 设 P 是四边形 $ABCD$ 内任意一点，连接 PA，PB，PC，PD (图 1.30).

因为$\angle 1+\angle 2+\angle 3+\angle 4=360^\circ$，于是由平均值抽屉原理，$\angle 1$，$\angle 2$，$\angle 3$，$\angle 4$ 中至少有一个不小于 90°，不妨设$\angle 1\geqslant 90^\circ$，则 P 在以 AB 为直径的半圆内.

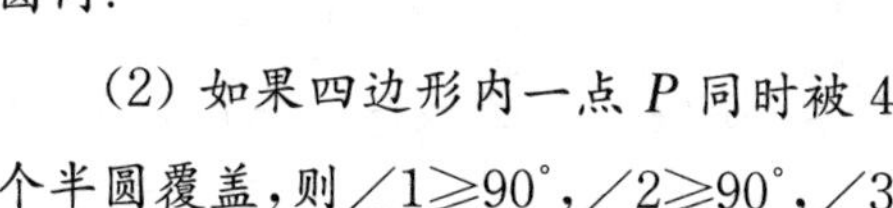

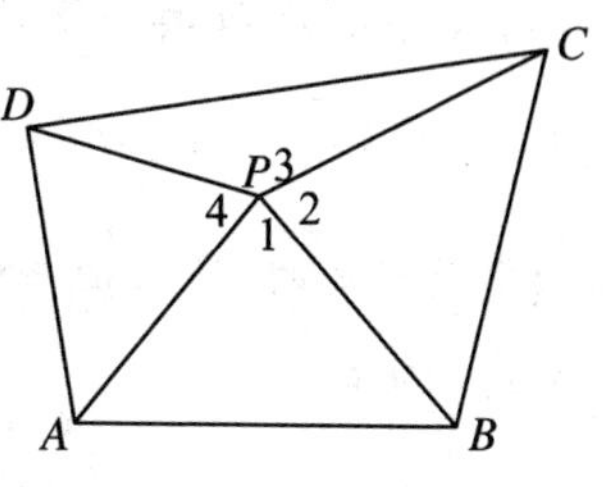

图 1.30

(2) 如果四边形内一点 P 同时被 4 个半圆覆盖，则$\angle 1\geqslant 90^\circ$，$\angle 2\geqslant 90^\circ$，$\angle 3\geqslant 90^\circ$，$\angle 4\geqslant 90^\circ$. 但$\angle 1+\angle 2+\angle 3+\angle 4=360^\circ$，所以$\angle 1=\angle 2=\angle 3=\angle 4=90^\circ$，故$\angle 1+\angle 2=180^\circ$，$P$ 在对角线 AC 上.

同理 P 在对角线 BD 上，即 P 是两对角线的交点.

故当且仅当 $AC\perp BD$ 时，同时被 4 个半圆覆盖的点唯一存在，为对角线的交点.

13. 对 n 归纳证明 M_n 是稳定的.

当 $n=4$ 时，M_n 中有$\frac{1}{2}\cdot 4(4-3)+4=6$ 对点之间的距离都是确定的，但 4 个点只能组成 $C_4^2=6$ 个点对，从而所有点对的距离都是确定的，从而 M_4 是稳定的，结论成立.

设 $n=k(k\geqslant 4)$ 时结论成立，即若 M_k 中有$\frac{1}{2}k(k-3)+4$ 对点之间的距离都是确定的，则 M_k 是稳定的，考虑 $n=k+1$ 的情形.

假设 M_{k+1} 中有$\frac{1}{2}(k+1)(k-2)+4$ 对点之间的距离都是确定

的,即 M_{k+1} 中有 $\frac{1}{2}(k+1)(k-2)+4$ 条线段有确定的长度,这 $\frac{1}{2}(k+1)(k-2)+4$ 条线段共包含有 $(k+1)(k-2)+8$ 个端点.由平均值抽屉原理,必定有一个点 A,以 A 为端点的有确定长度的线段的条数 $t\leqslant\frac{(k+1)(k-2)+8}{k+1}=k-1+\frac{7-k}{k+1}<k-1+1=k$,从而 $t\leqslant k-1$.去掉点 A 及其关联的有确定长度的线段,剩下 k 个点,这 k 个点中,至少有 $\frac{1}{2}(k+1)(k-2)+4-(k-1)=\frac{1}{2}k(k-3)+4$ 条线段的长度是确定的,从而由归纳假设,这 k 个点中任何两个点之间的距离都是确定的.

因为这 k 个点之间只有 $C_k^2=\frac{1}{2}k(k-1)$ 条线段,从而 A 与这 k 个点之间至少有 $\frac{1}{2}(k+1)(k-2)+4-\frac{1}{2}k(k-1)=3$ 条线段的长度是确定的,不妨设这 3 条线段为 AB,AC,AD.设 $AB=x,AC=y,AD=z$,则 A 在以 B 为圆心、x 为半径的圆上,A 在以 C 为圆心、y 为半径的圆上,A 在以 D 为圆心、z 为半径的圆上,这 3 个圆只有唯一的公共点,从而点 A 被唯一确定,从而所有线段的长度都被确定,所以 M_{k+1} 是稳定的.

由归纳原理,命题获证.

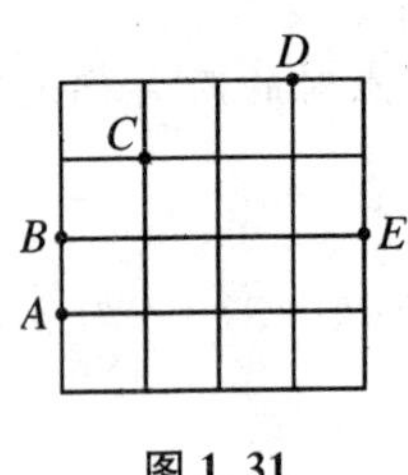

图 1.31

14. 我们只需证明某个有限区域的小块中存在同色三角形即可.因为每个小块中有一个同色三角形,便可得到无数个同色三角形,但只有二色,必有一种颜色的三角形的个数有无数个.

考察 4×4 棋盘,如图 1.31 所示,在此棋盘中取定 5 个点 A,B,C,D,E,则必有 3 个点同色.由于此 5 点中任何 3 个点不共线,必有一个同色三角形,命题获证.

15. 当 $m=4$ 时,必有 $n>1$,由图 1.32 可知,$n=2$ 合乎条件,所以 $n_{\min}=2$.

当 $m=5$ 时,因为五边形的内角和为 540°,由抽屉原理可知,$n\geqslant\frac{540}{180}=3$.

由图 1.33 可知,$n=3$ 合乎条件,所以 $n_{\min}=3$.

一般地,因为 m 边形的内角和为 $(m-2)\cdot 180^\circ$,由抽屉原理可知,$n\geqslant\frac{180(m-2)}{180}=m-2$.

另一方面,取圆 O 的一条非直径的弦 AB(图 1.34),在劣弧 AB 上取 $m-2$ 个点 $P_1,P_2,\cdots,P_{m-2}$,因为 $\angle AP_iP_{i+1}$ 所对的弦都小于直径,从而 $\angle AP_iP_{i+1}$ 是钝角,于是凸 m 边形 $AP_1P_2\cdots P_{m-2}B$ 合乎条件,所以 $n_{\min}=m-2$.

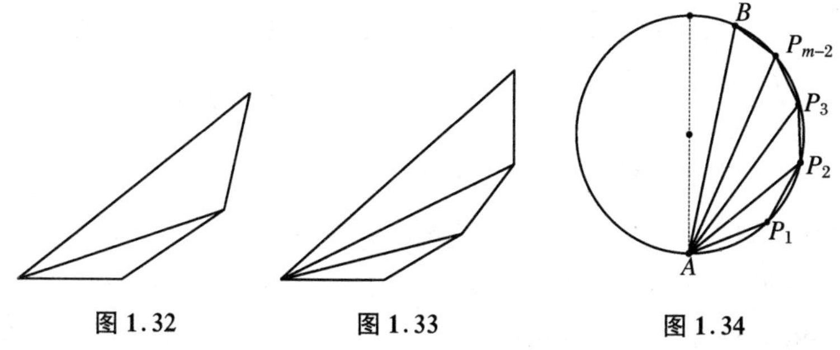

图 1.32　　图 1.33　　图 1.34

16. 利用平均值抽屉原理,有

$$\min_{1\leqslant i\leqslant k-1}(a_{i+1}-a_i)\leqslant\sum_{i=1}^{k-1}\frac{a_{i+1}-a_i}{k-1}=\frac{a_k-a_1}{k-1}\leqslant\frac{n-1}{k-1}.$$

又 $a_i\in X$,且 $a_{i+1}>a_i$,$a_{i+1}-a_i\in\mathbf{N}$,所以,$\min\limits_{1\leqslant i\leqslant k-1}(a_{i+1}-a_i)\leqslant\left[\frac{n-1}{k-1}\right]$,故

$$M = \max_{S}(\min_{1\leqslant i\leqslant k-1}(a_{i+1} - a_i)) \leqslant \left[\frac{n-1}{k-1}\right].$$

其次,记$\left[\frac{n-1}{k-1}\right]=r$,令 $S=\{1,r+1,2r+1,3r+1,\cdots,(k-1)r+1\}$.

由于

$$(k-1)r+1=(k-1)\left[\frac{n-1}{k-1}\right]+1\leqslant(k-1)\cdot\frac{n-1}{k-1}+1=n,$$

所以,$S\subseteq X$,此时,$a_{i+1}-a_i=\left[\frac{n-1}{k-1}\right](1\leqslant i\leqslant k-1)$,故

$$\min_{1\leqslant i\leqslant k-1}(a_{i+1}-a_i)=\left[\frac{n-1}{k-1}\right]$$

因此

$$M = \max_{S}(\min_{1\leqslant i\leqslant k-1}(a_{i+1} - a_i)) = \left[\frac{n-1}{k-1}\right].$$

17. 以 O 为圆心、半径小于 1 的圆有无限多个,而圆上所染颜色的种数(n 种颜色的子集)至多为 2^n-1,所以必有两个圆的颜色的种数相同,设它们的半径分别为 r,s 且 $r<s<1$. 显然 $r(s-r)\in(0,2\pi)$. $\odot(O,r)$上以 $r(s-r)$为辐角的点 Y,它的颜色出现在$\odot(O,s)$上. 而 $r+\frac{r(s-r)}{r}=s$,所以$\odot(O,s)$即圆 $C(Y)$,命题成立.

18. 设从点 x 引出的 17 条边为 1 色边,考察这 17 条 1 色边的另一个端点构成的 K_{17},若有一条边是 1 色的,则此边与 x 构成同色三角形,否则,此 K_{17} 只有 3 种颜色,由 $r_3=17$,必有同色三角形.

19. $8n+1$ 条 1 色边包含 $16n+2$ 个顶点,但 K_n 中只有 n 个顶点,于是,至少有一个顶点被计数$\frac{16n+2}{n}>16$ 次,即至少有一个顶点引出 17 条 1 色边,由题 18 得,必有同色三角形.

20. 由于点 x 引出 $n-1>64$ 条边,将其 4-染色,必有一种颜色的边大于$\frac{64}{4}=16$,由题 18 得,必有同色三角形.

第 2 章　元素的设置

选择元素是运用抽屉原理的首要环节.任何数学问题,其本身都给出了若干数学对象,我们称其为原始元素.在一些简单的问题中,我们直接对题中的原始元素利用抽屉原理即可.但对于一些较复杂的问题,我们无法对题中的原始元素利用抽屉原理,此时需要重新设置元素.本章我们介绍运用抽屉原理时元素设置的一些技巧.

2.1　目　标　元

所谓"目标元",就是解题目标(要证明的结论)中涉及的数学对象,它通常并非题目条件中给定的原始对象,而是若干原始对象的组合或变异.这时,我们要根据题目目标中涉及对象所表现出来的特征来设置元素.

例 1　在 9×9 棋盘的每个方格都填上 $1,2,3,\cdots,20$ 中的一个数,求证:一定有两对关于中心对称的小方格,它们所填的数字之和相等.

分析与证明　我们先将解题目标符号化:期望找到两个"对称方格对"(A,B),(C,D),使

$$d(A)+d(B)=d(C)+d(D),$$

其中 $d(A)$表示方格 A 中填的数.

首先要注意的是,我们不能找所有的方格对,而是要找那些"对称方格对".其次,所找到的两个对称方格对(A,B),(C,D)需满足的条件是:

$$d(A)+d(B)=d(C)+d(D).$$

因此,对于对称方格对(A,B),应以$d(A)+d(B)$的值为元素,然后归入若干类(抽屉).

为叙述问题方便,如果两个格A,B关于棋盘中心对称,则称它们为一个对子,记为(A,B),每个对子(A,B)都对应一个值$d(A)+d(B)$,我们考虑所有的$d(A)+d(B)$(新设置的元素).

因为$1\leqslant d(A),d(B)\leqslant 20$,所以$2\leqslant d(A)+d(B)\leqslant 40$.于是$d(A)+d(B)$的取值可以为2,3,…,40,共有39种可能.在$9\times 9$棋盘上,去掉中心一格,其余80个格组成40个中心对称的方格对.

由于$40>39$,所以其中必有两个中心对称方格对,它们对应的值(即所填的数字之和)相等,命题获证.

例2　平面上给定8个点:$P,Q,A_1,A_2,\cdots,A_6$,求证:存在两点$A_i,A_j(1\leqslant i<j\leqslant 6)$,使$|\sin\angle PA_iQ-\sin\angle PA_jQ|\leqslant\frac{1}{5}$.

分析与证明　尽管这是一个比较简单的问题,但若直接对题中给出的8个点(原始元素)利用抽屉原理则不能获解.若注意到目标不等式的两个正弦值相差很小,则可想到选择相关角的正弦值为"元素",问题便迎刃而解.

对任何$i(1\leqslant i\leqslant 6)$,每个点$A_i$都对线段$PQ$有一个张角$\angle PA_iQ$,而每个角$\angle PA_iQ$又对应一个正弦值$\sin\angle PA_iQ$,考虑所有这样的正弦值(新设置的元素).

因为$\sin\angle PA_iQ\in[0,1]$,将6个正弦值$\sin\angle PA_iQ$归入如下5个小区间:

$$\left[0,\frac{1}{5}\right),\quad\left[\frac{1}{5},\frac{2}{5}\right),\quad\cdots,\quad\left[\frac{4}{5},1\right],$$

由抽屉原理,必有两个正弦值在同一区间,问题获解.

例3　设M是10个互异的十进制两位数的集合,求证:必有M

的两个不相交的非空子集，它们的元素之和相等.（第14届IMO试题）

分析与证明　我们的目标是找到 M 的两个子集 A_i，A_j，使

$$A_i \cap A_j = \varnothing, \quad 且 \quad S(A_i) = S(A_j).$$

其中，$S(A)$表示 A 中所有元素的和. 那么我们应以怎样的对象为元素利用抽屉原理?

由目标中的 $S(A_i)=S(A_j)$，想到应以每个子集 A_i 对应的和 $S(A_i)$为元素.

由条件$|M|=10$，知 M 共有 $2^{10}-1=1\ 023$ 个非空子集，从而对应1 023个"和"（新设置的元素）.

又 M 中的元素都是两位数，有

$$S(A_i) \leqslant S(M) \leqslant 90+91+\cdots+99=945.$$

由于$945<1\ 023$，由抽屉原理，必有两个不同的非空集合 A_i，A_j，使

$$S(A_i) = S(A_j).$$

若 $A_i \cap A_j=\varnothing$，则命题获证；

若 $A_i \cap A_j \neq \varnothing$，令 $P=A_i \backslash (A_i \cap A_j)$，$Q=A_j \backslash (A_i \cap A_j)$，则

$$P \cap Q = \varnothing, \quad 且 \quad S(P) = S(Q).$$

若 $P=\varnothing$，由 $S(P)=S(Q)$，有 $Q=\varnothing$，从而 $A_i=A_j$，矛盾.

所以 $P \neq \varnothing$，同理，$Q \neq \varnothing$，于是 P，Q 是两个合乎条件的集合，命题获证.

例4　如果一个集合不包含满足 $x+y=z$ 的三个数x，y，z（$x<y<z$），则称为单纯的. 设 $M=\{1,2,\cdots,2n-1\}$，A 是M 的单纯子集，求$|A|$的最大值.（1982年西德数学奥林匹克试题）

分析与解　首先，显然 $A=\{1,3,5,\cdots,2n-1\}$合乎要求，这是因为，对 A 中任何3个元素 x，y，z（$x<y<z$），都有 $x+y$ 为偶数，而 z 为奇数，从而 $x+y \neq z$，此时$|A|=n$.

下面证明$|A| \leqslant n$.

用反证法.若$|A|\geqslant n+1$,我们要找到 A 中的 3 个数 x,y,z,使 $x+y=z$.由此导出矛盾,这恰好合乎抽屉原理的特征.

从目标“$x+y=z$”出发,如果直接选择题中的原始对象 $1,2,\cdots,2n-1$ 为元素,则要找到 3 个元素属于同一抽屉,且同一抽屉中的 3 个数 x,y,z 都满足 $x+y=z$,从而每个抽屉都是$\{x,y,x+y\}$的形式.

设抽屉的个数为 r,则由抽屉原理,需要有$\left[\frac{n+1}{r}\right]+1\geqslant 3$ 个元素属于同一抽屉(这里假定 $r\nmid n+1$),从而要求$\frac{n+1}{r}\geqslant\left[\frac{n+1}{r}\right]\geqslant 2$,即$r\leqslant\frac{n+1}{2}$.

由此可见,抽屉的个数不能多于$\frac{n+1}{2}$.

如果我们可将 X 划分如下一些抽屉,其中有 s 个形如$\{x,y,x+y\}$的抽屉,另有 t 个元素个数不多于 2 的抽屉,$s+t\leqslant\frac{n+1}{2}$,则可以找到 3 个元素属于同一抽屉,使问题获解.但这种形式的划分是难以完成的,所以我们要重新设置元素.

注意到 $x+y=z$,我们可以将 $x+y$“捆绑”看成一个元素,即除了题给的原始对象 $1,2,\cdots,2n-1$ 作为元素外,还由这些对象中任何两个的和构造一批新的元素,然后期望有一新元素与某个原始元素相等,其中要求任何两个新元素不相等.

但遗憾的是,即使我们找到一个捆绑得到的新元素 $x+y$ 与一个原始元素z 相等,但我们并不能保证 x 或y 与z 不相等,从而不能实现解题目标.

思路修正:将目标 $x+y=z$ 变成$x=z-y$,我们将 $z-y$ 捆绑看成一个新元素.

为了保证各种形如 $z-y$ 的元素互异,我们固定 y 是 A 的最小元,而令 z 取遍 A 中除最小元外的所有元,则得到 $|A|-1$ 个两两互异的新元素.

设 $A=\{a_0,a_1,a_2,\cdots,a_k\}(k\geqslant n)$ 是 X 的合乎条件的子集,不妨设 $a_0<a_1<a_2<\cdots<a_k$,则 $a_1-a_0<a_2-a_0<\cdots<a_k-a_0$.

现在,假定由抽屉原理,找到一个原始元素 $a_i(1\leqslant i\leqslant k)$与一个新元素 $a_j-a_0(1\leqslant j\leqslant k)$相等,即 $a_i=a_j-a_0$. 我们还要保证 a_i,a_j,a_0 两两互异,其中由 $a_i=a_j-a_0$,可知 $a_i\neq a_j$,否则 $a_0=0$,矛盾. 其次由 $1\leqslant j\leqslant k$,可知 $a_0\neq a_j$,于是,我们只需保证 $a_i\neq a_0$,这限定 $i\neq 0$ 即可.

于是,考虑如下两组元素:

$$a_1,\quad a_2,\quad \cdots,\quad a_k,$$

$$a_1-a_0,\quad a_2-a_0,\quad \cdots,\quad a_k-a_0.$$

因为 $a_k\leqslant 2n-1$, $a_k-a_0<2n-1$,于是 $a_1,a_2,\cdots,a_k$ 与 a_1-a_0, $a_2-a_0,\cdots,a_k-a_0$ 都在 X 中,从而这两组元素只有 $2n-1$ 种不同取值,但它们共有 $2k\geqslant 2n>2n-1$ 个数,其中必有两个数相等.

又 $a_1,a_2,\cdots,a_k$ 互不相等, $a_1-a_0,a_2-a_0,\cdots,a_k-a_0$ 互不相等,只能是某个 $a_i(1\leqslant i\leqslant k)$与某个 $a_j-a_0(1\leqslant j\leqslant k)$相等,所以 $a_i=a_j-a_0$,即 $a_i+a_0=a_j$,矛盾. 所以 $|A|\leqslant n$.

综上所述, $|A|$ 的最大值为 n.

2.2 分　解　元

所谓分解元,就是将一个对象分解为两个具有共同形式的元素在某种运算下的结果.

我们知道,利用抽屉原理得到的结论是"存在若干个(至少 2 个)

元素属于同一抽屉”.而在有些问题中,其结论的表现形式是“一个对象具有某种性质”,此时,应将一个对象分解为两个元素,然后转化为证明两个元素在同一抽屉中.

例 1　求证:在整数序列 $a_1,a_2,\cdots,a_n$ 中,必有连续若干项的和为 n 的倍数.(第 12 届莫斯科数学奥林匹克试题)

分析与证明　我们的目标是找连续若干个项,使它们的和为 n 的倍数.首先,我们要将目标用数学语言表示出来.

显然,其中连续若干个数的和可表示为

$$a_{i+1}+a_{i+2}+\cdots+a_j\quad(1\leqslant i<j\leqslant n).$$

至此,目标已变为证明:存在 $i,j(1\leqslant i<j\leqslant n)$,使 $a_{i+1}+a_{i+2}+\cdots+a_j$ 为 n 的倍数.

上述结论用一个等式可表示为

$$a_{i+1}+a_{i+2}+\cdots+a_j=kn.$$

注意等式中的“k”是何值并不重要,只要它是整数就行.因此,我们可进一步将目标变成不含 k 的式子:上式两边模 n,得

$$a_{i+1}+a_{i+2}+\cdots+a_j\equiv 0\ (\mathrm{mod}\ n).$$

从目标表现出来的特征看,应选择怎样的对象为元素利用抽屉原理呢?如果以题目的原始对象 $a_1,a_2,\cdots,a_n$ 为元素,则无法达到目标,这是因为即使找到连续若干个元素 $a_{i+1},a_{i+2},\cdots,a_j$ 在同一抽屉,也无法保证其满足

$$a_{i+1}+a_{i+2}+\cdots+a_j\equiv 0\ (\mathrm{mod}\ n).$$

因为我们只知道 $a_1,a_2,\cdots,a_n$ 为整数,却并不知道其具体是何数值!

目标转化:我们将 $a_{i+1}+a_{i+2}+\cdots+a_j$ 看成是一个对象,它能否分解为两个具有共同形式的元素在某种运算下的结果?

由数列前 n 项和的定义,令 $S_i=a_1+a_2+\cdots+a_i$,则

$$a_{i+1}+a_{i+2}+\cdots+a_j=S_j-S_i,$$

于是,上式等价于

$$S_i \equiv S_j (\mathrm{mod}\ n).$$

至此,以 $S_1, S_2, \cdots, S_n$ 为元素,将其归入模 n 的剩余类,有如下两种可能:

(1) 如果有某个 $i(1 \leqslant i \leqslant n)$,使 $S_i \equiv 0$,则

$$a_1 + a_2 + \cdots + a_i \equiv 0\ (\mathrm{mod}\ n),$$

此时,$n \mid a_1 + a_2 + \cdots + a_i$,结论成立;

(2) 如果所有 $i(1 \leqslant i \leqslant n)$,都有 $S_i \equiv 0$,则 n 个元素 $S_1, S_2, \cdots, S_n$ 都属于模 n 的另外 $n-1$ 个剩余类,必有某两个数 $S_i, S_j(1 \leqslant i < j \leqslant n)$ 属于同一个剩余类,此时 $n \mid S_j - S_i$,即 $n \mid a_{i+1} + a_{i+2} + \cdots + a_j$,结论成立.

综上所述,命题获证.

例2　一位象棋大师用11个星期准备参赛,他决定每天至少下一盘棋,但为了不至于太劳累,又决定任一周(7天)内至多下12盘棋.求证:必定存在一些连续的日子,他恰好下了21盘棋.

分析与证明　我们的目标是找到 $a_{i+1}, a_{i+2}, \cdots, a_j$,使 $a_{i+1} + a_{i+2} + \cdots + a_j = 21$,其中 $a_i(1 \leqslant i \leqslant 77)$ 为第 i 天下棋的盘数.

同上题,应令

$$S_i = a_1 + a_2 + \cdots + a_i \quad (1 \leqslant i \leqslant 77),$$

将目标转化为

$$S_j - S_i = 21.$$

进而将其转化为某两个数相等的形式:

$$S_j = S_i + 21.$$

由此想到以 $S_1, S_2, \cdots, S_{77}, S_1 + 21, S_2 + 21, \cdots, S_{77} + 21$ 为元素利用抽屉原理.

显然共有 $77 + 77 = 154$ 个元素,下面只需证明这154个元素最多

有153个不同取值.

注意到题中告诉我们这样两个信息:"11 个星期准备参赛""任一周(7 天)内至多下 12 盘棋".由此可知

$$S_{77} \leqslant 11 \times 12 = 132,$$

从而元素的最大取值

$$S_{77} + 21 \leqslant 132 + 21 = 153.$$

于是

$$S_1 < S_2 < \cdots < S_{77},$$
$$S_1 + 21 < S_2 + 21 < S_{77} + 21 \leqslant 153,$$

且这两组数都是正整数,最多有 153 个不同取值.由抽屉原理,必定有两个数相等.但同一组中的任何两个数互不相等,所以只能是某个 S_j 与某个 $S_i + 21$ 相等,命题获证.

例 3 求证:存在一个这样的正整数,它的数字都是 0 和 1,并且是 2 015 的倍数.

分析与证明 我们的目标是寻找数 a 同时满足如下两个条件:

(1) a 的数字都是 0 和 1;

(2) $2\,015 \mid a$.

注意到条件(2)较难满足,应先满足这一"主要"条件.

改变形式(便于推理):将 $2\,015 \mid a$ 转化为

$$a \equiv 0 \pmod{2\,015}.$$

再进行元素分解:令 $a = x - y$,则上式又等价于

$$x - y \equiv 0 \pmod{2\,015},$$

即

$$x \equiv y \pmod{2\,015}.$$

由抽屉原理可知,考察 2 016 个数:$x_1, x_2, x_3, \cdots, x_{2016}$,则

$$A = \{x_1, x_2, x_3, \cdots, x_{2016}\}$$

中必有两个数 $x_i, x_j (1 \leqslant i < j \leqslant 2\,016)$,使

$$x_i \equiv x_j \pmod{2\,015},$$

即

$$x_j - x_i \equiv 0 \pmod{2\,015}.$$

现在再考虑如何满足条件(1):当 $A = \{x_1, x_2, x_3, \cdots, x_{2\,016}\}$ 中的数具有怎样的特征时,其中任何两个数的差 $x_j - x_i$ 都只含数字 0 和 1?

显然,一个充分条件是取 x_i 全由数字 1 组成即可. 于是,令 $x_k = \underbrace{11\cdots1}_{k个1}$,考察如下 2 016 个数:

$$x_1, \quad x_2, \quad x_3, \quad \cdots, \quad x_{2\,016},$$

其中必定有两个数 $x_i, x_j (1 \leqslant i < j \leqslant 2\,016)$,使

$$x_i \equiv x_j \pmod{2\,015}.$$

令 $a = x_j - x_i$,则 $a \equiv 0 \pmod{2\,015}$. 又 $a = x_j - x_i = \underbrace{11\cdots1}_{j个1} - \underbrace{11\cdots1}_{i个1} = \underbrace{11\cdots1}_{j-i个1}\underbrace{00\cdots0}_{i个0}$,从而命题获证.

在一个复杂的问题中,可能要同时用到以上两个技巧,我们看下面的例子.

例 4 设 $a_1, a_2, \cdots, a_{2^n}$ 是由 n 个不同正整数排成的序列,求证:存在连续若干项,它们的积是一个平方数.

分析与证明 我们的目标是找到连续若干个项 $a_i, a_{i+1}, \cdots, a_j$,使其积 $a_i a_{i+1} \cdots a_j$ 是一个平方数.

显然,如果以题给的原始对象 $a_1, a_2, \cdots, a_{2^n}$ 为元素利用抽屉原理,则难以实现目标. 一方面,$a_i a_{i+1} \cdots a_j$ 所含的元素个数并不确定,从而不能确定要寻找多少个元素属于同一抽屉;另一方面,即使找到连续若干个项属于同一抽屉,但由于我们并不知道 $a_1, a_2, \cdots, a_{2^n}$ 的具体数值,从而无法判断同一抽屉中的数的积是否为平方数.

因此,我们应将目标式 $a_ia_{i+1}\cdots a_j$ 看成一个整体,然后将其分解为两个具有共同形式的元素在某种运算下的结果.

将目标式补齐为从第一项开始的前面连续若干个项的积,我们有

$$a_ia_{i+1}\cdots a_j=\frac{a_1a_2\cdots a_j}{a_1a_2\cdots a_i},$$

所以,令 $T_k=a_1a_2\cdots a_k$,则

$$a_ia_{i+1}\cdots a_j=\frac{T_j}{T_i}.$$

由此想到以"目标元"$T_k=a_1a_2\cdots a_k(k=1,2,\cdots,2^n)$为元素,这样,目标等价于:找到两个元素 $T_i,T_j(1\leqslant i<j\leqslant 2^n)$,使$\frac{T_j}{T_i}$为平方数.

现在,我们需要将"$\frac{T_j}{T_i}$为平方数",转化为"两个元素 T_i,T_j属于同一抽屉".

找一个充分条件,使 T_i,T_j在同一抽屉时,$\frac{T_j}{T_i}$必为平方数.那么,这样的抽屉会是怎样的形式呢(即以什么为标准对 T_i进行分类,其中 $1\leqslant i\leqslant 2^n$)?

显然,我们应研究什么情况下$\frac{T_j}{T_i}$为平方数.

因为$\frac{T_j}{T_i}$涉及两数 T_i,T_j相除,可考虑这两个数 T_i,T_j的"标准分解式",从而可利用"同底幂相除指数相减"的法则.

为了便于进行"指数相减",期望 T_i,T_j的"标准分解式"所含有的底数都相同,从而不妨假定两个数的分解式含有相同的质因数(所缺少的质数用该质数的 0 指数补齐).

注意到 $T_k=a_1a_2\cdots a_k$,于是,我们可以假定 $a_1,a_2,\cdots,a_{2^n}$ 的质

因数分解式中共有 m 个不同的质数 $p_1,p_2,\cdots,p_m$.

这样,可不妨设 $T_i=p_1^{r_1}p_2^{r_2}\cdots p_m^{r_m}$,$T_j=p_1^{t_1}p_2^{t_2}\cdots p_m^{t_m}$,其中 r_i,$t_i\in\mathbf{N}$,$i=1,2,\cdots,m$.

至此,目标转化为$\frac{T_j}{T_i}=p_1^{t_1-r_1}p_2^{t_2-r_2}\cdots p_m^{t_m-r_m}$ 为平方数,这等价于对所有的 $i=1,2,\cdots,m$,有 r_i-t_i为偶数,即

$$r_i\equiv t_i \pmod 2\quad (i=1,2,\cdots,m).$$

由此可见,应选择所有 $T_i=a_1a_2\cdots a_i$ 的分解式对应的指数组 $(r_1,r_2,\cdots,r_m)$为元素,这样,目标等价转化为寻找两个数组 $(r_1,r_2,\cdots,r_m)$,$(t_1,t_2,\cdots,t_m)$,每个对应的分量都关于模 2 同余,即

$$r_i\equiv t_i \pmod 2\quad (i=1,2,\cdots,m).$$

我们将其简记为

$$(r_1,r_2,\cdots,r_m)\equiv(t_1,t_2,\cdots,t_m)\pmod 2.$$

下面估计元素(数组)的个数与抽屉的个数,其中元素个数很简单,共有 2^n个,这是因为每个 $T_i=a_1a_2\cdots a_i$ 都对应一个数组,其中 $i=1,2,\cdots,2^n$.

抽屉的个数有 2^m 个,因为数组的每个分量的奇偶性都有两种可能. 于是,为了找到两个元素属于同一抽屉,还需要证明元素个数 2^n 多于抽屉个数 2^m,即 $n>m$.

寻找条件"$a_1,a_2,\cdots,a_{2^n}$是由 n 个不同正整数排成的序列",但这个条件并不能保证 $a_1,a_2,\cdots,a_{2^n}$ 所含有的质因数不多于 n 个.

修正思路:我们并不需要将每个 $T_i=a_1a_2\cdots a_i$ 都分解成质数的积,只需将其分解成题中所说的 n 个不同正整数的积.

由题意,$a_1,a_2,\cdots,a_i$ 中至多有 n 个不同的正整数,这意味着积 $T_i=a_1a_2\cdots a_i$都可表示成 n 个不同正整数的方幂的积(以 n 个不同正整数为基底),不妨设这 n 个不同正整数为 $p_1,p_2,\cdots,p_n$(注意到上述结论中并没有要求 $p_1,p_2,\cdots,p_n$ 为质数),则 T_i 仍可表示成 $T_i=$

$p_1^{r_1}p_2^{r_2}\cdots p_n^{r_n}$,其中 $r_i\in\mathbf{N}$.

至此,元素的个数与抽屉的个数都是 n,不一定有 2 个元素属于同一抽屉.这只需分类处理,即可实现目标.

如果有 2 个元素属于同一抽屉,不妨设 $T_i,T_j(i<j)$对应的两个 n 元数组$(r_1,r_2,\cdots,r_n)$,$(t_1,t_2,\cdots,t_n)$对应分量的奇偶性完全相同,则 $r_1-t_1,r_2-t_2,\cdots,r_n-t_n$都为偶数,所以

$$a_{i+1}a_{i+2}\cdots a_j=\frac{T_j}{T_i}=p_1^{t_1-r_1}p_2^{t_2-r_2}\cdots p_n^{t_n-r_n}$$

为平方数,结论成立.

如果没有 2 个元素属于同一抽屉,则每个抽屉中都有一个 n 元数组,从而必有一个数组的各分量都是偶数,不妨设 $T_i=a_1a_2\cdots a_i=p_1^{r_1}p_2^{r_2}\cdots p_n^{r_n}$ 对应的一个数组$(r_1,r_2,\cdots,r_m)$的各分量都是偶数,则 $a_1a_2\cdots a_i$为平方数,结论成立.

综上所述,命题获证.

例 5　已知 48 个数的积含有 10 个不同的质因数,求证:在这 48 个数中可找到 4 个不同的数,它们的积为平方数.(莫斯科数学奥林匹克试题)

分析与证明　我们的目标是要找到 4 个数 a,b,c,d,使它们的积 $abcd$ 为平方数,我们先将 $abcd$ 分解为两个元素的积$(ab)\cdot(cd)$,由此可见,要以题给的每两个数的积为元素.

现在要将两个"元素"的积$(ab)\cdot(cd)$为平方数转化为两个"元素"属于同一抽屉.

找一个充分条件,使 ab,cd 在同一抽屉时,必有 $ab\cdot cd$ 为平方数.

因为$(ab)\cdot(cd)$涉及两数 ab,cd 相乘,同上题,可考虑这两个元素的以题中 10 个不同的质因数为底的"非标准"分解式(允许指数为 0),于是,不妨设

$$ab = p_1^{r_1} p_2^{r_2} \cdots p_{10}^{r_{10}}, \quad cd = p_1^{t_1} p_2^{t_2} \cdots p_{10}^{t_{10}},$$

至此,目标转化为

$$ab \cdot cd = p_1^{t_1+r_1} p_2^{t_2+r_2} \cdots p_{10}^{t_{10}+r_{10}}$$

为平方数,这等价于对所有的 $i=1,2,\cdots,10$,有 $r_i - t_i$ 为偶数,即

$$r_i \equiv t_i \pmod 2 \quad (i = 1,2,\cdots,10).$$

由此可见,应将题给 48 个数中每 2 个数作积,对每一个积 $ab = p_1^{r_1} p_2^{r_2} \cdots p_{10}^{r_{10}}$,令其对应一个十元数组$(r_1, r_2, \cdots, r_{10})$,然后选择这些十元数组为元素,这样,目标转化为找到两个数组$(r_1, r_2, \cdots, r_{10})$,$(t_1, t_2, \cdots, t_{10})$,使其对应的每一个分量都关于模 2 同余.

因为每 2 个数 a,b 组成的无序数对都对应一个十元数组$(k_1, k_2, \cdots, k_{10})$,而无序对共有 C_{48}^2 个,从而十元数组(元素)共有 C_{48}^2 个.

考察这些数组各分量的奇偶性,因为每个分量都有 2 种可能,从而共有 $2^{10} = 1\,024$ 种可能.

注意到 $1\,024 < 1\,128 = C_{48}^2$,于是必有两个不同的数对$\{a, b\}$,$\{c, d\}$,它们对应的两个十元数组$(r_1, r_2, \cdots, r_{10})$,$(t_1, t_2, \cdots, t_{10})$各分量同奇偶,此时

$$\begin{aligned} abcd = ab \cdot cd &= p_1^{r_1} p_2^{r_2} \cdots p_{10}^{r_{10}} \cdot p_1^{t_1} p_2^{t_2} \cdots p_{10}^{t_{10}} \\ &= p_1^{r_1+t_1} p_2^{r_2+t_2} \cdots p_{10}^{r_{10}+t_{10}} \end{aligned}$$

为平方数.

若 a,b,c,d 互异,则命题获证;

否则,不妨设 $b = d$,由于$\{a, b\}$,$\{c, d\}$是两个不同的数组,从而 $a \neq c$,此时,由 $abcd = acb^2$ 为平方数,知 ac 为平方数,且 a,c 互异.

设题给的 48 个数构成的集合为 A,考察集合 $B = A \setminus \{a, c\}$,注意到 $2^{10} = 1\,024 < 1\,035 = C_{46}^2$,利用上述方法,又可以在集合 B 中找到 4 个数 x,y,u,v,使 $xyuv$ 为平方数.

若 x,y,u,v 互异,命题获证;

否则，同上，在 x,y,u,v 中可以找到互异的两数 x,u，使 xu 为平方数.

由于 x,u 不属于 A，所以 x,u,a,c 互异，且 $xuac$ 为平方数.

综上所述，命题获证.

例 6　给定质数 $p>2$，求证：存在整数 x,y，使 $p\mid 1+x^2+y^2$.

分析与证明　为便于将目标转化为"两个元素属于同一抽屉"的形式，先将整除转化为同余式：

$$x^2+y^2+1\equiv 0\pmod p,$$

进而将其转化为 2 个数同余：

$$x^2\equiv -(y^2+1)\pmod p.$$

由此可见，选择形如 x^2，$-(y^2+1)$ 的数为元素，则目标变成"两个元素属于同一抽屉"(两个元素关于模 p 同余).

为了保证是一个形如 x^2 的数与一个形如 $-(y^2+1)$ 的数关于模 p 同余，必须使形如 x^2 的数关于模 p 互不同余，由二次剩余的知识可知，限定 $0\leqslant x\leqslant\dfrac{p-1}{2}$ 即可.

实际上，可以证明，若 p 为质数，则当 $0\leqslant i<j\leqslant\dfrac{p-1}{2}$ 时，$i^2\not\equiv j^2\pmod p$.

用反证法. 假定当 $0\leqslant i<j\leqslant\dfrac{p-1}{2}$ 时，有 $i^2\equiv j^2\pmod p$，则

$$(i+j)(j-i)\equiv 0\pmod p,$$

即 $p\mid(i+j)(i-j)$，所以 $p\mid i+j$，或 $p\mid j-i$.

但由 $0\leqslant i<j\leqslant\dfrac{p-1}{2}$，有 $0<i+j<p$，$0<j-i<p$，矛盾.

该结论可形象地理解为：连续前 $\dfrac{p-1}{2}$ 个平方数构成"完全平方剩余类".

同样，限定 $0\leqslant y\leqslant\frac{p-1}{2}$，可使形如 $-(y^2+1)$ 的数关于模 p 互不同余.

现在，考察数 x^2 与 $-(y^2+1)$，其中 $x,y=0,1,2,\cdots,\frac{p-1}{2}$，因为 p 是质数，由上述结论，对任何 x_1^2,x_2^2，它们关于模 p 不同余；对任何 y_1^2,y_2^2，它们关于模 p 不同余，从而 $-(y_1^2+1)$，$-(y_2^2+1)$ 关于模 p 不同余.

但当 $x,y=0,1,2,\cdots,\frac{p-1}{2}$ 时，x^2 与 $-(y^2+1)$ 共有 $p+1$ 个数，必有某个 x_i^2 与某个 $-(y_j^2+1)$ 同余，即 $x^2\equiv-(y^2+1)\pmod p$，所以 $x^2+y^2+1\equiv0\pmod p$，命题获证.

例7　设等差数列 $a_1,a_2,\cdots,a_p$ 的各项都是与 p 互质的整数，求证：等差数列的公差 d 不与 p 互质.

分析与证明　我们的目标是 $(d,p)\neq1$，一个显然的充分条件是 $p\mid d$，但由题给条件，我们并不能证明 $p\mid d$.

修正：另一个充分条件是存在整数 k，使 $p\nmid k$，且 $p\mid kd$.

实际上，假定 $(d,p)=1$，而 $p\mid kd$，从而 $p\mid k$，与 $p\nmid k$ 矛盾.

注意到 $kd=a_{i+k}-a_i$，于是只需找到整数 k，使 $p\nmid k$，且 $p\mid a_{i+k}-a_i$. 即找到整数 k，使 $p\nmid k$，且

$$a_{i+k}\equiv a_i\pmod p.$$

由此可见，可直接选择原始对象 $a_1,a_2,\cdots,a_p$ 为元素，将其归入模 p 的剩余类.

因为 p 与 $a_i(1\leqslant i\leqslant p)$ 互质，所以 $a_i\not\equiv0\pmod p$，将 $a_1,a_2,\cdots,a_p$ 归入模 p 的另 $p-1$ 个剩余类，必有两个数 $a_i,a_j(1\leqslant i<j\leqslant p)$，使

$$a_i\equiv a_j\pmod p,$$

于是

$$p \mid a_j - a_i = (j-i)d.$$

若$(d,p)=1$，则 $p \mid j-i$. 但 $0<j-i<p$，矛盾. 故$(d,p)\neq 1$，命题获证.

2.3 特 征 值

在有些问题中，若将一些对象按其本身具有的特征划分为若干类(抽屉)，但属于同一类的对象并不能满足题目要求. 此时，我们要根据目标的特征，对有关对象定义一种运算，使每个对象对应一个值，称为对象的“特征值”，然后将特征值分为若干类，利用抽屉原理，找到特征值属于同一抽屉的若干个对象，使问题获解.

例 1 试证：存在两个不全为 0 的数 $x_0, y_0 \in \{-1\,993, -1\,992, \cdots, -1, 0, 1, 2, \cdots, 1\,993\}$，使 $|x_0 + y_0\sqrt{2}| < \frac{3}{1\,993}$.

分析与证明 我们的目标是寻找两个数 x_0, y_0，使其同时满足以下条件：

(1) $x_0, y_0 \in \{-1\,993, -1\,992, \cdots, -1, 0, 1, 2, \cdots, 1\,993\}$，且不全为 0；

(2) $|x_0 + y_0\sqrt{2}| < \frac{3}{1\,993}$.

注意到条件(2)较难满足，应先满足这一“主要”条件.

我们希望用抽屉原理来推出 $|x_0 + y_0\sqrt{2}| < \frac{3}{1\,993}$，这就要将其转化为 2 个元素属于同一抽屉.

首先，将 $x_0 + y_0\sqrt{2}$ 分解为两个同类元素的差：

$$x_0 + y_0\sqrt{2} = (x_1 + y_1\sqrt{2}) - (x_2 + y_2\sqrt{2}),$$

其中 $x_0 = x_1 - x_2$，$y_0 = y_1 - y_2$，则目标转化为

$$|(x_1+y_1\sqrt{2})-(x_2+y_2\sqrt{2})|<\frac{3}{1\,993}.$$

这只需 $a=x_1+y_1\sqrt{2}$ 与 $b=x_2+y_2\sqrt{2}$ 充分接近，其充分条件是 a,b 属于同一个长度很小的区间.

由此可见，假定有 n 个形如 $x+y\sqrt{2}$ 的数 $a_1,a_2,a_3,\cdots,a_n$，它们都在某个区间 $[p,q]$ 中，则可将区间 $[p,q]$ 等分为 $n-1$ 个小区间，便可找到两个数 a,b 在同一个小区间中，此时 $|a-b|\leqslant\frac{q-p}{n-1}$.

现在考虑如何使 $(x_1-x_2)+(y_1-y_2)\sqrt{2}$ 满足条件(1).

首先，由于 $a\neq b$，显然有 x_1-x_2,y_1-y_2 不全为 0.

其次，再考虑如何使 $x_1-x_2,y_1-y_2\in\{-1\,993,-1\,992,\cdots,-1,0,1,2,\cdots,1\,993\}$.

我们只需选择集合 A，使 $x_1,x_2\in A$ 时，有 $x_1-x_2\in\{-1\,993,-1\,992,\cdots,-1,0,1,2,\cdots,1\,993\}$. 假定 $x_1,x_2\in[s,t](s<t)$，则 $x_1-x_2\in[s-t,t-s]$，于是，取 $s-t=-1\,993$ 即可.

下面适当选取 s,t，其中 $s-t=-1\,993$，使 $x_i,y_i\in[s,t]$ 时，对应的形如 $x_i+y_i\sqrt{2}$ 的数尽可能多. 这有两种方案：一种是取 $s=0$，$t=1\,993$；另一种是取 $s=-\frac{1\,993}{2},t=\frac{1\,993}{2}$.

若采用前一种方案，则考虑所有形如 $x+y\sqrt{2}$ 的数，其中 $x,y\in\{0,1,2,\cdots,1\,993\}$，这样的数共有 $1\,994^2$ 个(因为 x,y 都可取 $0,1,2,\cdots,1\,993$，有 1 994 种取法)，它们都在区间 $[0,1\,993+1\,993\sqrt{2}]$ 中.

将 $[0,1\,993+1\,993\sqrt{2}]$ 划分为 $1\,994^2-1$ 个等长的区间，上述 $1\,994^2$ 个形如 $x+y\sqrt{2}$ 的数归入这些区间，必定有 2 个数，设为 $x_1+y_1\sqrt{2}$，$x_2+y_2\sqrt{2}$，在同一个区间. 于是

$$|(x_1+y_1\sqrt{2})-(x_2+y_2\sqrt{2})|\leqslant\frac{1\,993+1\,993\sqrt{2}}{1\,994^2-1}$$

$$=\frac{1\,993(1+\sqrt{2})}{1\,993\times 1\,995}=\frac{1+\sqrt{2}}{1\,995}<\frac{3}{1\,993},$$

即

$$|(x_1-x_2)+(y_1-y_2)\sqrt{2}|<\frac{3}{1\,993}.$$

令 $x_0=x_1-x_2, y_0=y_1-y_2$，则 $|x_0+y_0\sqrt{2}|<\frac{3}{1\,993}$.

由于 $x_1+y_1\sqrt{2}\neq x_2+y_2\sqrt{2}$，所以有 $x_0=x_1-x_2, y_0=y_1-y_2$ 不全为0.

其次，因为 $0\leqslant x_1, x_2\leqslant 1\,993$，所以 $|x_0|=|x_1-x_2|\leqslant 1\,993$，同理可知 $|y_0|\leqslant 1\,993$. 命题获证.

若用后一种方案，则考虑所有形如 $x+y\sqrt{2}$ 的数，其中 $x, y\in\{-1\,996, -1\,995, \cdots, -3, -2, -1, 0, 1, 2, 3, \cdots, 1\,996\}$，这样的数共有 $1\,993^2$ 个（因为 x, y 都有 1 993 种取法），它们都在区间 $[0, 1\,993+1\,993\sqrt{2}]$ 中.

将 $[0, 1\,993+1\,993\sqrt{2}]$ 划分为 $1\,993^2-1$ 个等长的区间，上述 $1\,993^2$ 个形如 $x+y\sqrt{2}$ 的数归入这些区间，必定有 2 个数，设为 $x_1+y_1\sqrt{2}$，$x_2+y_2\sqrt{2}$，在同一个区间. 于是

$$|(x_1+y_1\sqrt{2})-(x_2+y_2\sqrt{2})|\leqslant\frac{1\,993+1\,993\sqrt{2}}{1\,993^2-1}<\frac{3}{1\,993}.$$

后一个不等式等价于

$$1\,993^2(1+\sqrt{2})<3\cdot(1\,993^2-1),$$

即

$$1\,993^2(2+2\sqrt{2})<6\cdot(1\,993^2-1),$$

而

$$6\cdot(1\,993^2-1)=6\cdot 1\,993^2-6=5\cdot 1\,993^2+1\,993^2-6$$

$$>5\cdot 1\,993^2>1\,993^2(2+2\sqrt{2}).$$

令 $x_0=x_1-x_2, y_0=y_1-y_2$，则 $|x_0+y_0\sqrt{2}|<\frac{3}{1\,993}$.

因为 $0\leqslant|x_1|,|x_2|\leqslant\frac{1\,993}{2}$，所以 $|x_0|=|x_1-x_2|\leqslant 1\,993$，同理可知 $|y_0|\leqslant 1\,993$.命题获证.

例2 设 $a_1,a_2,\cdots,a_n(n>4)$ 为自然数，求证：存在不全为零的实数：$x_1,x_2,\cdots,x_n$，其中 $x_i^2=0$ 或 1，使 $n^2\mid a_1x_1+a_2x_2+\cdots+a_nx_n$.

分析与证明 我们的目标为寻找实数 $x_1,x_2,\cdots,x_n$，使其同时满足如下两个条件：

(1) $x_i^2=0$ 或 1；

(2) $n^2\mid a_1x_1+a_2x_2+\cdots+a_nx_n$.

其中(2)较难满足，我们先以满足(2)来寻找实数 $x_1,x_2,\cdots,x_n$.

为便于利用抽屉原理，将(2)改写为

$$a_1x_1+a_2x_2+\cdots+a_nx_n\equiv 0\pmod{n^2},$$

再进行与上题类似的元素分解，得

$$a_1(p_1-q_1)+a_2(p_2-q_2)+\cdots+a_n(p_n-q_n)\equiv 0\pmod{n^2},$$

从而目标(2)转化为

$$a_1p_1+a_2p_2+\cdots+a_np_n\equiv a_1q_1+a_2q_2+\cdots+a_nq_n\pmod{n^2}. \quad ①$$

于是，我们需要找到两个不同的由 n 个不全为零的实数组成的数组 $(p_1,p_2,\cdots,p_n)$，$(q_1,q_2,\cdots,q_n)$，使式①成立.

由此可见，我们应以由 n 个不全为零的实数组成的数组 $(x_1,x_2,\cdots,x_n)$ 为元素，对每一个元素 $(x_1,x_2,\cdots,x_n)$，应定义一个运算：

$$f(x_1,x_2,\cdots,x_n)=a_1x_1+a_2x_2+\cdots+a_nx_n,$$

并称 $a_1x_1+a_2x_2+\cdots+a_nx_n$ 为数组 $(x_1,x_2,\cdots,x_n)$ 的特征值，其中 $a_1,a_2,\cdots,a_n$ 是题中给定的正整数.

这样，目标(2)转化为寻找两个数组，使其特征值关于模 n^2 同余.

现在我们来思考，当 $x_1,x_2,\cdots,x_n$ 取哪些值时，方能保证

$$(p_1-q_1)^2,(p_2-q_2)^2,\cdots,(p_n-q_n)^2\in\{0,1\},$$

即 $p_1-q_1,p_2-q_2,\cdots,p_n-q_n\in\{0,\pm1\}$.

显然，应限定 $p_i,q_i\in\{0,1\}$.

考察所有这样的数组$(x_1,x_2,\cdots,x_n)$，其中 $x_i=0$ 或 1，由于每个 x_i 均有两种取值，从而数组$(x_1,x_2,\cdots,x_n)$共有 2^n 个，对应着 2^n 个特征值 $a_1x_1+a_2x_2+\cdots+a_nx_n$.

将 2^n 个特征值归入模 n^2 的剩余类，注意到 $n^2<2^n(n>4)$，由抽屉原理，必有两个数组，设为$(p_1,p_2,\cdots,p_n)$，$(q_1,q_2,\cdots,q_n)$，其对应的特征值关于模 n^2 同余，即

$$a_1p_1+a_2p_2+\cdots+a_np_n\equiv a_1q_1+a_2q_2+\cdots+a_nq_n\pmod{n^2},$$

所以

$$a_1(p_1-q_1)+a_2(p_2-q_2)+\cdots+a_n(p_n-q_n)\equiv0\pmod{n^2}.$$

令 $x_1=p_1-q_1,x_2=p_2-q_2,\cdots,x_n=p_n-q_n$，则

$$a_1x_1+a_2x_2+\cdots+a_nx_n\equiv0\pmod{n^2}.$$

因为 $p_i,q_i=0$ 或 1，所以 $p_i-q_i=0$ 或 ±1，于是 $x_i^2=(p_i-q_i)^2=0$ 或 1，命题获证.

例 3　设 $x_1,x_2,\cdots,x_n\in\mathbf{R}$，且 $x_1^2+x_2^2+\cdots+x_n^2=1$，求证：对任何 $k\geqslant2$，存在不全为零的整数 $a_1,a_2,\cdots,a_n$，其中 $|a_i|\leqslant k-1(1\leqslant i\leqslant n)$，使 $|a_1x_1+a_2x_2+\cdots+a_nx_n|\leqslant\dfrac{(k-1)\sqrt{n}}{k^n-1}$.（第 28 届 IMO 试题）

分析与证明　我们的目标为寻找整数 $a_1,a_2,\cdots,a_n$，使其同时满足如下两个条件：

(1) $|a_i|\leqslant k-1(1\leqslant i\leqslant n)$，且 $a_1,a_2,\cdots,a_n$ 不全为 0；

(2) $|a_1x_1+a_2x_2+\cdots+a_nx_n|\leqslant M$，其中 $M=\dfrac{(k-1)\sqrt{n}}{k^n-1}$.

同上题，我们先考虑(2)，并将其分解为

$$|(p_1-q_1)x_1+(p_2-q_2)x_2+\cdots+(p_n-q_n)x_n|\leqslant M,$$

即

$$|(p_1x_1+p_2x_2+\cdots+p_nx_n)-(q_1x_1+q_2x_2+\cdots+q_nx_n)|\leqslant M.$$

由此可见,我们应以数组$(t_1,t_2,\cdots,t_n)$为元素,对每一个数组$(t_1,t_2,\cdots,t_n)$,定义其特征值为

$$f(t_1,t_2,\cdots,t_n)=t_1x_1+t_2x_2+\cdots+t_nx_n,$$

其中 $x_1,x_2,\cdots,x_n$是题中给定的正整数.

这样,目标(2)转化为寻找两个不同的数组,使其特征值充分接近,这只需将数组特征值的存在区间等分为若干个小区间即可.

为了计算数组特征值的存在区间应等分为多少个小区间,需先确定有多少个特征值,即有多少个数组,这取决于各个 t_i有多少取值,但t_i的取值应保证每个a_i满足:

$$|a_i|=|p_i-q_i|\leqslant k-1\quad(1\leqslant i\leqslant n).$$

于是,可限定 $0\leqslant t_i\leqslant k-1(1\leqslant i\leqslant n)$,这样,对其特征值充分接近的两个数组$(p_1,p_2,\cdots,p_n)$,$(q_1,q_2,\cdots,q_n)$,由于 $0\leqslant p_i,q_i\leqslant k-1$,从而$|p_i-q_i|\leqslant k-1(1\leqslant i\leqslant n)$.

现在估计元素$(t_1,t_2,\cdots,t_n)$的个数:因为 t_i是$[0,k-1]$中的整数,有 k 种取值,从而共有 k^n个数组,对应着 k^n个特征值.

下面估计数组特征值的存在区间,有

$$\begin{aligned}&|t_1x_1+t_2x_2+\cdots+t_nx_n|\\&\leqslant\sqrt{t_1^2+t_2^2+\cdots+t_n^2}\cdot\sqrt{x_1^2+x_2^2+\cdots+x_n^2}\\&=\sqrt{t_1^2+t_2^2+\cdots+t_n^2}\leqslant\sqrt{n(k-1)^2}\\&=(k-1)\sqrt{n},\end{aligned}$$

即

$$-(k-1)\sqrt{n}\leqslant t_1x_1+t_2x_2+\cdots+t_nx_n\leqslant(k-1)\sqrt{n}.$$

但若将区间$[-(k-1)\sqrt{n},(k-1)\sqrt{n}]$分割为 k^n-1 个小区间

抽屉,则每个抽屉的“长度”为$\frac{2(k-1)\sqrt{n}}{k^n-1}=2M$,当两个数组对应的特征值(简记为 A,B)在同一区间时,我们只能得到$|A-B|\leqslant 2M$,并不是目标(2)所要求的$|A-B|\leqslant M$.

由此可见,上述定义的特征值的存在区间过宽,需要缩小一半!

我们需要重新定义数组$(t_1,t_2,\cdots,t_n)$的特征值.对前述定义的特征值

$$f(t_1,t_2,\cdots,t_n)=t_1x_1+t_2x_2+\cdots+t_nx_n,$$

由于 x_i 的取值可正可负,从而特征值 $f(t_1,t_2,\cdots,t_n)$的取值可正可负,现在我们需更改定义,使特征值 $f(t_1,t_2,\cdots,t_n)$的取值只能为正,这样便使其存在区间缩小一半.

尽管 x_i 的取值可正可负,但如果对之添加一个绝对值符号,则有$|x_i|\geqslant 0$,于是,我们重新定义数组$(t_1,t_2,\cdots,t_n)$的特征值如下:

$$f(t_1,t_2,\cdots,t_n)=t_1|x_1|+t_2|x_2|+\cdots+t_n|x_n|.$$

因为 t_i是$[0,k-1]$中的整数,于是

$$0\leqslant t_1|x_1|+t_2|x_2|+\cdots+t_n|x_n|\leqslant(k-1)\sqrt{n},$$

即数组$(t_1,t_2,\cdots,t_n)$的特征值都在区间$[0,(k-1)\sqrt{n}]$中取值.

将区间$[0,(k-1)\sqrt{n}]$等分为 k^n-1 个小区间,由抽屉原理,必有两个数组

$$(p_1,p_2,\cdots,p_n),\quad (q_1,q_2,\cdots,q_n),$$

其对应的特征值 $p_1|x_1|+p_2|x_2|+\cdots+p_n|x_n|$,$q_1|x_1|+q_2|x_2|+\cdots+q_n|x_n|$在同一个小区间中,那么

$$\begin{aligned}&|(p_1|x_1|+p_2|x_2|+\cdots+p_n|x_n|)\\&\quad-(q_1|x_1|+q_2|x_2|+\cdots+q_n|x_n|)|\\&\leqslant\frac{(k-1)\sqrt{n}}{k^n-1},\end{aligned}$$

即

$$\left|(p_1-q_1)|x_1|+(p_2-q_2)|x_2|+\cdots+(p_n-q_n)|x_n|\right|$$
$$\leqslant\frac{(k-1)\sqrt{n}}{k^n-1}.$$

令 $a_i=p_i-q_i$(若 $x_i\geqslant0$),及 $a_i=q_i-p_i$(若 $x_i<0$),则有

$$|a_1x_1+a_2x_2+\cdots+a_nx_n|\leqslant\frac{(k-1)\sqrt{n}}{k^n-1},$$

且

$$|a_i|=|p_i-q_i|\leqslant k-1\quad(1\leqslant i\leqslant n).$$

综上所述,命题获证.

例4　设 $q=2p$,且 a_{ij} 在 $\{-1,0,1\}$ 中取值($i=1,2,\cdots,p;j=1,2,\cdots,q$),求证:方程组

$$a_{11}x_1+a_{12}x_2+\cdots+a_{1q}x_q=0,$$
$$a_{21}x_1+a_{22}x_2+\cdots+a_{2q}x_q=0,$$
$$\cdots,$$
$$a_{p1}x_1+a_{p2}x_2+\cdots+a_{pq}x_q=0$$

有一组非零整数解 $(x_1,x_2,\cdots,x_q)$,使对 $j=1,2,\cdots,q$,都有 $|x_j|\leqslant q$.(第18届IMO试题)

分析与证明　我们的目标为寻找整数组 $(x_1,x_2,\cdots,x_q)$,使其同时满足如下两个条件:

(1) $|x_j|\leqslant q(1\leqslant j\leqslant q)$,且 $x_1,x_2,\cdots,x_q$ 不全为0;

(2) $(x_1,x_2,\cdots,x_q)$ 是题给方程组的解.

其中(2)较难满足,我们先以满足(2)来寻找整数组 $(x_1,x_2,\cdots,x_n)$.

为便于利用抽屉原理,将(2)改写为

$$(a_{11}x_1+a_{12}x_2+\cdots+a_{1q}x_q,a_{21}x_1+a_{22}x_2+\cdots+a_{2q}x_q,$$
$$\cdots,a_{p1}x_1+a_{p2}x_2+\cdots+a_{pq}x_q)$$
$$=(0,\cdots,0),$$

再进行与上题类似的元素分解,将要找的数组$(x_1,x_2,\cdots,x_q)$分解为

$$(y_1-z_1,y_2-z_2,\cdots,y_q-z_q),$$

则上式又变为

$$\begin{aligned}&(a_{11}(y_1-z_1)+a_{12}(y_2-z_2)+\cdots+a_{1q}(y_q-z_q),\\&\quad a_{21}(y_1-z_1)+a_{22}(y_2-z_2)+\cdots+a_{2q}(y_q-z_q),\cdots,\\&\quad a_{p1}(y_1-z_1)+a_{p2}(y_2-z_2)+\cdots+a_{pq}(y_q-z_q))\\&=(0,0,\cdots,0),\end{aligned}$$

即

$$\begin{aligned}&(a_{11}y_1+a_{12}y_2+\cdots+a_{1q}y_q,a_{21}y_1+a_{22}y_2+\cdots+a_{2q}y_q,\cdots,\\&\quad a_{p1}y_1+a_{p2}y_2+\cdots+a_{pq}y_q)\\&=(a_{11}z_1+a_{12}z_2+\cdots+a_{1q}z_q,a_{21}z_1+a_{22}z_2+\cdots+a_{2q}z_q,\cdots,\\&\quad a_{p1}z_1+a_{p2}z_2+\cdots+a_{pq}z_q).\end{aligned}$$

根据上述目标的特征,可定义数组$(t_1,t_2,\cdots,t_q)$为元素,并定义数组$(t_1,t_2,\cdots,t_q)$的特征值为

$$\begin{aligned}f(t_1,t_2,\cdots,t_q)=(&a_{11}t_1+a_{12}t_2+\cdots+a_{1q}t_q,\\&a_{21}t_1+a_{22}t_2+\cdots+a_{2q}t_q,\cdots,\\&a_{p1}t_1+a_{p2}t_2+\cdots+a_{pq}t_q),\end{aligned}$$

其中$a_{11},a_{12},\cdots,a_{1q};a_{21},a_{22},\cdots,a_{2q};\cdots;a_{p1},a_{p2},\cdots,a_{pq}$是题中给定的正整数.

这样,目标(2)转化为寻找两个数组$(y_1,y_2,\cdots,y_q)$,$(z_1,z_2,\cdots,z_q)$,使其特征值相等,即

$$f(y_1,y_2,\cdots,y_q)=f(z_1,z_2,\cdots,z_q).$$

现在我们来思考如何使数组$(y_1-z_1,y_2-z_2,\cdots,y_q-z_q)$满足条件(1),即如何限定流动数组$(t_1,t_2,\cdots,t_q)$中各分量$t_1,t_2,\cdots,t_q$的取值,方能保证

$$|y_1-z_1|,|y_2-z_2|,\cdots,|y_q-z_q|\leqslant q.$$

这有两种方案：一是限定 $0\leqslant t_j\leqslant q(1\leqslant j\leqslant q)$，二是限定 $|t_j|\leqslant \frac{q}{2}=p(1\leqslant j\leqslant q)$，它们都是取 t_j 的范围为 x_j 的范围的一半. 我们假定选择前一种方案.

下面估计元素个数与抽屉的个数.

其中易知元素个数为 $(q+1)^q$，这是因为 $0\leqslant t_j\leqslant q(1\leqslant j\leqslant q)$，即每个 t_j 都有 $q+1$ 种取值，从而共有 $(q+1)^q$ 个数组 $(t_1,t_2,\cdots,t_q)$，它对应 $(q+1)^q$ 个特征值 $f(t_1,t_2,\cdots,t_q)$.

至于抽屉的个数，需先估计特征值的存在域.

由 $|a_{i1}t_1+a_{i2}t_2+\cdots+a_{iq}t_q|\leqslant|t_1|+|t_2|+\cdots+|t_q|\leqslant q^2$，且 $a_{i1}t_1+a_{i2}t_2+\cdots+a_{iq}t_q\in\mathbf{Z}$，知 $a_{i1}t_1+a_{i2}t_2+\cdots+a_{iq}t_q$ 最多有 $2q^2+1$ 种可能取值，注意到 $i=1,2,\cdots,p$，从而不同特征值最多有 $(2q^2+1)^p$ 个.

但元素的个数 $(q+1)^q=(q+1)^{2p}=(q^2+2q+1)^p<(2q^2+1)^p$，不合要求.

上述估计中特征值存在域的范围过宽，能否使估计更精细些？注意到上述估计中，第二次放缩是将各 a_{ij} 都换作了 1，但其中有的为 1，有的为 0，有的为 -1，从而估计范围过宽，于是我们可引入容量参数：设出各分量 a_{ij} 中为 $1,0,-1$ 的数的个数，使估计更精确.

不失一般性，我们先考察特征值的第一个分量中的参数 $a_{11},a_{12},\cdots,a_{1q}$，设其中有 m 个 1，n 个 -1，s 个 0（m,n,s 随分量的不同而不同），其中 $m+n+s=q$.

设 $a_{11},a_{12},\cdots,a_{1q}$ 中 m 个为 1 的数为 $a_{1i_1},a_{1i_2},\cdots,a_{1i_m}$，$n$ 个为 -1 的数为 $a_{1j_1},a_{1j_2},\cdots,a_{1j_m}$，则

$$\begin{aligned}&a_{11}t_1+a_{12}t_2+\cdots+a_{1q}t_q\\&\quad=t_{i_1}+t_{i_2}+\cdots+t_{i_m}-(t_{j_1}+t_{j_2}+\cdots+t_{j_n})+0,\end{aligned}$$

所以

$$-nq \leqslant a_{11}t_1 + a_{12}t_2 + \cdots + a_{1q}t_q \leqslant mq,$$

左、右等号分别在 $m = s = 0$, $n = s = 0$ 时成立.

又 $a_{11}t_1 + a_{12}t_2 + \cdots + a_{1q}t_q \in \mathbf{Z}$,所以 $a_{11}t_1 + a_{12}t_2 + \cdots + a_{1q}t_q$ 至多有 $(m+n)q+1$ 个取值. 而 $m + n = q - s \leqslant q$,从而 $a_{11}t_1 + a_{12}t_2 + \cdots + a_{1q}t_q$ 至多有 q^2+1 个取值.

同样可知,特征值的其他每一个分量都至多有 q^2+1 个取值,于是,不同的特征值最多有 $(q^2+1)^p$ 个.

于是,数组的个数

$$(q+1)^q = (q+1)^{2p} = (q^2+2q+1)^p > (q^2+1)^p.$$

由抽屉原理,必有两个不同的数组,它们的特征值相同.

设这两个数组为 $(y_1, y_2, \cdots, y_n)$, $(z_1, z_2, \cdots, z_n)$,其中 $|y_j|$, $|z_j| \leqslant p$,则

$$\begin{aligned}&(a_{11}y_1 + a_{12}y_2 + \cdots + a_{1q}y_q, a_{21}y_1 + a_{22}y_2 + \cdots + a_{2q}y_q, \cdots,\\ &\qquad a_{p1}y_1 + a_{p2}y_2 + \cdots + a_{pq}y_q)\\ &= (a_{11}z_1 + a_{12}z_2 + \cdots + a_{1q}z_q, a_{21}z_1 + a_{22}z_2 + \cdots + a_{2q}z_q,\\ &\qquad \cdots, a_{p1}z_1 + a_{p2}z_2 + \cdots + a_{pq}z_q),\end{aligned}$$

即

$$\begin{aligned}&(a_{11}(y_1 - z_1) + a_{12}(y_2 - z_2) + \cdots + a_{1q}(y_q - z_q),\\ &\qquad a_{21}(y_1 - z_1) + a_{22}(y_2 - z_2) + \cdots + a_{2q}(y_q - z_q), \cdots,\\ &\qquad a_{p1}(y_1 - z_1) + a_{p2}(y_2 - z_2) + \cdots + a_{pq}(y_q - z_q))\\ &= (0, 0, \cdots, 0).\end{aligned}$$

令 $x_j = y_j - z_j$,则

$$\begin{aligned}&(a_{11}x_1 + \cdots + a_{1q}x_q, a_{21}x_1 + a_{22}x_2 + \cdots + a_{2q}x_q, \cdots,\\ &\qquad a_{p1}x_1 + \cdots + a_{pq}x_q)\\ &= (0, 0, \cdots, 0),\end{aligned}$$

即 $(x_1, \cdots, x_q)$ 为方程组的解,且

$$|x_j| = |y_j - z_j| \leqslant |y_j| + |z_j| \leqslant 2p = q \quad (1 \leqslant j \leqslant q),$$

命题获证.

若采用后一种方案,则估计简单一些,此时元素个数仍为$(q+1)^q$,这是因为$0 \leqslant |t_j| \leqslant p(1 \leqslant j \leqslant q)$,即每个$t_j$都有$2p+1=q+1$种取值,从而共有$(q+1)^q$个数组$(t_1,t_2,\cdots,t_q)$,它对应$(q+1)^q$个特征值$f(t_1,t_2,\cdots,t_q)$.

而由$|a_{11}t_1+a_{12}t_2+\cdots+a_{1q}t_q| \leqslant |t_1|+|t_2|+\cdots+|t_q| \leqslant p+p+\cdots+p=pq$,且$a_{i1}t_1+a_{i2}t_2+\cdots+a_{iq}t_q \in \mathbf{Z}$,知$a_{i1}t_1+a_{i2}t_2+\cdots+a_{iq}t_q$最多有$2pq+1$种可能取值,注意到$i=1,2,\cdots,p$,从而不同特征值最多有$(2pq+1)^p$个,于是,数组的个数

$$\begin{aligned}(q+1)^q &= (q+1)^{2p} = (q^2+2q+1)^p = (4p^2+2q+1)^p \\ &= (2pq+2q+1)^p > (2pq+1)^p,\end{aligned}$$

下同.

例 5　设a为无理数,则对任何自然数n,都存在整数p,q,使$|q| \leqslant n$,且$|qa-p| < \dfrac{1}{n}$.

分析与证明　考察目标

$$|qa-p| < \frac{1}{n},$$

先进行元素分解:令$q=h-k$,则目标变为

$$|(h-k)a-p| < \frac{1}{n},$$

即

$$|(ha-ka)-p| < \frac{1}{n},$$

现在要将整数p分解成两部分,分别分配到ha,ka上以构造同类元素.

取$p=([ha]-[ka])$,则目标变为

$$|(h-k)a-([ha]-[ka])| < \frac{1}{n},$$

即

$$|\{ha\}-\{ka\}|<\frac{1}{n}.$$

为了保证$|h-k|\leqslant n$，可限定$0\leqslant h,k\leqslant n$.

由此可见，我们要以$\{ja\}=ja-[ja](0\leqslant j\leqslant n)$为元素，并将其存在域等分若干部分即可.

考虑 $n+1$ 个数$\{ja\}=ja-[ja](j=0,1,2,\cdots,n)$，它们都在区间$[0,1]$中，将区间$[0,1]$分割为 n 等份，由抽屉原理，必有某个小区间含有其中的两个数$\{ha\}$，$\{ka\}$，所以

$$|\{ha\}-\{ka\}|\leqslant\frac{1}{n},$$

即

$$|(h-k)a-([ha]-[ka])|\leqslant\frac{1}{n}.$$

上述不等式等号显然不成立，因为 a 为无理数，所以

$$|(h-k)a-([ha]-[ka])|<\frac{1}{n}.$$

令 $p=[ha]-[ka]$，$q=h-k$，则 p,q 为整数，且由 $0\leqslant h,k\leqslant n$，有$|q|=|h-k|\leqslant n$.

综上所述，命题获证.

例 6　给定 $t>0$，在数轴上的$\sqrt{2}$，$2\sqrt{2}$，$\cdots$，$n\sqrt{2}$，$\cdots$处各挖一个宽为 $2t$ 的小沟(以这些点为中心)，有一个点 A 从某个实数出发，沿 x 轴正向跳动，每一步跳距为 1，求证：点 A 必在某个时刻跳进一个沟里.

分析与证明　先看目标“点 A 必在某个时刻跳进一个沟里”如何用数学语言描述?

注意到每个小沟是一个区间$(n\sqrt{2}-t,n\sqrt{2}+t)$，设点 A 的坐标为 x，则点 A 落在小沟内 $\Leftrightarrow$ 存在自然数 k，使 $k\sqrt{2}-t<x<k\sqrt{2}+t$，即

$$\left|x-k\sqrt{2}\right|<t. \qquad ①$$

改造目标：注意到式①中的数 k 是不重要的，我们可将式①改为不含 k 的式子——$x-k\sqrt{2}$ 可看作是 x 除以 $\sqrt{2}$ 的“余数”.

若将

$$x=k\sqrt{2}+\bar{x}\quad(\text{其中 } k\in\mathbf{Z})$$

记为

$$x\equiv\bar{x}\ (\mathrm{mod}\ \sqrt{2}),$$

并称 $\bar{x}$ 为 x 关于模 $\sqrt{2}$ 的剩余，则式 ① 等价于

$$|\bar{x}|<t.$$

由此可见，目标的本质是找一个关于模 $\sqrt{2}$ 的剩余（称为 x 的特征值）的绝对值较小的数 x.

利用元素分解，将 $\bar{x}$ 分解为 $\overline{x_i}-\overline{x_j}$，则目标又转化为找两个特征值较接近的数 $\overline{x_i}\neq\overline{x_j}$，使

$$|\overline{x_i}-\overline{x_j}|<t.$$

代回原变量 $\overline{x_i}=x_i-k_i\sqrt{2},\overline{x_j}=x_i-k_i\sqrt{2}$，有

$$|\overline{x_i}-\overline{x_j}|=\left|(x_i-k_i\sqrt{2})-(x_j-k_j\sqrt{2})\right|$$

$$=\left|(x_i-x_j)-(k_i-k_i)\sqrt{2})\right|=\left|x-k\sqrt{2}\right|.$$

以上可这样直观理解：由 $\overline{x_i}$ 到 $\overline{x_j}$，可能跳了若干步，我们把它看作一大步，想象从 x_i 开始都改用大步跳动. 由结论 $|\overline{x_i}-\overline{x_j}|<t$ 可知，每个大步的步长（关于模 $\sqrt{2}$ 的位移）小于沟的宽度 $2t$，从而必经过若干个大步后跳进沟里.

下面估计元素个数：因为 $x_i=x_0+i\,(i=1,2,\cdots)$（从 x_0 出发，每次跳动距离为 1），当 $x_i\neq x_j$ 时，$x_i-x_j=k\not\equiv0\ (\mathrm{mod}\ \sqrt{2})$，所以 $x_i\not\equiv x_j\,(\mathrm{mod}\ \sqrt{2})$，即 $\overline{x_i}\neq\overline{x_j}$，从而当 i 取遍所有正整数时，得到无数个元素，对应无数个特征值.

而其特征值的存在域 $\overline{x_i}\in(0,\sqrt{2})$，我们只需将$(0,\sqrt{2})$划分为至少$\frac{1}{\sqrt{2}t}$份即可，此时每一份的长度不大于 $\frac{\sqrt{2}-0}{\sqrt{2}t}=\frac{1}{t}$.

实际上，我们可以这样直观描述：将数轴转在周长为 $\sqrt{2}$ 的圆上（等价于取模 $\sqrt{2}$ ），这时，所有沟都重合于一段长为 $2t$ 的弧（相当于圆周上只有一条沟），设 A 跳动得到的点列为 $x_1,x_2,\cdots,x_n,\cdots$，其中 $x_{i+1}=x_i+1$（每步长为 1），于是 x_i-x_j 为整数，从而 x_i-x_j 不是 $\sqrt{2}$ 的倍数，于是 A 跳动得到的点在圆周上是互异的点.

将圆周分为若干等份，其份数大于$\frac{1}{\sqrt{2}t}$，则每一份弧的长小于 $2t$，必有一份含有两个点 x_i,x_j. 令 $d=x_j-x_i$，我们认为点 A 从点 x_i 开始变为每步为 d 的跳动（即把若干步合并看作一步），由于 $d<2t$，所以每一步跳不过一个小沟，必有某个时刻落在某个沟中.

2.4 复合元

所谓复合元，是指将若干个元素捆绑在一起构成一种新的元素，其捆绑的元素可以是同一类型的元素，也可以是不同类型的元素.

通过元素捆绑，利用抽屉原理找到若干个属于同一抽屉的复合元素，由此找到合乎题目条件的某种状态.

例 1　围着圆桌均匀放 8 把椅子，桌面上对着椅子放着 8 个人的名片. 此 8 人就座以后，发现大家都没有面对自己的名片. 求证：适当转动圆桌，能使至少两人同时面对自己的名片.

分析与证明　我们的目标是寻找一种状态，即两人同时面对自己的名片.

如果我们以“人”为元素，则只能找到两个人在同一抽屉中，而这个"抽屉"并不能保证他们两人都同时面对自己的名片.

为了解决这一问题,我们把"人"和"该人的名片"合在一起,看作个复合元素,即将二元组(人,该人的名片)作为一个复合元素.

现在来估计元素的个数.圆桌旋转一周,每个人都对着自己的名片一次,从而 8 个人共对应 8 个复合元素.

现在来计算抽屉的个数,即所有复合元素被分为多少不同的类,显然,这里的类,是每个复合元素所处的一种旋转位置状态.

圆桌旋转一周,只有 8 个不同的对应位置,即共有 8 种不同的旋转位置状态.

再注意到条件"开始大家都没有面对自己的名片",这表明初始位置状态没有"复合元素".于是,将 8 个复合元素归入剩下的 7 个抽屉(状态),必有一个抽屉(状态)内有两个复合元素,即有两人都同时面对自己的名片,命题获证.

例 2　有两个完全相同的齿轮 A 和 B,其中 B 平放在水平面上,A 放在 B 上,使两者的正投影完全重合,然后任意去掉它们 4 对重合的齿.

(1) 若 A,B 均有 14 个齿,试问:能否将 A 绕中心旋转适当的角度,使两个齿轮在水平面上的正投影合成一个完整的齿轮投影?

(2) 若 A,B 均有 13 个齿呢?

(1990 年 CMO 预赛试题)

分析与解　(1)的结论是肯定的,由于构造的复合元素有多种不同方式,从而得到多种不同的证法.

方法 1　我们的目标是找到一个时刻,此时 A 与 B 的每一个缺齿都与另一个齿轮的一个好齿重合.

由此想到将上下重叠的一个"好齿"与一个"缺齿"合并看作一个复合元素.

设齿轮 A,B 中去掉的齿分别为 $A_i,B_i(i=1,2,3,4)$，显然，对每一个 i，A_i 在旋转过程中可与 B 中的 10 个好齿构成复合元素，可得到 10 个复合元素，从而共得到 $4\cdot10=40$ 个复合元素.

同理，B_i 在旋转过程中可得到 $4\cdot10=40$ 个复合元素.

注意到最初状态没有元素，将 80 个复合元素归入剩下的 13 个位置，必有一个位置有 $\left[\frac{80}{13}\right]+1=7$ 个复合元素，此时没有缺齿重合，否则最多有 6 个复合元素，矛盾.

综上所述，命题获证.

方法 2 我们的目标是找到一个时刻，此时 A 中的每一个缺齿都与 B 中的一个好齿重合.

由此想到将上下重叠的 A 中一个缺齿和 B 中一个好齿合并看作一个复合元素.

设齿轮 A 中去掉的齿分别为 $A_i(i=1,2,3,4)$，显然，A_i 在旋转过程中可与 B 中的 10 个好齿构成复合元素，可得到 10 个复合元素，从而共得到 $4\cdot10=40$ 个复合元素.

注意到最初状态没有复合元素，将 40 个复合元素归入剩下的 13 个位置，必有一个位置有 $\left[\frac{40}{13}\right]+1=4$ 个复合元素，此时 A 中的缺齿都被覆盖，从而没有缺齿重合，命题获证.

方法 3 我们的目标是找到一个时刻，此时每上下一对齿要么是两个好齿重合，要么是一个缺齿与一个好齿重合.

由此想到将上下重叠的“两个好齿”或者“一个好齿与一个缺齿”合并看作一个复合元素，为了叙述方便，采用如下记号：

设齿轮 A,B 中的齿分别为 $A_i,B_i(i=1,2,\cdots,13)$，A,B 中去掉的齿分别为 $A_m,A_n,A_s,A_t,B_m,B_n,B_s,B_t$，令 $P=\{m,n,s,t\}$，$d(A_i)=0(i\in P)$ 或 $1(i\notin P)$，$d(B_j)=0(j\in P)$ 或 $1(j\notin P)$.

在旋转过程中的任何一个时刻，对于上下重叠的两个齿 A_i，B_j，若 $d(A_i)+d(B_j)\geqslant 1$，则称 $\{A_i,B_j\}$ 为一个复合元素.

显然，当 $i\in P$ 时，$A_i(i=m,n,s,t)$ 与 B 中 10 个好齿构成 10 个复合元素，共得到 40 个复合元素.

当 $i\notin P$ 时，$A_i(i\neq m,n,s,t)$ 与 B 中所有 14 个好齿构成 14 个复合元素，共得到 140 个复合元素.

注意到最初状态只有 10 个复合元素，将剩下的 170 个元素归入剩下的 13 个位置，从而必有一个位置有 $\left[\dfrac{170}{13}\right]+1=14$ 个复合元素，此时没有缺齿重合，命题获证.

方法 4　我们的目标是找到一个位置，此位置不含上下重合的缺齿.

由此想到，将上下重合的缺齿对看作一个复合元素.

设齿轮 A，B 中去掉的齿分别为 A_i，$B_i(i=1,2,3,4)$，显然，$A_i(i=1,2,3,4)$ 在旋转过程中可得到 4 个复合元素，从而共得到 $4\cdot 4=16$ 个复合元素.

注意到最初的位置含有 4 个复合元素，还剩下 12 个复合元素和 13 个位置，从而必有一个位置不含复合元素，即没有上下重合的缺齿，命题获证.

(2) 当 A，B 均有 13 个齿时，结论是否定的. 我们证明，可适当去掉 4 对齿，使得无法构成完整的齿轮投影.

下面我们采用引入待定参数的技巧，构造出所有合乎条件的“去掉 4 对齿”的方法.

将 A，B 上的 13 个齿所在的位置按逆时针方向依次编号为 1，2，…，13，设去掉的齿的位置代号为 $1\leqslant k_1<k_2<k_3<k_4\leqslant 13$（$k_1$，$k_2$，$k_3$，$k_4$ 待定），齿轮 A 每旋转一个位置，等价于它的每个齿的位置编号增加 1，要使齿轮投影不完整，只需对任何正整数 $r(r=1,2,\cdots,13)$，

都能找到 k_i，使 k_i 旋转 r 次之后得到的位置编号 k_i+r 与 k_1,k_2,k_3,k_4 中的一个重合，也即对任何 $r=1,2,\cdots,13$，都存在 i,j，使 $k_i+r\equiv k_j\pmod{13}$.

即对任何 $r=1,2,\cdots,13$，同余方程 $k_i-k_j\equiv r\pmod{13}$ 在 $\{k_1,k_2,k_3,k_4\}$ 中有解，这表明 $k_i-k_j(1\leqslant i,j\leqslant 4)$ 构成模 13 的完系（或者说 k_1,k_2,k_3,k_4 中的任两数之差遍历模 13 的完系），这就是待定参数 k_1,k_2,k_3,k_4 要满足的条件.

由“差为 1”可知，k_1,k_2,k_3,k_4 中有两个数是连续自然数，不妨设 $k_1=1,k_2=2$.

再考虑“差为 2”，此时 k_3,k_4 的取值有多种情形，但注意到 k_1,k_2,k_3,k_4 中的两数之差只有 $2C_4^2+1$（“1”是两个相同数的差为 0，得到一个值）$=13$ 个可能值，要遍历模 13 的完系，其差应两两互异.

从而 k_3,k_4 都不能为 3，于是取 $k_3\geqslant 4$.

若取 $k_3=4$，则适当实验，可取 $k_4=10$.

若取 $k_3=5$，则适当实验，可取 $k_4=7$.

若取 $k_3=6$，则适当实验，可取 $k_4=12$.

若取 $k_3=7$，则由“差为 2”可知，必取 $k_4=9$ 或 12（$9-7=2,1-12=-11\equiv 2$），但此时都取不到差为 3，不合题意.

若取 $k_3=9$，则适当实验，可取 $k_4=11$.

最后，当 $k_3=8,10,11,12,13$ 时，类似于 $k_3=7$ 的讨论，不存在合乎条件的构造.

于是本题共有 4 种构造方式：$(k_1,k_2,k_3,k_4)=(1,2,4,10)$，$(1,2,5,7)$，$(1,2,6,12)$，$(1,2,9,11)$.

例 3　在半径为 1 的圆周上任意给定两个点集 A,B，它们分别都由有限段互不相交的弧组成，其中 B 的每一段弧的长度都等于 $\frac{\pi}{m}$（m 为给定的自然数），用 A_j 表示将集合 A 沿逆时针方向在圆周上旋

转 $\frac{j\pi}{m}$ 所得的集合($j=1,2,\cdots,2m$),求证:存在自然数 k,使 $L(A_k\cap B)\geqslant\frac{L(A)L(B)}{2\pi}$,其中 $L(X)$ 为点集 X 的互不相交的弧长的和.(第 4 届中国数学奥林匹克试题)

分析与证明　本题的目标是找到点集 A_k,使其满足题设不等式,即要求 $A_k\cap B$ 的长度足够的大,也即找到与 B 尽可能相交的一个点集 A_k.

从目标看,我们应选择怎样的对象为元素?

因为目标不等式中含有 $L(A_k\cap B)$,由此想到,对每一个点集 A_k,令它与 B 捆绑(作交集),由此对应一个数 $L(A_k\cap B)$,我们以此为复合元素,并称为点集 A_k 的有效长度.

现在估计元素"个数".这里的元素"个数"涉及的是线段"长度",从而要利用抽屉原理的另一种形式——平均值估计.

至此,我们只需从整体上估计旋转过程中得到的各点集的有效长的总和即可.

对 B 的任意一段弧 a,当 A 旋转一周时,等价于弧 a 反向旋转一周,由于每步跳动 $\frac{\pi}{m}$,这恰好是 a 的长,从而旋转过程中弧 a 将整个圆周上的点都恰好覆盖一次(图 2.1),当然弧 a 将集合 A 中的点也都恰好覆盖一次,从而弧 a 与 A 中的点构成的有效长度为 $L(A)$.

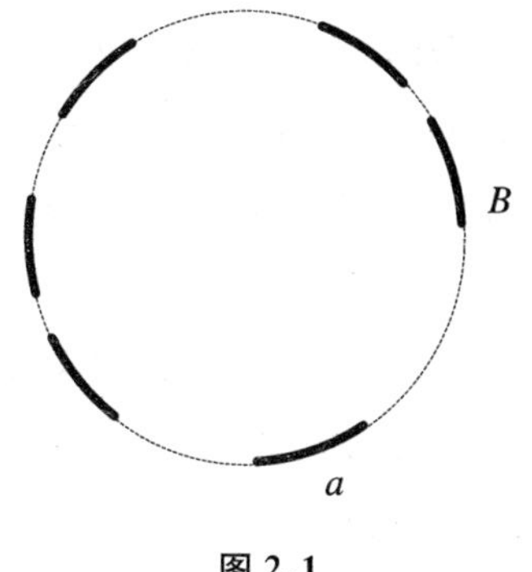

图 2.1

又 B 的总长度为 $L(B)$,每一段弧长为 $\frac{\pi}{m}$,从而共有 $L(B)\div\frac{\pi}{m}=\frac{mL(B)}{\pi}$ 段弧,于是 B 的所有弧所产生

的有效长度的总和为 $\dfrac{mL(A)L(B)}{\pi}$.

另一方面,旋转共有 $2m$ 个位置,于是由平均值抽屉原理,必有某个位置 A_k,它的有效长度

$$L(A_k \cap B) \geqslant \frac{mL(A)L(B)}{2m\pi} = \frac{L(A)L(B)}{2\pi}.$$

例 4 给定正整数 m,n,设 $x_1,x_2,\cdots,x_m$ 都是正整数,且它们的算术平均值小于 $n+1$,又 $y_1,y_2,\cdots,y_n$ 都是正整数,且它们的算术平均值小于 $m+1$.求证:存在若干个(至少一个)x_i 的和与若干个 y_i(至少一个)的和相等.(《美国数学杂志》1996 年 1 月号问题 1466)

分析与证明 构造新元素 $s_j = \sum_{i=1}^{j} x_i (0 \leqslant j \leqslant m)$,$t_k = \sum_{i=1}^{k} y_i$ $(0 \leqslant k \leqslant n)$.

因为 $x_1,x_2,\cdots,x_m$ 的算术平均值小于 $n+1$,从而 $s_m < m(n+1)$.

同样,有 $t_n < n(m+1)$.

若 $s_m = t_n$,则结论成立.

不妨设 $s_m > t_n$,我们构造如下的复合元素:m 元集 $\{s_0, s_1, \cdots, s_{m-1}\}$ 中的一个元素与 $n+1$ 元集 $\{t_0, t_1, \cdots, t_n\}$ 中的一个元素搭配构成的有序元素对 (s_j, t_k) $(0 \leqslant j \leqslant m-1, 0 \leqslant k \leqslant n)$,共有 $m(n+1) > s_m$ 个复合元素,由抽屉原理,存在两个不同的复合元素 (s_j, t_k),$(s_{j'}, t_{k'})$,使

$s_j + t_k \equiv s_{j'} + t_{k'} (\mathrm{mod}\ s_m)$, 即 $s_j - s_{j'} \equiv t_{k'} - t_k (\mathrm{mod}\ s_m)$.

不妨设 $k' \geqslant k$,因为 $|s_j - s_{j'}| < s_m$,且 $0 \leqslant t_{k'} - t_k \leqslant t_n < s_m$,所以 $t_{k'} - t_k > 0$.

于是,$s_j - s_{j'} = t_{k'} - t_k$ 或 $s_j - s_{j'} = t_{k'} - t_k - s_m$.

对于前者,有

$$\sum_{i=j'+1}^{j} x_i = \sum_{i=k+1}^{k'} y_i.$$

对于后者,有

$$\sum_{i=1}^{j} x_i + \sum_{i=j'+1}^{m} x_i = \sum_{i=k+1}^{k'} y_i .$$

综上所述,命题获证.

习　题　2

1. 边长为 $n(n>2)$ 的正三角形被平行于边的直线分割为 n^2 个单位正三角形,能否将这些单位正三角形用 $1,2,\cdots,n^2$ 进行编号,使得对任何 $1\leqslant i\leqslant n^2-1$,编号为 i 和 $i+1$ 的 2 个单位正三角形至少有一个公共点,且对任何 $1\leqslant i\leqslant n^2-2$,编号为 i 和 $i+2$ 的 2 个单位正三角形至少有一个公共点?(2007 年白俄罗斯数学奥林匹克试题)

2. 有一袋糖果分给 n 个小孩,每人至少分一个糖果.证明:其中有若干小孩分得的糖果数之和是 n 的倍数.

3. 有两组自然数,每个数都小于 n,同一组中的数互异,这两组数的总个数不小于 n.求证:可以在每组数中各取一个数,使它们的和为 n.

4. 求证:存在一个这样的正整数,它的数字包含 0,1,2,…,9 中的任何一个,并且是 2 015 的倍数.

5. 试证:对任何正整数 m,都存在一个正整数 k,使 km 包含 0,1,2,…,9 中的每一个数字.

6. 设 n 是大于 1 的奇数,求证:$2^t-1(t=1,2,\cdots,n-1)$ 中至少有一个数为 n 的倍数.

7. 求证:存在不全为零且绝对值不大于 10^6 的整数 x,y,z,使 $|x+y\sqrt{2}+z\sqrt{3}|<10^{-11}$.(1980 年普特南数学奥林匹克试题)

8. 设矩阵 $\boldsymbol{A}=\begin{pmatrix} a_{11} & a_{12} & \cdots & a_{1n} \\ a_{21} & a_{22} & \cdots & a_{2n} \\ \vdots & \vdots & & \vdots \\ a_{m1} & a_{m2} & \cdots & a_{mn} \end{pmatrix}$ 中的每一个数 a_{ij}($i=1,2,\cdots,m$;$j=1,2,\cdots,n$)都是整数,其中 $m=112$,$n=168$.求证:存在一组不全为零的整数($x_1,x_2,\cdots,x_n$),其中 $|x_j|\leqslant n$($1\leqslant j\leqslant n$),使矩阵 $\boldsymbol{A}$ 与列矩阵 $\begin{pmatrix} x_1 \\ x_2 \\ \vdots \\ x_n \end{pmatrix}$ 相乘得到的列矩阵中的每一个数都是 2 015 的倍数,即 $a_{11}x_1+a_{12}x_2+\cdots+a_{1n}x_n$,$a_{21}x_1+a_{22}x_2+\cdots+a_{2n}x_n$,$\cdots$,$a_{m1}x_1+a_{m2}x_2+\cdots+a_{mn}x_n$ 都是 2 015 的倍数.(原创题)

9. 设 a_{ij}($i=1,2,\cdots,m$;$j=1,2,\cdots,n$ 且 $n\geqslant 2m$)是不全为零的整数,求证:方程组

$$\begin{aligned} &a_{11}x_1+a_{12}x_2+\cdots+a_{1n}x_n=0, \\ &a_{21}x_1+a_{22}x_2+\cdots+a_{2n}x_n=0, \\ &\cdots, \\ &a_{m1}x_1+a_{m2}x_2+\cdots+a_{mn}x_n=0, \end{aligned}$$

有一组整数解($x_1,x_2,\cdots,x_n$),使对 $i=1,2,\cdots,m$;$j=1,2,\cdots,n$,有 $0<\max|x_j|\leqslant n(\max|a_{ij}|)$.(第 29 届 IMO 备选题)

10. 设 a 为无理数,b 为实数,则对任何正数 t,都存在自然数 m,n,使 $|na-m+b|<t$.(克罗内克(L. Kronecker)定理)

11. 将大小不同的两个同心圆都分别等分为 20 个小扇形.在大圆上任选 10 个扇形染红色,另 10 个扇形染蓝色.而小圆上的每个扇形则任染红、蓝二色之一.求证:可以旋转扇形到一定的位置,使两圆中上下对应的同色扇形不少于 10 对.

12. 试求最小的正整数 n，使得对于任何 n 个连续正整数，必有一数，其各位数字之和是 7 的倍数.

13. 设 $a_1,a_2,\cdots$ 为全体正整数的一个排列，求证：存在无穷多个正整数 i，使得 $(a_i,a_{i+1})\leqslant\frac{3}{4}i$.（2011 年 IMO 中国国家队选拔考试试题）

习题 2 解答

1. 称单位正三角形为格，与原正三角形有一个公共顶点的格为角格.

假设能按要求编号，记编号为 k 的格为 T_k，则 T_k 与 T_{k-1}，T_{k-2}，T_{k+1}，T_{k+2} 都相连（有公共顶点），即 T_k 有 4 个相连的格，这只要 $k-1$，$k-2$，$k+1$，$k+2$ 都存在，即 $k\notin\{1,2,n^2-1,n^2\}$.

因为任何角格只有 3 个相连格，从而所有角格的编号都属于 $\{1,2,n^2-1,n^2\}$.

将 $\{1,2,n^2-1,n^2\}$ 划分为 2 个"抽屉" $\{1,2\}$，$\{n^2-1,n^2\}$，将 3 个角格的编号归入上述 2 个抽屉，必有 2 个编号属于同一抽屉，依题意，这 2 个编号对应的角格相连，这与 $n>2$ 矛盾（$n>2$ 时任何 2 个角格不相连）.

综上所述，合乎条件的编号不存在.

2. 设 n 个孩子分到的糖果数为 $a_1,a_2,\cdots,a_n$，令 $x_1=a_1$，$x_2=a_1+a_2$，$\cdots$，$x_n=a_1+a_2+\cdots+a_n$，将 n 个和归入模 n 的剩余类.

如果有一个 x_i，使得 $x_i\equiv0\ (\mathrm{mod}\ n)$，则 $n\mid x_i$，即 $n\mid a_1+a_2+\cdots+a_i$，结论成立.

如果不存在 x_i，使得 $x_i\equiv0\ (\mathrm{mod}\ n)$，则 $x_1,x_2,\cdots,x_n$ 属于模 n 的 $n-1$ 个非零的剩余类，必有 $x_i\equiv x_j\ (\mathrm{mod}\ n)$，于是 $n\mid x_j-x_i$，即

$n\mid a_i+a_{i+1}+\cdots+a_j$，结论成立.

综上所述，命题获证.

3. 设两组数为 $a_1<a_2<\cdots<a_p$，$b_1<b_2<\cdots<b_q$，$p+q\geqslant n$. 要证存在 $a_i+b_j=n$，即 $a_i=n-b_j$，由此想到以 a_i，$n-b_j$ 为元素利用抽屉原理.

考察 $a_1<a_2<\cdots<a_p$，$n-b_q<n-b_{q-1}<n-b_{q-2}<\cdots<n-b_1$，这 n 个数都小于 n，从而必有两个相等，命题获证.

4. 令 $x_k=\overline{\underbrace{MM\cdots M}_{k个M}}$，其中 $M=123\,456\,789$，考察如下 2 016 个数：$x_1,x_2,x_3,\cdots,x_{2\,016}$，其中必定有两个数 x_i，x_j（$1\leqslant i<j\leqslant 2\,016$），使 $x_i\equiv x_j\pmod{2\,015}$，即 $x_j-x_i\equiv 0\pmod{2\,015}$.

令 $a=x_j-x_i$，则 $a\equiv 0\pmod{2\,015}$.

又 $a=x_j-x_i=\overline{\underbrace{MM\cdots M}_{j个M}}-\overline{\underbrace{MM\cdots M}_{i个M}}=\underbrace{MM\cdots M}_{j-i个M}\underbrace{00\cdots 0}_{9i个0}$，命题获证.

5. 首先注意 $km\equiv 0\pmod m$（去掉不确定因素 k），再进行元素分解：$km\equiv 0\pmod m$，等价于 $n_i-n_j\equiv 0\pmod m$，即 $n_i\equiv n_j\pmod m$.

令 $x_k=\overline{\underbrace{MM\cdots M}_{k个M}}$，其中 $M=123\,456\,789$，考察如下 $m+1$ 个数：$x_1,x_2,x_3,\cdots,x_{m+1}$，其中必定有两个数 x_i，x_j（$1\leqslant i<j\leqslant m+1$），使 $x_i\equiv x_j\pmod m$，即 $x_j-x_i\equiv 0\pmod m$.

令 $a=x_j-x_i$，则 $a\equiv 0\pmod m$.

又 $a=x_j-x_i=\overline{\underbrace{MM\cdots M}_{j个M}}-\overline{\underbrace{MM\cdots M}_{i个M}}=\underbrace{MM\cdots M}_{j-i个M}\underbrace{00\cdots 0}_{9i个0}$，命题获证.

6. 考察目标 $n\mid 2^t-1$，它等价于 $2^t-1\equiv 0\pmod n$，又等价于 $2^t\equiv 1\equiv 2^0\pmod n$，即 $2^{t+s}\equiv 2^s\pmod n$，且 2^s 与 n 互质（便于约分），

从而应选择 2^i 为元素.将 $2^i(i=0,1,2,\cdots,n-1)$ 归入模 n 的剩余类 $A_0,A_1,\cdots,A_{n-1}$,由于 n 是大于 1 的奇数,2^i 不被 n 整除,即 A_0 中没有元素,将 n 个元素归入另 $n-1$ 个剩余类,必有两个数 $2^i,2^j$ 属于同一个剩余类,于是 $n\mid 2^j-2^i=2^i(2^{j-i}-1)$.

又 n 是大于 1 的奇数,有 $(n,2^i)=1$,所以 $n\mid 2^{j-i}-1$,令 $t=j-i$,命题获证.

7. 对于数组 (x,y,z),定义其特征值 $f(x,y,z)=x+y\sqrt{2}+z\sqrt{3}$,其中 x,y,z 是不大于 10^6 的正整数.

因为 $0<x,y,z\leqslant 10^6$,x,y,z 都有 10^6 种取值,从而这样的特征值共有 $(10^6)^3=10^{18}$ 个,且由 $0\leqslant x+y\sqrt{2}+z\sqrt{3}\leqslant 10^6+10^6\sqrt{2}+10^6\sqrt{3}$,知这些数都在区间 $[0,10^6+10^6\sqrt{2}+10^6\sqrt{3}]$ 中.

将 $[0,10^6+10^6\sqrt{2}+10^6\sqrt{3}]$ 划分为 $10^{18}-1$ 个等长的区间,10^{18} 个形如 $x+y\sqrt{2}+z\sqrt{3}$ 的数归入这些区间,必定有 2 个数,设为 $x_1+y_1\sqrt{2}+z_1\sqrt{3}$,$x_2+y_2\sqrt{2}+z_2\sqrt{3}$,在同一个区间,于是

$$\begin{aligned}&|(x_1+y_1\sqrt{2}+z_1\sqrt{3})-(x_2+y_2\sqrt{2}+z_2\sqrt{3})|\\ \leqslant\ &\frac{10^6(1+\sqrt{2}+\sqrt{3})}{10^{18}-1}<\frac{10^6(1+2+3)}{10^{18}-1}=\frac{6\times 10^6}{10^{18}-1}\\ <\ &\frac{6\times 10^6+1}{10^{18}}<\frac{6\times 10^6+10^6}{10^{18}}=\frac{7}{10^{12}}<10^{-11},\end{aligned}$$

(其中用到结论:$a<b$ 时,$\frac{b}{a}<\frac{b+1}{a+1}$)

即

$$|(x_1-x_2)+(y_1-y_2)\sqrt{2}+(z_1-z_2)\sqrt{3}|<10^{-11}.$$

令 $x_0=x_1-x_2$,$y_0=y_1-y_2$,$z_0=z_1-z_2$,则 $|x_0+y_0\sqrt{2}+z_0\sqrt{3}|<10^{-11}$.

因为 $0<x_1,x_2\leqslant 10^6$,所以 $|x_0|=|x_1-x_2|\leqslant 10^6$,同理可知 $|y_0|$

$\leqslant 10^6$，$|z_0|\leqslant 10^6$，命题获证.

8. 我们的目标为寻找整数组$(x_1,x_2,\cdots,x_n)$，使其同时满足如下两个条件：

(1) $|x_j|\leqslant n(1\leqslant j\leqslant n)$，且$x_1,x_2,\cdots,x_n$不全为0；

(2) $a_{11}x_1+a_{12}x_2+\cdots+a_{1n}x_n, a_{21}x_1+a_{22}x_2+\cdots+a_{2n}x_n,\cdots, a_{m1}x_1+a_{m2}x_2+\cdots+a_{mn}x_n$都是2 015的倍数.

其中(2)较难满足，我们先以满足(2)为目标来寻找整数组$(x_1,x_2,\cdots,x_n)$.

为便于利用抽屉原理，将(2)改写为

$$\begin{aligned}&(a_{11}x_1+\cdots+a_{1n}x_n,\cdots,a_{m1}x_1+\cdots+a_{mn}x_n)\\ &\quad\equiv(0,0,\cdots,0)\pmod{2\,015},\end{aligned}$$

再进行元素分解，将要找的数组$(x_1,x_2,\cdots,x_n)$分解为

$$(y_1-z_1,y_2-z_2,\cdots,y_n-z_n),$$

则上式又变为

$$\begin{aligned}&(a_{11}(y_1-z_1)+\cdots+a_{1n}(y_n-z_n),\cdots,\\ &\qquad a_{m1}(y_1-z_1)+\cdots+a_{mn}(y_n-z_n))\\ &\quad\equiv(0,0,\cdots,0)\pmod{2\,015},\end{aligned}$$

即

$$\begin{aligned}&(a_{11}y_1+\cdots+a_{1n}y_n,\cdots,a_{m1}y_1+\cdots+a_{mn}y_n)\\ &\quad\equiv(a_{11}z_1+\cdots+a_{1n}z_n,\cdots,a_{m1}z_1+\cdots+a_{mn}z_n)\pmod{2\,015}.\end{aligned}$$

根据上述目标的特征，可定义数组$(t_1,t_2,\cdots,t_n)$为元素，并定义数组$(t_1,t_2,\cdots,t_n)$的特征值为

$$\begin{aligned}f(t_1,t_2,\cdots,t_n)=(&a_{11}t_1+\cdots+a_{1n}t_n,a_{21}t_1+\cdots+a_{2n}t_n,\\ &\cdots,a_{m1}t_1+\cdots+a_{mn}t_n),\end{aligned}$$

其中$a_{11},a_{12},\cdots,a_{1n};a_{21},a_{22},\cdots,a_{2n};\cdots;a_{m1},a_{m2},\cdots,a_{mn}$是题中给定的正整数.

这样，目标(2)转化为寻找两个数组$(y_1,y_2,\cdots,y_n)$，$(z_1,z_2,\cdots,z_n)$，使其特征值关于模 2 015 同余，即

$$f(y_1,y_2,\cdots,y_n)\equiv f(z_1,z_2,\cdots,z_n)\pmod{2\,015}.$$

现在我们来思考如何使数组$(y_1-z_1,y_2-z_2,\cdots,y_n-z_n)$满足条件(1)，即如何限定流动数组$(t_1,t_2,\cdots,t_n)$中各分量$t_1,t_2,\cdots,t_n$的取值，方能保证

$$|y_1-z_1|,|y_2-z_2|,\cdots,|y_n-z_n|\leqslant n.$$

这有两种方案：一是限定$0\leqslant t_j\leqslant n(1\leqslant j\leqslant n)$，二是限定$|t_j|\leqslant\frac{n}{2}$$(1\leqslant j\leqslant n)$，它们都是取$t_j$的范围为$x_j$的范围的一半.我们假定选择前一种方案.

下面估计元素个数与抽屉个数.

其中易知元素个数为169^{168}，这是因为$0\leqslant t_j\leqslant 168(1\leqslant j\leqslant 168)$，即每个$t_j$都有 169 种取值，从而共有$169^{168}$个数组$(t_1,t_2,\cdots,t_{168})$，它对应$169^{168}$个特征值$f(t_1,t_2,\cdots,t_{168})$.

至于抽屉的个数，因为每个分量$a_{i1}t_1+a_{i2}t_2+\cdots+a_{in}t_n$关于模 2 015 的余数有 2 015 种可能值，而$i=1,2,\cdots,112$，从而不同的特征值共有$2\,015^{112}$个.

因为

$$169^{168}=(13^2)^{56\times 3}=(13^3)^{56\times 2}=2\,197^{112}>2\,015^{112},$$

所以由抽屉原理，必有两个不同的数组，它们的特征值的每一个分量都关于模 2 015 同余.

设这两个数组为$(y_1,y_2,\cdots,y_n)$，$(z_1,z_2,\cdots,z_n)$，其中$0\leqslant y_j,z_j\leqslant n$，则

$$\begin{aligned}&(a_{11}y_1+\cdots+a_{1n}y_n,\cdots,a_{m1}y_1+\cdots+a_{mn}y_n)\\&\quad\equiv(a_{11}z_1+\cdots+a_{1n}z_n,\cdots,a_{m1}z_1+\cdots+a_{mn}z_n)\pmod{2\,015},\end{aligned}$$

即

$$(a_{11}(y_1-z_1)+\cdots+a_{1n}(y_n-z_n),\cdots,$$
$$a_{m1}(y_1-z_1)+\cdots+a_{mn}(y_n-z_n))$$
$$\equiv(0,0,\cdots,0)\pmod{2\,015}.$$

令 $x_j=y_j-z_j$，则

$$(a_{11}x_1+\cdots+a_{1n}x_n,a_{21}x_1+a_{22}x_2+\cdots+a_{2n}x_n,\cdots,$$
$$a_{m1}x_1+\cdots+a_{mn}x_n)$$
$$\equiv(0,0,\cdots,0)\pmod{2\,015},$$

且由 $0\leqslant y_j,z_j\leqslant n$，知 $|x_j|=|y_j-z_j|\leqslant n(1\leqslant j\leqslant n)$.

此外，由 $(y_1,y_2,\cdots,y_m)\neq(z_1,z_2,\cdots,z_m)$，可知 $y_j-z_j(1\leqslant j\leqslant m)$ 不全为 0.

所以 $(y_1-z_1,y_2-z_2,\cdots,y_n-z_n)$ 是合乎条件的数组.

综上所述，命题获证.

9. 令 $A=\max|a_{ij}|$，$B=\left[\dfrac{nA}{2}\right]$. 考察数组 $(t_1,t_2,\cdots,t_n)$，其中 $|t_j|\leqslant B$（确定元素），定义其特征值为 $(a_{11}t_1+\cdots+a_{1n}t_n,a_{21}t_1+a_{22}t_2+\cdots+a_{2n}t_n,\cdots,a_{m1}t_1+\cdots+a_{mn}t_n)$，因为 $|t_j|\leqslant B$，即 t_j 有 $2B+1$ 种取值，从而数组有 $(2B+1)^n$ 个.

又因为

$$|a_{11}t_1+a_{12}t_2+\cdots+a_{1n}t_n|\leqslant A(|t_1|+|t_2|+\cdots+|t_n|)\leqslant nAB,$$

从而 $a_{11}t_1+a_{12}t_2+\cdots+a_{1n}t_n$ 有 $2nAB+1$ 种可能取值. 由对称性，对任何 $i(i=1,2,\cdots,m)$，第 i 个分量 $a_{i1}t_1+a_{i2}t_2+\cdots+a_{in}t_n$ 亦有 $2nAB+1$ 种可能取值，从而不同特征值的个数为 $(2nAB+1)^m$.

(1) 若 nA 为偶数，则

$$(2B+1)^n=\left(2\left[\frac{nA}{2}\right]+1\right)^n=(2mA+1)^{2m}$$
$$=(4m^2A^2+4mA+1)^m>(2nAB+1)^m;$$

(2) 若 nA 为奇数，则

$$(2B+1)^n=\left(2\left[\frac{nA}{2}\right]+1\right)^n=((nA-1)+1)^n$$
$$=(n^2A^2)^m.$$

注意到 $B=\left[\frac{nA}{2}\right]\leqslant\frac{nA}{2}$，有 $nA-2B\geqslant 0$，但 nA 为奇数，所以 $nA-2B\neq 0$，于是 $nA-2B\geqslant 1$，所以

$$n^2A^2-(2nAB+1)=nA(nA-2B)-1\geqslant nA-1$$
$$\geqslant 2A-1>0,$$

故

$$(2B+1)^n=(n^2A^2)^m>(2nAB+1)^m.$$

所以不论哪种情况，都有 $(2B+1)^n>(2nAB+1)^m$，从而必有两个不同的数组 $(y_1,y_2,\cdots,y_n)$，$(z_1,z_2,\cdots,z_n)$，它们对应的特征值相同，即

$$(a_{11}y_1+\cdots+a_{1n}y_n,\cdots,a_{m1}y_1+\cdots+a_{mn}y_n)$$
$$=(a_{11}z_1+\cdots+a_{1n}z_n,\cdots,a_{m1}z_1+\cdots+a_{mn}z_n),$$

也即

$$(a_{11}(y_1-z_1)+\cdots+a_{1n}(y_n-z_n),\cdots,$$
$$a_{m1}(y_1-z_1)+\cdots+a_{mn}(y_n-z_n))$$
$$=(0,0,\cdots,0).$$

令 $x_j=y_j-z_j(j=1,2,\cdots,n)$，则

$$(a_{11}x_1+\cdots+a_{1n}x_n,\cdots,a_{m1}x_1+\cdots+a_{mn}x_n)=(0,0,\cdots,0),$$

所以 $(x_1,x_2,\cdots,x_n)$ 为方程组的解.

因为 $(y_1,y_2,\cdots,y_n)$ 与 $(z_1,z_2,\cdots,z_n)$ 不相同，所以 $\max|x_j|>0$，且 $|x_j|=|y_j-z_j|\leqslant|y_j|+|z_j|\leqslant\frac{nA}{2}+\frac{nA}{2}=nA$，所以 $0<\max|x_j|\leqslant n(\max|a_{ij}|)$，命题获证.

注　本题也可先证明 $n=2m$ 时的情形，以避免讨论 nA 的奇偶

性.而对 $n>2m$,先求得 $n=2m$ 合乎条件的数组$(x_1,x_2,\cdots,x_{2m})$,再扩充为$(x_1,x_2,\cdots,x_{2m},0,\cdots,0)$,命题获证.

10. 将目标$|na-m+b|<t$ 变为$|(na+b)-m|<t$,取 $m=[na+b]$,则目标变为$|\{na+b\}|<t$.

考虑 $n+1$ 个数$\{x_j\}(x_j=ja+b,j=0,1,2,\cdots,n)$,将区间$[0,1]$等分为 $n\left(n>\frac{1}{t}\right)$个小区间,必有某个小区间含有其中的两个数$\{x_h\},\{x_k\}(k<h)$,所以 $|\{x_h\}-\{x_k\}|\leqslant\frac{1}{n}<t$.令 $h-k=r$,则$|\{x_{k+r}\}-\{x_k\}|<t$.

考察数列$\{x_k\},\{x_{k+r}\},\{x_{k+2r}\},\cdots$.

由于上述数列的间距小于 t,必定有某个项落在长为 $2t$ 的区间$(-t,t)$中,即存在 x_{k+pr},使$|\{x_{k+pr}\}|<t$.令 $n=k+pr$,则$|\{x_n\}|<t$,即$|\{na+b\}|<t$,命题获证.

11. 若上下两个对应扇形同色,则把这两个同色扇形看作一个复合元素.

由于小圆上每个扇形均与大圆上的 10 个扇形同色,得到 10 个复合元素,这样,在旋转过程中,共可得到 $10\cdot20=200$ 个元素.但旋转一共只有 20 个不同的位置,于是,由抽屉原理,至少有一个位置有 10 个复合元素,命题获证.

12. 首先,我们可以指出 12 个连续正整数,例如 994,995,…,999,1 000,1 001,…,1 005,其中任一数的各位数字之和都不是 7 的倍数,因此,$n\geqslant13$.

下面证明任何连续 13 个正整数中,必有一数,其各位数字之和是 7 的倍数.对每个非负整数 a,称如下 10 个数所构成的集合 $A_a=\{10a,10a+1,\cdots,10a+9\}$为一个“基本段”,13 个连续正整数,要么属于两个基本段,要么属于三个基本段.当 13 个数属于两个基本段时,根据抽屉原理,其中必有连续的 7 个数,属于同一个基本段;当 13 个连续数属于三个基本段 A_{a-1},A_a,A_{a+1}时,其中必有连续 10 个数同属于 A_a. 现在设 $\overline{a_k a_{k-1}\cdots a_1 a_0}$, $\overline{a_k a_{k-1}\cdots a_1(a_0+1)}$, …, $\overline{a_k a_{k-1}\cdots a_1(a_0+6)}$是属于同一个基本段的 7 个数,它们的各位数字之和分别是 $\sum_{i=0}^{k} a_i,\sum_{i=0}^{k} a_i+1,\cdots,\sum_{i=0}^{k} a_i+6$,显然,这 7 个和数被 7 除的余数互不相同,其中必有一个是 7 的倍数. 因此,所求的最小值为 $n=13$.

13. 假设结论不成立,则存在 i_0,当 $i\geqslant i_0$时,有$(a_i,a_{i+1})>\frac{3}{4}i$.

取定一个正整数 $M>i_0$,当 $i\geqslant 4M$ 时,有$(a_i,a_{i+1})>\frac{3}{4}i\geqslant 3M$,从而 $a_i\geqslant(a_i,a_{i+1})>3M$.

由于 $a_1,a_2,\cdots$是正整数的一个排列,有

$$\{1,2,\cdots,3M\}\subseteq\{a_1,a_2,\cdots,a_{4M-1}\}.$$

因此

$$\begin{aligned}&|\{1,2,\cdots,3M\}\cap\{a_{2M},a_{2M+1},\cdots,a_{4M-1}\}|\\&\geqslant 3M-(2M-1)=M+1.\end{aligned}$$

由抽屉原理知,存在 $2M\leqslant j_0<4M-1$,使得 $a_{j_0},a_{j_0+1}\leqslant 3M$. 这样

$$(a_{j_0},a_{j_0+1})\leqslant\frac{1}{2}\max\{a_{j_0},a_{j_0+1}\}\leqslant\frac{3M}{2}=\frac{3}{4}\cdot 2M\leqslant\frac{3}{4}j_0,$$

矛盾.

所以存在无穷多个 i,使得$(a_i,a_{i+1})\leqslant\frac{3}{4}i$.

第 3 章　抽屉的构造

构造抽屉是运用抽屉原理的重要环节. 在有些问题中,题中已将有关对象分成了若干类,我们直接将对象归入这些类即可. 但有些问题,题中的对象到底有哪些类型并没有确定,需要我们人为地对有关对象进行分类,以此构造抽屉并运用抽屉原理. 本章我们介绍运用抽屉原理时抽屉构造的一些技巧.

抽屉构造不仅包括抽屉类型,还包括抽屉的个数. 我们知道,假定将 n 个元素归入 r 个抽屉,则必有一个抽屉中的元素个数不少于 $\frac{n}{r}$. 为了使存在一个抽屉中有 p 个元素,则抽屉个数 r 需满足如下不等式:

$$r \leqslant \frac{n-1}{p-1}.$$

实际上,先在 n 个元素中取定一个元素,假定它在我们要找的那个抽屉中,则还有 $n-1$ 个元素,考察最坏的情形,这 $n-1$ 个元素在 r 个抽屉中平均分配,则每个抽屉至多 $\frac{n-1}{r}$ 个元素,于是,我们要找的那个抽屉至多 $\frac{n-1}{r}+1$ 个元素,解不等式

$$\frac{n-1}{r}+1 \geqslant p,$$

得

$$r \leqslant \frac{n-1}{p-1}.$$

3.1 穷举种类

所谓穷举种类，就是将有关对象按题中的某种属性分成若干类，以每一个类为抽屉，继而利用抽屉原理，在某个类中找到若干个对象.

穷举种类包括如下几种方式.

1. 数值类

所谓数值类，就是穷举有关对象的所有可能取值，我们称为数值类抽屉.

一般地说，涉及若干数相等的问题，常用数值类抽屉求解.

例1　给定 $m\in\mathbf{N}^*$，S 是 $A=\{1,2,3,\cdots,2^m n\}$ 的子集，若 $|S|=(2^m-1)n+1$，求证：S 中有 $m+1$ 个互异元素 $a_0,a_1,\cdots,a_m$，使对所有 $1\leqslant i\leqslant m$，有 $a_{i-1}|a_i$.

又若 $S=(2^m-1)n$，上述结论是否成立？

分析与证明　对 $x=2^r k$（k 为奇数，r 为非负整数），称 k 为 x 的奇数部分. 显然，如果有两个数的奇数部分相同，则其中一个整除另一个，这样，我们只需证明 S 中有 $m+1$ 个互异元素，其奇数部分都相等，从而可利用数值抽屉求解.

若 x 的奇数部分不大于 n，则称 x 为好数，我们来计算好数的个数.

显然，$B=\{1,2,\cdots,n\}$ 中的数都是好数.

对 B 中任何一个奇数 k，存在非负整数 t，使 $2^t k\leqslant n$，且 $2^{t+1}k>n$. 这样

$$n<2^{t+i}k\leqslant 2^{t+m}k=2^m 2^t k\leqslant 2^m n\quad(1\leqslant i\leqslant m),$$

于是，对每个奇数 k，以 k 为奇数部分且在 $A\backslash B$ 中的好数有 m 个，

$A\backslash B$中共有$\left[\frac{n+1}{2}\right]m$ 个好数,所以,A 中有 $n+\left[\frac{n+1}{2}\right]m$ 个好数.

这样,S 中至少有$n+\left[\frac{n+1}{2}\right]m-(n-1)=m\left[\frac{n+1}{2}\right]+1$ 个好数.

将其归入$\left[\frac{n+1}{2}\right]$个奇数部分,由抽屉原理,必有 $m+1$ 个数的奇数部分相同,将这 $m+1$ 个数由小到大排列即可.

另证 将所有不大于 n 的正奇数记为 $a_1<a_2<\cdots<a_r$($r=\left[\frac{n+1}{2}\right]$),令

$$A_i=\{a_i,a_i\times 2,a_i\times 2^2,\cdots,a_i\times 2^{t_i}\}\quad(1\leqslant i\leqslant r),$$

其中 t_i满足:$a_i\times 2^{t_i}\leqslant 2^m n<a_i\times 2^{t_i+1}$.

A 中共有 n 个数 $2^m,2\times 2^m,3\times 2^m,\cdots,n\times 2^m$ 为 2^m 的倍数,它们都是好数.

下面考察 A 中非 2^m 的倍数的好数.显然,A_i 中共有 $a_i,a_i\times 2,a_i\times 2^2,\cdots,a_i\times 2^{m-1}$ 这 m 个好数,于是各 A_i 中共有这样的好数 mr 个.

由此可知,A 中的好数共有 $mr+n$ 个.

又$|S|=(2^m-1)n+1$,所以,S 中至少有 $mr+1$ 个好数.

由抽屉原理,必有 $m+1$ 个好数属于同一个 A_i,结论成立.

当$|S|=(2^m-1)n$ 时,结论不成立.

比如,取 $S=\{n+1,n+2,\cdots,2^m n\}$,若 S 中有 $a_0,a_1,\cdots,a_m$互异,且 $a_{i-1}|a_i$,则 $a_m\geqslant 2a_{m-1}\geqslant 2^2a_{m-2}\geqslant 2^2a_{m-3}\geqslant\cdots\geqslant 2^m a_0\geqslant 2^m(n+1)>2^m n$,矛盾.

本证法实质上与前面的证法一样,只是计算好数的个数的方法不同.

例 2 御天敌为了挽救塞伯坦星球,在地球上建立了由 $n(n\geqslant 3)$ 个能量柱组成的太空桥,这些能量柱竖立在一个平面的 n 个点上,任

意三点不共线.其启动方式为:任意选定一个能量柱,从其发出一道激光,该能量柱将激光逆时针旋转,当激光遇到另一个能量柱时,停止旋转;第二个能量柱接收到激光后,将其反射并逆时针旋转,当反射的激光遇到下一个能量柱时,停止旋转;如此下去.若激光进行的路径组成一条有向环路,则启动成功.试证:存在成功的启动方式,且成功启动方式所对应的环路个数不大于 $2n$.(2014 年陈省身杯全国高中数学奥林匹克试题)

分析与证明　将 n 个能量柱用其所处的 n 点表示,记为 $A_1,A_2,\cdots,A_n$,设激光行进的路径为 $a_1,a_2,\cdots$,其中,$a_i\in\{A_1,A_2,\cdots,A_n\}$.

考虑相邻两点所组成的集合

$$\{(a_i,a_{i+1})\mid i=1,2,\cdots\},$$

它为无限集,但其取值至多有 $n(n-1)$个,由抽屉原理,必定存在 i,$j(i<j)$,使

$$(a_i,a_{i+1})=(a_j,a_{j+1}),$$

由此得,$a_{i+2}=a_{j+2}$.

依此类推,可知路径从 a_i 开始循环,且由激光行进方式知,由

$$(a_i,a_{i+1})=(a_j,a_{j+1}),$$

可导出 $a_{i-1}=a_{j-1}$,依此类推,可知该路径从 a_1 开始循环,即激光行进的路线组成有向回路.

将线段 $A_1A_i(i=2,3,\cdots,n)$与半径充分小的$\odot A_1$的交点按逆时针方向依次记为 $A_{11},A_{12},\cdots,A_{1(n-1)}$.

类似地定义 $A_{ij}(i=1,2,\cdots,n;j=1,2,\cdots,n-1)$.

记$\angle A_{ij}A_iA_{i(j+1)}=\alpha_{ij}$,其中 $i=1,2,\cdots,n;j=1,2,\cdots,n-1$,并规定 $A_{in}=A_{i1}$,则

$$\sum_{j=1}^{n-1}\alpha_{ij}=2\pi.$$

若激光某一步从点 A_{ij} 到 A_i,则下一步必在点 A_i 逆时针旋转角

度α_{ij},从A_i到$A_{i(j+1)}$,此步骤可逆(即若光线从A_i到$A_{i(j+1)}$,则上一步必从A_{ij}到A_i).

由此可见,每条路径可由其中一步(a_i,a_{i+1})唯一确定.

于是,不同的环路所包含的$\angle A_{ij}A_iA_{i(j+1)}$不会相同,即每个$\alpha_{ij}$至多在一个路径中出现,所以不同的有向回路只有有限个,记为P_t $(t=1,2,\cdots,v)$.

对任意一条回路P_t,激光行进一周后,回到原方向,所以

$$\sum_{\alpha_{ij}\in P_t}\alpha_{ij}=k_t\pi\quad(k_t\in\mathbf{N}^*,t=1,2,\cdots,v),$$

进而

$$\sum_{t=1}^{v}k_t\pi\leqslant\sum_{i=1}^{n}\sum_{j=1}^{n-1}\alpha_{ij}=2n\pi,$$

故$v\leqslant 2n$,证毕.

2. 剩余类

所谓剩余类,就是穷举有关对象关于某个模的余数所有可能的取值,我们称为剩余类抽屉.

一般地说,涉及若干数同余的问题,常用剩余类抽屉求解.

例 3 试证:在任意 52 个不同正整数中,一定有 2 个数,它们的和或差是 100 的倍数.

分析与证明 我们的目标是找到 2 个数x,y,使$100\mid x+y$或$100\mid x-y$.

我们将其转化为 2 个数x,y属于同一抽屉,这就要求同一抽屉中的任意 2 个数x,y,都有$100\mid x+y$或$100\mid x-y$,以此为抽屉的“质量要求”来构造抽屉.

注意到

$$100\mid x+y\quad 或\quad 100\mid x-y$$

$$\Leftrightarrow \quad x+y\equiv 0 \pmod{100} \quad 或 \quad x-y\equiv 0 \pmod{100}$$

$$\Leftrightarrow \quad x\equiv 100-y \pmod{100} 或 x\equiv y \pmod{100}.$$

由此可见,若 $x\equiv 100-y \pmod{100}$或 $x\equiv y \pmod{100}$,则将 x,y 归入同一抽屉.

由于只有 52 个数,最多允许构造 51 个抽屉 $A_1,A_2,\cdots,A_{51}$,采用逐增构造:先构造抽屉 A_1,使 A_1尽可能大,可令

$$A_1=\{1,101,201,\cdots,99,199,\cdots\}=\{x\mid x\equiv 1,99 \pmod{100}\}.$$

由此可见,所有抽屉为

$$A_i=\{x\mid x\equiv i,100-i \pmod{100}\} \quad (i=0,1,2,\cdots,50).$$

因为 $i=0,1,2,\cdots,50$ 时,$100-i=100,99,98,\cdots,50$,所以所有整数都属于上述 51 个集合.

将任意的 52 个数归入这 51 个集合,必定有 2 个数 x,y 属于同一集合.

如果 x,y 同余,则 $x-y$ 为 100 的倍数;如果 x,y 不同余,则 $x+y$ 为 100 的倍数.

综上所述,命题获证.

例 4　从 n 个不同正整数中,必定可以取出 2 个不同数,使得它们的积或差为 100 的倍数,求 n 的最小值.(1992 年台湾地区数学奥林匹克试题)

分析与解　所谓"100 的倍数",就是关于模 100 的余数为 0,因此,我们只需考虑题给 n 个不同正整数关于模 100 的余数,将其划分为如下 6 个集合:

$A_1=\{$个位数为 $1,3,7,9\}$　(共有 40 个数),

$A_2=\{$个位数为 $2,4,6,8\}$　(共有 40 个数),

$A_3=\{$个位数为 5,十位数不为 2 与 $7\}$　(共有 8 个数),

$A_4=\{$个位数为 0,十位数不为 $0\}$　(共有 9 个数),

$$A_5 = \{25,75\},$$

$$A_6 = \{00\}.$$

取出 A_1,A_2,A_3中的所有数,再取出 A_4中的一个数,共有 89 个数,这 89 个数中任何两个数的积与差都不是 100 的倍数,所以$n>89$.

当 $n=90$ 时,我们证明必有 2 个不同数,它们的积或差为 100 的倍数.

如果含有 A_6中的数,或含有 2 个模 100 同余的数,则结论显然成立.

如果不含 A_6中的数,也不含 2 个模 100 同余的数,但含有 A_5中的一个数 a,此时,因为

$$|A_1|+|A_3|+|A_4|+|A_5| = 40+8+9+2 = 59,$$

于是必含 A_2中的 31 个数,而 A_2中只有 20 个数不是 4 的倍数,从而必有一个 4 的倍数,它与 a 的积是 100 的倍数.

如果不含 A_5,A_6中的数,也不含 2 个模 100 同余的数,此时,因为

$$|A_1|+|A_2|+|A_3| = 40+40+8 = 88,$$

于是必含 A_4中的 2 个数,这 2 个数的积是 100 的倍数.

综上所述,n 的最小值是 90.

例 5 设 $S=\{1,2,3,\cdots,2\,000\}$,$A$ 是S 的非空子集,若 A 中任何两个元素之和不被 117 整除,求 A 中元素个数的最大值.

分析与解 设 A_i是S 中模 7 余 i 的数构成的集合($i=1,2,\cdots,117$),则$|A_1|=|A_2|=\cdots=|A_{11}|=18$,$|A_{12}|=|A_{13}|=\cdots=|A_{117}|=17$.

设想从 S 中取出若干元素构成A,则有如下事实:

(1) A_i与A_{117-i}($i=1,2,\cdots,116$)不能都取出元素;

(2) 若 A_i($i=1,2,\cdots,116$)中取出一个,则可全部取出;

(3) A_{117}中至多取出一个元素.

于是,将 A_i 与 A_{117-i}($i=1,2,\cdots,116$)配对,共有 58 对,每个对中取出一个集合中的所有元素,显然有 11 个对至多取出 18 个元素(含有 $A_1,A_2,\cdots,A_{11}$ 的对),另 47 个对至多取出 17 个元素,A_{117} 中至多取出一个元素,所以 $|A|\leqslant 11\times 18+47\times 17+1=998$.

最后,令 $A=A_1\cup A_2\cup\cdots A_{58}\cup\{117\}$,则 $|A|$ 合乎条件,且 $|A|=998$.

综上所述,$|A|_{\max}=998$.

例 6　设 $A\subseteq\{0,1,2,\cdots,29\}$,满足:对任何整数 k 及 A 中任意数 a,b(a,b 可以相同),$a+b+30k$ 均不是两个相邻整数之积.试定出所有元素个数最多的 A.(2003 年中国国家集训队选拔考试试题)

分析与解　设 A 满足题中条件且 $|A|$ 最大.

因为两个相邻整数之积关于模 30 的余数的集合为 $X=\{0,2,6,12,20,26\}$,所以对任一 $a\in A$,有 $2a\not\equiv r\pmod{30}$,其中 $r\in X$,即

$$a\not\equiv 0,1,3,6,10,13,15,16,18,21,25,28\pmod{30}.$$

因此,$A\subseteq M=\{2,4,5,7,8,9,11,12,14,17,19,20,22,23,24,26,27,29\}$.

将 M 拆成下列 10 个子集的并:$\{2,4\}$,$\{5,7\}$,$\{8,12\}$,$\{11,9\}$,$\{14,22\}$,$\{17,19\}$,$\{20\}$,$\{23,27\}$,$\{26,24\}$,$\{29\}$.

如果 $|A|\geqslant 11$,则由抽屉原理,A 必定含有某个集合中的 2 个元素,设为 a,b,则 $a+b\equiv r\pmod{30}$,其中 $r\in X$,矛盾.于是 $|A|\leqslant 10$.

若 $|A|=10$,则每个子集恰好包含 A 中一个元素,因此,$20\in A$,$29\in A$.

由 $20\in A$ 知 $12\notin A$,从而 $8\in A$,$14\in A$,这样 $4\notin A$,$24\notin A$.因此 $2\in A$,$26\in A$.

由 $29\in A$ 知 $7\notin A$,$27\notin A$,从而 $5\in A$,$23\in A$,这样 $9\notin A$,$19\notin A$,

因此 $11\in A,17\in A$.

于是，$A=\{2,5,8,11,14,17,20,23,26,29\}$，显然 A 确实满足要求.

例 7 设 $X=\{1,2,3,\cdots,1\,993\}$，$A$ 是 X 的子集，且满足：

(1) 对 A 中任何两个数 $x\neq y$，有 $93\nmid x\pm y$.

(2) $S(A)=1\,993$.

求 $|A|$ 的最大值.

分析与解 解题目标为 $|A|_{\max}=c$，其中 c 是待定常数. 此目标包括如下两个方面：

(1) 对任何合乎题意的子集 A，有 $S(A)\leqslant c$；

(2) 存在合乎题意的子集 A_0，使 $S(A_0)=c$.

题给条件为 $S(A)=1\,993$，且对任何 $x,y\in A$，有

$$93\nmid x\pm y,\quad 即\quad x\pm y\not\equiv 0\ (\mathrm{mod}\ 93).$$

此条件的反面为

$$x\pm y\equiv 0\ (\mathrm{mod}\ 93),$$

以此为抽屉的质量要求来构造抽屉，令

$$A_1=\{\overline{\pm 1}\},\quad A_2=\{\overline{\pm 2}\},\quad A_3=\{\overline{\pm 3}\},\quad \cdots,$$

$$A_{46}=\{\overline{\pm 46}\},\quad A_{47}=\{\bar{0}\},$$

其中 $\bar{i}=\{x\mid x\equiv i\ (\mathrm{mod}\ 93)\}$.

设 $x\neq y$ 是 A_i 中任意两个数，则 $x-y\equiv 0\ (\mathrm{mod}\ 93)$ 或 $x+y\equiv 0\ (\mathrm{mod}\ 93)$，所以 A 至多含有 A_i 中的一个数，于是 $|A|\leqslant 47$.

如何构造 A，使 $|A|=47$？

尝试：当 $|A|=47$ 时，A 恰含上述各组中的一个元素，先尝试这 47 个元素分别在 $A_0,A_1,\cdots,A_{46}$ 中.

因为 $0+1+2+3+\cdots+46=1\,081$，还差 $1\,993-1\,081=912$，当 A_i 中的一个数增加 93 时，仍是 A_i 中的一个数.

而 $912=93\times 9+75$，必须有一个数增加 75，设这个数是 i，而 i 在 $A_i=\{\overline{\pm i}\}$中.

为了保证 $i+75$ 仍在 A_i中，必须 $i+75\equiv -i\ (\mathrm{mod}\ 93)$，即 $2i+75\equiv 0\ (\mathrm{mod}\ 93)$，取 $i=9$ 即可. 这样，取

$$A=\{93,93+1,93+2,\cdots,93+8\}\cup\{84\}\cup\{10,11,12,\cdots,46\}$$
$$=\{10,11,\cdots,46\}\cup\{93,94,\cdots,101\}\cup\{84\},$$

则 A 合乎要求.

综上所述，$|A|$的最大值为 47.

3. 位置类

所谓位置类，就是穷举有关对象分布的所有可能位置，我们称为位置类抽屉.

一般地说，涉及若干对象在某种特定位置的问题，常用位置类抽屉求解.

例 8　空间给定一个点 O 及总长度为 1 988 的有限条线段组成的集合 M，求证：存在一个不与集合 M 相交的平面，它到 O 的距离不大于 574.（1988 年 IMO 试题）

分析与证明　假设所求的平面 α 已经找到，设直线 $OA\perp\alpha$ 于 A，那么，将 M 投影到直线 OA 上，由于平面 α 与集合 M 不相交，则 A 不属于 M 的投影的集合(图 3.1).

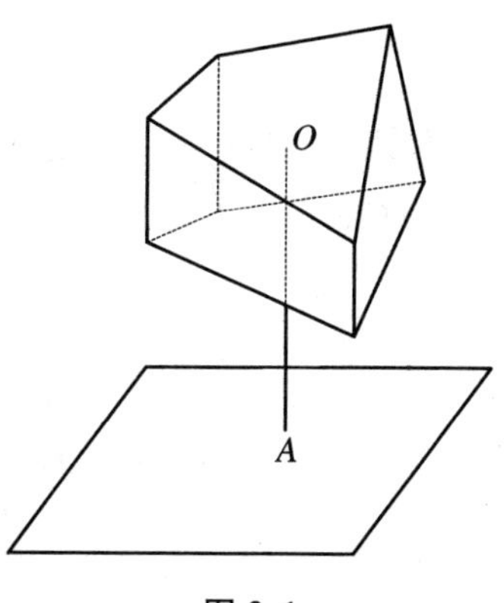

图 3.1

由此想到，寻找一条过点 O 的直线 l，使 M 在直线 l 上位于点 O 某一侧的投影长度之和小于 574，从而在长为 574 的线段上存在“空白(无投影)”.

由抽屉原理可知，只需寻找一条过点 O 的直线 l，使 M 在直线 l 上的投影长度之和小于 1 148.

注意到 M 中线段的总长为 $1\,988>1\,148$，从而只向一条直线 l 上投影是不行的，于是想到将 M 向多条直线投影，通过整体估计找到合乎条件的直线 l（位置抽屉）.

为了便于计算投影长，自然想到将 M 向坐标轴投影，以便利用勾股定理.

此外，由对称性，并不要求找到存在"空白"点的长为 574 的线段，而只需找到存在空白点的长为 1 148 且包含点 O 的线段，这是因为点 O 将此线分为两部分，则其中有一部分合乎条件.

设 M 中共有 n 条线段 $A_iB_i(i=1,2,\cdots,n)$，设线段 A_iB_i 在三条坐标轴上的投影分别为 a_i,b_i,c_i（图 3.2），那么

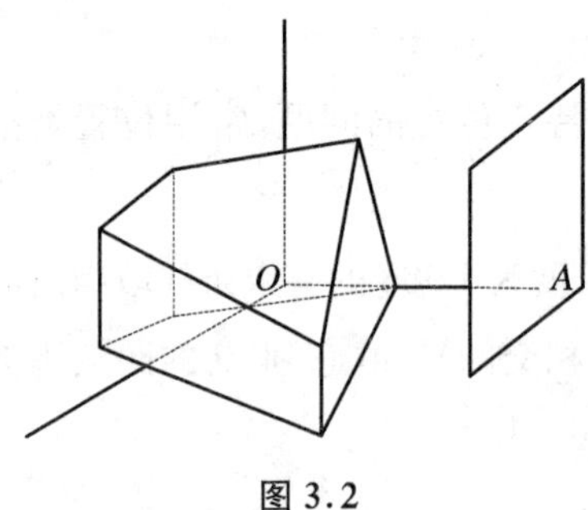

图 3.2

$$|A_iB_i|=\sqrt{a_i^2+b_i^2+c_i^2}. \quad ①$$

由上面的分析，我们期望利用

$$\sum_{i=1}^{n}|A_iB_i|=1\,988, \quad ②$$

导出

$$\sum_{i=1}^{n}a_i\leqslant 1\,148. \quad ③$$

注意到式①中所含的是平方和，而式③中含有"和"，由此想到利用柯西(Cauchy)不等式，将式②平方（目的是配一个"和"因式）并利用式①，有

$$\begin{aligned}1\,988^2&=\Big(\sum_{i=1}^{n}|A_iB_i|\Big)^2=\Big(\sum_{i=1}^{n}\sqrt{a_i^2+b_i^2+c_i^2}\Big)^2\\&=\sum_{i=1}^{n}\sqrt{a_i^2+b_i^2+c_i^2}\sum_{j=1}^{n}\sqrt{a_j^2+b_j^2+c_j^2}\end{aligned}$$

$$= \sum_{i=1}^{n} \sum_{j=1}^{n} \sqrt{a_i^2 + b_i^2 + c_i^2} \sqrt{a_j^2 + b_j^2 + c_j^2}$$

$$\geqslant \sum_{i=1}^{n} \sum_{j=1}^{n} \sqrt{(a_i a_j + b_i b_j + c_i c_j)^2}$$

$$= \sum_{i=1}^{n} \sum_{j=1}^{n} (a_i a_j + b_i b_j + c_i c_j)$$

$$= \sum_{i=1}^{n} a_i \sum_{j=1}^{n} a_j + \sum_{i=1}^{n} b_i \sum_{j=1}^{n} b_j + \sum_{i=1}^{n} c_i \sum_{j=1}^{n} c_j$$

$$= \left(\sum_{i=1}^{n} a_i\right)^2 + \left(\sum_{i=1}^{n} b_i\right)^2 + \left(\sum_{i=1}^{n} c_i\right)^2.$$

不妨设 $\sum_{i=1}^{n} a_i \leqslant \sum_{i=1}^{n} b_i \leqslant \sum_{i=1}^{n} c_i$,则

$$\left(\sum_{i=1}^{n} a_i\right)^2 \leqslant \frac{1\,998^2}{3},$$

于是 $\sum_{i=1}^{n} a_i < 1\,184$.

由抽屉原理,不妨设 M 在 x 轴的正半轴上的投影长小于 574,取点 $P(574,0,0)$,则线段 OP 上必存在一点 A,使 M 在点 A 处无投影,于是过 A 作垂直于 x 轴的平面即合乎要求.

注　上述证明过程可以简化,在得到

$$1\,988 = \left(\sum_{i=1}^{n} |A_iB_i|\right) = \sum_{i=1}^{n} \sqrt{a_i^2 + b_i^2 + c_i^2}$$

后,由不等式

$$\sqrt{\frac{a^2 + b^2 + c^2}{3}} \geqslant \frac{a + b + c}{3},$$

可得

$$1\,988 = \sum_{i=1}^{n} \sqrt{a_i^2 + b_i^2 + c_i^2} \geqslant \sum_{i=1}^{n} \frac{a_i + b_i + c_i}{\sqrt{3}},$$

所以存在 a_i,使 $\sum_{i=1}^{n} a_i \leqslant \frac{1\,988}{\sqrt{3}}$,故 $\sum_{i=1}^{n} a_i < 1\,184$.

例 9　对给定的正整数 n，若可以在 $n\times n$ 棋盘内适当放置 n 玫棋子，使任何 $p\times q(pq\geqslant n)$ 矩形内至少有一玫棋，求 n 的最大值.

分析与解　显然 $n=2$ 不是最大的，可设 $n>2$.

对任何一个合乎条件的棋盘，$1\times n$ 矩形内至少有一玫棋，所以每行每列至少一玫棋. 又由题意，棋盘中恰放 n 玫棋，所以每行每列恰有一玫棋. 将这 n 玫棋依次编号为 $1,2,\cdots,n$，其中棋 i 在第 i 列.

设 1 号棋所在的行为 A，取与 A 相邻的一个行 B，由于 $n\geqslant 3$，再取一个行 C，使 A,B,C 是连续 3 行（实际上，C 与 A 相邻但不与 B 重合，或 C 与 B 相邻但不与 A 重合）.

设行 B 中的棋子的编号为 b（图 3.3），当

$$b\leqslant n-\left[\frac{n+1}{2}\right]\quad 或\quad b\geqslant\left[\frac{n+1}{2}\right]+2$$

时，在 A 行及 B 行可以找到面积不小于 n 的矩形，其中没有棋，矛盾，即 b 只能位于中央若干列，否则左右两边有“空地”.

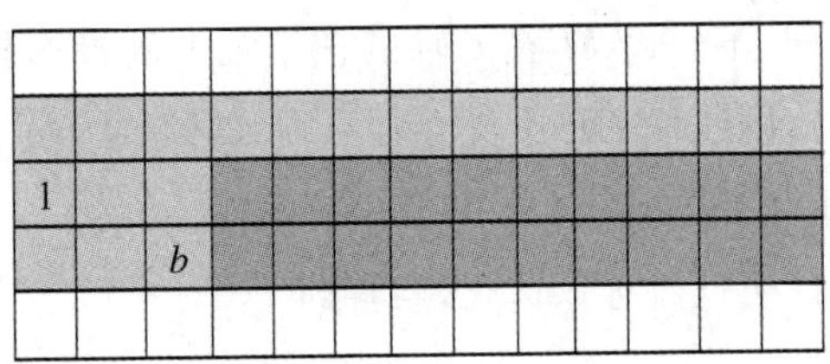

图 3.3

所以，$n-\left[\frac{n+1}{2}\right]<b<\left[\frac{n+1}{2}\right]+2$.

考虑两个长方形，一个是前述的 3 行 A,B,C 与第 $2,3,\cdots,n-\left[\frac{n+1}{2}\right]$ 列共 $n-\left[\frac{n+1}{2}\right]-1$ 列交成的，另一个是该 3 行 A,B,C 与第 $2+\left[\frac{n+1}{2}\right],3+\left[\frac{n+1}{2}\right],\cdots,n$ 列共 $n-\left[\frac{n+1}{2}\right]-1$ 列交成的，这两个矩形都不含行 A,B 中的棋（图 3.4）.

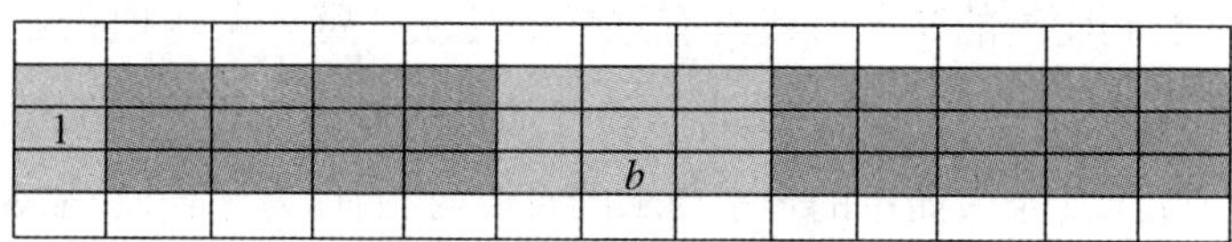

图 3.4

若 $n \geqslant 9$，这两个矩形的面积都是

$$3\left(n-\left[\frac{n+1}{2}\right]-1\right) \geqslant 3\left(n-\frac{n+1}{2}-1\right)=\frac{3n-9}{2} \geqslant n;$$

若 $n=8$，这两个矩形的面积都是

$$3(8-4-1)=9 \geqslant 8=n.$$

但行 C 中只有一枚棋，由抽屉原理，必有其中一个矩形中没有棋，矛盾．所以 $n \leqslant 7$．

当 $n=7$ 时，如图 3.5 所示的棋盘合乎条件(其中各列棋所在的行依次为 1,4,6,2,5,3,7)．

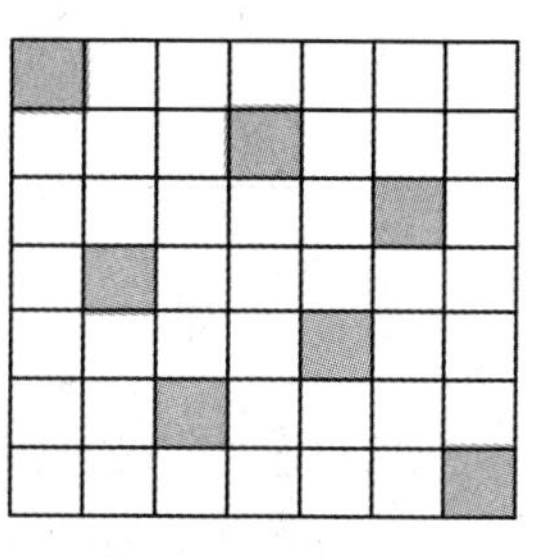

图 3.5

综上所述，n 的最大值为 7．

例 10　已知有 9 条直线，其中每一条均把正方形分为面积比为 $1:2$ 的两个四边形，求证：这 9 条直线中，至少有 3 条直线相交于同一点．(第 6 届全苏数学奥林匹克试题)

分析与证明　基本想法是，将目标中的“3 条直线交于同一点”，转化为“3 个元素在同一抽屉”，于是，应以直线为元素，点(直线经过的位置)为抽屉．

显然，要使 9 个元素中有 3 个元素在同一抽屉，则抽屉的个数 $r \leqslant \left[\frac{9-1}{3-1}\right]=4$，这表明，9 条直线都应经过特定的 4 个点中的一个，这 4 个点在哪里呢？

注意到题给的 9 条直线具有这样的性质："每一条均把正方形分为面积比为 1∶2 的两个四边形"，这样的直线必定经过怎样的特殊点呢？可先画几条最简单的合乎要求的直线（我们称为好直线）来观察.

作两条水平直线和两条铅直的好直线，设这 4 条直线交于 4 个点 P,Q,M,N（图 3.6），那么这 4 个点合乎我们的要求吗？

否！适当旋转好直线 EF 到好直线 XY，便可发现 EF 并不过点 P,Q,M,N 之一（图 3.7）.

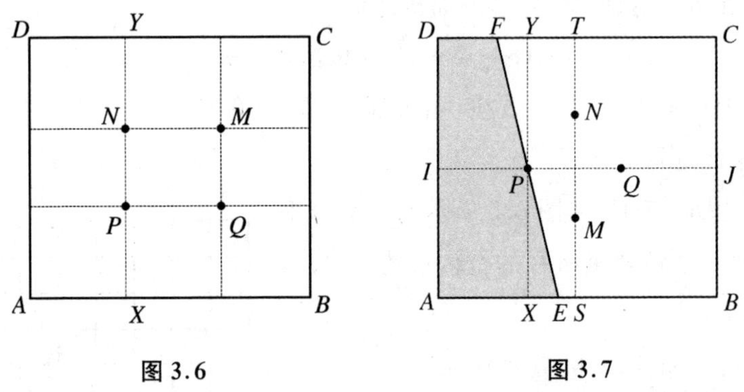

图 3.6　　　　图 3.7

想象好直线 XY 旋转到 EF，使 EF 仍是好直线，则旋转后的好直线 EF 与原来的好直线 XY 交于 XY 的中点 P，显然，点 P 便是我们要找的 4 个点之一.

于是，设正方形 $ABCD$ 的两条中位线为 IJ，ST，点 P，Q 将 IJ 三等分，点 M，N 将 ST 三等分，则 P,Q,M,N 这 4 个点合乎要求.

下面只需证明任何一条好直线都一定过点 P,Q,M,N 之一.

考察任意一条好直线，不妨设其交 AB，CD 于点 E，F，且 $\frac{S_{AEFD}}{S_{EBCF}}=\frac{1}{2}$，又设 EF 的中点为 P'，那么

$$\frac{1}{2}=\frac{S_{AEFD}}{S_{EBCF}}=\frac{AE+DF}{EB+CF}=\frac{2IP'}{2P'J}=\frac{IP'}{P'J},$$

所以 $P'=P$,即 EF 过点 P.

由题意,有 9 条好直线,它们都过 P,Q,M,N 这 4 个点之一,所以必有 3 条直线过其中的一个点,证毕.

例 11　给定自然数 $n(n\geqslant 8)$,S 是平面上 n 个点的集合,满足 S 中任何 5 点都有 3 点共线,问:有点最多的直线上至少有几个点?(原创题)

分析与解　设有点最多的直线上有 r_n 个点.

当 $n=8,9$ 时,先证明 $r_n\geqslant 4$.

用反证法.假定无 4 点共线,考察 n 个点的凸包,则凸包为凸多边形,称凸包边界上除顶点外的 S 中的点为好点.

(ⅰ) 凸包为凸 $k(k\geqslant 5)$ 边形,则凸 k 边形的 5 个顶点中无 3 点共线,矛盾.

(ⅱ) 凸包为$\triangle ABC$,因为无 4 点共线,则 AB,BC,CA 上都至多有 1 个好点,从而至多有 3 个好点.

如果不多于 2 个好点,则$\triangle ABC$ 内部至少有 3 点,取其中一点 P,其他 2 点只能在线段 PA,PB,PC 上,且每条线段上至多一个点.

不妨设 PB,PC 上各有一个点 Q,R,此时 A,B,C,Q,R 中无 3 点共线(图 3.8),矛盾.

如果恰有 3 个好点,设 BC,CA,AB 上分别有点 D,E,F,则$\triangle ABC$ 内部至少有两点 P,Q.

如果$\triangle AEF$ 内部(不含边界)有一点 P,则 $BCEPF$ 是凸五边形,矛盾.

如果 P,Q 都在$\triangle DEF$ 内部或边界上,则点 Q 只能在直线 PA,PB,PC 上,不妨设点 Q 在直线 PA 上,注意到直线 PA 必与线段 DE,DF 之一相交,设与 DE 相交(图 3.9),那么,或者 $DPQFB$ 为凸五边形,或者点 D,P,Q,A 共线,都矛盾.

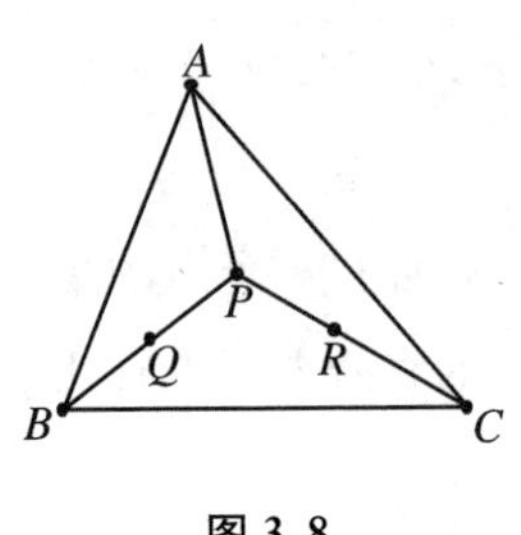

图 3.8

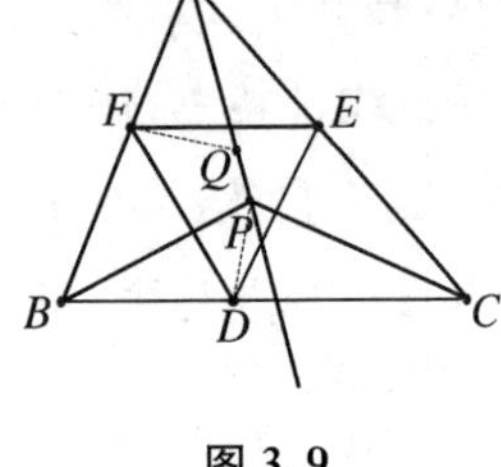

图 3.9

（ⅲ）凸包为四边形 $ABCD$.

如果不多于一个好点，则四边形 $ABCD$ 内部至少还有 3 个点. 这些点都在对角线 AD，BC 上，则必有两点在同一条对角线上，矛盾.

如果恰有两个好点 P，Q，且 P，Q 在四边形 $ABCD$ 的两条相邻边上，设 P 在 BC 上，Q 在 AB 上，则 $PCDAQ$ 是凸五边形，矛盾.

如果恰有两个好点 P，Q，且 P，Q 在两对边上，设 P 在 BC 上，Q 在 AD 上，则凸包内部至少还有两个点. 此两点必须在四边形 $ABPQ$ 的边 PQ 及对角线上，也必须在四边形 $PCDQ$ 的边 PQ 或对角线上（图 3.10），于是，此两点都在 PQ 上，此时 PQ 上有 4 个点，矛盾.

如果至少有 3 个好点，则要么有一边上有两个好点，要么有两条邻边上各有一个好点，都矛盾.

另外，如图 3.11 所示，作$\triangle ABC$，在 BC 边上取点 8，再作直线 239，连 28，39，交于点 5，连 95，交于点 4，6，则取图 3.9 中的 n 个点，有 $r_n=4$，所以$(r_n)_{\min}=4$.

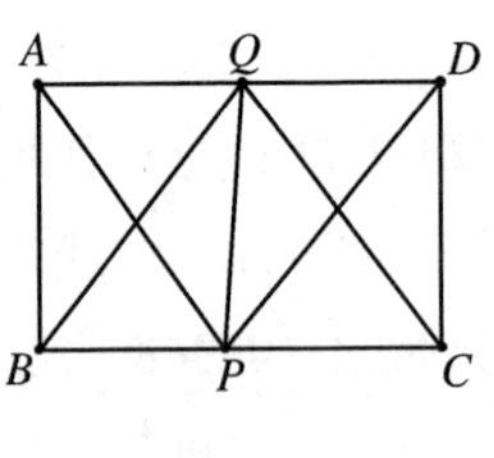

图 3.10

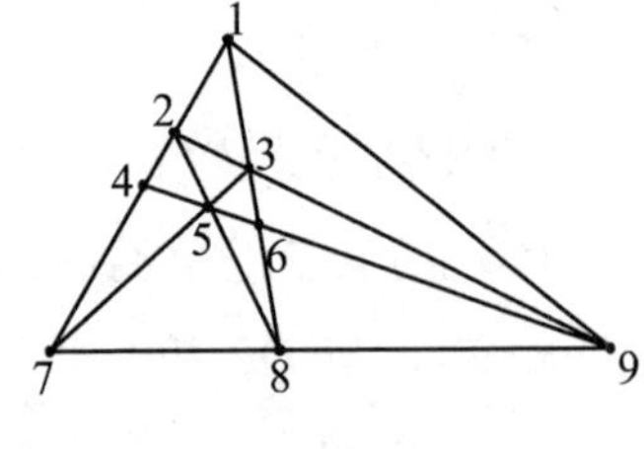

图 3.11

当 $n\geqslant 10$ 时，我们先证明：n 个点能被两条直线所覆盖.

用反证法.假定 n 个点不能被两条直线所覆盖.

① 如果 n 个点中存在 5 个点共线 l，则因为 n 个点不能被两条直线所覆盖，所以 l 外至少还有 3 个点 A,B,C 不共线(图 3.12)，此时，三条直线 AB,BC,CA 至多与 l 有 3 个交点，于是，l 上至少有两个 S 中的点 P,Q 不在直线 AB,BC,CA 上，这样，A,B,C,P,Q 这 5 点中无 3 点共线(讨论 3 点组中含 $\{P,Q\}$ 中点的个数)，矛盾.

② 若不存在 5 点共线，则 n 个点不全共线.由西尔维斯特定理，存在两点 $P,Q\in S$，使直线 PQ 上无 S 中的其他点.令 $S'=S\backslash\{P,Q\}$，因为 $n\geqslant 10$，所以 $|S'|\geqslant 8$，由①的结论，S' 中存在 4 点 A,B,C,D 在一条直线上(图 3.13).

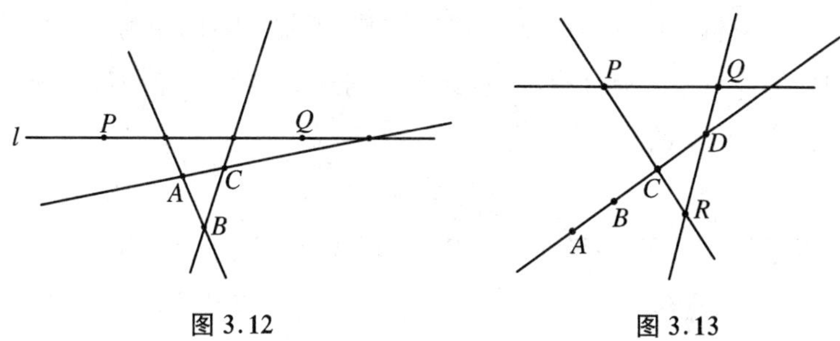

图 3.12　　　图 3.13

由于无 5 点共线，所以其他点都不在直线 AB 和 PQ 上.取其中一点 R，直线 PR,QR 至多与直线 AB 有两个交点，所以 A,B,C,D 4 点中至少有两点不在 PR 和 QR 上，此两点及 P,Q,R 这 5 点中无 3 点共线，矛盾.所以 n 个点能被两条直线所覆盖，从而由抽屉原理，必有一条直线上有 $\left[\frac{n+1}{2}\right]$ 个点.

于是，$r_n\geqslant\left[\frac{n+1}{2}\right]$.

又一条直线上$\left[\frac{n+1}{2}\right]$个点，另一条直线上$\left[\frac{n}{2}\right]$个点合乎条件，此时 $r_n=\left[\frac{n+1}{2}\right]$.

所以 $n\geqslant 10$ 时，$(r_n)_{\min}=\left[\frac{n+1}{2}\right]$.

综上所述，$(r_n)_{\min}=\begin{cases}\left[\frac{n}{2}\right] & (n=8,9);\\ \left[\frac{n+1}{2}\right] & (n=5 \text{ 或 } n\geqslant 10).\end{cases}$

例 12 若干飞机进行一次空中特技飞行表演，它们排列的队形始终满足以下条件：任何 5 架飞机中都有 3 架排成一直线. 为了保证表演过程中的任何时候都至少有 4 架飞机排成一直线，问至少要多少架飞机参与此次表演?（原创题）

分析与解 用空间的点表示飞机，则问题变为：已知空间 n 个点，其中任何 5 点中都有 3 点共线，如果任何这样的 n 个点中都一定有 4 个点共线，求 n 的最小值.

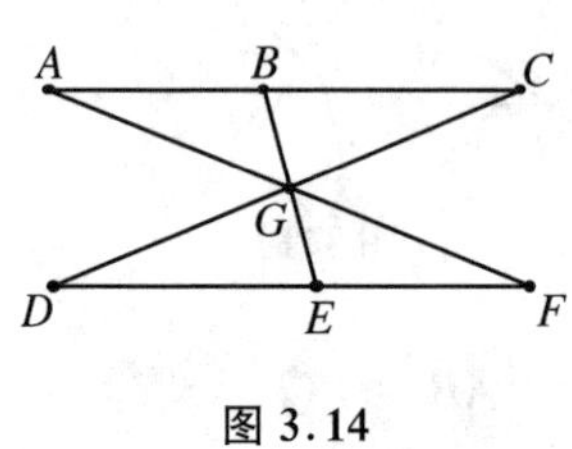

图 3.14

当 $n\leqslant 7$ 时，如图 3.14 所示，取 A，B，C，D，E，F，G 中的 n 个点，它们满足任何 5 点中都有 3 点共线，但其中没有 4 点共线，所以 $n\geqslant 8$.

下面证明满足条件的 8 个点中一定有 4 点共线.

用反证法. 假定某 8 个点中无 4 点共线. 由条件，8 个点中有 3 点共线，设 A_1，A_2，A_3在直线 l_1上，考察点 A_1，A_2，A_3外的 5 个点，又有 3 点共线，设 B_1，B_2，B_3 在直线 l_2 上，显然，A_1，A_2，A_3，B_1，B_2，B_3 互异.

记 $A=\{A_1,A_2,A_3\}$，$B=\{B_1,B_2,B_3\}$，则 $A\cap B=\varnothing$，因为无 4

点共线，所以 $A_i \notin l_2$，$B_i \notin l_1$（$i=1,2,3$）.

(1) 若 l_1，l_2 不共面，取 A_i，B_i（$i=1,2,3$）外的一个已知点 P，$P \notin l_1$，$P \notin l_2$，设点 P 与直线 l_1 确定平面 α、点 P 与直线 l_2 确定平面 β.

因为 $l_1 \not\subset \beta$，所以 A_1，A_2，A_3 中至少有两个点在 β 外，不妨设 A_1，$A_2 \notin \beta$，同理不妨设 B_1，$B_2 \notin \alpha$，这样，P，A_1，A_2，B_1，B_2 这 5 点中无 3 点共线，矛盾.

(2) 若 l_1，l_2 共面，设 P 是 A_i，B_i（$i=1,2,3$）外的任意一个已知点，考察 5 点 P，A_1，A_2，B_1，B_2，这 5 点中有 3 点共线，由于 A_1，A_2，B_1，B_2 中无 3 点共线，且 $P \notin A_1A_2$，$P \notin B_1B_2$，所以只能是 P 与 $\{A_1, A_2\}$，$\{B_1, B_2\}$ 中各一个点共线，不妨设 $P \in A_1B_1$.

再考察 5 点 P，A_2，A_3，B_2，B_3，这 5 点中有 3 点共线，同上理由，不妨设 $P \in A_2B_2$.

最后考察 5 点 P，A_1，A_3，B_1，B_3，这 5 点中有 3 点共线，同样有，P 与 $\{A_1, A_3\}$，$\{B_1, B_3\}$ 中各一个点共线，若 $P \in A_1B_3$，又 $P \in A_1B_1$，则 P，A_1，B_1，B_3 共线，所以 $A_1 \in B_1B_3$，矛盾. 所以 $P \notin A_1B_3$，同理 $P \notin A_3B_1$，所以 $P \in A_3B_3$.

由此可见，$A=\{A_1, A_2, A_3\}$，$B=\{B_1, B_2, B_3\}$ 具有如下性质：存在这样 3 条直线 a_1，a_2，a_3，每条直线 a_i 都经过 A，B 中各一个点，且 3 条直线 a_1，a_2，a_3 交于一点，我们称这个交点为 $A=\{A_1, A_2, A_3\}$，$B=\{B_1, B_2, B_3\}$ 的中心. 由于 A，B 中的点分别在直线 l_1，l_2 上，而 l_1，l_2 与 A，B 的中心只有 2 种可能的相对位置（l_1，l_2 在中心的同侧或在中心的异侧），从而 A，B 至多有 2 个中心，由上面的讨论，A_i，B_i（$i=1,2,3$）外的两个已知点 P，Q 都是 A，B 的中心（图3.15），但此时，A_2，B_2，P，Q 这 4 点共线，矛盾.

综上所述，8 个点中一定有 4 点共线，故 n 的最小值为 8，即至少

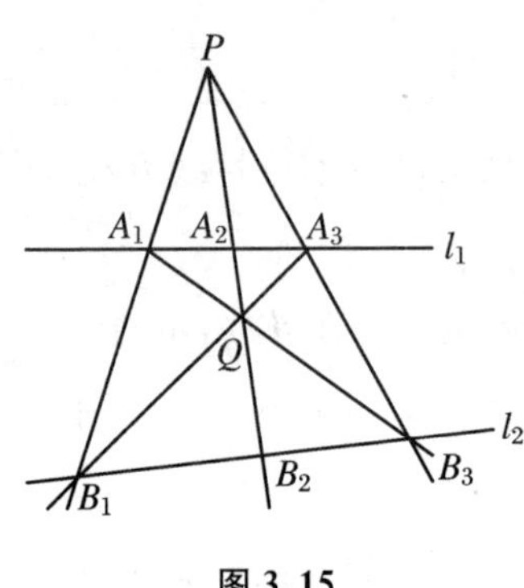

图 3.15

要 8 架飞机参与此次表演.

另解 $n \geqslant 8$ 的证明同上,下面证明满足条件的 8 个点中一定有 4 点共线.

用反证法.假定某 8 个点中无 4 点共线.

(1) 如果 8 个点不在同一平面内,取其中不共面的 4 点 A,B,C,D,对这 4 点外的任何一点 P,因为 P,A,B,C,D 这 5 点中都有 3 点共线,而 A,B,C,D 中无 3 点共线,必有 P 在 A,B,C,D 中的某 2 点所在的直线上.由 P 的任意性,其他的点都在 A,B,C,D 这 4 点连成的 6 条直线上,不妨设直线 BC 上有一点 E(图 3.16).

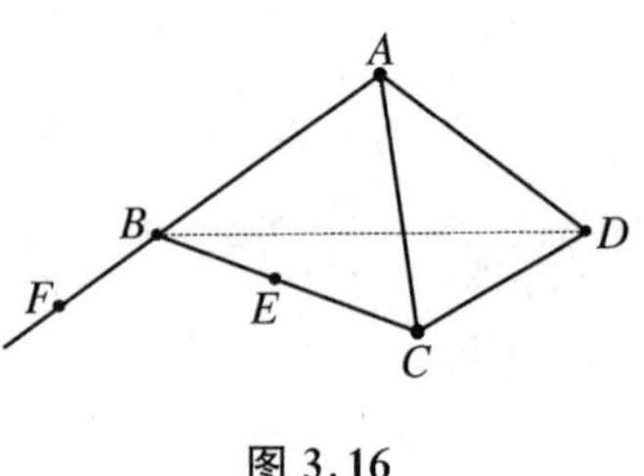

图 3.16

如果直线 BA 上有一点 F,那么 A,C,E,F 都在平面 ABC 内,这 4 点中无 3 点共线.又点 D 在平面 ABC 外,于是 A,C,E,F,D 这 5 点中无 3 点共线,矛盾.所以直线 BA 上没有点,同理,直线 BD,CA,CD 上没有点,于是,剩下的 3 点都在直线 AD 上,矛盾.

(2) 如果 8 个点在同一平面内,则它们的凸包只能是三角形或四边形,且凸包的每条边上除顶点外至多还有一个点.

(i) 若凸包为$\triangle ABC$,则$\triangle ABC$ 内部至少有两个点.

如果$\triangle ABC$ 内部恰有两个点 P,Q,则其边界上有 3 点.设 BC,CA,AB 上分别有点 D,E,F,则 P,Q 在$\triangle DEF$ 的内部或边界上(否

则，比如$\triangle AEF$内部有一点P，则$BCEPF$是凸五边形），又Q只能在直线PA，PB，PC上，不妨设Q在直线PA上，注意到直线AP必与线段DB，DC之一相交，设AP与DC相交（图3.17），那么，或者$DPQFB$为凸五边形，或者D，P，Q，A共线，都矛盾.

如果$\triangle ABC$内部恰有3个点P，Q，R，则其边界上有两点.不妨设BC上有点D，CA上有点E，则P，Q，R必须分别在四边形$ABCD$的边DE及对角线AD，BE上，且每线上各有一点.设$P\in DE$，$Q\in AD$，$R\in BE$，又Q必须在四边形$ABPE$的边与对角线上，所以$Q=BP\cap AD$（图3.18），同理$R=BE\cap AP$，此时，D，C，E，R，Q中无3点共线，矛盾.

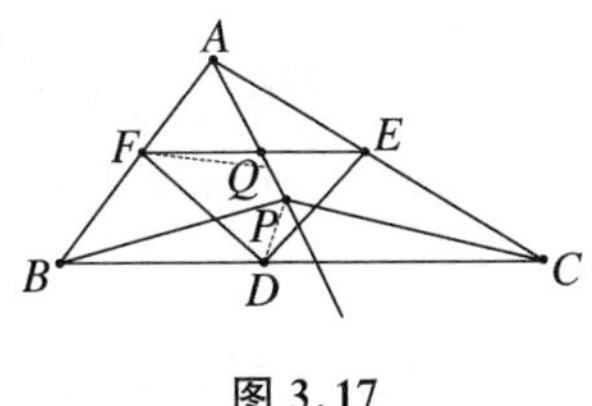

图3.17

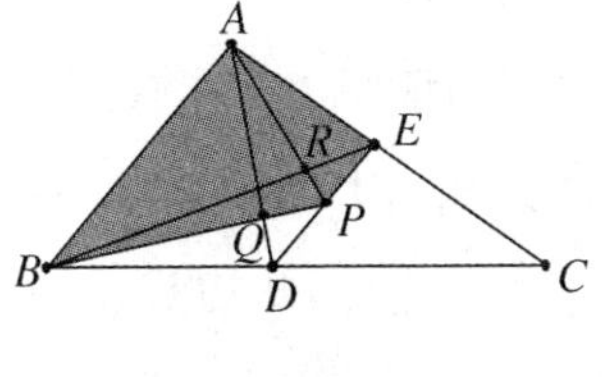

图3.18

如果$\triangle ABC$内部至少有4点，取其中一点P，设AP，BP，CP分别交BC，CA，AB于A'，B'，C'，令$M=AP\cup BP\cup CP$，$N=A'P\cup B'P\cup C'P$，则其他3点都属于$M\cup N$.

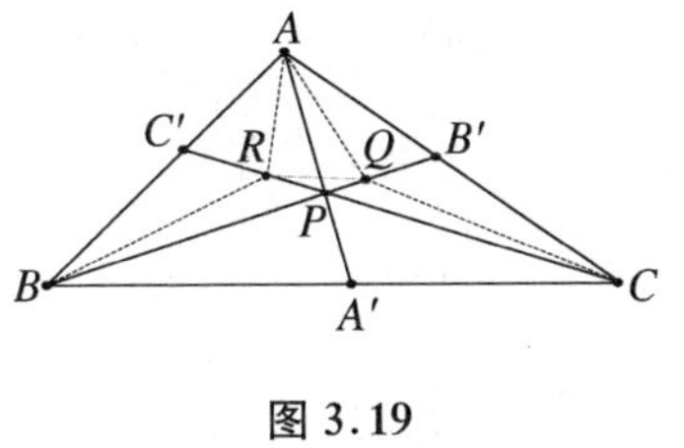

图3.19

由抽屉原理，不妨设N含有其中的两点Q，R，并设$Q\in B'P$，$R\in C'P$（图3.19），由于$BCQR$是凸四边形，而点A不在其边或对角线上，所以A，B，C，Q，R中无3点共线，矛盾.

（ⅱ）设凸包为四边形$ABCD$，如果$ABCD$内部至多一个点，则边界上至少有3点，从而必有两点分别在四边形两条邻边上，设P在BC

上，Q 在 AB 上，则 $PCDAQ$ 是凸五边形，矛盾.

如果 $ABCD$ 内部恰有两个点，则边界上有两点，且这两点在四边形的一组对边上，不妨设 P 在 BC 上，Q 在 AD 上. 此时，四边形 $ABPQ$ 内部不能有点，否则此点与 P,Q,C,D 构成凸五边形. 同理，四边形 $CDQP$ 内部不能有点，于是四边形内部的两点都在 PQ 上，矛盾.

如果 $ABCD$ 内部至少还有 3 个点，则这些点都在对角线 AD，BC 上，必有两点在同一条对角线上，矛盾.

综上所述，8 个点中一定有 4 点共线，故 n 的最小值为 8，即至少要 8 架飞机参与此次表演.

例 13　100 个长方形，边长都是小于 100 的整数. 求证：存在 3 个长方形 A,B,C，使 A 可放在 B 中，B 可放在 C 中.

分析与证明　为了找到合乎条件的长方形，我们把所有长方形都放在坐标平面上的第一象限内，使长方形的一个顶点与原点重合，其长边与 x 轴平行，短边与 y 轴平行.

这样，每个长方形都对应一个格点 (x,y)，其中 $x\geqslant y$，此格点即该长方形右上方顶点. 显然，对于两个不同的长方形 $A(x_1,y_1)$，$B(x_2,y_2)$，则 A 可放在 B 中的充分必要条件是 $x_1\leqslant x_2$，$y_1\leqslant y_2$.

注意到长方形的边都不大于 100，从而这些长方形对应的格点都位于 100 条横向格线和 100 条纵向格线上. 再注意到在同一条格线（经过格点且平行坐标轴的直线）上的 3 个格点 A,B,C，设其对应的长方形也用 A,B,C 表示，则对应的 3 个长方形必满足“A 可放在 B 中，B 可放在 C 中”，由此可见，我们可以把每条格线看作一个抽屉.

但这样有 100 个抽屉，而本题至多可以构造 49 个抽屉，如何修改抽屉的结构？

如图 3.20 所示，可以把一条横向格线和一条纵向格线捆绑在一起,组成一个直角看作一个抽屉,这样,共构成 49 个直角,而格点(50,50)单独作为一个抽屉.

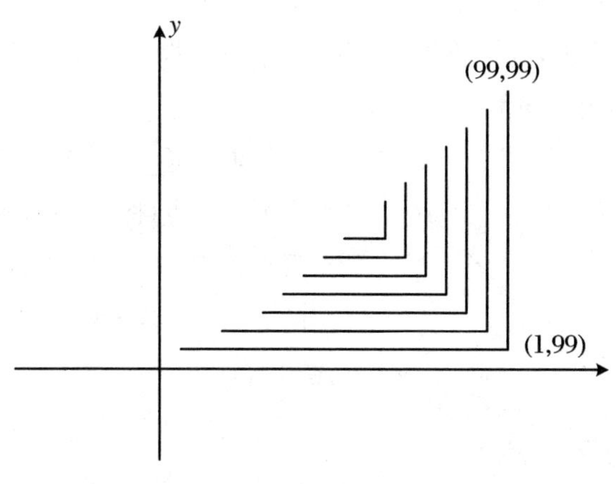

图 3.20

对于 100 个长方形对应的 100 个格点,最多有一个格点为(50,50),剩下的 99 个点归入另 49 个抽屉,必有一个抽屉中有 3 个点,这 3 个点对应的矩形合乎条件.

综上所述,命题获证.

4. 颜色类

在一些组合问题中,常常涉及对有关对象进行染色,这时,我们可将每一种颜色作为一个抽屉,利用抽屉原理,由此找到若干具有相同颜色的对象.

例 14　对 n 阶完全图 K_n 的边进行 2-染色,必有两个单色三角形,且这两个单色三角形同色,求 n 的最小值.(原创题)

分析与解　我们知道,当 $n=6$ 时,二色 K_6 中必有两个单色三角形(见 1.5 节中例 1 的解答).

现在的问题是,二色 K_6 中的两个单色三角形是否一定同色?若然，则本题中 n 的最小值为 6.

其实，容易想到，$n=6$ 是不合乎本题要求的. 下面我们构造一个二色K_6，使其中只有两个单色三角形，且这两个单色三角形不同色.

首先，二色 K_6 中必有两个单色三角形，设有一个红色△ABC 和另外一个蓝色三角形.

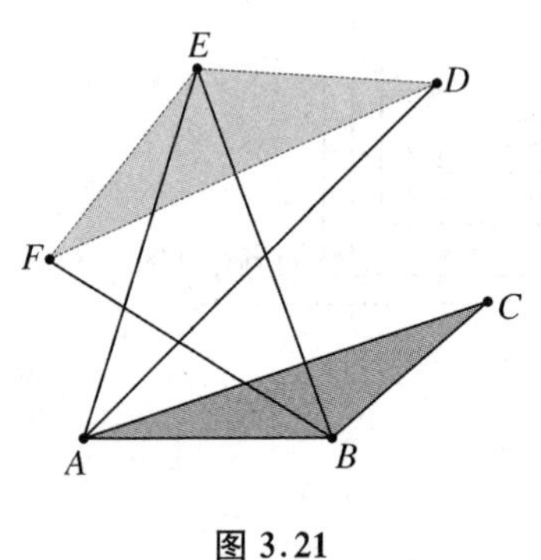

图 3.21

如果蓝色三角形与红色△ABC 没有公共顶点(图 3.21)，则设蓝色三角形为△DEF，考察 A 向△DEF 引出的 3 条边，必有两条同色，设 AD，AE 同色.

若 AD，AE 同为蓝色，则有两个蓝色三角形，即△DEF，△DEA，不合要求.

于是 AD，AE 同为红色. 同理，B 向△DEF 也引出两条红边，这两条红边的另两个端点中必有一个属于$\{D,E\}$，不妨设 BE 为红色，则得到两个红色三角形，即△ABC，△ABE，构图仍不合要求.

如果蓝色三角形与红色△ABC 有一个公共顶点，则设蓝色三角形为△ADE. 由对称性，不妨设 FB 为蓝色. 如果 FC 为红色(图 3.22)，则由△CEF，得 CE 为蓝，由△CDE，得 CD 为红，由△CDF，得 FD 为蓝，由△AFD，得 AF 为红，由△BCD，得 BD 为蓝，由△BDE，得 BE 为红，得到两个红色三角形，即△ADE，BDE，构图仍不合要求.

于是，FC 为蓝色，如此下去，得到构图(图 3.23)，它没有两个同色的单色三角形，从而 $n\neq6$.

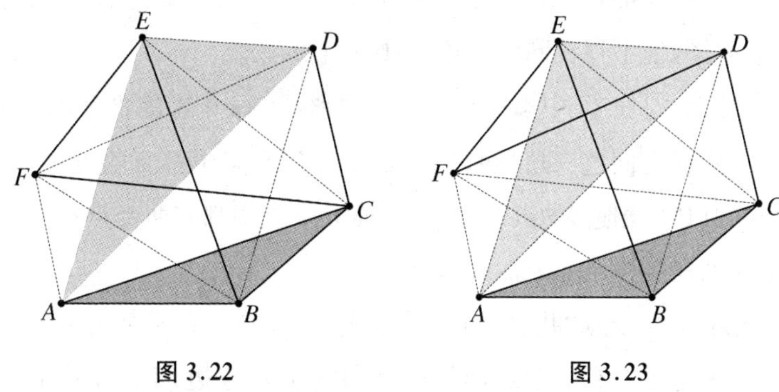

图 3.22　　　　图 3.23

如果 $n<6$,则在图 3.23 中去掉 $6-n$ 个点及其关联的边,得到的图中也没有两个同色的单色三角形,从而 $n\geqslant 7$.

下面证明 $n=7$ 合乎要求,即二色 K_7 中一定有两个同色的单色三角形.

首先,由上题知,二色 K_7 中一定有两个单色三角形,取其中一个单色$\triangle ABC$,去掉点 A 及其关联的边,在剩下的二色 K_6 中又一定有两个单色三角形,连同前面的单色$\triangle ABC$,一共有 3 个单色三角形,由抽屉原理,必有两个单色三角形同色.

综上所述,n 的最小值为 7.

例 15　已知 9 阶图 G 中有 n 条边,对其边 2-染色,必存在同色三角形,求 n 的最小值.(第 33 届 IMO 试题)

分析与解　本题不是对完全图的边 2-染色,从而不能利用前面的一些结论.

我们的目标是找到常数 r,使其满足如下两个条件:

(1) 任何有 r 条边的二色 9 阶图,必存在同色三角形;

(2) 如果任何有 r 条边的二色 9 阶图,都存在同色三角形,则 $n\geqslant r$.

显然,对于目标(2),要由存在同色三角形,从正面推出不等式

$n\geqslant r$ 是不容易的，但反过来，假定 $n\leqslant r-1$，从反面构造有 n 条边的二色 9 阶图，使不存在同色三角形，则比较容易.

实际上，要使 G 中不存在同色三角形，则 G 中不能含有 K_6（因为二色 K_6 中必有同色三角形），这等价于任何 6 点中都有两点不相连，于是想到以“不相连”的点集为抽屉，使 6 个点中都有两个点在同一抽屉，这显然只需构造 5 个抽屉即可.

于是，将 9 个点“几乎平均”地分成 5 组，其中有 4 个组中各有两个点，另一个组中有一个点，同一个组中的点不连边，不同组中的点都连边，得到一个 9 阶 5 部分完全图. 此时

$$n=\|G\|=C_9^2-4=32.$$

上述图 G 中不含 K_6，但并不保证对边 2-染色一定没有同色三角形. 所以，我们还需要对 G 的边适当 2-染色，使之没有同色三角形.

用 1,2,…,9 代表 G 的 9 个顶点，9 个顶点分成的 5 组为

$$(1,2),\quad(3,4),\quad(5,6),\quad(7,8),\quad(9).$$

如果我们将每一个组看成一个“大点”，则这 5 个大点构成一新的二色 K_5，自然联想到一个基本结论：如果二色 K_5 中没有同色三角形，则该二色 K_5 必定是一个长为 5 的红色圈和一个长为 5 的蓝色圈.

于是，在 5 个大点之间连 5 条红色边（图 3.24 中用实线表示），使之构成长为 5 的红色圈，再在 5 个大点之间连 5 条蓝色边（图 3.24 中用虚线表示），则它们构成长为 5 的蓝色圈（图 3.24）.

如果两个大点之间连的红（蓝）色边，则我们认为这两个大点对应组中的点之间都连红（蓝）色边，则得到有 32 条边的二色 9 阶图 G，下面我们证明 G 中无同色形.

实际上，如果存在同色三角形，则该三角形的 3 个顶点分别在 3 个不同的组中（同组中的点不相邻），于是，这 3 个组对应的 3 个大点

之间的边都同色，得到一个大点同色三角形，矛盾.

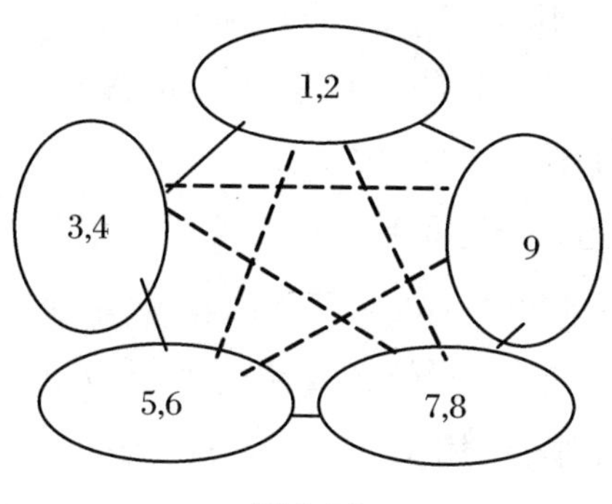

图 3.24

所以 $n=32$ 不合乎条件.

如果 $n<32$，则在图 3.24 中去掉 $32-n$ 条边，得到有 n 条边的二色 9 阶图 G，G 中也无同色形.

所以 $n\geqslant 33$.

最后证明 $n=33$ 合乎条件，即对任何有 33 条边的 9 阶二色图 G，必有同色三角形.

一个充分条件是，G 中存在二色 K_6.

显然，为找完全图 K_6，可去掉含有虚边的少数几个顶点，使虚边全部被去掉即可！

因为 G 恰有 $C_9^2-33=3$ 条虚边，将每条虚边都去掉一个顶点，那么至多去掉 3 个顶点后，图中不再有虚边.

此时，剩下的图中至少有 6 个顶点，取其中 6 个顶点，因为它们两两相连，构成一个 K_6，此二色的 K_6 中必有同色三角形，从而 G 中有同色三角形.

综上所述，n 的最小值为 33.

例 16　有 9 名数学家，每个人至多能讲 3 种语言，每 3 个人中至少有两个人会用同一种语言通话. 求证：其中有 3 个人能用同一种语言通话.

分析与证明 本题不是简单的 2-染色问题(不是认识或不认识之类的问题),也不同于上述的 3-染色问题,虽然每个人只会 3 种语言,但 9 名科学家总共涉及多少种语言是不确定的(不是所有人只通 3 种语言之一),仅知道一个范围 1～27,也就是说,色数不确定,此外,同色边还具有传递性:如果 ab,ac 都是红色边,则 bc 也是红色边,从而不能简单地归结为同色三角形问题,必须设计一种方案,实现问题的转化.

先用图论语言描述:用 $x_0,x_1,x_2,\cdots,x_8$表示 9 名数学家,任何两点之间用一条边连接,得到一个 9 阶完全图 G,当且仅当 x_i,x_j不能用同一种语言通话时,他们对应的点之间的边不染色,称为无色边(用虚边表示).

又将各种语言用 $c_1,c_2,\cdots,c_n$ 表示,当且仅当 x_i,x_j能用同一种语言 c_i通话时,将此边染 c_i色.

这样,G 的每条边要么未染色,要么被染上一种或多种颜色.

如果 G 中某两条边有一种颜色相同,则称为同色边,则我们的目标是找同色三角形,这等价于找同色角,因为若两边同色,则第三边必同色.

题给的条件有两个:

一是每个点至多引出 3 种颜色的边.若将 3 种颜色看作 3 个抽屉,则必有若干条边属于同一抽屉,由此可找到同色边;

二是任何 3 点中有一条有色边,于是,取适当的 3 点组,便可找到有色边.

采用逼近的策略,在找到有色边基础上,再找共点的同色边.

显然,实现目标的一个充分条件是找到一点 x_0,使 x_0引出 4 条有色边,再将 4 条同色边归入 3 个抽屉,得到同色角.

在方案的具体实施上,又有多种不同的方式.

方式1　取一条虚边 uv，其他任意一点与之构成含虚边的3点组.

令 $P=\{u,v\}$（虚边两端点），$Q=\{$其他点$\}$，然后考察 P 与 Q 之间连的边.

但图中一定有虚边吗？应分类讨论.

(1) 若 G 中不含无色边（虚边），考察共点 x_0 的8条边 x_0x_i（$i=1,2,\cdots,8$），因为只有3种颜色，由抽屉原理，必有 $\left[\frac{8}{3}\right]+1=3$ 条边同色，不妨设为 x_0x_j（$j=1,2,3$）同色，那么 $\triangle x_0x_1x_2$ 是同色三角形；

(2) 若 G 中含有无色边（虚边），不妨设边 x_0x_8 是无色边，考察其他点 x_i（$i=1,2,\cdots,7$）与 x_0，x_8 之间的边（图3.25）.

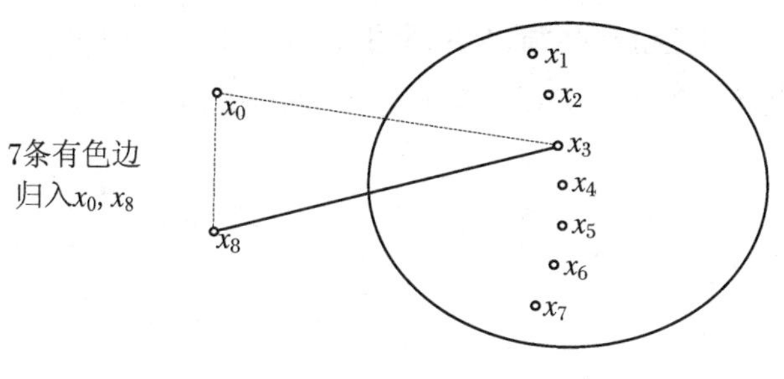

图 3.25

对任何固定的 i（$i=1,2,\cdots,7$），两条边 x_0x_i，x_8x_i 中必有一条有色边，否则 x_0，x_8，x_i 这3点之间无有色边，与已知条件矛盾，于是，在 $\{x_0,x_8\}$ 与 $\{x_1,x_2,\cdots,x_7\}$ 之间至少有7条有色边，这7条有色边归入两个点 x_0，x_8（位置抽屉），由抽屉原理，必有一个点引出 $\left[\frac{7}{2}\right]+1=4$ 条有色边，设为 x_0x_i（$i=1,2,3,4$），这4条边至多有3种不同的颜色，由抽屉原理，必有两条边同色，设为 x_0x_1，x_0x_2，这样，$\triangle x_0x_1x_2$ 是同色三角形.

方式2　直接以充分条件“存在某个点引出4条有色边”进行分类

讨论.

考察顶点 x_0，有以下情况：

(1) 若 x_0引出 4 条有色边，则这 4 条边至多有 3 种不同的颜色，由抽屉原理，必有两条边同色，设为 x_0x_1，x_0x_2，这样，$\triangle x_0x_1x_2$是同色三角形，结论成立；

(2) 若 x_0至多引出 3 条有色边，则 x_0至少引出 5 条无色边，设为 $x_0x_i(i=1,2,\cdots,5)$.

由题意，x_1，x_2，…，x_5之间的边都被染色，这是因为任何 3 点之间有一条有色边，得到一个由有色边构成的完全 5 阶图 K_5，于是点 x_5引出了 4 条有色边，同样结论成立.

方式 3　用反证法，由虚边三角形导出矛盾.

反设无同色角，则由抽屉原理可知，每个点至多引出 3 条实边(有色边)，从而每个点至少引出 5 条虚边(无色边)，于是，图中虚边的总数为

$$\|\bar{G}\| \geqslant \frac{9\times 5}{2} > 22 > 20 = \left[\frac{9^2}{4}\right].$$

由图论中熟知的结论，可知 $\bar{G}$ 中有三角形，即 G 中有虚边三角形，矛盾.

3.2　分割范围

所谓分割范围，就是将有关对象的存在范围分割成几个小的范围，以每一个小的范围为抽屉，继而利用抽屉原理，在某个小范围内找到若干个对象.

从本质上讲，分割范围是一种特殊的位置类抽屉.实际上，分割所得的每一个小范围就是有关对象分布的一个位置，所以，分割范围的实质，是以分割的方式来构造位置类抽屉.

分割范围包括如下几种方式.

1. 图形分割

涉及某个图形内有若干个几何对象的问题,常对相关图形进行分割.

例1　求证:在边长为1的正六边形内任意放 n 个点,必有两点之距不大于$\frac{1}{k}$,其中 $k=\left[\sqrt{\frac{n-1}{6}}\right]$.(原创题)

分析与证明　我们将目标"两点之距不大于$\frac{1}{k}$"转化为两个元素在同一抽屉中.

由于正六边形内共有 n 个点,从而应将正六边形分割为不超过$n-1$个小块(抽屉).

注意到

$$k=\left[\sqrt{\frac{n-1}{6}}\right]\leqslant\sqrt{\frac{n-1}{6}}$$

有 $n-1\geqslant 6k^2$,从而可构造 $6k^2$ 个抽屉.

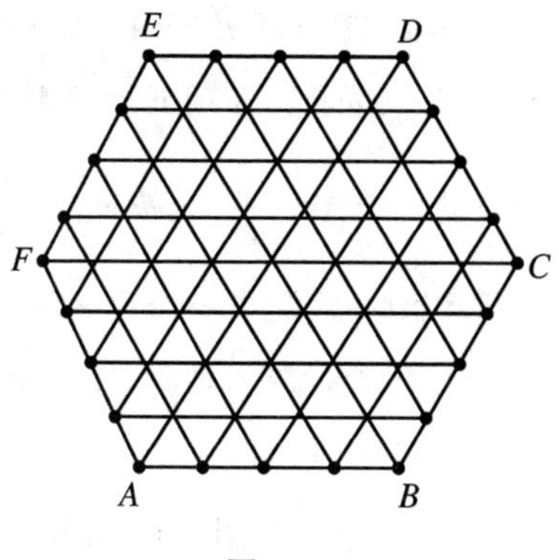

图 3.26

如图3.26所示,将正六边形各边 k 等分,过每一个分点及正六边形的顶点作正六边形的边的平行线,则正六边形划分为

$$\big((2k+1)+(2k+3)+\cdots+(2k+2k-1)\big)\times 2=6k^2$$

个边长为$\frac{1}{k}$的小正三角形.

因为 $k=\left[\sqrt{\frac{n-1}{6}}\right]\leqslant\sqrt{\frac{n-1}{6}}$,所以 $6k^2\leqslant n-1<n$.

将 $n>6k^2$ 个点归入 $6k^2$ 个小正三角形，必有两点属于同一个小正三角形，两点之距不大于 $\frac{1}{k}$，命题获证.

注 此题有深刻的组合数学背景：给定平面上 n 个点，每两个点之间的最大距离与最小距离的比记为 λ_n，求 λ_n 的最小值.

这是组合数学中一直悬而未决的赫尔伯伦(Heilbron)问题，人们至今只知道 $\inf\lambda_3=1$，$\inf\lambda_4=\sqrt{2}$，$\inf\lambda_5=2\sin 54^\circ$，$\inf\lambda_6=2\sin 72^\circ$，前3个结论都被作为相关数学竞赛题，而后一个结论的证明很复杂，期望有比较简单的证明.

由此题的结论可得到 $\inf\lambda_n$ 的简单估计：$\lambda_n\geqslant\sqrt{3}\left[\sqrt{\frac{n-1}{6}}\right]$.

实际上，不妨设 n 个点中，每两点之间的最大距离为 $\sqrt{3}$，容易证明这 n 个点被边长为1的正六边形盖住(用3个带形交成正六边形)，于是必有两点之距 $\leqslant\frac{1}{k}$，从而 $n\geqslant\frac{\sqrt{3}}{1/k}=\sqrt{3}k$.

Heilbron 问题是一个十分迷人而又十分艰难的问题，有兴趣的读者不妨对之进行深入的研究，从这一结果也可以看出，抽屉原理的应用是非常广泛的.

例2 平面上给出了1 972个点，其中任意两点之距均大于 $\sqrt{2}$，求证：其中必有220个点，它们中每两点之距都不小于2.

分析与证明 为了使一个抽屉中有220个点，则抽屉个数 $r\leqslant\frac{1\,972-1}{220-1}=9$.

我们要将平面上的点分为9类，而同一抽屉内的点是非常稀疏的(每两点之距都不小于2). 这就告诉我们，某个点在抽屉中，则附近的点必在另一个抽屉中.

如何构造抽屉？先退到直线上考虑同样的问题：假定直线上给定

若干个点,每两点之间的距离大于$\sqrt{2}$,这些点如何分布?

将直线划分为若干区间…,[-1,0],[0,1],[1,2],…,则每个区间至多一个点,将这些区间依次编号为1,2,3,1,2,3,1,2,3,则同一个编号中的点距离大于2.

由此,我们想到在坐标平面上用直线$x=a(a\in\mathbf{Z})$,$y=b(b\in\mathbf{Z})$将平面划分为网络,考察其中一个3×3的棋盘,由于每两个已知点之距大于$\sqrt{2}$,从而该棋盘的每个单位正方形内至多一个已知点.

将3×3棋盘的9个方格用1,2,…,9编号,然后不断左右上下反复平移此棋盘,每次平移3个单位,则每个已知点都被某个编号的方格覆盖.

将1 972个点归入9个编号,必有一个编号,含有其中的220个点.

又同一编号内的点两两之距大于2,于是这220个点合乎条件.

例3 将平面上若干个点染红色,使满足以下几个条件:

(1) 有7个红点为某个凸七边形的顶点.

(2) 如果有5个红点为某个凸五边形的顶点,则此凸五边形内部至少有一个红点.

问:平面上至少染多少个红点?

分析与解 我们的基本想法是,不断地寻找以红点为顶点的凸五边形,利用条件(2),每找到一个这样的凸五边形,则可以得到一个新的红点,如此下去,得到多个红点.

一方面,由(1),可设红点凸七边形为$A_1A_2\cdots A_7$,连接A_1A_5,由条件(2),红点凸五边形$A_1A_2\cdots A_5$中至少一个红点,设为P_1.

因为P_1在凸五边形$A_1A_2\cdots A_5$内部,从而P_1异于红点$A_1,A_2,\cdots,A_7$.

连接P_1A_1,P_1A_5,则红点凸五边形$A_1P_1A_5A_6A_7$内至少有一个

红点 P_2,且 P_2异于 $P_1,A_1,A_2,\cdots,A_7$.

作直线 P_1P_2,红点凸七边形至少有 5 个顶点不在直线 P_1P_2上,将这 5 个点归入直线 P_1P_2的两侧,由抽屉原理,必有直线 P_1P_2的某一侧含有其中 3 个顶点,这 3 个顶点与 P_1,P_2构成红点凸五边形,其内部至少有一个红点 P_3,且 P_3异于 $P_1,P_2,A_1,A_2,\cdots,A_7$.

再作直线 P_1P_3,P_2P_3,令直线 P_1P_2对应区域 π_3:它是以直线 P_1P_2为边界且在$\triangle P_1P_2P_3$异侧的一个半平面(不含直线 P_1P_2).

类似定义区域 π_1,π_2.

这样,3 个区域 π_1,π_2,π_3覆盖了平面上除$\triangle P_1P_2P_3$外的所有点,从而盖住了 7 个红点 $A_1,A_2,\cdots,A_7$.

由抽屉原理,这 7 个红点中必有 3 个红点在同一个区域(不妨设为 π_3)中.

此 3 个红点与 P_1,P_2构成一个红点凸五边形,其内部至少有一个红点 P_4,且 P_4异于 $P_1,P_2,P_3,A_1,A_2,\cdots,A_7$.

于是,红点个数不少于 $7+4=11$.

另一方面,如图 3.27 所示,格点凸九边形内恰有 4 个格点,将这些格点染红色,则共有 11 个红点.

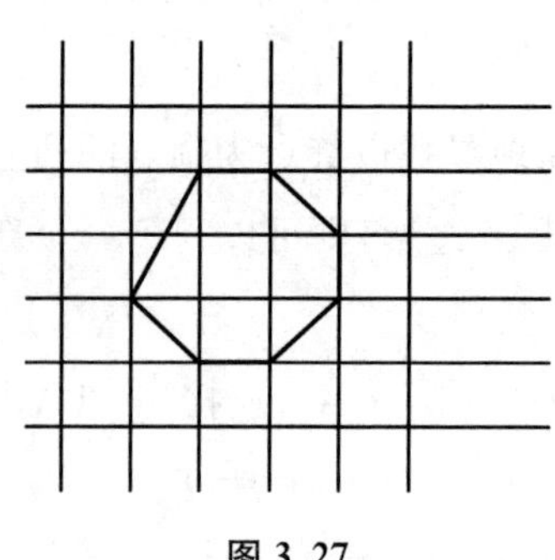

图 3.27

我们证明这 11 个点满足题设的两个条件.

其中条件(1)显然满足.

要证明它满足条件(2),只需证明如下的结论:格点凸五边形内部至少一个格点.

用反证法.假设存在一个格点凸五边形,其内部不含格点.

因格点多边形的面积均可表示为$\dfrac{n}{2}$($n\in\mathbf{N}$)的形式,由最小数原理，必有一个面积最小的内部不含格点的格点凸五边形 $ABCDE$.

考察各顶点的坐标的奇偶性，只有4种情形：(奇，偶)，(偶，奇)，(奇，奇)，(偶，偶).

由抽屉原理，五边形必有两个顶点的坐标的奇偶性完全相同，它们连线的中点 P 仍为格点.

又 P 不在凸五边形内部，从而 P 在凸五边形的某条边上，不妨设 P 在 AB 边上，则 P 为 AB 的中点.

连接 PE，则 $PBCDE$ 是面积更小的内部不含格点的格点凸五边形，矛盾.

综上所述，平面上至少染11个红点.

例4 求满足下列条件的最小正整数 $t\geqslant 3$，对于任何凸 n 边形 $A_1A_2\cdots A_n$，只要 $n\geqslant t$，就一定存在三点 $A_i,A_j,A_k(1\leqslant i<j<k\leqslant n)$，使 $\triangle A_iA_jA_k$ 的面积不大于凸 n 边形 $A_1A_2\cdots A_n$ 面积的 $\frac{1}{n}$.(原创题)

分析与解 当 $t=3,4,5$ 时，正三角形、正方形、正五边形分别不合乎条件，所以 $t\geqslant 6$.

下面证明 $t=6$ 合乎条件，即 $n\geqslant 6$ 时，对任何凸 n 边形 $A_1A_2\cdots A_n$，都存在 $1\leqslant i<j<k\leqslant n$，使 $S_{\triangle A_iA_jA_k}\leqslant\frac{S}{n}$，其中 S 为凸 n 边形 $A_1A_2\cdots A_n$ 的面积.

对 n 归纳，当 $n=6$ 时，我们证明如下的结论成立：

对任何凸六边形 $A_1A_2\cdots A_6$，都存在 $1\leqslant i<j<k\leqslant 6$，使 $S_{\triangle A_iA_jA_k}\leqslant\frac{S}{6}$，其中 S 为凸六边形 $A_1A_2\cdots A_6$ 的面积.

实际上，我们的目标是要找到 $\triangle A_iA_jA_k$，使 $S_{\triangle A_iA_jA_k}\leqslant\frac{S}{6}$.

这个目标包含如下两个部分：

一是位置要求(顶点是原凸六边形的顶点)；

二是数量要求，三角形面积不大于$\frac{S}{6}$.

同时满足上述两个条件比较困难，可满足其中一个条件. 注意到第一个条件是很容易满足的(任取 3 顶点即可)，因此，可先满足第二个条件而弱化第一个条件：将 3 个顶点都是原顶点弱化为两个顶点是原顶点，而面积不大于$\frac{S}{6}$.

然后对上述找到的对象进行调整，使 3 顶点都是原多边形顶点.

要找到一个三角形，使其面积不大于$\frac{S}{6}$并不难，由抽屉原理，可以想到将凸六边形分割为 6 块，每一条边对应一块(两个原顶点)，这是很容易办到的：在内部任取一个点 P，连接 PA_i($i=1,2,\cdots,6$)即可.

由平均值抽屉原理，不妨假定 $S_{\triangle PA_1A_2}\leqslant\frac{S}{6}$，现在的问题是，如何将 P 替换成原顶点，而使面积不增加. 这显然要找与边 A_1A_2距离最近的原顶点，它们是 A_6与 A_3(图 3.28).

那么，A_6与 A_3中是否有一个顶点合乎条件呢？考察$\triangle PA_1A_2$与$\triangle A_6A_1A_2$，$\triangle A_3A_1A_2$的面积关系，期望$\triangle A_6A_1A_2$，$\triangle A_3A_1A_2$中有一个的面积比$\triangle PA_1A_2$的面积小，这自然联想到一个熟悉的结论(一个充分条件)：如果两点 P，Q 所确定的直线的同一侧有 3 个共线的点，设它们依次为 A，B，C，则

$$\min\{S_{\triangle APQ},S_{\triangle CPQ}\}\leqslant S_{\triangle BPQ}.$$

由此可见，当 A_6，P，A_3共线时，问题已解决.

因为$\triangle PA_1A_2$的位置是在运用抽屉原理时随意取定的，由对称性，需 A_1，P，A_4及 A_2，P，A_5都分别共线.

于是，若 3 条对角线 A_1A_3，A_2A_4，A_3A_6相交于一点 P，则由抽屉原理，必存在$\triangle PA_iA_{i+1}$，使 $S_{\triangle PA_jA_k}\leqslant\frac{1}{6}$(图 3.29).

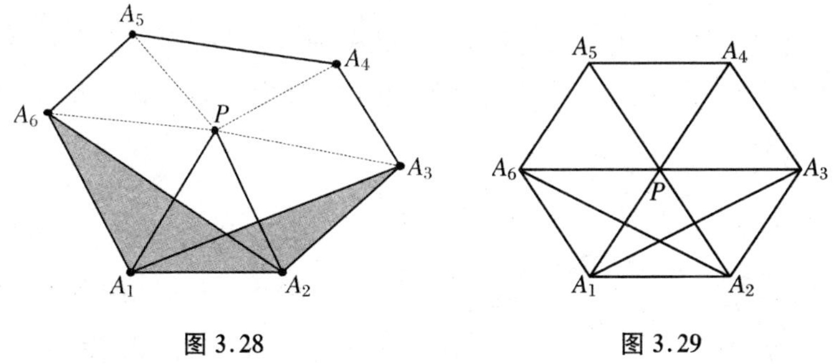

图 3.28　　　　图 3.29

这样，由于 A_{i-1}，P，A_{i+2} 这 3 点共线，且 P 介于 A_{i-1}，A_{i+2} 之间，所以

$$\min\{S_{\triangle A_{i-1}A_iA_{i+1}}, S_{\triangle A_iA_{i+1}A_{i+2}}\} \leqslant S_{\triangle PA_jA_k} \leqslant \frac{1}{6},$$

结论成立.

对一般情形，自然想到连 3 条对角线进行类似的分割.

前面分割的关键元素是点 P，它与任何相对的两个顶点共线. 对于一般情形，是否有这样的关键元素呢？这样的点有 3 个.

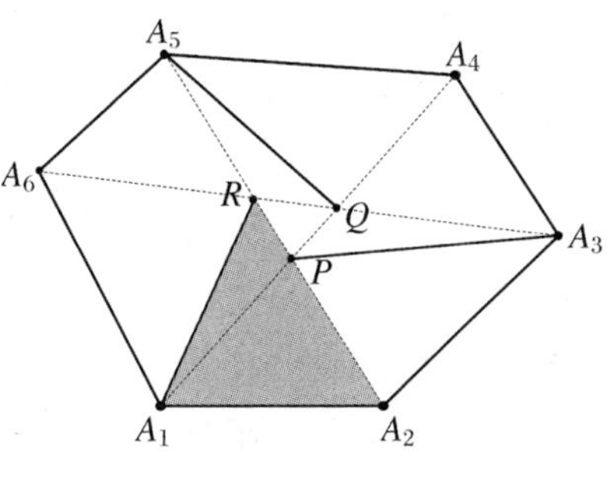

图 3.30

如图 3.30 所示，设 A_1A_4，A_2A_5，A_3A_6 交于点 P，Q，R，考察以 A_1A_2 为边的三角形，为了便于调整另一个顶点到原顶点，另一个顶点应与 A_6，A_3 共线，从而应取 R 或 Q.

不妨取 R，则连接 A_1R. 进而考察以 A_2A_3 为边的三角形，为了便于调整另一个顶点到原顶点，另一个顶点应与 A_1，A_4 共线，从而应取 P 或 Q.

不妨取 P,则连接 A_3P,类似地连接 A_5Q.

由于 6 个三角形$\triangle RA_1A_2$,$\triangle PA_2A_3$,$\triangle PA_3A_4$,$\triangle QA_4A_5$,$\triangle QA_5A_6$,$\triangle RA_6A_1$的面积之和不大于 S,其中必有一个三角形面积不大于$\frac{S}{6}$.

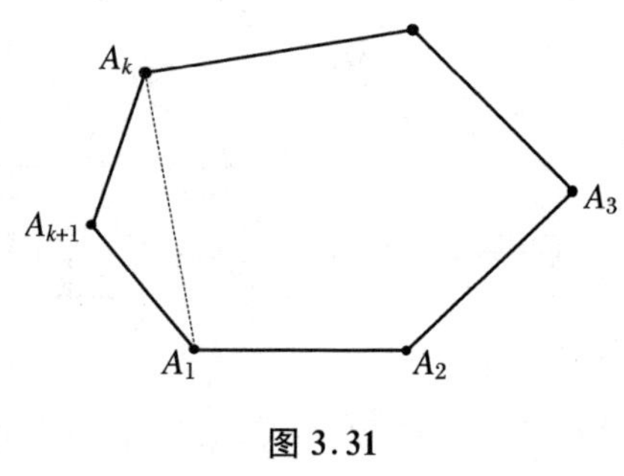

图 3.31

所以当 $n=6$ 时,结论成立.

设 $n=k$ 时结论成立,当 $n=k+1$ 时,连接 A_1A_k(图 3.31).

如果 $S_{\triangle A_1A_kA_{k+1}}\leqslant\frac{S}{k+1}$,则结论成立;如果 $S_{\triangle A_1A_kA_{k+1}}>\frac{S}{k+1}$,则

$$S_{\triangle A_1A_2\cdots A_k}<S-\frac{S}{k+1}=\frac{kS}{k+1}.$$

由归纳假设,必有 $1\leqslant i<j<r\leqslant n$,使

$$S_{\triangle A_iA_jA_r}\leqslant\frac{1}{k}\cdot\frac{kS}{k+1}=\frac{S}{k+1},$$

结论成立.

综上所述,t 的最小值为 6.

例 5　设 X 是平面上 n 个点的集合,求证:存在以 X 中两点为直径两端点的圆,它覆盖集合 X 中至少$\left[\frac{n}{3}\right]$个点.

分析与证明　为叙述问题方便,我们称以 X 中的两点连线段为直径的圆为好圆.

将好圆看作抽屉,则本题实际上是要证明,存在一个抽屉,其中至少有$\left[\frac{n}{3}\right]$个点,这只需所有点都在 3 个抽屉中,即用 3 个好圆可覆盖

所有点.

我们的想法是,将平面上 n 个点的集合的存在域分割为3块,每一个块能被一个好圆覆盖.

当 $n\leqslant 2$ 时,结论显然成立.

当 $n>2$ 时,先作一个圆覆盖这 n 个点,然后适当平移和尽可能缩小,使之不能再缩小但仍覆盖这 n 个点,记此圆为 O(实际上,圆 O 是圆覆盖这 n 个点的最小圆).我们先证明:要么圆 O 上有至少3个 X 中的点,要么圆 O 是好圆.

首先,如果圆 O 上没有已知点,则固定圆心 O,不断缩小半径,直至圆周第一次遇到已知点为止,这时的圆仍覆盖所有的已知点,但半径比原来的小,与圆 O 的最小性矛盾,所以圆 O 上至少有一个已知点.

其次,如果圆 O 上只有一个已知点 A(相当于优弧上没有点),则按 $\overrightarrow{OA}$ 方向平移圆 O,直至圆 O 第一次遇到已知点为止,设此时的圆心为 O_1,这样,若将圆 O 的圆心按 $\overrightarrow{AO}$ 方向平移至 OO_1 的中点,则圆 O 仍覆盖所有的已知点,但圆周上没有已知点,由(1)可知,半径还可缩小,与圆 O 的最小性矛盾,所以圆 O 上至少有两个已知点(图3.32).

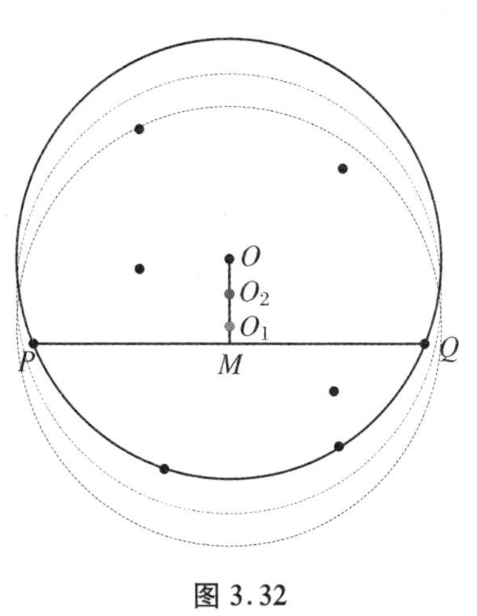

图3.32

取圆 O 上两个相距最远的已知点 P,Q(以保证内接三角形为锐角三角形).

(ⅰ)如果 PQ 为圆 O 的直径,则圆 O 是好圆,此时圆 O 覆盖了所有的已知点，结论成立.

（ⅱ）如果 PQ 不为圆 O 的直径，我们证明圆 O 的优弧 $\overset{\frown}{PQ}$ 上至少有一个已知点.

否则，圆 O 的优弧 $\overset{\frown}{PQ}$ 上没有已知点，此时，作 $OM \perp PQ$ 于点 M，按 $\overrightarrow{OM}$ 方向平移圆 O，直至圆 O 第一次遇到已知点为止，设此时的圆心为 O_1，则再将圆 O 的圆心按 $\overrightarrow{MO}$ 方向平移至 OO_1 的中点，则圆 O 仍覆盖所有的已知点，但圆周上没有已知点，由前面的讨论可知，半径还可缩小，与圆 O 的最小性矛盾.

于是，可取圆 O 的优弧 $\overset{\frown}{PQ}$ 上的已知点 R，$\angle PRQ$ 为锐角，但 P，Q 是圆 O 上相距最远的两个已知点，从而 $\angle PRQ$ 是 $\triangle PRQ$ 的最大内角，所以 $\triangle PRQ$ 为锐角三角形(图 3.33).

分别以 PQ，QR，RP 为直径作三个圆，我们证明，这 3 个圆覆盖了圆 O.

实际上，设 O' 是锐角 $\triangle PRQ$ 的内心，由对称性，我们只需证明以 PQ 为直径的圆 O_1 覆盖了 $\triangle O'PQ$ 及劣弧 $\overset{\frown}{PQ}$ 对应的圆 O 的弓形.

首先，如图 3.34 所示，$\angle 1 = \angle 2 + \angle 3$，$\angle 4 = \angle 5 + \angle 6$，所以 $\angle PO'Q = \angle 2 + \angle 3 + \angle 5 + \angle 6 = 90^\circ + \angle 2 > 90^\circ$，所以圆 O_1 覆盖了 $\triangle O'PQ$.

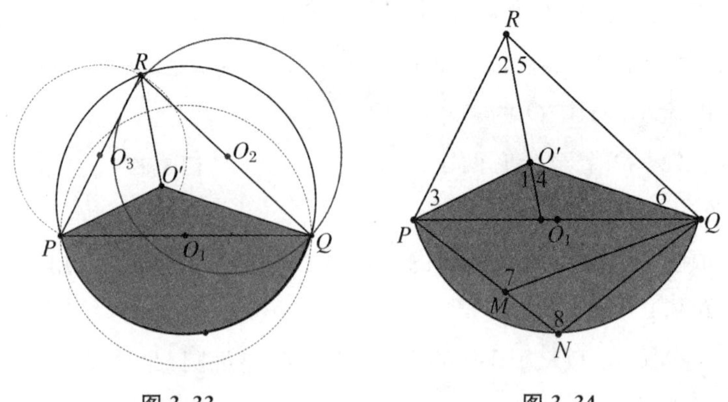

图 3.33　　图 3.34

对弓形内任意一点 M,连接 PM,交弓形弧于点 N,则 $\angle 7>\angle 8>90^{\circ}$,所以圆 O_1 覆盖了点 M,由 M 的任意性,所以圆 O_1 覆盖了弓形.

所以,以 PQ,QR,RP 为直径的三个圆覆盖了圆 O,必有其中一个圆覆盖了 X 中至少 $\left[\dfrac{n}{3}\right]$ 个点,命题获证.

例 6　在边长为 12 的正三角形内有 21 个点,试证:可以用一个半径为 $\sqrt{3}$ 的圆覆盖其中的 3 个点.

分析与证明　因为 $3=\left[\dfrac{21}{10}\right]+1$,从而只需证明:可以用 10 个半径为 $\sqrt{3}$ 的圆(位置抽屉)覆盖边长为 12 的正三角形.

先将存在域分割为若干个大小相等的小正三角形(规则形,易于被圆覆盖),再用 10 个半径为 $\sqrt{3}$ 的圆覆盖所有小正三角形.

小正三角形的边长应该是多少?设小正三角形的边长为 a,则其外接圆半径为 $\sqrt{3}=R=\dfrac{\sqrt{3}}{3}a$,于是 $a=3$,即每边按四等分进行分割.

注意,此时有 16 个小正三角形,但只能用 10 个圆去覆盖!如何节省一些圆呢?

先考虑最上方一个(编号为 1 的)小正三角形,它必须用一个外接圆覆盖,因为其他小正三角形的外接圆不能完整覆盖它.

同样,编号为 2,4 的小正三角形也是如此(图 3.35).但当编号为 1,2,4 的小正三角形都用其外接圆覆盖后,编号为 3 的小正三角形同时被这 3 个外接圆协同覆盖,由此发现可省略一些圆.

将边长为 12 的正三角形分割为 16 个边长为 3 的小正三角形,如图 3.36 所示,再将其中 10 个小正三角形染红色,以红色小正三角形的中心为圆心、以 $\sqrt{3}$ 为半径作 10 个圆,则这 10 个圆覆盖了整个边长为 12 的正三角形(每个白色小正三角形的中心与它旁边的黑色小正三角形的 3 个顶点共圆，对角互补），从而覆盖了 21 个已知点.

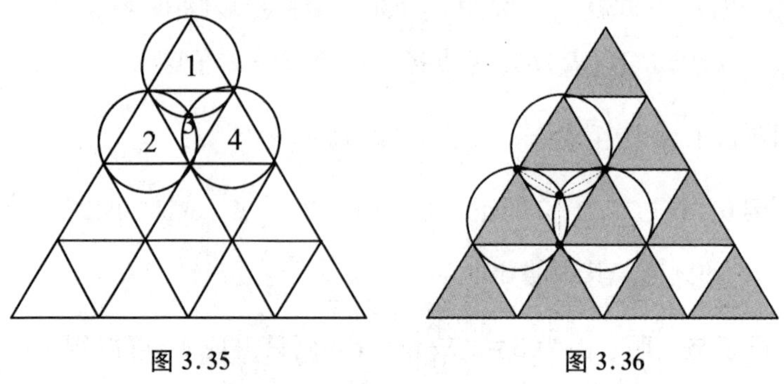

图 3.35　　图 3.36

由抽屉原理，必有一个圆覆盖了其中 $\left[\frac{21}{10}\right]+1=3$ 个点，证毕.

例 7　平面上有 2 017 个点，其中任何 10 个点中都有两个点的距离小于 1. 证明：可以用一个半径为 1 的圆覆盖其中的 225 个点.

分析与证明　因为 $225=\left[\frac{2\,017}{9}\right]+1$，从而只需证明：可以用 9 个圆覆盖所有的已知点.

但本题无法直接分割存在域，因为给定的点没有确定的存在域，只能逐一地构造抽屉.

实际上，任取其中一个点 O_1，以 O_1 为圆心、以 1 为半径作圆，如果圆 O_1 覆盖了所有的已知点，则结论成立.

如果还有其他的已知点未被圆 O_1 覆盖，则取其中一个点 O_2，必有 $O_1O_2>1$，以 O_2 为圆心、以 1 为半径作圆 O_2，如果圆 O_1，O_2 覆盖了所有已知点，则结论成立.

如果还有其他的已知点未被圆 O_1，O_2 覆盖，则取其中一个点 O_3，必有 $O_1O_2>1$，$O_1O_3>1$，$O_2O_3>1$，以 O_3 为圆心、以 1 为半径作圆 O_3……如此下去，作出 9 个圆 O_1，O_2，…，O_9.

如果还有其他的已知点未被圆 O_1，O_2，…，O_9 覆盖，则取其中一

个点 O_{10}，此时 $O_1, O_2, \cdots, O_{10}$ 中任何两点之间的距离大于 1，矛盾.

因为 9 个圆覆盖所有的已知点，由抽屉原理，必有一个圆覆盖了其中 $\left[\frac{2\,017}{9}\right]+1=225$ 个点，证毕.

例 8　在边长为 12 的正方形内有 2 009 个点，证明：可以用一个边长为 11 的正三角形覆盖其中 503 个点.

分析与证明　因为 $503=\left[\frac{2\,009}{4}\right]+1$，从而只需证明：可以用 4 个边长为 11 的正三角形覆盖整个边长为 12 的正方形.

先将正方形分割为 4 块，每一个块要易于被边长为 11 的正三角形覆盖.

平行于边的直线分割显然不行，一种自然的想法是让边长为 11 的正三角形覆盖正方形尽可能多的地方(图 3.37)，但每条边上作 4 个边长为 11 的正三角形并没有覆盖整个正方形.

现在将边长为 11 的正三角形适当平移即可，由对称性，每个边长为 11 的正三角形都要覆盖正方形的中心(否则中心未被覆盖)，于是平移边长为 11 的正三角形使其一边过正方形中心即可.

设正方形 $ABCD$ 的中心为 O，过 O 作直线 EG，与 AB，CD 分别交于点 E，G，使 $\angle AEG=60^\circ$(图 3.38).

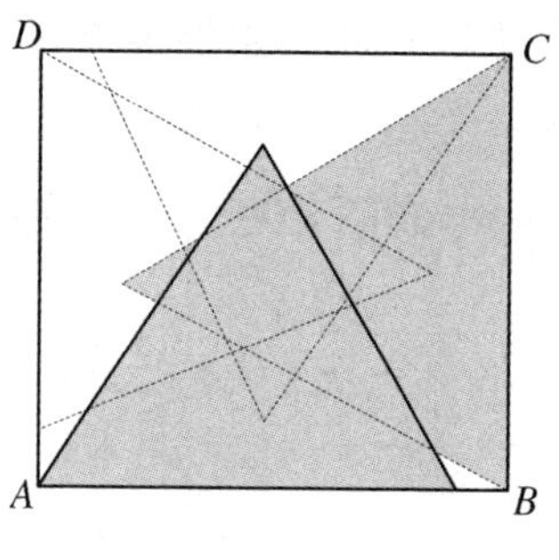

图 3.37

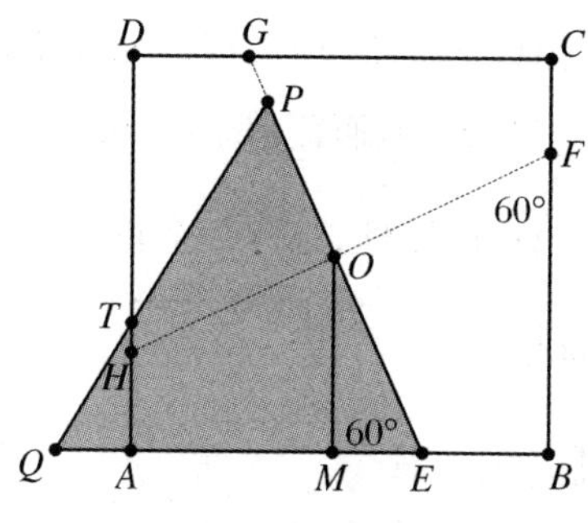

图 3.38

再过 O 作直线 HF，与 AD，BC 分别交于点 H，F，使 $\angle BFH=60^\circ$.

作边长为 11 的正三角形 PQE，使点 P 在 GE 上，点 Q 在 BA 的延长线上，我们证明正$\triangle PQE$ 覆盖了四边形 $OHAE$，这只需证明 $AH<AT$.

作 $OM\perp AB$ 于点 M，则

$$OM=MB=\frac{1}{2}BC=6,$$

$$ME=OM\cdot\cot 60^\circ=6\cdot\frac{\sqrt{3}}{3}=2\sqrt{3},$$

于是

$$AH=EB=MB-ME=6-2\sqrt{3},$$
$$QA=11-AE=11-(6+2\sqrt{3})=5-2\sqrt{3},$$

所以

$$AT=QA\cdot\tan 60^\circ=(5-2\sqrt{3})\cdot\sqrt{3}=5\sqrt{3}-6.$$

由于

$$AT-AH=(5\sqrt{3}-6)-(6-2\sqrt{3})=7\sqrt{3}-12>0,$$

所以点 H 在线段 AT 上，从而边长为 11 的正$\triangle PQE$ 覆盖了四边形 $OHAE$.

由以上分析可知，可以作 4 个边长为 11 的正三角形覆盖整个正方形 $ABCD$，从而覆盖了 2 009 个已知点.

由抽屉原理，必有一个正三角形覆盖了其中$\left[\frac{2\,009}{4}\right]+1=503$ 个点，证毕.

2. 区间分割

涉及若干数属于同一区间的问题，常进行区间分割.

例9　试证：在任意7个实数中，必存在两个实数 a,b，满足：

$$0\leqslant\sqrt{3}(a-b)<1+ab.$$

分析与证明　考察目标不等式

$$0\leqslant\sqrt{3}(a-b)<1+ab,$$

先将其变形为

$$0\leqslant\frac{a-b}{1+ab}<\frac{1}{\sqrt{3}}.$$

注意到$\frac{a-b}{1+ab}$的表现形式与三角函中两角差的正切公式：

$$\tan(\alpha-\beta)=\frac{\tan\alpha-\tan\beta}{1+\tan\alpha\tan\beta}$$

完全一致，而$\frac{1}{\sqrt{3}}=\tan\frac{\pi}{6}$，于是，令 $a=\tan\alpha$，$b=\tan\beta$，则目标变为

$$0\leqslant\tan(\alpha-\beta)<\tan\frac{\pi}{6}.$$

设题给的7个实数为 $a_1,a_2,\cdots,a_7$，令 $a_i=\tan\alpha_i\,(i=1,2,\cdots,7)$，其中 $\alpha_i\in\left(-\frac{\pi}{2},\frac{\pi}{2}\right)$，将区间$\left(-\frac{\pi}{2},\frac{\pi}{2}\right)$等分成如下6个小区间：

$$\left(-\frac{\pi}{2},-\frac{\pi}{3}\right],\quad\left(-\frac{\pi}{3},-\frac{\pi}{6}\right],\quad\left(-\frac{\pi}{6},0\right],$$

$$\left(0,\frac{\pi}{6}\right],\quad\left(\frac{\pi}{6},\frac{\pi}{3}\right],\quad\left(\frac{\pi}{3},\frac{\pi}{2}\right).$$

由抽屉原理，上述7个角 $\alpha_i\,(i=1,2,\cdots,7)$中，必有两个角属于同一小区间，不妨设 $\alpha_i,\alpha_j\,(\alpha_i<\alpha_j)$属于同一小区间，则有

$$0\leqslant\alpha_j-\alpha_i<\frac{\pi}{6}.$$

由于正切函数在$\left[0,\frac{\pi}{6}\right]$上单调递增，所以

$$0\leqslant\tan(\alpha_j-\alpha_i)<\tan\frac{\pi}{6}.$$

令 $a=\tan\alpha_j$，$b=\tan\alpha_i$，则上式变成

$$0\leqslant\frac{a-b}{1+ab}<\frac{1}{\sqrt{3}},$$

即

$$0\leqslant\sqrt{3}(a-b)<1+ab.$$

综上所述，命题获证.

例 10　求证：对任意的无理数 α 及任意正整数 n，都存在一个有理数 $\frac{k}{m}$，使得

$$0<\left|\alpha-\frac{k}{m}\right|<\frac{1}{n}.$$

分析与证明　先考察目标不等式

$$0<\left|\alpha-\frac{k}{m}\right|<\frac{1}{n},$$

可先将上述不等式绝对值符号内的分母去掉，使其变得简单，得

$$0<|m\alpha-k|<\frac{m}{n},$$

现进行元素分解，令 $m=m_1-m_2$，$k=k_1-k_2$，则上式变为

$$0<|(m_1-m_2)\alpha-(k_1-k_2)|<\frac{m}{n},$$

即

$$0<|(m_1\alpha-k_1)-(m_2\alpha-k_2)|<\frac{m}{n}.$$

为使右边简单，我们证明更强的结论：

$$0<|(m_1\alpha-k_1)-(m_2\alpha-k_2)|<\frac{1}{n}.$$

考察数 $m_i\alpha-k_i(i=1,2)$，如果取 $k_i=[m_i\alpha]$，则只需找到整数 m_1,m_2，使

$$0<|(m_1\alpha-[m_1\alpha])-(m_2\alpha-[m_2\alpha])|<\frac{1}{n}.$$

于是,考察 $n+1$ 个数:$m_i\alpha-[m_i\alpha](i=1,2,\cdots,n+1)$,它们都属于区间$(0,1)$.

把区间$(0,1)$等分为如下 n 个小区间:

$$\left(0,\frac{1}{n}\right],\quad \left(\frac{1}{n},\frac{2}{n}\right],\quad \cdots,\quad \left(\frac{n-1}{n},1\right),$$

由抽屉原理知,这 $n+1$ 个数中,必有两个数,不妨设为 $m_1\alpha-[m_1\alpha]$和$m_2\alpha-[m_2\alpha]$,它们的差的绝对值小于$\frac{1}{n}$,即

$$|(m_1\alpha-[m_1\alpha])-(m_2\alpha-[m_2\alpha])|<\frac{1}{n}.$$

令 $m_1-m_2=m,[m_1\alpha]-[m_2\alpha]=k$,则

$$|m\alpha-k|<\frac{1}{n},$$

即

$$\left|\alpha-\frac{k}{m}\right|<\frac{1}{mn}\leqslant\frac{1}{n}.$$

又 α 为无理数,$\frac{k}{m}$为有理数,从而 $\alpha-\frac{k}{m}\neq0$,故

$$0<\left|\alpha-\frac{k}{m}\right|<\frac{1}{n}.$$

例 11 试证:存在无穷多个正整数 n,使 $\cos n>\frac{2\,014}{2\,015}$.(2014 全国高中数学联赛江苏赛区复赛试题)

分析与证明 先退一步,证明存在正整数 n,使 $\cos n>\frac{2\,014}{2\,015}$.

注意到 $\frac{2\,014}{2\,015}=1-\frac{1}{2\,015}$,是形如 $1-\frac{1}{k}$的数,我们先证明:对任何正整数 k,都存在正整数 n,使 $\cos n>1-\frac{1}{k}$.

因为当 $M\to\infty$时,$\cos\frac{2\pi}{M}\to1$,从而存在正整数 $M\geqslant3$,使 $\cos\frac{2\pi}{M}>$

$1-\dfrac{1}{k}$.

令 $\alpha=\dfrac{1}{2\pi}$,则 α 为无理数,用 $\{x\}$ 表示实数 x 的小数部分,即 $\{x\}=x-[x]$,考察如下 $M+1$ 个数:

$$\{\alpha\},\quad \{2\alpha\},\quad \{3\alpha\},\quad \cdots,\quad \{M\alpha\},\quad \{(M+1)\alpha\},$$

它们都属于区间$[0,1)$.

将区间$[0,1)$等分为如下 M 个小区间:

$$\left[0,\frac{1}{M}\right),\quad \left[\frac{1}{M},\frac{2}{M}\right),\quad \cdots,\quad \left[\frac{M-1}{M},1\right),$$

由抽屉原理,一定存在两个数 $\{i\alpha\}$,$\{j\alpha\}$$(1\leqslant i<j\leqslant M+1)$,它们属于同一小区间,于是

$$|\{j\alpha\}-\{i\alpha\}|<\frac{1}{M},$$

从而

$$|n\alpha-([j\alpha]-[i\alpha])|<\frac{1}{M},$$

其中 $n=j-i$,$1\leqslant n\leqslant M$.所以

$$\begin{aligned}\cos n&=\cos\left(2\pi\cdot\frac{n}{2\pi}\right)=\cos(2\pi n\alpha)\\&=\cos\left(2\pi n\alpha-2\pi([j\alpha]-[i\alpha])\right)\\&=\cos\left(2\pi(n\alpha-([j\alpha]-[i\alpha]))\right)\\&=\cos\left(2\pi|n\alpha-([j\alpha]-[i\alpha])|\right)\\&=\cos\left(2\pi|\{j\alpha\}-\{i\alpha\}|\right).\end{aligned}$$

因为 $M\geqslant3$,$2\pi|\{j\alpha\}-\{i\alpha\}|<\dfrac{2\pi}{M}<\pi$,从而 $\cos x$ 在$\left[0,\dfrac{2\pi}{M}\right]$上为减函数,而 $2\pi|\{j\alpha\}-\{i\alpha\}|<\dfrac{2\pi}{M}$,所以

$$\cos n = \cos(2\pi|\{j\alpha\} - \{i\alpha\}|) > \cos\frac{2\pi}{M} > 1 - \frac{1}{k}.$$

下面用反证法证明:存在无穷多个正整数 n,使 $\cos n > \frac{2\,014}{2\,015}$.

假设只有有限多个正整数 n,使 $\cos n > \frac{2\,014}{2\,015}$,不妨设 n 是满足 $\cos n > \frac{2\,014}{2\,015}$ 的正整数中使 $\cos n$ 达到最大者,取正整数 k,使

$$k > \frac{1}{1 - \cos n},$$

即

$$1 - \frac{1}{k} > \cos n.$$

由前面的结论,对上述正整数 k,存在正整数 n',使 $\cos n' > 1 - \frac{1}{k}$.

于是

$$\cos n' > 1 - \frac{1}{k} > \cos n > \frac{2\,014}{2\,015},$$

这与 $\cos n$ 最大矛盾.

综上所述,命题获证.

例 12　设 $n>1$ 为整数,k 是 n 的不同素因子的个数,求证:存在整数 a,其中 $1 < a < \frac{n}{k} + 1$,使得 $n \mid a^2 - a$.(2011 年 IMO 中国国家队选拔考试试题)

分析与证明　设 $n = p_1^{\alpha_1} \cdots p_k^{\alpha_k}$ 是 n 的标准分解.

由于 $p_1^{\alpha_k}, \cdots, p_k^{\alpha_k}$ 两两互素,由中国剩余定理,对每一个 i($1 \leqslant i \leqslant k$),同余方程组 $\begin{cases} x \equiv 1 \pmod{p_i^{\alpha_i}} \\ x \equiv 0 \pmod{p_j^{\alpha_j}} \end{cases}$($j \neq i$)有解 x_i.

对于满足 $x_0^2 \equiv x_0 \pmod{n}$ 的任一个解 x_0,有 $x_0(x_0 - 1) \equiv 0 \pmod{n}$. 可见对每个 $i = 1, 2, \cdots, k$,或者 $x_0 \equiv 0 \pmod{p_i^{\alpha_i}}$,或者

$x_0 \equiv 1 \pmod{p_i^{\alpha_i}}$.

又集合$\{x_1, x_2, \cdots, x_k\}$的任一个子集 A 的元素和$S(A)$(其中规定 $S(\varnothing)=0$)显然满足

$$S(A)(S(A)-1) \equiv 0 \pmod{n},$$

这是因为由 x_i的选取知,$S(A)$模 $p_i^{\alpha_i}$ 为 0 或 1.

又当 $A \neq A'$时,$S(A) \not\equiv S(A') \pmod{n}$,所以$\{x_1, x_2, \cdots, x_n\}$的全部子集对应的和恰是 $x(x-1) \equiv 0 \pmod{n}$的全部解.

令 $S_0 = n$,S_r是 $x_1 + x_2 + \cdots + x_r$模 n 的最小非负剩余,$r=1,2,\cdots,k$,这样 $S_k = 1$, 对一切 $1 \leqslant r \leqslant k-1$,$S_r \neq 0$.

由于 $k+1$ 个数 $S_0, S_1, \cdots, S_k$ 均在$[1, n]$中,由抽屉原理,存在 $0 \leqslant t < m \leqslant k$,使得 S_t,S_m 在同一个区间$\left(\dfrac{jn}{k}, \dfrac{(j+1)n}{k}\right]$中$(0 \leqslant j \leqslant k-1)$,且 $t=0$ 与 $m=k$ 不同时成立,于是$|S_t - S_m| < \dfrac{n}{k}$.

记 $y_1 = S_1$, $y_r = S_r - S_{r-1}$ $(r=2,3,\cdots,k)$,这样 $y_r \equiv x_r \pmod{n}$ $(r=1,2,\cdots,k)$中任意若干个之和满足要求.

若 $S_m - S_t > 1$,则

$$a = y_{t+1} + y_{t+2} + \cdots + y_m = S_m - S_t \in \left(1, \frac{n}{k}\right)$$

是方程 $x^2 - x \equiv 0 \pmod{n}$的解.

若 $S_m - S_t = 1$,则

$$n \mid (y_1 + y_2 + \cdots + y_t) + (y_{m+1} + y_{m+2} + \cdots + y_k),$$

即

$$n \mid (x_1 + x_2 + \cdots + x_t) + (x_{m+1} + x_{m+2} + \cdots + x_k),$$

而 $m > t$,这与 x_i的定义矛盾.

若 $S_m - S_t = 0$,则

$$n \mid y_{t+1} + y_{t+2} + \cdots + y_m,$$

即

$$n \mid x_{t+1} + x_{t+2} + \cdots + x_m,$$

这也与 x_i 的定义矛盾.

若 $S_m - S_t < 0$,则

$$\begin{aligned} a &= (y_1 + y_2 + \cdots + y_t) + (y_{m+1} + y_{m+2} + \cdots + y_k) \\ &= S_k - (S_m - S_t) = 1 - (S_m - S_t) \end{aligned}$$

是方程 $x^2 - x \equiv 0 \pmod{n}$ 的解,且 $1 < a < 1 + \frac{n}{k}$.

综上所述,满足条件的 a 总存在.

3. 集合划分

涉及某个集合中存在若干个具有某种性质的元素的问题,常进行集合划分.

假定我们要找到若干个具有性质 P 的对象,则可将两两具有性质 P 的元素作为一个子集.

例 13　在 $1,2,\cdots,10$ 中任取 r 个数,其中必有两个数 $a,b(a<b)$,满足 $a \mid b$,或者 $(a,b)=1$,求 r 的最小值.(原创题)

分析与解　首先,取 3 个数 6,8,10,其中没有合乎条件的两个数,从而 $r \geqslant 4$.

下面证明 $r=4$ 合乎条件.

将 $1,2,\cdots,10$ 分成如下 3 组(逐步扩充使 A_1 尽可能大):

$$A_1 = \{1,2,3,4,5,7,8,9\}, \quad A_2 = \{6\}, \quad A_3 = \{10\},$$

从中取出 4 个数,必定含有 A_1 中的两个数 $a,b(a<b)$.

如果 a,b 同为偶数,则 $a,b \in \{2,4,8\}$,有 $a \mid b$;如果 a,b 中至少有一个奇数,则除 $a=3,b=9$ 之外,都有 $(a,b)=1$.而 $a=3,b=9$ 时,$a \mid b$.所以 $r=4$ 合乎条件.故 $r_{\min}=4$.

例 14　在 $\{1,2,\cdots,n\}$ 中任取 10 个数,使得其中必有两个数,它们的比在$\left[\frac{2}{3},\frac{3}{2}\right]$中,求 n 的最大值.(第 49 届基辅数学奥林匹克试题)

分析与解　我们要找两个数 a,b,使

$$\frac{2}{3}\leqslant\frac{a}{b}\leqslant\frac{3}{2}.$$

我们期望将其转化为两个数 a,b 属于同一抽屉,这就要求同一抽屉的任何两个数 a,b,都有$\frac{2}{3}\leqslant\frac{a}{b}\leqslant\frac{3}{2}$.

以此为"抽屉的质量"来构造抽屉,由于只有 10 个数,最多只能构造 9 个抽屉.

先考虑"1"可和谁在同一抽屉,由上述抽屉质量要求,发现"1"只能单独为一个抽屉!进而"2"可和"3"在同一抽屉,"4"可和"5","6"在同一抽屉.

于是,令

$$A_1=\{1\},\quad A_2=\{2,3\},\quad A_3=\{4,5,6\},$$
$$A_4=\{7,8,9,10\},\quad A_5=\{11,12,\cdots,16\},$$
$$A_6=\{17,18,\cdots,25\},\quad A_7=\{26,27,\cdots,39\},$$
$$A_8=\{40,41,\cdots,60\},\quad A_9=\{61,62,\cdots,91\}.$$

显然,取$\{1,2,\cdots,91\}$中的 10 个数,必有两个数在同一抽屉,这两个数的比在$\left[\frac{2}{3},\frac{3}{2}\right]$中,所以 $n=91$ 合乎条件.

当 $n>91$ 时,取 10 个数:1,2,4,7,11,17,26,40,61,92,因为任何两个相邻数的比$\frac{2}{1},\frac{4}{2},\frac{7}{4},\frac{11}{7},\frac{17}{11},\frac{26}{17},\frac{40}{26},\frac{61}{40},\frac{92}{61}$都大于$\frac{3}{2}$,所以对其中任何两个数 $x_i<x_j$,有$\frac{x_j}{x_i}\geqslant\frac{x_{i+1}}{x_i}>\frac{3}{2}$.

于是其中没有两个数,它们的比在$\left[\frac{2}{3},\frac{3}{2}\right]$中,矛盾.

所以 $n\leqslant 91$.

综上所述,n 的最大值是91.

例15　任给101个不大于200的正整数,求证:必有两个数其中的一个是另一个的倍数.(第10届莫斯科数学奥林匹克试题)

分析与证明　我们要找到两个数 $x,y(x<y)$,使 $x|y$.

将其转化为两个数 $x,y(x<y)$属于同一抽屉,这就要求“在同一抽屉中的任意两个数 $x,y(x<y)$,都有 $x|y$”,以此为抽屉的质量要求来构造抽屉.由于只有101个数,最多可构造100个抽屉.

考察任意一个抽屉 $A=\{a_1,a_2,\cdots,a_n\}$,根据抽屉的质量要求,有 $a_i|a_{i+1}$.

设 $a_1=a$,则

$$a_2=k_1a_1=k_1a,\quad a_3=k_2a_2=k_2k_1a,\quad \cdots,$$

$$a_n=k_{n-1}k_{n-2}\cdots k_1a.$$

特别地,为使抽屉简单,可取 $k_1=k_2=k_3=\cdots=k_{n-1}=p$,则 $a_n=p^{n-1}a$,即

$$A=\{a,a\cdot p,a\cdot p^2,a\cdot p^3,\cdots,a\cdot p^{n-1},\cdots\}.$$

显然,当 p 固定后,则可按 a 的不同,将所有数分类,但我们希望所分的类(抽屉)尽可能少.

具体地说,取 $p=3$,则每个自然数 n 都可以写成 $a\cdot 3^r$ 的形式 $(3\nmid a)$,可称为 a 对应的类.如 $54=2\cdot 3^3$ 属于2对应的类,$100=100\cdot 3^0$ 属于100对应的类,等等.这样一来,当 $n\leqslant 200$ 时,a 的取值有1,2,4,5,7,8,…,199,200(即前200个正整数中去掉3的倍数).

若取 $p=2$,则 a 的取值最少.

于是,令

$$A_i=\{x\mid x=(2i-1)2^t,t\in\mathbf{N}\}\quad(i=1,2,\cdots,100),$$

则101个不大于200的正整数都属于上述100个集合,必有两个数在同一个集合,这两个数中的一个是另一个的倍数,命题获证.

例 16　设 $X=\{1,2,\cdots,50\}$，求最小的正整数 k，使 X 的任一 k 元子集都存在两个不同的数 a,b，使 $a+b\mid ab$.

分析与解　为叙述问题方便，如果 $a,b\in X$，其中 $a\neq b$，使 $a+b\mid ab$，则称 (a,b) 是 X 的一个好对子.

一方面，我们先考虑 X 共有多少个好对子.

对合乎条件的 a,b，不妨设 $a>b$，记 $(a,b)=c$，令 $a=ca_1$，$b=cb_1$，则 $(a_1,b_1)=1$.

于是，由 $a+b\mid ab$，有

$$c_1+b_1\mid c^2a_1b_1,\quad a_1+b_1\mid ca_1b_1.$$

又

$$(a_1+b_1,a_1)=(a_1+b_1,b_1)=1,$$

所以 $a_1+b_1\mid c$，$a_1+b_1\leqslant c$.

再注意到 $a_1\neq b_1$，于是

$$(a_1+b_1)^2\leqslant c(a_1+b_1)=a+b\leqslant 50+49=99,$$

所以 $3\leqslant a_1+b_1\leqslant 9$.

(1) 若 $a_1+b_1=3$，则 $(a,b)=(6,3),(12,6),(18,9),(24,12),(30,15),(36,18),(42,21),(48,24)$，共 8 组.

(2) 若 $a_1+b_1=4$，则 $(a,b)=(12,4),(24,8),(36,12),(48,16)$，共 4 组.

(3) 若 $a_1+b_1=5$，则 $(a,b)=(20,5),(40,10),(15,10),(30,20),(45,30)$，共 5 组.

(4) 若 $a_1+b_1=6$，则 $(a,b)=(30,6)$，共 1 组.

(5) 若 $a_1+b_1=7$，则 $(a,b)=(42,7),(35,14),(28,21)$，共 3 组.

(6) 若 $a_1+b_1=8$，则 $(a,b)=(40,24)$，共 1 组.

(7) 若 $a_1+b_1=9$，则 $(a,b)=(45,36)$，共 1 组.

所以 X 中共有 23 个好对子.

想象在 X 中取出 r 个数，使上述每一个好对子中都至少取出一个数，则剩下的 $50-r$ 个数中没有好对子.

由此可见，$k\leqslant 50-r$ 不合乎要求.

实际上，因为在剩下的 $50-r$ 个数中任取 k 个数构成一个 k 子集，其中没有好对子，矛盾. 所以 $k\geqslant 51-r$.

显然，r 越小，上述估计越精确.

如何求出最小的 r？这可以采用逐步扩充的策略来选取 r 个数.

依次考察每一个好对子 (a,b)，然后比较 a,b 在各个好对子中出现的总次数，取出出现次数较多的那一个数.

比如对子(6,3)，其中 6 出现 3 次，而 3 只出现一次，从而取出 6.

进而考虑好对子(12,6)，因为已取出 6，所以暂时可不取出 12.

接着考虑好对子(18,9)，因为 18 出现两次，而 9 只出现一次，从而取出 18.

如此下去，发现：令

$$M=\{6,12,15,18,20,21,24,35,40,42,45,48\},$$

则每个好对子都至少有一个数属于 M.

我们也可这样构造集合 M：选取出现次数最多的一些数，比如，12,24 各出现四次，6,30,36 各出现三次，10,18,20,21,42,48 各出现两次，最后取出现一次的 14，得到

$$M=\{6,10,12,14,18,20,21,24,30,36,42,48\}.$$

因为 $|X\backslash M|=50-12=38$，于是，当 $k\leqslant 38$ 时，取 $X\backslash M$ 的任一 k 元子集，则其中不存在好对子，矛盾. 所以 $k\geqslant 39$.

下面证明 $k=39$ 合乎条件.

实际上，X 的任一个 39 元子集 A，我们证明 A 中必定存在好对子.

考察 A 相对于 X 的补集 $\bar{A}=X\backslash A$，有 $|\bar{A}|=50-39=11$.

要证明 A 中含有一个好对子，由反向抽屉原理，只需找到 12 个好对子(抽屉)，其中任何两个好对子没有公共元素(每个元素只属于一个抽屉)，但 $\bar{A}$ 中只有 11 个元素，从而至少有一个抽屉没有 $\bar{A}$ 中的元素，从而这 12 个好对子中至少有一个在 A 中.

X 的 23 个好对子共包含有 24 个数：3,4,5,6,7,8,9,10,12,14,15,16,18,20,21,24,28,30,35,36,40,42,45,48，将这 24 个数用 24 个点表示，当且仅当两点对应的数构成一个好对子时连边，得到简单图 G(图 3.39).

这样，我们只需在 G 中取 12 条边，使任何两条边不相邻即可.

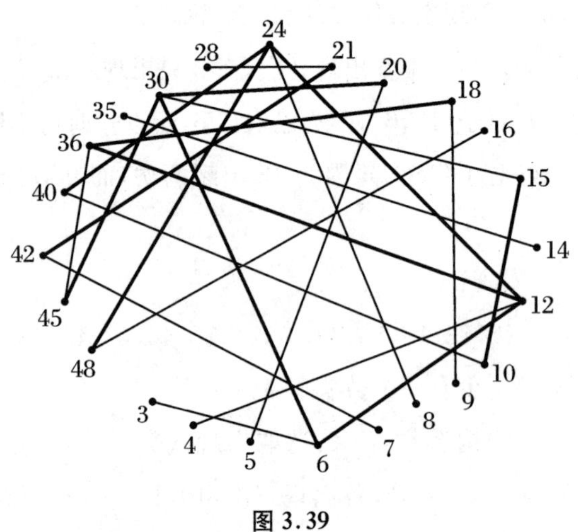

图 3.39

一种自然的想法是，将 G 分成若干个连通分支，然后在每个连通的分支中取尽可能多的边，使其互不相邻.

第一个分支是连接 30,14 的独立的一条边，此边当然取出.

第二个分支中有一条依次连接 3,6,12,36,45,30,15,10,40,24,8 的长为 11 的链，其中可取出 6 条互不相邻的边.

第三个分支中有一条依次连接 7,42,21,28 的长为 4 的链，其中可取出两条互不相邻的边.

最后,取出 3 条边(5,20),(9,18),(16,48),共取出 12 条互不相邻的边(图中的细线).

对任何一个 39 元子集 A,不在 A 中的数只有 $50-39=11$ 个,从而上述 12 个好对子至少有一个对在 A 中,所以 $k=39$ 合乎条件.

综上所述,k 的最小值为 39.

例 17　设 $M=\{1,2,\cdots,65\}$,A 是 M 的子集,若 $|A|=33$,且存在 $x,y\in A,x<y,x|y$,则称 A 为"好集",求最大的整数 $a\in M$,使含 a 的任意 33 元子集为好集.(2007 年全国高中数学联赛广西赛区试题)

分析与解　当 $22\leqslant a\leqslant 43$ 时,令 $P=\{22,23,24,\cdots,65\}\backslash\{44,46,48,\cdots,64\}$,则 $|P|=33$,且 P 是 M 的含有 a 的子集,由于 $3\cdot 22>65$,所以 P 不是好集.

当 $44\leqslant a\leqslant 65$ 时,令 $P=\{33,34,35,\cdots,65\}$,则 $|P|=33$,且 P 是 M 的含有 a 的子集,由于 $2\cdot 33>65$,所以 P 不是好集.

因此 $a\leqslant 21$.

下面证明当 $a=21$ 时,M 的任意一个包含 21 的 33 元子集 A 一定为好集.

实际上,设 $A=\{a_1,a_2,\cdots,a_{32},21\}$.

若 42,63 中之一为集合 A 的元素,该元素与 21 为倍数关系,所以 A 为好集.

现考虑 42,63 都不属于集合 A,构造如下集合:

$$A_1=\{2^k\mid k=0,1,2,\cdots,6\}=\{1,2,4,8,16,32,64\},$$

$$A_2=\{3\cdot 2^k\mid k=0,1,2,3,4\}=\{3,6,12,24,48\},$$

$$A_3=\{5\cdot 2^k\mid k=0,1,2,3\}=\{5,10,20,40\},$$

$$A_4=\{7\cdot 2^k\mid k=0,1,2,3\}=\{7,14,28,56\},$$

$$A_5=\{9\cdot 2^k\mid k=0,1,2\}=\{9,18,36\},$$

$$A_6=\{11\cdot 2^k\mid k=0,1,2\}=\{11,22,44\},$$

$$A_7=\{13\cdot 2^k\mid k=0,1,2\}=\{13,26,52\},$$

$$A_8=\{15\cdot 2^k\mid k=0,1,2\}=\{15,30,60\},$$

$$A_9=\{17\cdot 2^k\mid k=0,1\}=\{17,34\},$$

$$A_{10}=\{19\cdot 2^k\mid k=0,1\}=\{19,38\},$$

$$A_{11}=\{23\cdot 2^k\mid k=0,1\}=\{23,46\},$$

$$A_{12}=\{25\cdot 2^k\mid k=0,1\}=\{25,50\},$$

$$A_{13}=\{27\cdot 2^k\mid k=0,1\}=\{27,54\},$$

$$A_{14}=\{29\cdot 2^k\mid k=0,1\}=\{29,58\},$$

$$A_{15}=\{31\cdot 2^k\mid k=0,1\}=\{31,62\},$$

$$A_{16}=\{21,65\}\cup\{33,35,37,\cdots,61\}.$$

显然,$A_1,A_2,\cdots,A_{15}$中每个集合的任两个元素都是倍数关系.

因为$|A_{16}|=17$,于是 A 至少包含A_{16}外的 $33-17=16$ 个元素.

因为 $16>15$,根据抽屉原理,至少有一个集合有两个元素同时属于 A,这两个元素存在倍数关系,从而 A 是好集.

综上所述,包含 21 的任意一个 33 元子集 A 一定为好集,故 a 的最大值为 21.

例 18 设 $X=\{1,2,3,\cdots,1\,992\}$,$A$ 是 X 的子集,若 $a\in A$,则 $4a\notin A$,求$|A|$的最大值.

分析与解 先证明$|A|_{\max}\geqslant 1\,593$.

实际上,注意到 $1\,992\div 4=498$,记 $A_1=\{499,500,\cdots,1\,992\}$,则 $|A_1|=1\,494$.

又 $498\div 4=124\cdots 2$,记 $A_2=\{125,126,\cdots,498\}$,则$|A_2|=374$.

同样,$124\div 4=31$,记 $A_3=\{32,33,\cdots,124\}$,则$|A_3|=93$.

$31\div 4=7\cdots 3$,记 $A_4=\{8,9,\cdots,31\}$,则$|A_4|=24$.

$7\div 4=1\cdots 3$,记 $A_5=\{2,3,\cdots,7\}$,则$|A_5|=6$,记 $A_6=\{1\}$.

显然,有

$$\bigcup_{j=1}^{6} A_j = \{1,2,\cdots,1\,992\},\quad A_i \cap A_j = \varnothing(i \neq j),$$

且对 A_{i+1} 中的元素 a,有 $4a$ 在 A_i 中.

所以,令 $A = A_1 \cup A_2 \cup A_3$,则 A 合乎条件,此时 $|A| = 1\,593$.

最后,由抽屉原理可知,当 $|A| \geqslant 1\,594$ 时,一定存在两个元素 a,$b \in A$,使 $b = 4a$,所以 $|A|_{\max} \leqslant 1\,594$.

故 $|A|_{\max} = 1\,593$.

例 19　设 A 是由小于 1 993 的自然数组成的集合,对 A 的任何 3 个元素,必有其中两个不互质,求 $|A|$ 的最大值.

分析与解　取 $A = \{x \mid 2 \mid x$ 或 $3 \mid x, 1 \leqslant i \leqslant 1\,992\}$,$A_i = \{x \mid i \mid x, x \in A\}$,那么

$$\begin{aligned}|A| &= |A_2 \cup A_3| = |A_2| + |A_3| - |A_2 \cap A_3| \\ &= \frac{1}{2} \cdot 1\,992 + \frac{1}{3} \cdot 1\,992 - \frac{1}{6} \cdot 1\,992 = 1\,328.\end{aligned}$$

此时,A 合乎条件.实际上,任取 A 中三个元素 x, y, z,其中必有两个数同被 2 整除或同被 3 整除.

另一方面,把 $1,2,3,\cdots,1\,991,1\,992$ 这 1 992 个数分为 332 组:

$(1,2,3,4,5,6)$,　$(7,8,9,10,11,12)$,　$\cdots$,　$(1\,987,1\,988,\cdots,1\,992)$.

如果 $|A| \geqslant 1\,329$,则由抽屉原理,A 中一定有 5 个数属于同一组 $(6k+1, 6k+2, \cdots, 6k+6)(0 \leqslant k \leqslant 331)$.

考察这 5 个数,若其中没有 $6k+1$ 或 $6k+2$ 或 $6k+6$,则 $6k+3$,$6k+4$,$6k+5$ 两两互质,矛盾.

若其中没有 $6k+3$,则 $6k+1$,$6k+2$,$6k+5$ 两两互质,矛盾.

若其中没有 $6k+4$ 或 $6k+5$,则 $6k+1$,$6k+2$,$6k+3$ 两两互质,矛盾.

所以 $|A| \leqslant 1\,328$.

综上所述，$|A|$的最大值为 1 328.

例 20 设 $E=\{1,2,3,\cdots,200\}$，$G=\{a_1,a_2,\cdots,a_{100}\}\subsetneqq E$，且 G 具有下列两条性质：

(1) 对任何 $1\leqslant i<j\leqslant 100$，恒有 $a_i+a_j\neq 201$；

(2) $\sum\limits_{i=1}^{100} a_i = 10\,080$.

试证：G 中的奇数的个数是 4 的倍数，且 G 中所有数的平方和为一个定数.（1990 年全国高中数学联赛试题）

分析与证明 称 $a_1,a_2,\cdots,a_{100}$ 为 E 中取出的数，考察 100 个集合：

$$\{x_i,y_i\}:x_i = i,y_i = 201-i \quad (i = 1,2,\cdots,100).$$

如果取出多于 100 个数，则必有两个数的和为 201，与条件(1)矛盾，于是至多可以取出 100 个数，但恰好取出 100 个数，从而上述 100 个集合中的每个集合都恰选出 1 个数.

把这 100 个集合分成两类：① $\{4k+1,200-4k\}$；② $\{4k-1,202-4k\}$. 每类都有 50 个集合.

设第①类中选出 m 个奇数，$50-m$ 个偶数，第②类中选出 n 个奇数，$50-n$ 个偶数，则

$$\begin{aligned}&1\cdot m+0\cdot(50-m)+(-1)\cdot n+2\cdot(50-n)\\&\equiv a_1+a_2+\cdots+a_{100}=10\,080\equiv 0 \pmod 4,\end{aligned}$$

即 $m-3n\equiv 0 \pmod 4$，也即 $m+n\equiv 0 \pmod 4$.

所以 G 中的奇数的个数是 4 的倍数.

因为取出的 100 个数为 $a_1,a_2,\cdots,a_{100}$，所以未选出的 100 个数为 $201-a_1,201-a_2,\cdots,201-a_{100}$.

由 $a_1+a_2+\cdots+a_{100}=10\,080$，得 E 中所有数的平方和为

$$\begin{aligned}1^2+2^2+3^2+\cdots+200^2 &= a_1^2+a_2^2+\cdots+a_{100}^2+(201-a_1)^2\\&\quad+(201-a_2)^2+\cdots+(201-a_{100}^2)\end{aligned}$$

$$= 2(a_1^2 + a_2^2 + \cdots + a_{100}^2) - 2 \times 201 \times (a_1 + a_2 + \cdots + a_{100}) + 100 \times 201^2$$

$$= 2(a_1^2 + a_2^2 + \cdots + a_{100}^2) - 2 \times 201 \times 10\,080 + 100 \times 201^2,$$

所以 G 中所有数的平方和为

$$a_1^2 + a_2^2 + \cdots + a_{100}^2$$

$$= \frac{1}{2}((1^2 + 2^2 + 3^2 + \cdots + 200^2) + 2 \times 201 \times 10\,080 - 100 \times 201^2)$$

$$= \frac{1}{2}\left(\frac{1}{6} \times 200 \times 201 \times 401 + 201 \times 20\,160 - 20\,100 \times 201\right)$$

$$= \frac{1}{2}(100 \times 67 \times 401 + 201 \times 60)$$

$= 1\,349\,380$(定值).

例 21 设 $X=\{1,2,\cdots,200\}$,$A\subseteq X$,$|A|=100$,且对任何 $a,b\in A(a\neq b)$,有 $a\nmid b$.

(1) 求 A 中最小数的最小值;

(2) 求 A 中最大数的最小值.

分析与解 设 A 中最大数为 x,最小数为 y,将 A 中的数归入如下 100 个集合:

$$A_i = \{(2i-1)2^{r_i} \mid r_i \in \mathbf{Z}\} \quad (1 \leqslant i \leqslant 100).$$

依题意,每个集合最多含有 A 中的一个数,从而$|A|\leqslant 100$.

又$|A|=100$,从而每个集合恰含 A 中的一个数.注意到 $A_{100}=\{199\}$,从而 $199\in A$,于是 $x\geqslant 199$.

其次我们证明:$y\geqslant 16$.

反设 $y<16$,令 $y=2^r(2i-1)$.

(ⅰ) 若 $r=0$,则 $y=2i-1$,$(i<9)$.此时,设 $A_{3(2i-1)}$ 中取出的数为 p,则 $y\mid p$,矛盾.

(ⅱ) 若 $r=1$,则 $y=2(2i-1)(i<5)$.考察集合 $A_{3(2i-1)}$,设其中取出的数是 $p=2^t3(2i-1)$,则 $t=0$,即 $p=3(2i-1)$,这样,$A_{9(2i-1)}$ 中不取数,矛盾.

(ⅲ) 若 $r=2$,则 $y=4(2i-1)(i<3)$.同上,依次讨论 A_{2i-1},$A_{3(2i-1)}$,$A_{9(2i-1)}$,$A_{27(2i-1)}$,得到矛盾.

(ⅳ) 若 $r=3$,则 $y=8$.考察 A_3,设其中取出的数是 $p=3\cdot 2k$.

若 $k\geqslant 3$,则 $y\mid p$,矛盾;

若 $k\leqslant 2$,则 $p\leqslant 12$,划归为情况(ⅲ).

最后,取

$$\begin{aligned} B_0 &= \{67,69,\cdots,199\}, \\ B_1 &= \{2\times 23,2\times 25,\cdots,2\times 65\}, \\ B_2 &= \{2^2\times 9,2^2\times 11,\cdots,2^2\times 21\}, \\ B_3 &= \{2^3\times 3,2^3\times 5,2^3\times 7\}, \\ B_4 &= \{2^4\}, \end{aligned}$$

令 $A=B_0\cup B_1\cup B_2\cup B_3\cup B_4$,则集合 A 合乎要求,此时 $x=199$,$y=16$.

故 x 的最小值是 199,y 的最小值是 16.

例 22 设 $X=\{1,2,\cdots,1\,990\}$,A 是 X 的子集,对 A 中任何两个不同的元素 x,y,有 $x-y\nmid x+y$,求 $|A|$ 的最大值.

分析与解 原解答很繁,下面给出一个简单的解法.

条件的反面为 $x-y\mid x+y$,以此为抽屉的质量要求对集合 X 进行划分.

注意到连续 3 个整数中,对任何两个数 x,y,都有 $x-y\mid x+y$.这是因为 $(a+2)-a=2$,从而 $(a+2)-a\mid a+(a+2)$,于是可将每连续 3 个数划分为一个块.

令 $A_i=\{3i+1,3i+2,3i+3\}(i=0,1,\cdots,662)$,$A_{663}=\{1\,990\}$,

则 $X=\bigcup_{i=0}^{663} A_i$.

显然，A 至多含有每个 $A_j(0\leqslant j\leqslant 663)$ 中的一个数，又 $A\subseteq X=\bigcup_{i=0}^{663} A_i$，从而 $|A|\leqslant 664$.

其次，令 $A=\{x\in X\mid x\equiv 1\pmod 3\}$，则对任何 $x,y\in A$，有 $3\mid x-y$. 但 $3\nmid x+y$，所以 $x-y\nmid x+y$，从而 A 合乎条件，此时 $|A|=664$.

综上所述，$|A|$ 的最大值为 664.

例 23　设 $X=\{1,2,\cdots,n\}$，A 是 X 的子集，对 A 中任何两个不同的元素 x,y，有 $x-y\nmid x+y$，求 $|A|$ 的最大值.

分析与解　本题是上题的推广，类似地，令

$$A_i=\{3i+1,3i+2,3i+3\}\quad \left(i=0,1,\cdots,\left[\frac{n-1}{3}\right]\right),$$

则 A 至多含有每个 $A_i\left(0\leqslant i\leqslant\left[\frac{n-1}{3}\right]\right)$ 中的一个数.

又 $A\subseteq X\subseteq\bigcup_{i=0}^{663} A_i$，从而

$$|A|\leqslant\left[\frac{n-1}{3}\right]+1=\left[\frac{n+2}{3}\right].$$

其次，令 $A=\{x\in X\mid x\equiv 1\pmod 3\}$，则对任何 $x,y\in A$，有 $3\mid x-y$，但 $3\nmid x+y$，所以 $x-y\nmid x+y$，从而 A 合乎条件，此时 $|A|=\left[\frac{n+2}{3}\right]$.

故 $|A|$ 的最大值为 $\left[\frac{n+2}{3}\right]$.

例 24　设 $X=\{1,2,3,\cdots,10\}$，A 是 X 的子集，且对任何 $x<y<z$，$x,y,z\in A$，都存在一个三角形三边的长分别为 x,y,z，求 $|A|$ 的最大值.（原创题）

分析与解　题给的条件为：对任何 $x<y<z$，$x,y,z\in A$，有 x，y，z 构成三角形，这等价于 $x+y>z$.

此条件的反面为：对 $x<y<z$，有 $x+y\leqslant z$，以此为抽屉的质量要

求来构造抽屉.于是,令

$$A_1 = \{1,2,3,5,8\},\quad A_2 = \{4,6,10\},\quad A_3 = \{7,9\},$$

则 A_i 中的任何 3 个数不构成三角形,从而 A 最多含有 A_i 中的两个数,所以 $|A| \leqslant 2\times 3=6$.

其次,令 $A=\{5,6,7,8,9,10\}$,则 A 合乎要求.

故 $|A|$ 的最大值为 6.

例 25　设 $X=\{1,2,3,\cdots,20\}$,A 是 X 的子集,且对任何 $x<y<z$,$x,y,z\in A$,都存在一个三角形三边的长分别为 x,y,z,求 $|A|$ 的最大值.

分析与解　仍以条件的反面"对 $x<y<z$,有 $x+y\leqslant z$"为抽屉的质量要求来构造抽屉.采用逐增构造,可令

$$A_1 = \{1,2,3,5,8,13\},\quad A_2 = \{4,6,10,16\},$$

至此,构造 A_3 时,可取 $7,9\in A_3$,但不能类似地取 $16\in A_3$,因 16 已在 A_2 中,于是将 A_3 修改为 $A_3=\{7,11,18\}$.

至此,无法再构造新的三元集,因为 $\{9,12\}$ 中无法再加入元素.

是否其他抽屉都只能是二元集了呢?否!还可构造一个三元集抽屉,这需要更换 A_3 中的一些元素.

局部调整:交换 11 与 12 的位置,得到

$$A_1 = \{1,2,3,5,8,13\},\quad A_2 = \{4,6,10,16\},\quad A_3 = \{7,12,19\},$$
$$A_4 = \{9,11,20\},\quad A_5 = \{14,15\},\quad A_6 = \{17,18\},$$

因为 A_i 中的任何 3 个数不构成三角形,从而 A 最多含有 A_i 中的两个数,所以 $|A| \leqslant 2\times 6=12$.

但若 $|A|=12$,则 $14,15,17,18\in A$,于是 $1,2,3,5\notin A$,所以 $8,13\in A$,进而 $7,9\notin A$,所以 $12,19,11,20\in A$,但 $8+12=20$,矛盾.

所以 $|A|\neq 12$,故 $|A|\leqslant 11$.

其次,令 $A=\{10,11,12,\cdots,20\}$,则 $|A|=11$,且 A 合乎要求.

综上所述，$|A|$的最大值为11.

注　这一方法具有很大的局限性，当 X 很大时，需采用另外的方法，有兴趣的读者可参阅拙著《更换角度》.

例26　设 p 为给定的正整数，A 是 $X=\{1,2,3,4,\cdots,2^p\}$的子集，且具有性质：对任何 $x\in A$，有 $2x\notin A$，求$|A|$的最大值.（1991年法国数学奥林匹克试题）

分析与解　乍一看，本题似乎很简单，以为构造一系列形如$\{a,2a\}$型的抽屉即可，所以一直没有去细想. 直到后来整理资料想写出它的解答时，才发现它其实并不容易，现将我们的思路介绍如下，也许并没有找到最好的方法.

记 $X_n=\{1,2,3,4,\cdots,2^n\}$，对题给的集合 $X_p=\{1,2,3,\cdots,2^p\}$，设 A 是合乎条件的集合，记$|A|$的最大值为 $f(p)$.

本题的目标包括如下两个方面：

(1) 证明对任何合乎题意的子集 A，有 $S(A)\leqslant f(p)$；

(2) 证明存在合乎题意的子集 A_0，使 $S(A_0)=f(p)$.

题给的条件是：对任何 $x\in A$，有 $2x\notin A$.

同上题类似，以条件的反面"对任何 $x\in A_i$，有 $2x\in A_i$"为抽屉的质量要求来构造抽屉 A_i.

注意到 p 为任意给定的正整数，可从特例开始，发现抽屉构造规律.

当 $p=1$ 时，$X=\{1,2\}$，取 $A=\{1\}$，于是 $f(1)=1$.

当 $p=2$ 时，$X=\{1,2,3,4\}$，将 X 划分为3个子集：$A_1=\{1,2\}$，$A_2=\{3\}$，$A_3=\{4\}$，则 A 至多含每个子集 $A_i(i=1,2,3)$中的一个数，于是 $|A|\leqslant 3$.

另外，取 $A=\{1,3,4\}$，有$|A|=3$，于是 $f(2)=3$.

当 $p=3$ 时，$X=\{1,2,\cdots,8\}$，将 X 划分为5个子集：$A_1=\{1,2\}$，

$A_2=\{3,6\}, A_3=\{4,8\}, A_4=\{5\}, A_5=\{7\}$，则 A 至多含有每个子集 $A_i(i=1,2,3,4,5)$ 中的一个数，于是 $|A|\leqslant 5$.

另外，取 $A=\{1,5,6,7,8\}$，则 $|A|=5$，所以 $f(3)=5$(其中 5,6,7,8 是 $\{1,2,3,4\}$ 外的所有元素).

一般地，当 $X_p=\{1,2,3,\cdots,2^p\}$ 时，按上述方法来构造抽屉是相当困难的，比如，先构造抽屉：

$$A_1=\{1,2\},\quad A_2=\{3,6\},\quad A_3=\{5,10\},\quad \cdots,$$
$$A_{2^{p-2}}=\{2^{p-1}-1,2^p-2\},$$

这些抽屉包含了所有"奇数""2 · 奇数"的数，但还剩下如下一些奇数：

$$2^{p-1}+1,\quad 2^{p-1}+3,\quad \cdots,\quad 2^p-1.$$

再构造如下一些抽屉：

$$\{4,8\},\quad \{12,24\},\quad \cdots,\quad \{2^2(2^{p-3}-1),2^p-4\},$$

这些抽屉包含了所有"2^2 · 奇数""2^3 · 奇数"的数，但还剩下如下一些"2^2 · 奇数"型的数：

$$2^2(2^{p-3}+1),\quad 2^2(2^{p-3}+3),\quad \cdots,\quad 2^2(2^{p-2}-1).$$

按上述方式构造抽屉，讨论相当烦琐.

下面我们采用递归方法求 $f(p)$，希望建立递归关系 $f(p)=g(f(p-1))$. 令

$$X_0=\{1,2,3,\cdots,2^{p-1}\}\cup\{2^{p-1}+1,2^{p-1}+2,\cdots,2^p\}=X_{p-1}\cup M,$$

其中

$$X_{p-1}=\{1,2,3,\cdots,2^{p-1}\},\quad M=\{2^{p-1}+1,2^{p-1}+2,\cdots,2^p\},$$

注意 M 中的数没有倍数关系，从而 M 无须分割成小抽屉(M 中的数都"可属于 A").

这样，问题在于 $X_{p-1}=\{1,2,3,\cdots,2^{p-1}\}$ 中至多有多少个属于 A，这是否是原问题在 $p-1$ 的情形?

否！问题没有这么简单，因为 M 中的数都"可属于 A"，但在构造

A 时未必一定要使 M 中的数都属于 A,也许 M 中有些数不属于 A 时得到的 A 还更大!

实际上,记 $X_p = X_{p-1} \cup \{2^{p-1}+1, 2^{p-1}+2, \cdots, 2^p\}$,当取 $2^{p-1}+1$, $2^{p-1}+2, \cdots, 2^p$ 都属于 A 时,这些数中的某些数对 X_{p-1} 中的数的选取会产生影响.

进一步发现,这里的"某些数",就是 $2^{p-1}+1, 2^{p-1}+2, \cdots, 2^p$ 中的那些偶数.

实际上,上述一些数中的每个偶数的一半,即 $2^{p-2}+1, 2^{p-2}+2, \cdots, 2^{p-1}$,都不能属于 A,由此发现 M 应进行更细的分割:

$M = \{2^{p-1}+2, 2^{p-2}+1\} \cup \{2^{p-1}+4, 2^{p-2}+2\} \cup \cdots \cup \{2^p, 2^{p-1}\}$.

由此得到 X_p 的一种划分方法:

$$\begin{aligned} X_p &= X_{p-2} \cup \{2^{p-2}+1, 2^{p-2}+2, \cdots, 2^{p-1}\} \cup \\ &\quad \{2^{p-1}+1, 2^{p-1}+2, \cdots, 2^p\} \\ &= X_{p-2} \cup M \cup N, \end{aligned}$$

其中

$M = \{2^{p-1}+2, 2^{p-2}+1\} \cup \{2^{p-1}+4, 2^{p-2}+2\} \cup \cdots \cup \{2^p, 2^{p-1}\}$,

$N = \{2^{p-1}+1, 2^{p-1}+3, 2^{p-1}+5, \cdots, 2^{p-1}+2^{p-1}-1\}$.

显然,A 至多含有 X_{p-2} 中的 $f(p-2)$ 个元素,至多含有 M 中的 2^{p-2} 个元素,至多含有 N 中的 2^{p-2} 个元素,于是

$$f(p) \leqslant f(p-2) + 2^{p-2} + 2^{p-2} = f(p-2) + 2^{p-1}.$$

另一方面,我们构造集合 A,证明:$f(p) \geqslant f(p-2) + 2^{p-1}$.

这只需在 $M \cup N$ 中适当选取 2^{p-1} 个元素,使这些元素对 X_{p-2} 中元素的选取不产生任何影响.

设 $X = \{1, 2, 3, \cdots, 2^{p-2}\}$ 的合乎题意的一个最大子集为 A_1,构造 $A = A_1 \cup A_2$,其中

$$A_2 = \{2^{p-1}+1, 2^{p-1}+2, \cdots, 2^p\},$$

则 $A=A_1\cup A_2$是合乎题意的子集(构造也是递归的).

实际上,对任何 $x\in A(x<y)$,若 $x\in A_1$,则由于 A_1是合乎题意的子集,所以有 $2x\notin A_1$.

又 $2x\leqslant 2\cdot 2^{p-2}=2^{p-1}<2^{p-1}+1$,所以 $2x\notin A_2$,故 $2x\notin A$.

若 $x\in A_2$,则 $2x\geqslant 2\cdot(2^{p-1}+1)=2^p+2>2^p$,所以 $2x\notin A$.

于是

$$f(p)\geqslant |A|=f(p-2)+2^{p-1}.$$

综上所述,对所有正整数 $p\geqslant 3$,有 $f(p)=f(p-2)+2^{p-1}$.

于是

$$\begin{aligned}
f(p)&=f(p-2)+2^{p-1},\\
f(p-1)&=f(p-3)+2^{p-2},\\
f(p-2)&=f(p-4)+2^{p-3},\\
&\cdots,\\
f(4)&=f(2)+2^3,\\
f(3)&=f(1)+2^2,
\end{aligned}$$

各式相加,得

$$\begin{aligned}
f(p-1)+f(p)&=f(1)+f(2)+2^2+2^3+\cdots+2^{p-1}\\
&=1+(2^0+2^1)+2^2+2^3+\cdots+2^{p-1}=2^p.
\end{aligned}$$

于是

$$\begin{aligned}
f(p-1)+f(p-2)&=2^{p-1},\\
f(p-2)+f(p-3)&=2^{p-2},\\
&\cdots,\\
f(3)+f(2)&=2^3,\\
f(2)+f(1)&=2^2,
\end{aligned}$$

所以

$$f(p)+f(p-1)=2^p,$$

$$(-1)^1 f(p-1)+(-1)^1 f(p-2)=(-1)^1 2^{p-1},$$
$$(-1)^2 f(p-2)+(-1)^2 f(p-3)=(-1)^2 2^{p-2},$$
$$\cdots,$$
$$(-1)^{p-3} f(3)+(-1)^{p-3} f(2)=(-1)^{p-3} 2^3,$$
$$(-1)^{p-2} f(2)+(-1)^{p-2} f(1)=(-1)^{p-2} 2^2,$$

各式相加,得

$$f(p)+(-1)^{p-2} f(1)=2^p-2^{p-1}+\cdots+(-1)^{p-2}\cdot 2^2,$$

所以

$$f(p)=2^p-2^{p-1}+\cdots+(-1)^{p-2}\cdot 2^2+(-1)^{p-1}.$$

注意到

$$(-1)^{p-1}\cdot 2^1+(-1)^p\cdot 2^0=(-1)^{p-1}(2-1)=(-1)^{p-1},$$

所以

$$\begin{aligned}f(p)&=2^p-2^{p-1}+\cdots+(-1)^{p-2}\cdot 2^2+(-1)^{p-1}\cdot 2^1+(-1)^p\cdot 2^0\\&=\frac{2^p\left(1-\left(-\frac{1}{2}\right)^{p+1}\right)}{1+\frac{1}{2}}=\frac{2^{p+1}+(-1)^p}{3}.\end{aligned}$$

注　上述递归关系也可分类求解.

当 p 为奇数时,有

$$\begin{aligned}f(p)&=f(p-2)+2^{p-1}=f(p-4)+2^{p-3}+2^{p-1}\\&=f(1)+2^2+2^4+\cdots+2^{p-1}=2^0+2^2+2^4+\cdots+2^{p-1}\\&=\frac{2^{p+1}-1}{3}=\left[\frac{2^{p+1}-1}{3}+\frac{2}{3}\right]=\left[\frac{2^{p+1}+1}{3}\right].\end{aligned}$$

当 p 为偶数时,有

$$\begin{aligned}f(p)&=f(p-2)+2^{p-1}=f(p-4)+2^{p-3}+2^{p-1}\\&=f(2)+2^3+2^5+\cdots+2^{p-1}=1+2^1+2^3+2^5+\cdots+2^{p-1}\\&=\left[\frac{2^{p+1}+1}{3}\right].\end{aligned}$$

将本题进行推广，则得到如下一个未解决问题：

设 n 为给定的自然数，A 是 $X=\{1,2,3,4,\cdots,n\}$ 的子集，且具有性质：对任何 $x\in A$，有 $2x\notin A$，求 $|A|$ 的最大值.

该问题我们没有解决，我们的想法是，能否转化为原题求解.

比如，设 $2^p\leqslant n<2^{p+1}$，令 $n=2^p+t$，其中 $0\leqslant t<2^p$，则由原题结论，A 最多含有 $\{1,2,3,4,\cdots,2^{p-1}\}$ 中 $\dfrac{2^p+(-1)^{p-1}}{3}$ 个数.

此外，令 $A_i=\{2^{p-1}+i,2^p+2i\}(1\leqslant i\leqslant 2^{p-1})$（注意 $A_{2^{p-1}}=\{2^p,2^{p+1}\}$，虽然 2^{p+1} 不属于 X，但仍可说 A 至多含有 $A_{2^{p-1}}$ 中一个数），则 A 至多含有每个 A_i 中的一个数.

再令

$$B=\left\{2^p+1,2^p+3,\cdots,2^p+2\left[\frac{t+1}{2}\right]-1\right\},$$

又

$$A\subseteq X\subseteq\{1,2,3,4,\cdots,2^{p-1}\}\cup B\cup\left(\bigcup_{i=1}^{2^{p-1}}A_i\right),$$

从而

$$|A|\leqslant\frac{2^p+(-1)^{p-1}}{3}+2^{p-1}+2\left[\frac{t+1}{2}\right]-1.$$

问题是，等号并不成立.

比如 $p=3$ 时，取 $X=\{1,2,\cdots,8,9,10,11\}$，而 $\{1,2,3,4\}$ 中可取 1,3,4 属于 A，且 $\{9,11\}$ 中的数都可属于 A，但 $\{5,10\}$，$\{6,12\}$，$\{7,14\}$，$\{8,16\}$ 中不能每个集合取一个数都属于 A.

期望有兴趣的读者能深入讨论，得到本推广问题的完整解答.

例 27　设 a,b 为整数，$0<a<b<1\,000$，集合 $S\subseteq\{1,2,\cdots,2\,003\}$ 称为关于 (a,b) 是跨越的，对任何 $x,y\in S$，有 $|x-y|\notin\{a,b\}$.

令 $f(a,b)$ 表示关于 (a,b) 是跨越的集合 S 的最大容量，求 $f(a,b)$ 的最大值与最小值.（2003 年 IMO 美国国家队选拔赛试题）

分析与解　记 $X=\{1,2,\cdots,2\,003\}$，先证对任何 $a,b,f(a,b)\leqslant 1\,334$.

因为 a,b 至少有一个不是 668，于是可选取 $d\in\{a,b\}$，使 $d\neq 668$.

(1) 若 $d\geqslant 669$，则考察 2 003 个集合：

$\{1,d+1\}$，　$\{2,d+2\}$，　$\{3,d+3\}$，　$\cdots$，　$\{2\,003-d,2\,003\}$，

其中每个集合中二数的差为 d，所以二数不同属于 S.

因为 $d<1\,000$，所以 $2\,003-d>d+1$，于是这些集合覆盖了 X.

显然 S 只能含每个集合中的至多一个元素，所以

$$|S|\leqslant 2\,003-d\leqslant 1\,334.$$

(2) 若 $d\leqslant 667$，且$\left\lceil\frac{2\,003}{a}\right\rceil$为偶数，其中$\lceil x\rceil$表示不小于 x 的最小整数，令 $\left\lceil\frac{2\,003}{a}\right\rceil=2k$，考察模 a 的剩余类，每个类最多含 X 中的 $2k$ 个数，注意 X 中属于同一类的两个相邻的数不能同时属于 S，从而 S 只能含每个类中的至多 k 个元素，所以 $|S|\leqslant ka$.

注意到 $a\leqslant d\leqslant 667$，及 $k=\frac{1}{2}\left\lceil\frac{2\,003}{a}\right\rceil<\frac{1}{2}\left(\frac{2\,003}{a}+1\right)$，所以

$$S\leqslant ka<\frac{1}{2}\left(\frac{2\,003}{a}+1\right)a=\frac{2\,003+a}{2}\leqslant 1\,335,$$

故 $S\leqslant 1\,334$.

(3) 若 $d\leqslant 667$，且 $\left\lceil\frac{2\,003}{a}\right\rceil$为奇数，令 $\left\lceil\frac{2\,003}{a}\right\rceil=2k+1$，同样考察模 a 的剩余类，每个类最多含$\{1,2,\cdots,2ka\}$中的 $2k$ 个数，从而 S 只能含$\{1,2,\cdots,2ka\}$中属于同一剩余类的至多 k 个元素，至多含 $X\backslash\{1,2,\cdots,2ka\}$中的 $2\,003-2ka$ 个元素，所以

$$|S|\leqslant ka+(2\,003-2ka)=2\,003-ka.$$

注意到 $k=\frac{1}{2}\left(\left\lceil\frac{2\,003}{a}\right\rceil-1\right)\geqslant\frac{1}{2}\left(\frac{2\,003}{a}-1\right)$，及 $a\leqslant d\leqslant 667$，

所以

$$S \leqslant 2\,003 - ka = 2\,003 - 2\,003 - \frac{1}{2}\left(\left[\frac{2\,003}{a}\right] - 1\right)a$$

$$\leqslant 2\,003 - \frac{1}{2}\left(\frac{2\,003}{a} - 1\right)a = \frac{2\,003 + a}{2} \leqslant 1\,335.$$

如果等号成立，则 $\left[\frac{2\,003}{a}\right] = \frac{2\,003}{a}$，$a = d = 667$，但 $a = 667$ 时，$\frac{2\,003}{a}$不是整数，$\left[\frac{2\,003}{a}\right] = \frac{2\,003}{a}$不成立，所以 $S \leqslant 1\,334$.

综上所述，对任何 $a, b, f(a, b) \leqslant 1\,334$.

从等号入手构造，取 $a = 667$，令

$$S = \{1, 2, 3, \cdots, 667\} \cup \{1\,336, 1\,337, \cdots, 2\,002\},$$

则 S 关于$(667, 668)$是跨越的，此时$|S| = 1\,334$，所以 $f(667, 668) = 1\,334$. 故 $f(a, b)$的最大值是 1 334.

下面求 $f(a, b)$的最小值.

我们证明：对任何 $a, b, f(a, b) \geqslant 668$.

先注意如下的事实：如果我们在 S 中添加一个数x，则以后不能在 S 中加入$x, x + a, x + b$，我们称这些数为“坏数”.

显然，每添加一个数，最多“破坏”X 中的 3 个数，每次将 X 中非坏数的最小一个数加入S 中，则后加入的任意一个数 y 总是大于前面已在S 中的任意一个数x，且由于 y 不是坏的，所以 $y - x \neq a, b$.

所以 S 关于(a, b)是跨越的，于是

$$f(a, b) \geqslant |S| \geqslant \left[\frac{2\,003}{3}\right] = 668.$$

最后，取 $a = 1, b = 2$(从等号入手，连续 3 个数中恰有一个属于 S)，则 668 个集合：

$\{1, 2, 3\}$，　$\{4, 5, 6\}$，　$\cdots$，　$\{1\,999, 2\,000, 2\,001\}$，　$\{2\,002, 2\,003\}$

中每个至多有一个元素属于 S，从而$|S| \leqslant 668$.

取 $S=\{x \mid x=3k+1, k=0,1,2,\cdots,667\}$,则 $|S|=668$,所以 $f(1,2)=668$.

故 $f(a,b)$的最小值为 668.

例 28　设 10 阶简单图 G 中,任何 3 个顶点都至少有两个顶点相邻,求 G 的边数的最小值.

分析与解　我们的目标是寻找常数 c,使满足如下两个条件:

(1) 对任何合乎题意的图 G,都有 $\|G\| \geqslant c$;

(2) 存在合乎题意的图 G_0,使 $\|G_0\|=c$.

为了尽早确定 c 的值,我们先考虑目标(2),即构造一个合乎题意的图 G,使 $\|G\|$ 尽可能小.

注意题给的主要条件是“任何 3 个顶点中都有两个点相邻”,我们将其转化为“任意 3 点中有两个点在同一抽屉”,于是,将所有的点划分为两个抽屉即可,而每个抽屉中的点都两两相连.

于是,将 G 的 10 个点平均分成两组,并令每组的 5 个点两两相邻,得到两个 5 阶完全图(抽屉).

此时,$\|G\|=2C_5^2=20$.

再考虑目标(1),我们要证明的是对任意合乎题意的图 G,都有 $\|G\| \geqslant 20$.

注意到 $\|G\|$ 的计算公式:$\|G\|=\frac{1}{2}\sum d(x_i)$,其中 $d(x_i)$表示点 x_i的度(引出的边数),从而 $\|G\| \geqslant 20$ 的一个充分条件是:对任何点 x,有 $d(x) \geqslant 4$,这等价于 $d_{\min} \geqslant 4$,于是应分 $d_{\min}$ 的不同取值讨论.

不妨设 $d(x)$最小,若 $d(x) \geqslant 4$,则 $\|G\| \geqslant 20$.

若 $d(x) \leqslant 3$,则抓住度最小的点 x,以是否与 x 相邻为标准对点集进行划分:

令 $P=\{u \mid u \text{ 与 } x \text{ 相邻}\}$,$Q=\{u \mid u \text{ 与 } x \text{ 不相邻}\}$.

为了找 G 中的边,可从 3 个方面着手:子图 P 中的边、子图 Q 中的边、子图 P 与子图 Q 之间的边.

找边的技巧是利用题给的条件"任何 3 个点中都有两个点相邻",这自然想到如下策略:取适当的(含虚边的)一些 3 点组,由此找到 G 的一些边.

对 Q 中任何两个点 u,v,考察三点组 x,u,v,其中有两点相邻,所以 u,v 相邻,从而 Q 是完全图(图 3.40).

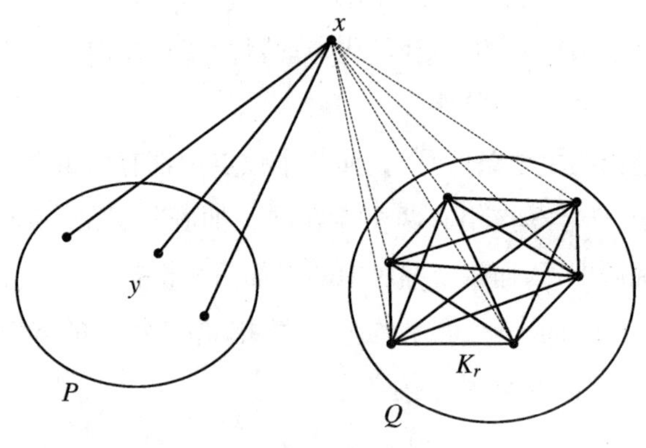

图 3.40

再找一个充分条件,什么情况下有 $\|Q\|\geqslant 20$?

若 $|Q|\geqslant 7$,即 $d(x)=|P|\leqslant 2$,则 $\|Q\|\geqslant\|K_7\|=C_7^2=21$.

对于剩下的情形 $d(x)=3$,此时有 $|Q|=6$, $\|Q\|=\|K_6\|=C_6^2=15$.于是

$$\|G\|\geqslant\|Q\|+d(x)+\cdots\geqslant 15+3+\cdots=18+\cdots.$$

再找两条边即可,考察 P 中任一点 y,由于 $d(y)\geqslant d(x)=3$,于是

$$\begin{aligned}\|G\|&\geqslant\|Q\|+d(x)+d(y)-1\quad(\text{边 } xy \text{ 可能计算两次})\\&\geqslant\|K_6\|+3+3-1=15+5=20.\end{aligned}$$

综上所述,G 的边数的最小值为 20.

3.3 多维抽屉

所谓多维抽屉,就是题中的对象,涉及多个不同类型的指标,每一个指标又可分成若干类型,这些不同类型指标的搭配,便构成了一种多维抽屉.

例1 将圆周上的点染 $n(n\geqslant2)$ 种颜色,试证:存在一个梯形,它的4个顶点同色.(2007年白俄罗斯数学奥林匹克试题)

分析与证明 我们证明一个更强的结论:存在一个4顶点同色的等腰梯形.

因为顶点在圆周上的同色等腰梯形只需找两条不相交且长度相等的同色弦,从而实现加强后的结论比实现原结论更方便.

为了得到同色等腰梯形,可先退一步,先找单色弦,因为只有 n 种颜色,所以如果在圆周上取定 $n+1$ 个点,则由抽屉原理,必有单色弦.

再一次运用抽屉原理,又可得到一条单色弦,但这样得到的两条单色弦未必同色.

于是,我们需要找到多条(至少 $n+1$ 条)单色弦,然后将其归入 n 种颜色,必有其中两条单色弦同色.

因为每一组 $n+1$ 个点可得到一条单色弦,所以我们在圆周上取 $(n+1)^2$ 个点,然后每连续 $n+1$ 个点为一组,将其分为 $n+1$ 组,每一组得到一条单色弦,共得到 $n+1$ 条单色弦,其中必有两条单色弦同色,且这两条弦不相交.

我们还要求这样的同色单色弦长度相等,这其实也是很容易的,因为每一组 $n+1$ 个点,其弦长只有 C_{n+1}^2 种可能,取尽可能多的组即可.

为简单起见,可取每一组中 $n+1$ 个点在圆周上均匀分布,则每一

组中所有弦长只有 n 种可能.

这样一来,每一组点得到的一条单色弦都对应一个二维元素(c,l),其中 c 是该单色弦的颜色,l 是该单色弦的长度.

注意到颜色 c 有 n 种可能,长度 l 也有 n 种可能,从而单色弦的颜色和长度搭配有 n^2 种可能,于是,只需有 n^2+1 条单色弦即可,则取 n^2+1 组点即可(每组 $n+1$ 个点).

于是,在圆周上取$(n+1)(n^2+1)$个点,使它们将圆周$(n+1)\cdot(n^2+1)$等分,每连续 $n+1$ 个点为一组,将其分成 n^2+1 个组,每一组中有 $n+1$ 个点.

考察其中任意一组,由抽屉原理,必定有两个点同色,得到一条单色弦,n^2+1 组共得到 n^2+1 条单色弦.

因为所有弦的长度只有 n 种可能,其颜色也只有 n 种可能,从而单色弦的颜色和长度搭配有 n^2 种可能,但有 $n^2+1>n^2$ 条单色弦.由抽屉原理,必有其中两条单色弦,它们的长度相等且颜色相同,以这两条弦为腰便构成一个同色的等腰梯形.

综上所述,命题获证.

例 2 在由 mn 个方格排成 m 行 n 列组成的 $m\times n$ 矩形棋盘中,用若干种颜色对每一个方格染色(每个方格染一种颜色),若存在其中若干个方格排成的矩形子棋盘,它的 4 个方格同色,则称为同色矩形.对给定的正整数 m,求最小正整数 n,使 $m\times n$ 矩形棋盘的方格染 $m-1$ 种颜色时,必存在同色矩形.(原创题)

分析与解 因为同一列有 m 个格,只有 $m-1$ 种颜色,由抽屉原理,每一列至少有一条同色线段.

又共有 n 列,从而棋盘中所有同色线段的条数 $t\geqslant n$.

令每一条同色线段对应一个数组(a,b),其中 a 为该线段颜色的代号,b 为该线段两端点在 m 个行中位置分布的代号.

由于有 $m-1$ 种颜色，从而 a 有 $m-1$ 个取值. 因为有 m 行，从中选取两行作为线段端点所在的行，有 C_m^2 种方法，从而 b 有 C_m^2 个取值.

于是，二维抽屉 (a,b) 有 $(m-1)C_m^2=\frac{1}{2}m(m-1)^2$ 个.

当 $n\geqslant\frac{1}{2}m(m-1)^2+1$ 时，$t\geqslant\frac{1}{2}m(m-1)^2+1$.

所以，由抽屉原理，必有两条同色线段属于同一个二维抽屉，这两条同色线段颜色相同，分布的位置相同，从而构成同色矩形.

当 $n\leqslant\frac{1}{2}m(m-1)^2$ 时，我们证明：可适当将 $m\times n$ 方格矩形棋盘的方格染 $m-1$ 种颜色，使之不存在同色矩形.

先考虑 $n=\frac{1}{2}m(m-1)^2$ 的情形.

先构造一个 $m\times\frac{1}{2}m(m-1)$ 的方格矩形棋盘，用 $m-1$ 种颜色按如下方式对其方格染色：每一列有两个方格染第 1 色，其余方格分别染第 $2,3,\cdots,m-1$ 色. 从 $1,2,\cdots,m$ 中取两个数的组合有 $\frac{1}{2}m(m-1)$ 个，将这些组合编号为 $1,2,\cdots,\frac{1}{2}m(m-1)$，令第 j 列的两个第 1 色的方格所在行的代号为第 j 个组合中的两个数，这样，该 $m\times\frac{1}{2}m(m-1)$ 的方格矩形棋盘中，只有第 1 色的同色线段，且任何两条第 1 色的同色线段两端点在行中的分布都不相同，从而不存在第 1 色的同色矩形.

我们称按上述方法染色后的 $m\times\frac{1}{2}m(m-1)$ 的方格矩形棋盘为偏 1 色的好棋盘. 类似构造偏 $2,3,\cdots,m-1$ 色的好棋盘，并将这 $n-1$

个好棋盘拼接成一个 $m\times\frac{1}{2}m(m-1)^2$ 的方格矩形棋盘，则此棋盘中不存在同色矩形.

实际上，考察任意一种颜色 j，由上述构造可知，所有第 j 色的同色线段都在那个偏 j 色的 $m\times\frac{1}{2}m(m-1)$ 子棋盘中，但该子棋盘中没有第 j 色的同色矩形，从而整个棋盘中不存在同色矩形.

如果 $n<\frac{1}{2}m(m-1)^2$，则在上述构造的 $m\times\frac{1}{2}m(m-1)^2$ 的方格矩形棋盘中任取 n 列，得到的 $m\times n$ 方格矩形棋盘中不存在同色矩形.

所以 $n\geqslant\frac{1}{2}m(m-1)^2+1$.

综上所述，n 的最小值为 $\frac{1}{2}m(m-1)^2+1$.

例 3 给定正整数 m,r，其中 $m\geqslant 2r$，试证：当 $n\geqslant 2r^2-1$ 时，将 $m\times n$ 矩形棋盘的方格都染某 r 种颜色之一，则一定存在同色矩形，即有一个矩形子棋盘，它的 4 个角上的方格同色.（原创题）

分析与证明 设 r 种颜色的代号为 $1,2,\cdots,r$，考察棋盘的第 j 列 $(j=1,2,\cdots,n)$，设其中第 i 色的方格有 x_i 个，$i=1,2,\cdots,r$，则

$$x_1+x_2+\cdots+x_r=m.$$

在该列第 i 色的 x_i 个同色方格中，将每两个方格的中心用线段连接，得到 $C_{x_i}^2$ 条同色线段.

注意到 $i=1,2,\cdots,r$，从而棋盘第 j 列中所有同色线段的条数

$$t_j=\sum_{i=1}^{r}C_{x_j}^2=\frac{\sum\limits_{i=1}^{r}x_i^2-\sum\limits_{i=1}^{r}x_i}{2}\geqslant\frac{\frac{\left(\sum\limits_{i=1}^{r}x_i\right)^2}{r}-\sum\limits_{i=1}^{r}x_i}{2}$$

$$=\frac{\frac{m^2}{r}-m}{2}=\frac{m^2}{2r}-\frac{m}{2}.$$

又 $j=1,2,\cdots,n$，从而棋盘中所有同色线段的条数

$$t=\sum_{j=1}^{n}t_j\geqslant\sum_{j=1}^{n}\left(\frac{m^2}{2r}-\frac{m}{2}\right)=\frac{n\cdot m^2}{2r}-\frac{mn}{2}.$$

令每一条同色线段对应一个数组(a,b)，其中 a 为该线段颜色的代号，b 为该线段两端点在m 个行中位置分布的代号.

由于有 r 种颜色，从而 a 有 r 个取值.因为有 m 行，从中选取 2 行作为线段端点所在的行，有 C_m^2种方法，从而 b 有 C_m^2个取值.

于是，二维抽屉(a,b)有 $rC_m^2=\frac{1}{2}rm(m-1)$个.

因为

$$m\geqslant 2r>2r-\frac{r}{r+1}=\frac{2r^2+r}{r+1}=\frac{2r^3-r^2-r}{r^2-1},$$

所以

$$m(r^2-1)>2r^3-r^2-r,$$

即

$$(m-r)(2r^2-1)>r^2(m-1),$$

$$2r^2-1>\frac{(m-1)r^2}{m-r},$$

所以

$$n\geqslant 2r^2-1>\frac{(m-1)r^2}{m-r},$$

于是

$$t\geqslant\frac{n\cdot m^2}{2r}-\frac{mn}{2}>\frac{1}{2}rm(m-1),$$

所以，由抽屉原理，必有两条同色线段属于同一个二维抽屉，这两条同色线段颜色相同，分布的位置相同，从而构成同色矩形.

我们可以提出如下更一般的问题：

给定正整数 m,r，其中 $m>r$，求最小正整数 n，使 $m\times n$ 矩形棋盘的方格染 r 种颜色时，必存在同色矩形.

该题有相当大的容量，有兴趣的读者不妨进行深入的探讨.

例 4 给定正整数 $n>1$，将正 $2n+1$ 边形的顶点都染某两种颜色之一，试证：不论怎样染色，都存在同色的等腰三角形或梯形.（原创题）

分析与证明 设第 i 色的顶点有 x_i 个，$i=1,2$，则

$$x_1+x_2=2n+1.$$

对于第 i 色的 x_i 个点，将每两点用线段连接，得到 $C_{x_i}^2$ 条同色线段，于是所有同色线段的条数

$$t=\sum_{i=1}^{2}C_{x_j}^2=\frac{\sum_{i=1}^{2}x_i^2-\sum_{i=1}^{2}x_i}{2}\geqslant\frac{\frac{\left(\sum_{i=1}^{2}x_i\right)^2}{2}-\sum_{i=1}^{2}x_i}{2}$$

$$=\frac{\frac{(2n+1)^2}{2}-(2n+1)}{2}=\frac{(2n+1)^2}{4}-\frac{2n+1}{2}=n^2-\frac{1}{4}.$$

又 $t\in\mathbf{N}$，所以 $t\geqslant n^2$.

令每一条同色线段对应一个数组(a,b)，其中 a 为该线段颜色的代号，b 为该线段长度的代号.

由于有两种颜色，从而 a 有两个取值.因为有 $2n+1$ 个顶点，顶点连成的线段长度有 n 种可能，从而 b 有 n 个取值.

于是，二维抽屉(a,b)有 $2n$ 个.

当 $n>2$ 时，$n^2>2n$，由抽屉原理，必有两条单色线段属于同一个二维抽屉，这两条单色线段的长度相同，颜色也相同.如果这两条同色的单色线段有公共端点，则它们构成同色的等腰三角形；如果这两条同色的单色线段没有公共端点，则它们构成同色的等腰梯形，结论成立.

当 $n=2$ 时，将正五边形的顶点 2-染色，有如下三种情况：

(1) 5 个顶点全同色，此时结论显然成立；

(2) 5 个顶点中有一个为某种颜色，另 4 个为另一种颜色，此时另一种颜色的 4 个点构成等腰梯形，结论成立；

(3) 5 个顶点中有两个为某种颜色，另 3 个为另一种颜色，此时，不论前一种颜色的两个是否相邻，另一种颜色的 3 个点构成等腰三角形，结论成立.

例 5　给定正整数 n,r，其中 $r<n$，将正 $2n$ 边形的顶点都染某 r 种颜色之一，使第 $i(1\leqslant i\leqslant r)$ 色的顶点个数为 x_i，如果不论怎样染色，都存在同色矩形，求 $x_1,x_2,\cdots,x_r$ 满足的充分必要条件.(原创题)

分析与解　本题表面上看难度很大，其实不然，只要将目标元"同色矩形"进行巧妙的分解，问题便迎刃而解.

"同色矩形"如何分解？若分解为 4 条边，则难以获解，是因 4 条边未必依次相连.若将"同色矩形"分解为两条相对边，也难以获解，是因两条相对边必须平行且长度相等.由于正 $2n$ 边形的顶点连成的线段有 $2n$ 个方向，其长度有 n 种数值，搭配而成的二维抽屉有 $2n^2$ 种可能，而线段总数都只有 $2n^2-n$ 条，找不到在同一抽屉中的两条同色线段.

现将"同色矩形"分解为两条对角线，则每条对角线都是正 $2n$ 边形外接圆的直径，于是，我们只需找到两条同色的单色直径即可.

由正 $2n$ 边形的顶点可引出 n 条直径，第 i 种颜色的 r_i 个点归入 n 条直径，为了保证第 i 种颜色的直径至少有两条，需要有两条直径上各有两个第 i 色的点，一个充分条件是 $r_i\geqslant n+2$.

实际上，当 $r_i\geqslant n+2$ 时，由于同一抽屉(直径)中至多有两个第 i 色的点，从而至少有两条直径上各有两个第 i 色的点.

由此可见，存在同色矩形的一个充分条件是

$$\max\{x_1,x_2,\cdots,x_r\}\geqslant n+2.$$

下面证明这个条件也是必要的.

实际上,如果 $\max\{x_1,x_2,\cdots,x_r\}\leqslant n+1$,则每一种颜色的点都不多于 $n+1$ 个.

现对正 $2n$ 边形的顶点按如下方式染色:先将连续 x_1 个顶点染第 1 色,再将连续 x_2 个顶点染第 2 色……最后将连续 x_r 个顶点染第 r 色,我们证明,这样染色的正 $2n$ 边形没有同色矩形.

因为对任意的 $i(1\leqslant i\leqslant r)$,第 i 种颜色的点都不多于 $n+1$ 个,且所有 r_i 个第 i 色的点是正 $2n$ 边形的连续 r_i 个顶点,而 $r_i\leqslant n+1$,从而这 r_i 个第 i 色的点位于正 $2n$ 边形的外接圆的一个半圆内(含边界),从而最多有一条第 i 色的直径,故不存在第 i 色的矩形.

综上所述,$x_1,x_2,\cdots,x_r$ 满足的充分必要条件是

$$\max\{x_1,x_2,\cdots,x_r\}\geqslant n+2.$$

习　题　3

1. 试证:在任意 $2n$ 个连续整数中任取 $n+1$ 个数,则其中必有两个数的差等于 n.

2. 从 $1,2,\cdots,n$ 中取出 8 个数,其中一定有两个数的比在 $\left[\frac{2}{3},\frac{3}{2}\right]$ 中,求 n 的最大值.

3. 在任意 k 个不大于 100 的互异的正整数中,必有两个不互质,求 k 的最小值.

4. 在 $X_n=\{1,2,3,\cdots,2n\}$ 中任取 r 个数,都有其中两个数互质,求 r 的最小值.

5. 单位正方形内有若干个周长的和为 10 的圆,求证:可以作一直线 l,它至少与这些圆有 4 个互异的交点.

6. 单位正方形内有一条长为 1 000 的不自相交的折线,求证:可

以作一直线 l,它至少与折线有500个互异的交点.

7. 已知数轴上3条半直线覆盖了整个数轴,求证:可选取其中两条半直线,它们也覆盖了整个数轴.

8. 求具有下列性质的所有自然数 n:给定平面上 n 个点,若其中任何5个点都能被两条直线所覆盖,则所有 n 个点都能被两条直线所覆盖.

9. 给定平面上的有限个点,任何两点之间的距离不大于1.求证:可以用一个边长为$\sqrt{3}$的正三角形覆盖这些点.

10. 在单位正方形内有151个点,证明:可以用一个半径为$\frac{1}{7}$的圆覆盖其中7个点.

11. 在边长为5的正方形内有101个点,证明:可以用一个半径为1的圆覆盖其中6个点.

12. 在3×6矩形内放8个点,试证:必有两点之距不大于$\sqrt{5}$.(全苏第15届数学奥林匹克试题)

13. 在凸四边形的内部取定5个点,连同凸四边形的四个顶点,共有9个点,此9点中无3点共线,求证:存在5个点构成凸五边形.

14. 平面上有100个点,其中任何两个点的距离不大于1.试证:可以用一个直径为1的圆覆盖其中的34个点.

15. 在半径为15的圆 O 中有1 992个点,求证:存在一个内半径为2、外半径为3的圆环,覆盖了其中的30个点.

16. 取定100个格点,证明:可以从中找到两个格点,使得以它们为顶点的格径矩形中(包括边界)至少有20个格点.(1992年圣彼得堡数学竞赛试题)

17. 要在一个边长为 a 的正方形球场上空悬挂4盏灯,使它们能照亮整个球场,已知灯所能照亮的圆形区域的半径为灯悬挂的高度,如果每盏灯悬挂的高度相同,问它们至少要悬挂多高?

18. 两个边长为 3 的正三角形,不能覆盖一个边长分别为 3,4,5 的直角三角形.

19. 边长为 4 的正三角形内放 21 个点,必有 3 点能被直径为$\sqrt{3}$的圆盖住.

20. 在 $X=\{1,2,3,\cdots,100\}$ 中至少要取出多少个数,才能保证一定有两个取出的数互质?

21. 已知 A 与 B 是集合$\{1,2,3,\cdots,100\}$的两个子集,满足:A 与 B 的元素个数相同,且 $A\cap B$ 为空集.若 $n\in A$ 时总有 $2n+2\in B$,求 $|A\cup B|$ 的最大值.(2007 年全国高中数学联赛试题)

22. 设 $M=\{1,2,\cdots,1\,995\}$,A 是 M 的子集,满足:当 $x\in A$ 时,$15x\notin A$,求$|A|$的最大值.(1995 年全国高中数学联赛试题)

23. 设 S 是$M=\{1,2,\cdots,50\}$的子集,满足:S 中任何两个元素的和不是 7 的倍数,求$|A|$的最大值.(第 7 届美国数学竞赛试题)

24. 已知集合 $S=\{1,2,\cdots,3n\}$,其中 n 是正整数,T 是 S 的子集,满足:对任意的 $x,y,z\in T$ (其中 x,y,z 可以相同) 都有 $x+y+z\notin T$,求所有这种集合 T 元素个数的最大值.(2008 年中国东南地区数学奥林匹克试题)

25. 设 6 阶简单图 G 中不含K_4,求$\|G\|$的最大值.

习题 3 解答

1. 设 $2n$ 个连续整数为 $a+1,a+2,\cdots,a+2n$,将这些数分为 n 组:

$$\{a+1,a+n+1\},\quad \{a+2,a+n+2\},$$
$$\{a+3,a+n+3\},\quad \cdots,\quad \{a+n,a+2n\},$$

从中取出 $n+1$ 个数,必有两个数属于同一组,设为第 i 组,此时 $a+n+i-(a+i)=n$,证毕.

2. 利用"两两具有性质 p"构造7个抽屉：$A_1=\{1\}$，$A_2=\{2,3\}$，$A_3=\{4,5,6\}$，$A_4=\{7,8,9,10\}$，$A_5=\{11,12,\cdots,16\}$，$A_6=\{17,18,\cdots,25\}$，$A_7=\{26,27,\cdots,39\}$.

当 $n=39$ 时，取 $\{1,2,\cdots,39\}$ 中的8个数，必有两个数在同一抽屉，它们的比在 $\left[\frac{2}{3},\frac{3}{2}\right]$ 中，所以 $n=39$ 合乎条件.

当 $n>39$ 时，$40\in\{1,2,\cdots,n\}$，取这样10个数：1,2,4,7,11,17,26,40，则其中任何两个相邻的数的比都大于 $\frac{3}{2}$，从而没有两个数的比在 $\left[\frac{2}{3},\frac{3}{2}\right]$ 中，矛盾. 所以 $n\leqslant 39$.

综上所述，n 的最大值是39.

3. 将100以内的25个质数：2,3,5,7,11,13,17,19,23,29,31,37,41,43,47,53,59,61,67,71,73,79,83,89,97 分别记为 $p_1,p_2,\cdots,p_{25}$，令 $A=\{1,p_1,p_2,\cdots,p_{25}\}$，则 $|A|=26$，且 A 中任何两个都互质.

当 $k\leqslant 26$ 时，在 A 中取 k 个数，则其中任何两个都互质，不合乎条件，所以 $k\geqslant 27$.

当 $k=27$ 时，将 $\{1,2,\cdots,100\}$ 划分为26个子集：$A_0=\{1\}$，$A_i=\{kp_i\mid k\in\mathbf{N}\}=\{p_1,2p_1,3p_1,\cdots\}$，将27个数归入这26个集合，必有两个数在同一集合中，这两个数不互质，所以 $k=27$ 合乎条件.

综上所述，$k_{\min}=27$.

4. 从简单情况入手. 当 $n=2$ 时，$X_2=\{1,2,3,4\}$，取出2,4，不互质，可知 $r>2$. 而 $r=3$ 时，将 $X_2=\{1,2,3,4\}$ 分成两组：$\{1,2\}$，$\{3,4\}$，在 X_3 中取出任何3个数，必有两个数在同一组（相邻自然数），这两个数互质. 所以 $r_{\min}=3$.

当 $n=3$ 时，$X_3=\{1,2,3,4,5,6\}$，取出2,4,6，可知 $r>3$. 而 $r=4$ 时，将 $X_3=\{1,2,3,4,5,6\}$ 分成3组：$\{1,2\}$，$\{3,4\}$，$\{5,6\}$，在 X_3 中取出任何4个数，必有两个数在同一组（相邻自然数），这两个数互质，所

以 $r_{\min}=4$.

由此猜想，$r_{\min}=n+1$. 首先，若 $r\leqslant n$，则在$\{2,4,6,\cdots,2n\}$中取出 r 个数，其中任何两个都不互质，矛盾. 所以 $r\geqslant n+1$.

其次，当 $r=n+1$ 时，将 $X_n=\{1,2,3,\cdots,2n\}$分成 n 组：$\{1,2\}$，$\{3,4\}$，$\cdots$，$\{2n-1,2n\}$，因为取出了 $n+1$ 个数，则必有两个取出的数属于同一组，这两个数互质.

综上所述，$r_{\min}=n+1$.

5. 将所有圆都投影到单位正方形的一条边 AB 上(图 3.41)，对于周长为 p 的圆，其投影长为 $\dfrac{p}{\pi}$，于是所有圆的投影长的和为 $\sum_p\left(\dfrac{p}{\pi}\right)=\dfrac{10}{\pi}>3AB$，所以 AB 上至少有一个点 M 是 4 个圆的公共投影，过此点作垂直于 AB 的直线 l，则 l 合乎要求.

6. 将折线投影到单位正方形的两条相邻边 AB，BC 上(图3.42)，对于折线的第 i 段 l_i，设它在 AB，BC 上的投影分别为 a_i，b_i，则

$$\begin{aligned}1\,000&=\sum L_i=\sum\sqrt{a_i^2+b_i^2}\leqslant\sum\sqrt{(a_i+b_i)^2}\\&=\sum a_i+\sum b_i.\end{aligned}$$

不妨设 $\sum a_i\geqslant 500$，那么 $\sum a_i\geqslant 500AB$，所以 AB 上至少有一个点 M 是折线的 500 个段上的点的公共投影，过此点作垂直于 AB 的直线 l，则 l 合乎要求.

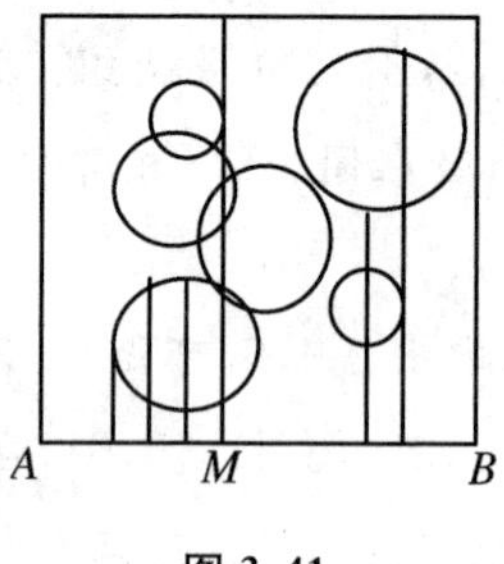

图 3.41

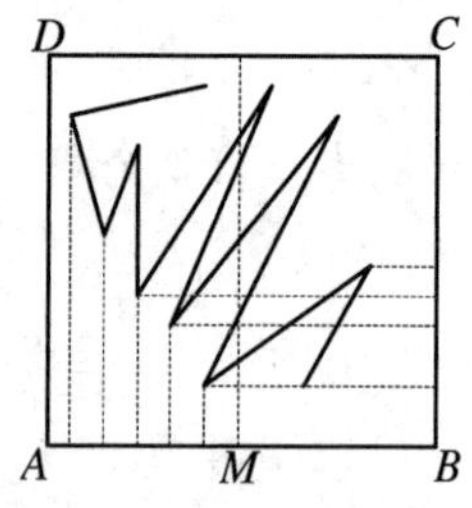

图 3.42

7. 我们从正面入手直接找到两条半直线，先要弄清3条半直线的分布状态(适当排序).

由于它们在同一直线上，其半直线的位置只需确定每条半直线的端点与方向.

由抽屉原理，必定有两条半直线同方向，不妨设 l_1，l_2 都是向右的，其端点分别为 A_1，A_2，其中 A_1 位于 A_2 的左边，而 l_3 是向左的，其端点为 A_3(图3.43).

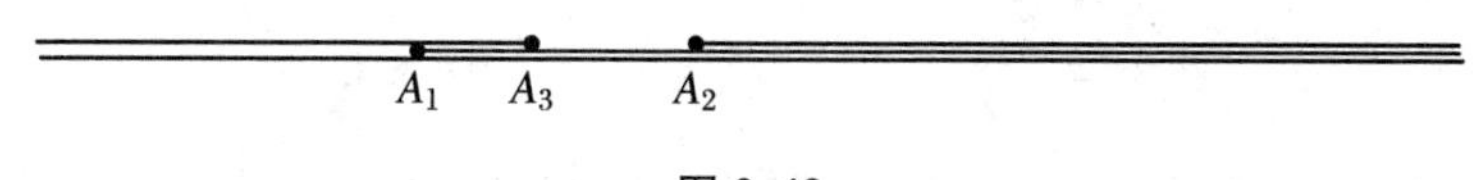

图3.43

因为3条半直线覆盖了整个数轴，从而 A_3 位于 A_1 的右边，于是两条半直线 l_1，l_3 覆盖了整个数轴.

8. 所有合乎条件的正整数为 $n=5$ 及 $n\geqslant 10$.

首先，$n\neq 6$，$n\neq 7$，$n\neq 8$，$n\neq 9$，构图如图3.44所示，取图3.44中 n 个点 $A_1,A_2,\cdots,A_n$ 即可.

当 $n=10$ 时，反设 n 个点都不能被两条直线所覆盖. 取两条含点数最多的直线 l_1，l_2，则 l_1，l_2 上都至少有3个点. 反设 n 个点都不能被两条直线所覆盖，则 l_1，l_2 外至少有一点，设为 P.

假定 $|l_1\cup l_2|\geqslant 8$，则可取 $A_1,A_2,\cdots,A_7$ 属于 $l_1\cup l_2$，但非 l_1 和 l_2 的交点. 作直线 $PA_i(i=1,2,\cdots,7)$，交 $l_1\cup l_2$ 于 $B_i(i=1,2,\cdots,7)$，当 $B_i\in\{A_1,A_2,\cdots,A_7\}$ 时，称 (A_i,B_i) 为好对. 不妨设 l_1 上至少有4点 A_1,A_2,A_3,A_4. 在 l_2 上取两点 A_i，A_j，再在 l_1 上取两个异于 B_i，B_j 的点(因为 l_1 上至少有4点)，那么 P,A_i,A_j,B_i,B_j 中无3点共线，它们不能被两条直线覆盖(5个点被两条直线覆盖，由抽屉原理，必有一条直线上有3个点)，矛盾. 所以 $|l_1\cup l_2|\leqslant 7$.

如果 $|l_1\cup l_2|=7$，由上所证，只能是 l_1，l_2 上各有4个点，且其中

有一个点是l_1，l_2的公共点. 不妨设A_1，A_2，A_3，A_4共线，A_1，A_5，A_6，A_7共线，此时，l_1，l_2外至少有3点P，Q，R（图3.45）.

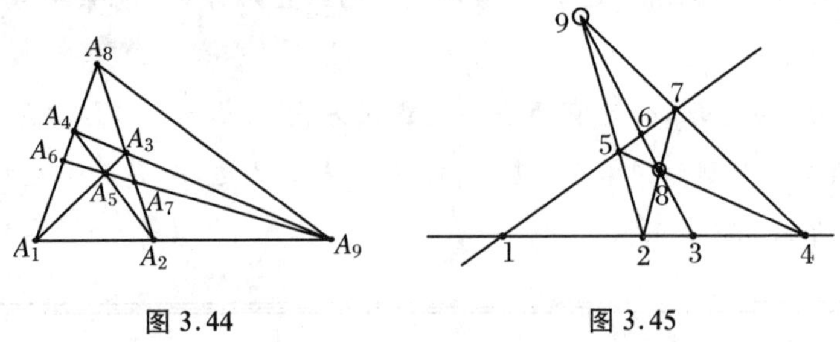

图 3.44　　　　图 3.45

作直线A_iA_j（$2\leqslant i\leqslant 4$，$5\leqslant j\leqslant 7$），P，Q，R中，同时在其中3条直线上的点最多有两个，如图3.45中的A_8，A_9，假设P最多在其中两条直线上，可在这两条直线上各取一个点A_i，A_j（$2\leqslant i<j\leqslant 7$），使之与$P$不共线，再在这两条直线外各取两个点$A_s$，$A_t$（$2\leqslant s<t\leqslant 7$），则$P$，$A_i$，$A_j$，$A_s$，$A_t$中无3点共线，矛盾.

如果$|l_1\cup l_2|=6$，则除l_1外，其他直线至多有3个点. 此时，l_1，l_2外至少有4点，取其中两点P，Q（图3.46），在直线l_1上取两点A_1，A_2，使A_1，A_2不在直线PQ上（l_1上至少有3个点），在直线l_2上取两点A_3，使A_3不在直线PQ上也不在l_1上（l_2上至少有3个点），于是P，Q，A_1，A_2，A_3中无3点共线，矛盾.

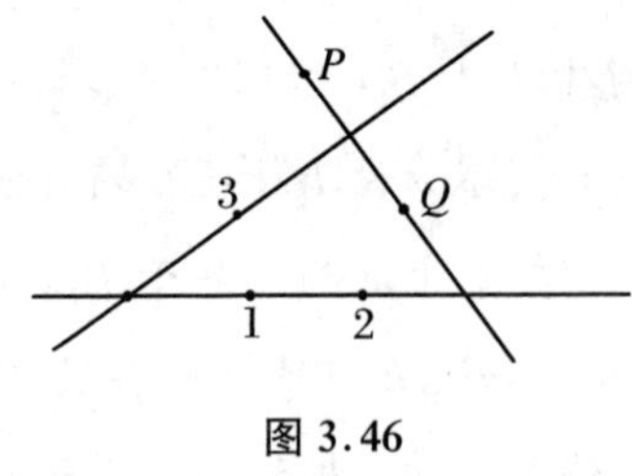

图 3.46

9. 我们先证明，对任何一个方向，可以作一个宽为1的带形覆盖所有的点，且带形的边界平行这一方向. 实际上，先作一个边界平行这一方向带形覆盖所有的点，然后平移带形的边界，直至每条边界都通过一个已知点，则此时带形的宽不大于1. 否则，设两条边界上分别有一个已知点A，B，那么$AB\geqslant$带形的宽>1，矛盾.

作3个宽为1的带形，使每个带形都覆盖所有的点，且每两个带形的边界夹角为60°. 设它们的6条边界交成两个正三角形△ABC，△DEF（图3.47），这两个正三角形都分别覆盖了所有点，我们只需证明其中一个正三角形的边长不大于$\sqrt{3}$.

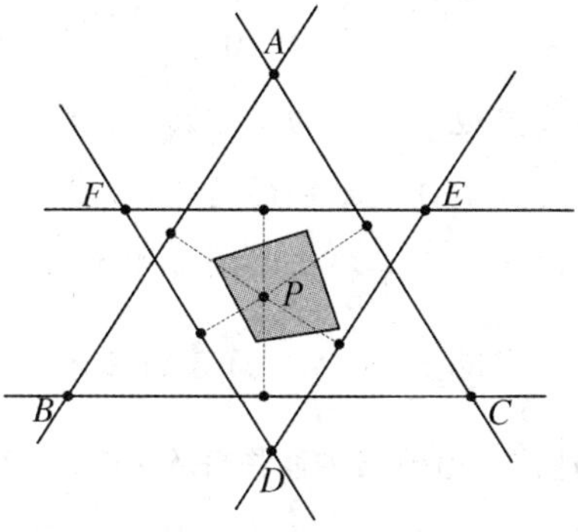

图 3.47

设 P 是任意一个已知点，P 到△ABC，△DEF 三边的距离之和分别为 S_1，S_2，则 S_1+S_2 是 P 到三个带形的6条边界的距离之和，于是 $S_1+S_2=3$. 由抽屉原理，不妨设 $S_1\leqslant\frac{3}{2}$.

易知，S_1 是正三角形 ABC 的高，于是 $S_1=\frac{\sqrt{3}}{2}AB$，所以$\frac{\sqrt{3}}{2}AB\leqslant\frac{3}{2}$，从而 $AB\leqslant\sqrt{3}$，证毕.

10. 注意到 $7=\left[\frac{151}{25}\right]+1$，从而只需证明：可以用25个半径为$\frac{1}{7}$的圆覆盖边长为1的正方形.

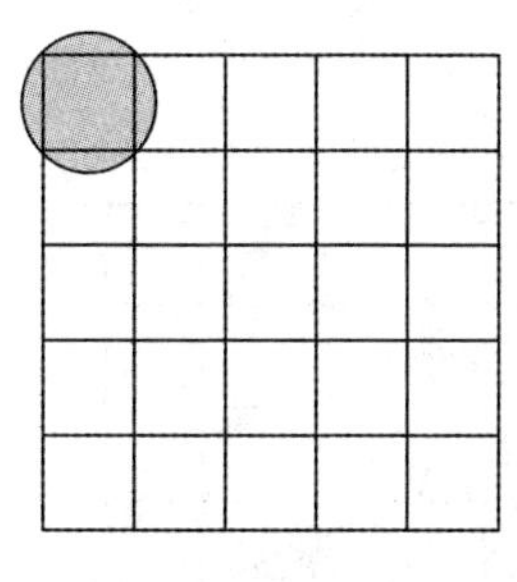

图 3.48

将单位正方形分割为25个边长为$\frac{1}{5}$的小正方形，而此小正方形可被它的外接圆 C 覆盖（图3.48）. 由抽屉原理，必有一个小圆包含其中$\left[\frac{151}{25}\right]+1=7$个点.

显然，小圆的半径为$\frac{1}{5}\cdot\frac{\sqrt{2}}{2}=\frac{\sqrt{2}}{10}<\frac{1}{7}$，作一个半径为$\frac{1}{7}$的圆覆盖小圆即可.

11. 因为 $6=\left[\frac{101}{20}\right]+1$,从而只需证明:可以用 20 个半径为 1 的圆覆盖边长为 5 的正方形.

我们证明更强的结论:在边长为 5 的正方形内有 81 个点,证明:可以用一个半径为 1 的圆覆盖其中 6 个点.

实际上,将边长为 5 的正方形分割为 16 个边长为 $\frac{5}{4}$ 的小正方形,如图 3.49 所示,再将每个小正方形用它的外接圆覆盖,则这 16 个小圆覆盖了整个边长为 5 的正方形,从而覆盖了 101 个已知点.由抽屉原理,必有一个小圆覆盖了其中 $\left[\frac{81}{16}\right]+1=6$ 个点.

显然,小圆的半径为 $\frac{5}{4}\cdot\frac{\sqrt{2}}{2}=\frac{5\sqrt{2}}{8}<\frac{5\times1.5}{8}=\frac{15}{16}$,作一个半径为 1 的圆覆盖小圆即可.

另证:将边长为 5 的正方形分割为 25 个边长为 1 的小正方形,如图 3.50 所示,再将其中 20 个小正方形染红色,以红色小正方形的中心为圆心、以 1 为半径作 20 个圆,则这 20 个圆覆盖了整个边长为 5 的正方形(如图 3.50 所示,每个白色方格被它周围 4 个圆覆盖),从而覆盖了 101 个已知点.由抽屉原理,必有一个圆覆盖了其中 $\left[\frac{101}{20}\right]+1=6$ 个点,证毕.

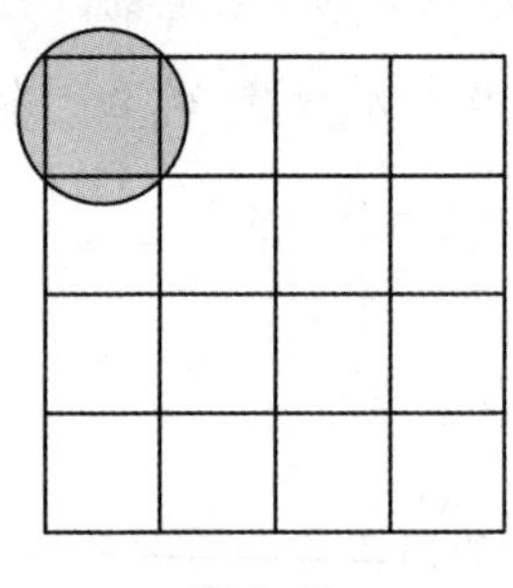

图 3.49

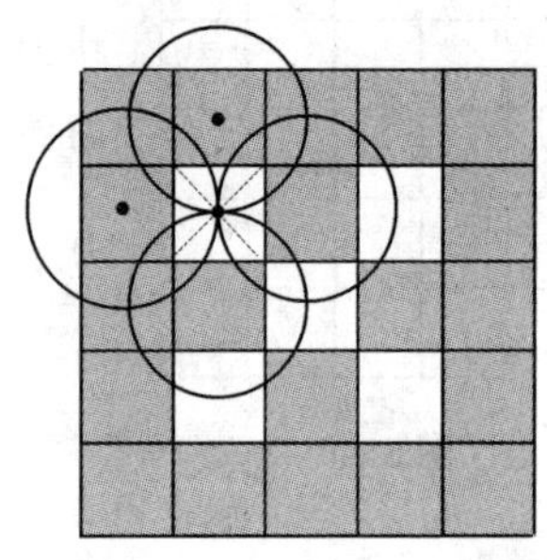

图 3.50

12. 构造如图 3.51 所示的 7 个抽屉，运用抽屉原理即可.

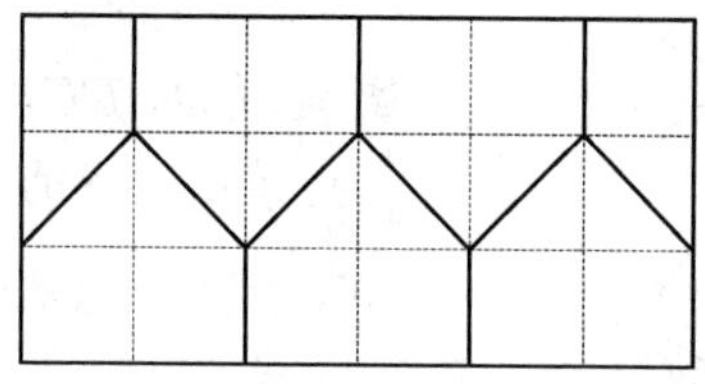

图 3.51

13. 设凸四边形 $B_1B_2B_3B_4$ 内有 5 个点 $A_1, A_2, \cdots, A_5$. 反设 A_i, B_j 中无 5 个点构成凸五边形. 考察 $A_1, A_2, \cdots, A_5$ 的凸包，可知凸包不是凸五边形. 于是由任何 3 点不共线及三角形剖分，必存在一个三角形 $A_1A_2A_3$，它内部有一个点 A_4.

作射线 A_4A_1, A_4A_2, A_4A_3，它们将平面划分为 3 个区域. 又所有点 B_i 都不在射线上，由抽屉原理，必有某个区域含有 B_i 中的两个点. 不妨设 $\angle A_1A_4A_2$ 内有两个点 B_1, B_2（图 3.52），那么五边形 $B_1A_1A_4A_2B_2$ 为凸五边形，矛盾.

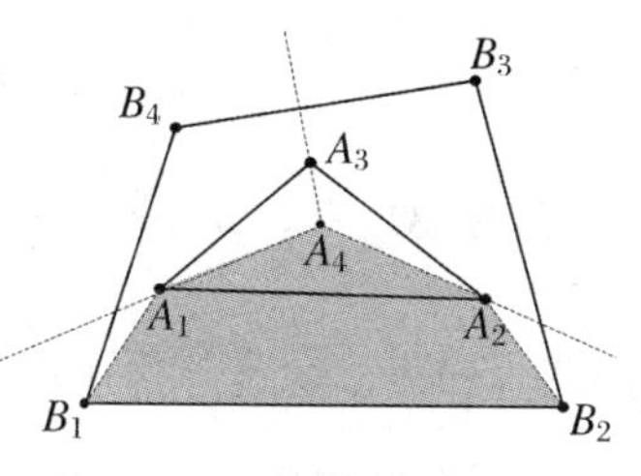

图 3.52

14. 因为 $34 = \left[\dfrac{100}{3}\right] + 1$，从而只需证明：可以用 3 个直径为 1 的圆覆盖所有 100 个点.

先分割存在域，但没有明显的存在域，从而要确定其存在域，这需要如下的引理.

引理　给定平面上的有限个点，任何两点之间的距离不大于 1，则可以用一个边长为 $\sqrt{3}$ 的正三角形覆盖这些点.

由引理，我们可用一个边长为 $\sqrt{3}$ 的正 $\triangle ABC$ 覆盖所有的已知点. 设 $\triangle ABC$ 的边 BC, CA, AB 的中点分别为 D, E, F，作 $\triangle AFE$,

$\triangle BDF$,$\triangle CED$ 的外接圆,我们证明这 3 个圆覆盖了$\triangle ABC$.

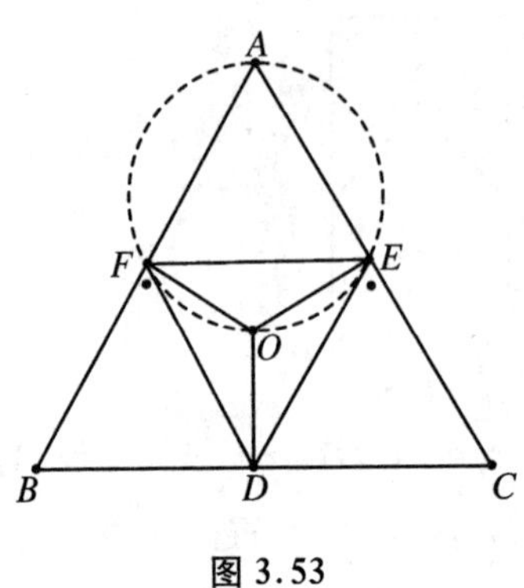

图 3.53

实际上,设$\triangle ABC$ 的中心为 O,连接 OD, OE, OF,则 $\angle DOE=\angle EOF=\angle FOD=120^\circ$,又$\angle EAF=60^\circ$,于是 $AFOEF$ 四点共圆,于是$\triangle AEF$ 的外接圆覆盖了四边形 $AFOE$(图 3.53).

同理,$\triangle BDF$,$\triangle CED$ 的外接圆分别覆盖了四边形 $BDOF$,$CEOD$,于是$\triangle AFE$,$\triangle BDF$,$\triangle CED$ 的外接圆覆盖所有的已知点.由抽屉原理,必有一个圆覆盖了其中$\left[\frac{100}{3}\right]+1=34$ 个点.

因为 $AF=\frac{1}{2}AB=\frac{\sqrt{3}}{2}$,所以$\triangle AFE$ 的外接圆半径 $R=\frac{\sqrt{3}}{3}\cdot\frac{\sqrt{3}}{2}=\frac{1}{2}$,故可以用一个直径为 1 的圆覆盖其中的 34 个点.

15. 本题不能用分割存在域的方法处理,因为分割的小区域并不易被圆环覆盖.注意到如下事实:以点 P 为中心的圆环覆盖了点 Q,等价于 $2\leqslant|PQ|\leqslant3$,等价于 $2\leqslant|QP|\leqslant3$,等价于以点 Q 为中心的圆环覆盖了点 P.

这样一来,目标可以转换为"存在一个以点 P 为中心的圆环覆盖了 30 个点",等价于"存在以 30 个点为中心的 30 个圆环同时覆盖了点 M".

以每个已知点为圆心,作内半径为 2、外半径为 3 的圆环(图 3.54),共作了 1 992 个圆环.这些圆环都在以 O 为圆心、18 为半径的一个大圆 C 内(图 3.55).

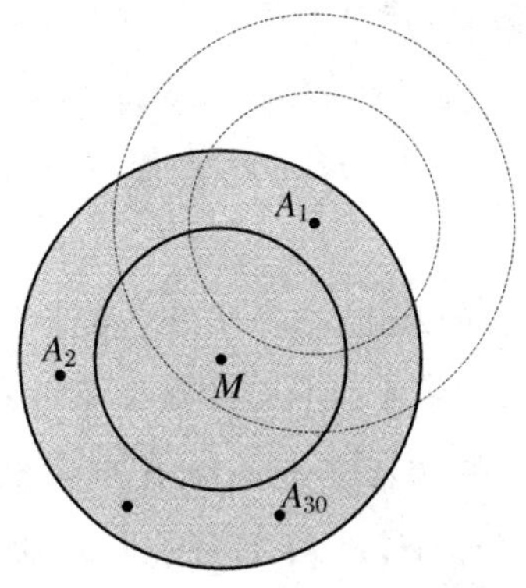

图 3.54

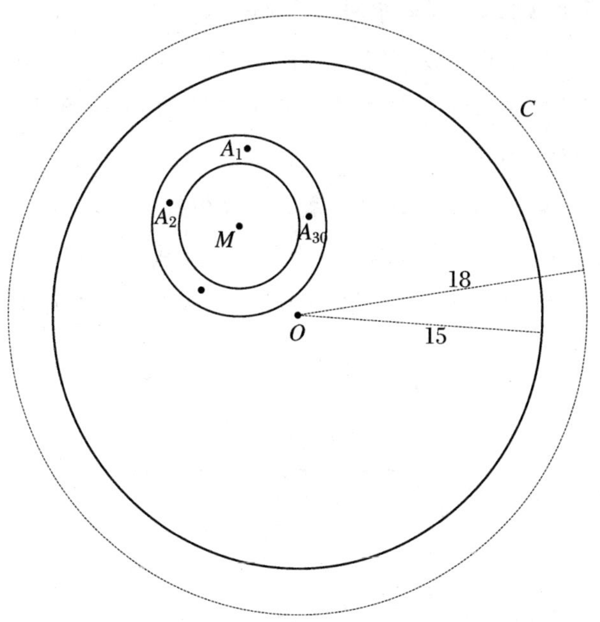

图 3.55

由于 1 992 个圆环的面积和为 $1\,992(3^2-2^2)\pi>30\cdot(\pi\cdot 18^2)$，从而由抽屉原理，必有一个点 M（未必是已知点）被覆盖 30 次，即点 M 同时属于 30 个圆环，设这 30 个圆环的中心分别为 $A_i(1\leqslant i\leqslant 30)$.

现在以点 M 为圆心，作内半径为 2、外半径为 3 的圆环 M，因为以点 $A_i(1\leqslant i\leqslant 30)$ 为中心的圆环覆盖了点 M，从而 $2\leqslant|MA_i|\leqslant 3$，所以圆环 M 覆盖了点 $A_i(1\leqslant i\leqslant 30)$，即圆环 M 覆盖了 30 个已知点，证毕.

16. 我们证明更强的结论：格径矩形中至少有 22 个格点.

先确定其存在域. 用一个充分大的格径矩形覆盖已知的 100 个格点，再不断缩小格径矩形直至不能再缩小，使之仍覆盖所有 100 个格点. 设此时的格径矩形为 M，则 M 的每条边上都至少有一个格点.

在 M 的四边上依次各取一个格点 A,B,C,D（可能有重合）. 为叙述问题方便，称以其中两个已知格点为顶点的格径矩形为好矩形. 用 $S(X)$ 表示好矩形 X 中已知格点的个数.

(1) 若 A,B,C,D 中至少有两个点为 M 的顶点，则 M 为好矩形，$S(M)=100>22$.

(2) 若 A,B,C,D 中恰有 1 个点为 M 的顶点，不妨设此点为 A，则 M 的不含 A 的两边上各有一个已知格点，设为 B,C（图 3.56），那么，3 个好矩形 AB,BC,CA 覆盖了 M，从而至少有其中一个矩形，设为 AB，使 $S(AB)\geqslant\frac{100}{3}>22$.

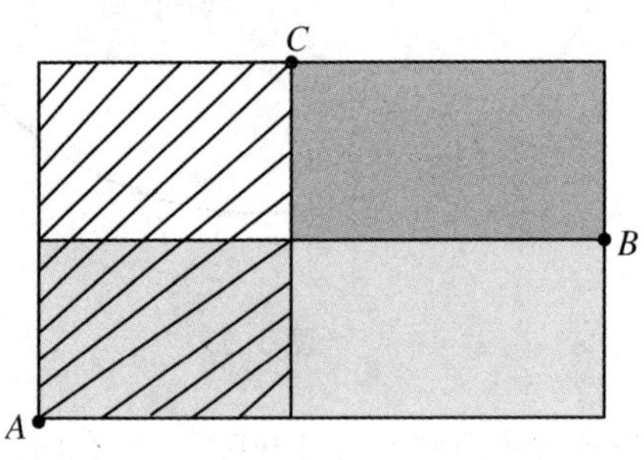

图 3.56

(3) 若 A,B,C,D 都不是 M 的顶点，此时，若其中有两点在同一条格线上，不妨设此两点为 A,C(图 3.57)，则 AC 将 M 划分为两个好矩形，这两个矩形覆盖了 M，从而至少有其中一个矩形，记为 X，使 $S(X)\geqslant\frac{100}{2}>22$.

若其中任何两点都不在同一条格线上，则 4 个好矩形 AB,BC,CD,DA 覆盖了 M 中除矩形 $A'B'C'D'$ 外的所有点. 又好矩形 AC 覆盖了矩形 $A'B'C'D'$(图 3.58)，于是 A,B,C,D 外的 96 个格点都被上述 5 个好矩形覆盖，从而至少有一个好矩形，记为 Y，使 Y 覆盖了这 96 个格点中至少 $\left[\frac{96}{5}\right]+1=20$ 个格点. 又 Y 覆盖了 A,B,C,D 中至少两个格点，所以 $S(Y)\geqslant 20+2=22$.

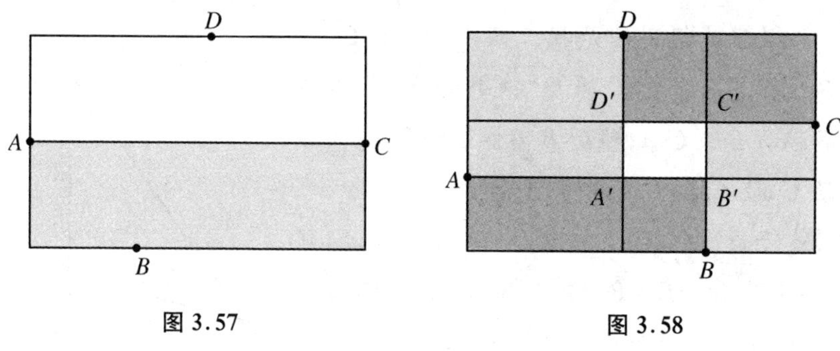

图 3.57　　图 3.58

17. 本题等价于"用 4 个半径为 r 的圆覆盖一个边长为 a 的正方形，求 r 的最小值".

首先，将边长为 a 的正方形分割为 4 个边长为 $\frac{a}{2}$ 的小正方形，以每个小正方形的对角线为直径作 4 个圆(图 3.59)，则这 4 个圆覆盖了边长为 a 的正方形，此时 $r=\sqrt{2}\cdot\frac{a}{2}=\frac{\sqrt{2}}{2}a$.

下面证明 $r\geqslant\frac{\sqrt{2}}{2}a$.

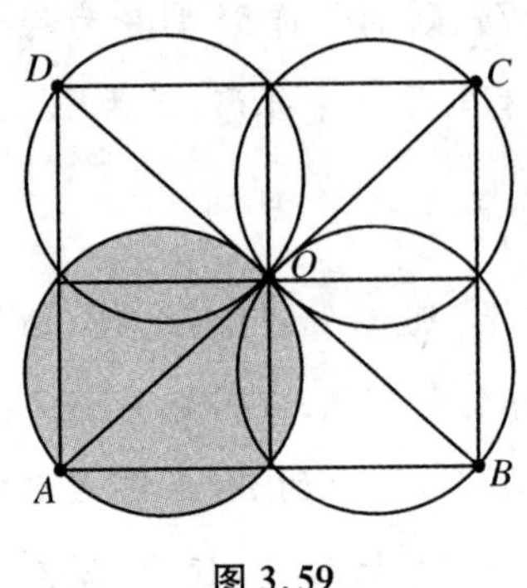

图 3.59

反设 $r<\frac{\sqrt{2}}{2}a$，局部思考：用几个分散的点来替代整体.设边长为 a 的正方形 $ABCD$ 的中心为 O，则 5 个点 A,B,C,D,O 中任何两个点之间的距离不小于 $\frac{\sqrt{2}}{2}a$，从而每个圆至多覆盖其中的一个点，必有一个点未被覆盖，矛盾.

综上所述，r 的最小值为 $\frac{\sqrt{2}}{2}a$.

18. 我们注意到边长为3的正三角形中任何两点之间的距离不大于3，于是只需找到两两距离大于3的两个点即可.

最容易想到的是找三顶点 A,B,C，但 $BC=3$ 不合乎要求.采用“微小变动法”：沿边界移动 B 或 C.但移动 B 不能达到要求，而移动 C，使 $CD=0.5$ 即可(图 3.60).

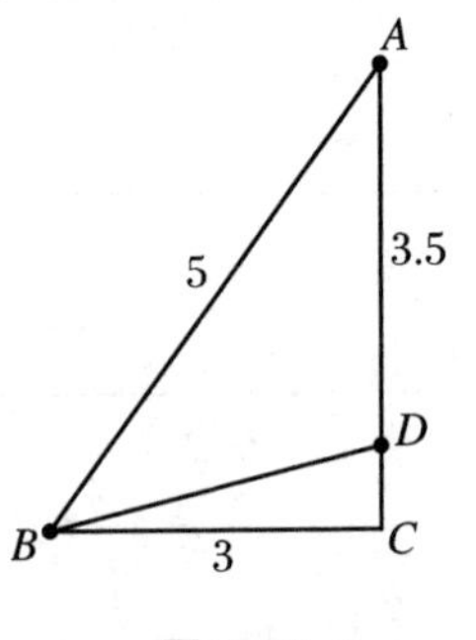

图 3.60

于是，在 AC 上取点 D，使 $AD=3.5$，则 $AB=5>3$，$AD=3.5>3$，$BD>BC=3$，从而 A,D,B 两两之距大于 3.

由抽屉原理，必有一个正三角形同时覆盖其中两个点，矛盾.

19. 构造如图 3.61 所示的抽屉即可，其中 3 个阴影抽屉有公共部分，而小正三角形的边长最多为 $\frac{3}{2}$，其外接圆直径最多为 $2\cdot\left(\frac{\sqrt{3}}{3}\cdot\frac{3}{2}\right)=\sqrt{3}$.

本题可加强为“边长为 $\frac{9}{2}$ 的正三角形内放 19 个点，必有 3 点能被直径为$\sqrt{3}$的圆盖住",此时3等分边长构造小正三角形网络(图3.62),共有$1+3+5=9$个小正三角形.

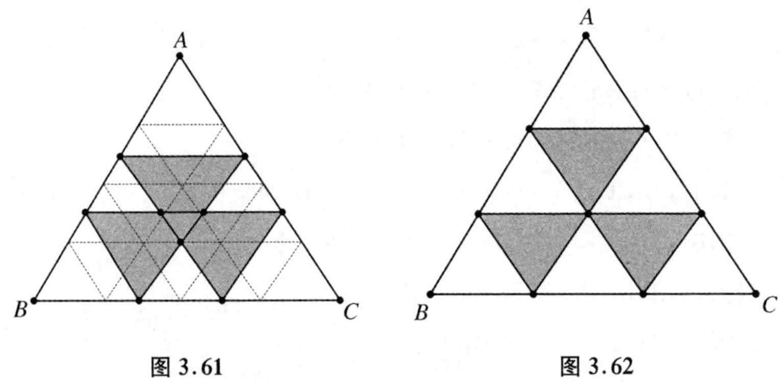

图3.61 图3.62

20. 假定取出r个数.从简单入手,当$n=4$时,$X_4=\{1,2,3,4\}$,取出2,4(只能取出2,4,由此发现一般构造),不互质,可知$r>2$.

而$r=3$时,将$X_2=\{1,2,3,4\}$分成两组:$\{1,2\}$,$\{3,4\}$,在X_3中取出任何3个数,必有两个数在同一组(相邻自然数),这两个数互质.所以$r_{\min}=3$.

当$n=6$时,$X_3=\{1,2,3,4,5,6\}$,取出2,4,6,可知$r>3$.

而$r=4$时,将$X_3=\{1,2,3,4,5,6\}$分成3组:$\{1,2\}$,$\{3,4\}$,$\{5,6\}$,在X_3中取出任何4个数,必有两个数在同一组(相邻自然数),这两个数是相邻的自然数,必互质.所以$r_{\min}=4$.

如此可得到$r_{\min}=51$.

首先,若取出$r\leqslant 50$个数,则在$\{2,4,6,\cdots,100\}$中取出r个数,其中任何两个都不互质.所以$r\geqslant 51$.

其次,当$r=51$时,将$X_{100}=\{1,2,3,\cdots,100\}$分成50组:$\{1,2\}$,$\{3,4\}$,$\cdots$,$\{99,100\}$,从中取出51个数,因为$51>50$,必有两个取出的数属于同一组,这两个数互质.所以$r=51$合乎条件.

21. 若$n\in A$,则由条件,有$2n+2\in B$,于是$2n+2\leqslant 100$,所以

$n\leqslant 49$,所以 $A\subseteq\{1,2,\cdots,49\}$.

此外,我们只需确定 A,而 B 由 A 唯一确定:$B=\{2n+2\mid n\in A\}$.于是,我们只需求$|A|$的最大值.

先证$|A|\leqslant 33$,用反证法.若 $A\subseteq\{1,2,\cdots,49\}$,$|A|\geqslant 34$,则必存在 $n\in A$,使得 $2n+2\notin B$,即 $2n+2\in A$.证明如下.

将$\{1,2,\cdots,49\}$分成如下 33 个集合:

$\{1,4\}$,$\{3,8\}$,$\{5,12\}$,$\cdots$,$\{23,48\}$共 12 个;

$\{2,6\}$,$\{10,22\}$,$\{14,30\}$,$\{18,38\}$共 4 个;

$\{25\}$,$\{27\}$,$\{29\}$,$\cdots$,$\{49\}$共 13 个;

$\{26\}$,$\{34\}$,$\{42\}$,$\{46\}$共 4 个.

由于 $A\subseteq\{1,2,\cdots,49\}$,$|A|\geqslant 34$,从而由抽屉原理可知,$A$ 中至少两个元素属于其中的同一个集合,即存在 $n\in A$,使得 $2n+2\in A$,从而 $2n+2\notin B$,矛盾.

如取 $A=\{1,3,5,\cdots,23,2,10,14,18,25,27,29,\cdots,49,26,34,42,46\}$,$B=\{2n+2\mid n\in A\}$,则 A,B 满足题设且$|A\cup B|=66$.

故$|A\cup B|$的最大值为 66.

22. 因为 $1\,995=133\cdot 15$,所以令 $A_k=\{k,15k\}$,其中 $1\leqslant k\leqslant 133$,且 k 不是 15 的倍数,则 A 最多含有 A_k 中的一个数.

注意到 $1\leqslant k\leqslant 133$ 中,为 15 的倍数的 k 有 $15,15\cdot 2,15\cdot 3,\cdots,15\cdot 8$,共 8 个,于是集合 A_k 共有 $133-8=125$ 个.

每个集合 A_k 都至少有一个元素不属于 A,从而 $|A|\leqslant 1\,995-125=1\,870$.

此外,令 $A=\{1,2,\cdots,8\}\cup\{134,135,\cdots,1\,995\}$,对任何 $x\in A$,若 $x\in\{1,2,\cdots,8\}$,则 $8<15\leqslant 15x\leqslant 120<134$,所以 $15x\notin A$;若 $x\in\{134,135,\cdots,1\,995\}$,则 $15x\geqslant 2\,010$,所以 $15x\notin A$,从而 A 合乎要求.此时,$|A|=1\,995-133+8=1\,870$.

综上所述，$|A|_{\max}=1\,870$.

23. 将 M 中的元素按模7的余数分为7个类：

$$A_0=\{7,14,21,28,35,42,49\},$$

$$A_1=\{1,8,15,22,29,35,43,50\},$$

$$A_2=\{2,9,16,23,30,36,44\},$$

$$A_3=\{3,10,17,24,31,37,45\},$$

$$A_4=\{4,11,18,25,32,38,46\},$$

$$A_5=\{5,12,19,26,33,39,47\},$$

$$A_6=\{6,13,20,27,34,40,48\}.$$

显然，S 最多含有 A_0 中的1个数，最多含有 $A_1\cup A_6$ 中的8个数（含 A_1 中的数而不含 A_6 中的数，或含 A_6 中的数而不含 A_1 中的数），最多含有 $A_2\cup A_5$ 中的7个数（含 A_2 中的数而不含 A_5 中的数，或含 A_5 中的数而不含 A_2 中的数），最多含有 $A_3\cup A_4$ 中的7个数（含 A_3 中的数而不含 A_4 中的数，或含 A_4 中的数而不含 A_3 中的数），于是，$|S|\leqslant 1+8+7+7=23$.

又 $S=\{7\}\cup A_1\cup A_2\cup A_3$ 时，合乎条件，此时，$|S|=1+8+7+7=23$.

综上所述，$|S|_{\max}=23$.

24. 若取 $T_0=\{n+1,n+2,\cdots,3n\}$，此时 $|T_0|=2n$，且 T_0 中任三数之和大于 $3n$，所以 T_0 合乎要求.

另一方面，考察如下 n 个三元子集：

$$A_0=\{n,2n,3n\},$$

$$A_k=\{k,2n-k,2n+k\}\quad(k=1,2,\cdots,n-1),$$

显然 $S=\bigcup\limits_{k=0}^{n-1}A_k$.

对于 S 的任一个 $k(k\geqslant 2n+1)$ 元子集 T'，取 T' 的 $2n+1$ 个元素，由抽屉原理，其中必有 $\left[\dfrac{2n+1}{n}\right]+1=3$ 个元素属于某个集合 A_k.

若 $k=0$，则 T' 中含有元素 $3n=n+n+n$，所以 T' 不合乎要求；若 $k\in\{1,2,\cdots,n-1\}$，则 T' 中含有元素 $2n+k=k+k+(2n-k)$，所以 T' 不合乎要求.

所以 $|T|\leqslant 2n$.

综上所述，$|T|$ 的最大值为 $2n$.

25. 首先注意到：图 G 不含 K_4，等价于 G 中任何 4 点中有两点不相邻，等价于 4 个元素必有两个属于同一个集合. 于是想到构造 3 个抽屉，每个抽屉内的点两两不相邻. 一共有 6 个点，从而每个抽屉内两个点，得到 3 部分完全图，此时 $\|G\|=C_6^2-3=12$.

下面证明 $\|G\|\geqslant 13$ 时，G 中必有 K_4.

方法 1：从正面入手，直接找 K_4. 先找到一个 $\triangle ABC$，然后找一点 D，使之与 A,B,C 都相邻.

为找三角形，不妨设点 x_1 的度最大，对 $d(x_1)$ 的取值进行讨论：

(1) 若 $d(x_1)\leqslant 4$，则 $\|G\|\leqslant\dfrac{4\times 6}{2}=12$，矛盾.

(2) 若 $d(x_1)=5$，则 x_1 与 $x_2,x_3,\cdots,x_6$ 都相邻，考察 $x_2,x_3,\cdots,x_6$，由于 $\|G\|\geqslant 13$，这 5 点中必有两个点相邻，不妨设 x_2,x_3 相邻，则得到三角形 $P=\{x_1,x_2,x_3\}$.

现在找第 4 点：考察另外 3 点构成的集合 $Q=\{x_4,x_5,x_6\}$ 与三角形 P 之间连的边数，它不少于 $13-\|P\|-\|Q\|\geqslant 13-3-3=7$，将至少 7 条边归结为 Q 中 3 个点，由抽屉原理，Q 中至少有一个点，设为 x_4，它向三角形 P 引出了 $\left[\dfrac{7}{3}\right]+1=3$ 条边，这样便得到一个 K_4（图 3.63）.

矛盾，所以 $\|G\|$ 的最大值为 12.

方法 2：去边法，从 K_n 中去掉若干条边. 反设 $\|G\|\geqslant 13$，因为 $\|K_6\|=15$，则 G 由 K_6 至多去掉两条边，每去掉一条边，最多去掉

$C_4^2=6$ 个 K_4，而 K_6 中有 15 个 K_4，从而至少还有 3 个 K_4，结论成立（此时得到了更强的结论：K_4 个数最小值为 3）.

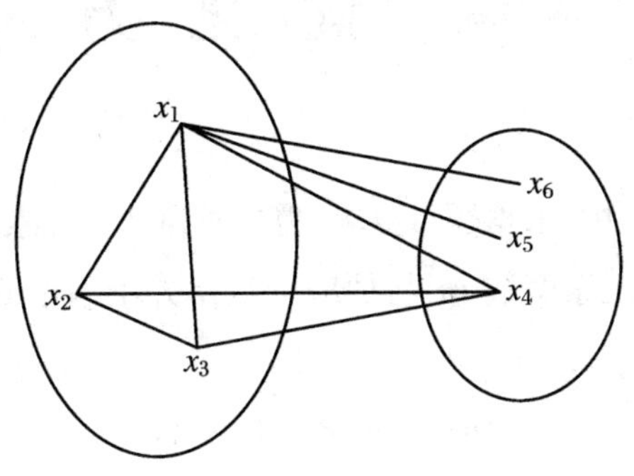

图 3.63

方法 3：去点法，去掉尽可能少的点，使之不再含虚边. 由 $\|G\|\geqslant 13$，知 G 中至多有两条虚边，在每条虚边上各去掉一个端点，则至多去掉两个点，且去掉这两点关联的所有边（包括这两条虚边），于是剩下的 4 个点构成一个 K_4，从而 G 中有 K_4，矛盾. 故 $\|G\|\leqslant 12$.

方法 4：边饱和法，由于 G 中没有 K_4，可添上一些边，得到图 G'，使 G' 中含有三角形而不含有 K_4，这只需使 G 变成不含 K_4 的边数最大的图 G' 即可（因为添加一条边 e 后有 K_4，则 4 个点中去掉 e，必有三角形），取 G' 的一个 $\triangle x_1x_2x_3$，下面分组估计 $\|G\|$.

令 $P=\{x_1,x_2,x_3\}$，$Q=\{x_4,x_5,x_6\}$，因为 G 中没有 K_4，那么 Q 中的每一个点至多向 P 引出两条边，所以 $\|P\sim Q\|\leqslant 2\times 3=6$.

这样，$\|G'\|=\|P\|+\|Q\|+\|P\sim Q\|\leqslant 3+3+2\times 3=12$，所以，$\|G\|\leqslant\|G'\|\leqslant 12$.

或者：x_4,x_5,x_6 都至少向 P 引出一条虚边，从而至少有 3 条虚边，于是 $\|G\|\leqslant C_6^2-3=12$.

第 4 章　优化方案

在有些问题中，根据题目要求，需要找到 r 个元素属于同一抽屉，而由题给条件，元素个数 m 与抽屉个数 n 并不满足抽屉原理的如下要求：

$$m \geqslant n(r-1)+1,$$

此时，我们需要对解题的初步方案进行优化.

本章介绍运用抽屉原理中优化方案的若干方法.

4.1　筛选"好元素"

有些问题，从整体上看，全体元素的分布没有什么特殊规律，但适当去掉一部分元素后，剩下的元素的分布则呈现出某种规律，我们称这样的一些元素为好元素.

在题给的一些对象中筛选出一些好元素，尽管元素个数减少了，但其存在范围却比总体元素的存在范围大大减少，从而更容易在较小的范围内找到所需要的元素，特别是具有某种特定关系的元素.

例 1　单位圆上任取 4 点，求每两点的距离中最小者的最大值.

分析与解　当 4 点均匀分布时，其最小距离为$\sqrt{2}$. 我们猜想每两点的距离中最小者的最大值为$\sqrt{2}$.

至此，我们只需证明：对单位圆上 4 点的任何分布，都有其中两点 A，B，使 $|AB| \leqslant \sqrt{2}$.

若按通常的想法，4 个点共构成 6 条线段，考察 6 条线段对应的参数的存在域,将其分割为若干块,由此找到最短线段长度不大于$\sqrt{2}$.

但整体考虑所有的6条线段反而比较困难,注意凸四边形两条对角线肯定不是最短线段,所以无须考虑两条对角线.

对圆周上任意4点,将其顺次连接得到一个凸四边形,其4条边所对圆心角的和为360°.

由抽屉原理,至少有一条边AB所对的圆心角不大于90°,所以$|AB|\leqslant\sqrt{2}$,于是$d_{\min}\leqslant\sqrt{2}$.

又当4点在圆周上均匀分布时,$d_{\min}=\sqrt{2}$.

综上所述,所求$d_{\min}$的最大值为$\sqrt{2}$.

例2 单位正方形内有$n(n>5)$个点,求证:必有3个点构成的三角形面积小于$\dfrac{1}{n-2}$.

分析与证明 我们直接以每三点构成的三角形为元素利用抽屉原理.由于n个点可构成C_n^3个三角形,考虑所有这样的三角形,尽管它们分布在单位正方形内,但其中有些三角形的面积有重叠,从而难于找到面积小于$\dfrac{1}{n-2}$的三角形.

我们选取部分"好三角形",使这些三角形个数尽可能多,且任何两个三角形的面积都没有重叠,这只需设题给n个点的凸包,利用题给的已知点,将其凸包剖分成三角形即可.

设题给n个点的凸包为凸m边形,以这n个点为结点,将凸m边形完全剖分为三角形.

设剖分中有x个三角形,则

$$180x=180(m-2)+360(n-m),$$

解得

$$x=2n-m-2=(n-2)+(n-m)\geqslant n-2.$$

从而至少有$n-2$个三角形,这些三角形的面积的和不大于凸n边形的面积，由平均值抽屉原理，至少有一个三角形的面积不大于$\frac{1}{n-2}$，命题获证.

我们还有更好的方法选择部分三角形(好元素)，使证明更为简单：

(1) 如果有 3 点共线，则结论显然成立；

(2) 如果任何 3 点不共线，则任取其中的一个已知点 A，设想一条从 A 出发的射线绕点 A 旋转，它依次越过的其他的点为 $A_1, A_2, \cdots, A_{n-1}$. 考虑各个$\triangle AA_iA_{i+1}$($i=1,2,\cdots,n-2$)，它们的面积和不大于 1(注意到 $n>4$)，由于共有 $n-2$ 个三角形，由平均值抽屉原理，至少有一个三角形的面积不大于$\frac{1}{n-2}$，命题获证.

如果我们以点为元素，则有如下的证法：

先注意如下事实：n 个元素分配到 k 个抽屉，希望有一抽屉中有 3 个元素，则抽屉个数 $k\leqslant\left[\frac{n-1}{3-1}\right]=\left[\frac{n-1}{2}\right]$.

于是，将正方形的某条边$\left[\frac{n-1}{2}\right]$等分，过每一分点作矩形的边的平行线，得到$\left[\frac{n-1}{2}\right]$个小矩形，由抽屉原理，必有 3 点 A,B,C 在同一个小矩形内，此时

$$S_{\triangle ABC}\leqslant\frac{1}{2}S_{\text{小矩形}}=\frac{1}{2}\cdot\frac{1}{\left[\frac{n-1}{2}\right]}\leqslant\frac{1}{2}\cdot\frac{1}{\frac{n-2}{2}}=\frac{1}{n-2}.$$

例 3　设 a,b,c,d,e,f,g 为非负数，$\sum a=1$($\sum a$ 表示$a+b+c+d+e+f+g$)，求 $\max\{a+b+c, b+c+d, c+d+e, d+e+f, e+f+g\}$的最小值.(第 23 届 IMO 预选题)

分析与解　本例的关键是如何构造 $\sum a$，很自然地想到对括号

内的各个项求和,于是可利用平均值抽屉原理.

设 $F=\max\{a+b+c,b+c+d,c+d+e,d+e+f,e+f+g\}$,则

$$F\geqslant\frac{1}{5}\Big((a+b+c)+(b+c+d)+(c+d+e)+(d+e+f)+(e+f+g)\Big)=\frac{1}{5}+\frac{1}{5}(b+2c+2d+2e+f)\geqslant\frac{1}{5}.$$

以上尽管求出了 M 的一个下界,但因舍去的项太多,估计较粗糙,从而下界无法达到.

但上述思路还是可取的,稍作修改,使"和"中重复的项尽可能少(但当然要能凑出 $\sum a$),这只需筛选部分元素再利用平均值抽屉原理便可达到目的.实际上

$$F\geqslant\frac{1}{3}\Big((a+b+c)+(c+d+e)+(e+f+g)\Big)=\frac{1}{3}+\frac{1}{3}(c+e)\geqslant\frac{1}{3}.$$

上式等号成立,等价于

$$a+b+c=c+d+e=e+f+g=\frac{1}{3},\quad c+e=0.$$

因为 $c,e\geqslant0$,所以 $c=e=0$,于是 $a=d=g=\frac{1}{3}$,$b=c=e=f=0$ 时等号成立,故 M 的最大值为$\frac{1}{3}$.

例4　对于数集 M,定义 M 的和为 M 中各数的和,记为 $S(M)$.设 M 是若干个不大于 15 的自然数组成的集合,且 M 的任何两个不相交的子集有不同的和,求 $S(M)$的最大值.

分析与解　我们的目标是找到常数 t,使其满足如下两个要求:

(1) 对每一个合乎题意的集合 M,有 $S(M)\leqslant t$;

(2) 存在合乎题意的集合 M，使 $S(M)=t$.

题给的条件是：对任何 $A,B\subseteq M$，$S(A)\neq S(B)$，由此实现目标(1)比较困难，但实现目标(2)则比较容易.

实际上，采用逐增构造，易得到使 $S(M)$最大的集合 M：

首先取尽可能大的数属于 M，比如，可取 $15,14,13\in M$，则接下来不能取 12 属于 M，但可取 $11\in M$，进而不能取 10 和 9，最后取 $8\in M$，剩下的数都不能取，得到合乎要求的集合：

$$M=\{15,14,13,11,8\},$$

此时，$|M|=5$，$S(M)=61$.

由此，我们猜想，对任何合乎题目要求的集合 M，有 $S(M)\leqslant 61$.

凭直觉，要使 $S(M)\leqslant 61$，则 M 本身不能太大，因而由前面的构造，不难进一步猜想：对任何合乎题目要求的集合 M，有

$$|M|\leqslant 5. \qquad ①$$

但题给条件不便于“推出”上述不等式，宜采用反证法：当 M 充分大时，从反面验证 M 不满足题中的条件.

我们证明如下命题：

若 $|M|>5$，则必有 M 的两个互不相交的子集 A,B，使 $S(A)=S(B)$，这恰好合乎抽屉原理的特征.

实际上，反设 $|M|\geqslant 6$，任取 M 的 6 个元素 $a_1,a_2,\cdots,a_6$，考察 $\{a_1,a_2,\cdots,a_6\}$的所有非空子集，共有 $2^6-1=63$ 个. 但这些子集的和在$\{1,2,\cdots,75\}$中，因为其和最大的一个子集可能为$\{10,11,12,\cdots,15\}$. 由于这些子集的和的存在域过大，不能找到其和相等的两个子集.

尝试先去掉一个最大的子集$\{a_1,a_2,\cdots,a_6\}$本身，它的“和”与其他“子集和”相距最远，此时子集个数只减少 1，但其“和”的存在域减少 10.

实际上，去掉一个最大的子集后，子集中的最大和为 $15+14+13+12+11=65$，比原来的 75 少 10.

不过，此时存在域的“宽度”65 仍大于子集的个数 62.

再去掉所有的五元子集，则剩下的最大子集的和不大于 $15+14+13+12=53$，此时，$\{a_1,a_2,\cdots,a_6\}$元素个数不多于 4 的非空子集有 $C_6^1+C_6^2+C_6^3+C_6^4=56$ 个.

因为 $56>53$，由抽屉原理，从而必有两个子集 A,B，使 $S(A)=S(B)$.

令 $A'=A\setminus(A\cap B)$，$B'=B\setminus(A\cap B)$，则 A',B'不相交，且 $S(A')=S(B')$，与题设条件矛盾，所以 $|M|\leqslant 5$.

至此，不难证明 $S(M)\leqslant 61$.

显然，$M'=\{15,14,13,11,8\}$是饱和的，即不能加入任何元素，但这并不能说明 M'就是使 $S(M')$最大的.

下面还要证明：对任何合乎条件的 M，必有 $S(M)\leqslant 61$.

其策略是，将 M 中的元素与 M' 比较，这显然应从最大元素开始比较.

考察任意一个合乎条件的 M.

(1) 若 $15\notin M$，则由式①，有

$$S(M)\leqslant 14+13+12+11+10=60.$$

(2) 若 $14\notin M$，则由式①，有

$$S(M)\leqslant 15+13+12+11+10=61.$$

(3) 若 $13\notin M$，则注意到 $15+11=14+12$，有 $M\neq\{15,14,12,11,10\}$，所以，由式①，有

$$S(M)<15+14+12+11+10=62.$$

(4) 若 $15,14,13\in M$，则 $12\notin M$.

(i) 若 $11\in M$，则 $10,9\notin M$，由式①，$S(M)\leqslant 15+14+13+11$

$+8=61$；

（ⅱ）若 $11\notin M$，则由式①，$S(M)\leqslant 15+14+13+10+9=61$.

综上所述，有 $S(M)\leqslant 61$.

又取 $M=\{15,14,13,11,8\}$，M 合乎条件，此时 $S(M)=61$，故 $S(M)$ 的最大值为 61.

例 5　设 A 是集合 $\{1,2,3,\cdots,16\}$ 的一个 k 元子集，且 A 的任何两个子集的元素之和不相等. 而对于集合 $\{1,2,3,\cdots,16\}$ 的包含集合 A 的任意 $k+1$ 元子集 B，则存在 B 的两个子集，它们的元素之和相等.

(1) 证明：$k\leqslant 5$；

(2) 求集合 A 的元素之和的最大值与最小值.（2002 年保加利亚冬季数学竞赛试题）

分析与解　(1) 若 $k\geqslant 7$，则因 A 的非空子集有 2^k-1 个，而最大的和不超过 $16k$，但 $2^k-1>16k$，由抽屉原理，必有两个子集的和相等，矛盾.

若 $k=6$，类似于上题，考虑 A 的元素个数不超过 4 的子集，因为 $|A|=6$，这样的子集共有

$$C_6^1+C_6^2+C_6^3+C_6^4=56$$

个，其元素和都在区间 $[1,57]$ 内，这是因为任意一个这样的和 $\leqslant 16+15+14+13=58$，且由 $13+16=15+14$ 知，13，14，15，16 不同时属于 A.

若 $1\in A$，则由 $1+15=16$ 知，15，16 不同时属于 A.

由 $1+13=14$ 知，13，14 不同时属于 A.

由 $1+11=12$ 知，11，12 不同时属于 A.

所以此时最大的和不大于 $16+14+12+10=52$，而 $56>52$，由抽屉原理，必有两个子集的和相等，矛盾.

若 $2\in A$，则由 $2+14=16$ 知，14，16 不同时属于 A.

由 $2+13=15$ 知,13,15 不同时属于 A.

由 $2+10=12$ 知,10,12 不同时属于 A.

所以此时最大的和不大于 $16+15+12+9=52$,而 $56>52$,由抽屉原理,必有两个子集的和相等,矛盾.

若 1 和 2 都不属于 A,则最小的和不小于 3,于是,其和都属于区间 $[3,57]$,最多有 55 个不同的和.而 $56>55$,由抽屉原理,必有两个子集的和相等,矛盾.

综上所述,$k\leqslant 5$.

(2) 设 A 的元素和为 S,若 $S<16$,考察包含 A 的 $k+1$ 元子集 $B=A\cup\{16\}$,由于 A 的任意两个子集元素之和不等,且 B 的任意一个包含 16 的子集元素和比 B 的任意一个不包含 16 的子集元素和大,从而 B 的任意两个子集元素之和不相等,与条件矛盾,从而 $S\geqslant 16$.

又 $A=\{1,2,4,9\}$ 满足要求,此时 $S(A)=16$,从而 S 的最小值为 16.

若 $k\leqslant 4$,则

$$S\leqslant 16+15+14+13=58<66.$$

若 $k=5$,且 16,15 不全属于 A,则

$$S\leqslant 16+14+13+12+11=66.$$

若 $k=5$,且 16,15 都属于 A,则(14,13),(12,11),(10,9)每一组中的两个数都不能全属于 A,此时有

$$S\leqslant 16+15+14+12+10=67,$$

且等号不成立,否则 $14,12,10,16\in A$,但 $16+10=12+14$,矛盾.

于是,恒有 $S\leqslant 66$.

又 $A=\{16,15,14,12,9\}$ 满足要求,此时 $S(A)=66$,从而 S 的最大值为 66.

例 6　将平面上的格点染红、蓝二色,证明:存在一个简单 n 边形

(不一定是凸的,且允许有三顶点共线)$A_1A_2\cdots A_n$,使各顶点与其重心 G 同色.

分析与证明 为了使坐标和为 n 的倍数,找一个充分条件,我们仅考虑横坐标和纵坐标都是 n 的倍数的格点(筛选部分元素),这样的格点有无数个,将其 2-染色,由抽屉原理,必有无数个格点同色,设为红色.

取其中 n 个红点 $A_1,A_2,\cdots,A_n$,设 $A_i=(a_i,a_i')(1\leqslant i\leqslant n)$,定义

$$\sum_{i=1}^{n}A_i=\left(\sum_{i=1}^{n}a_i,\sum_{i=1}^{n}a'_i\right),\quad kA_i=(ka_i,ka'_i).$$

那么,n 边形 $A_1A_2\cdots A_n$ 的重心为 $G=\dfrac{1}{n}\sum_{i=1}^{n}A_i$.

若 G 为红色,则结论成立,不妨设 G 为蓝色.

对 $j=1,2,\cdots,n$,令

$$B_j=nA_j-\sum_{\substack{j\neq i\\1\leqslant j\leqslant n}}A_i=(n+1)A_j-\sum_{i=1}^{n}A_i,$$

则 $A_j=\dfrac{1}{n}\left(B_j+\sum_{\substack{j\neq i\\1\leqslant j\leqslant n}}A_i\right)$,即 A_j 是 n 边形 $A_1A_2\cdots A_{j-1}B_jA_{j+1}\cdots A_n$ 的重心.

若有某个 B_j 为红色,则结论成立.

设对 $1\leqslant j\leqslant n$,B_j 都为蓝色,那么 $B_1,B_2,\cdots,B_n$ 是蓝色多边形,其重心为

$$\begin{aligned}\frac{1}{n}\sum B_i&=\sum_{j=1}^{n}\left((n+1)A_j-\sum_{i=1}^{n}A_i\right)\\&=\frac{1}{n}\left((n+1)\sum_{j=1}^{n}A_j-\sum_{j=1}^{n}\sum A_i\right)\\&=\frac{1}{n}\sum_{i=1}^{n}A_i=G.\end{aligned}$$

而 G 为蓝色,命题获证.

例7 第一行有19个不大于88的自然数,第二行有88个不大于19的自然数,称同一行的连续若干个数(至少1个)为一段.求证:可以从两行中各取一段,使两段中各数的和相等.(第22届全苏数学奥林匹克试题)

分析与证明 设第一行中的数为 $a_1,a_2,\cdots,a_{19}(a_i\leqslant 88)$,第二行中的数为 $b_1,b_2,\cdots,b_{88}(b_m\leqslant 19)$,由"一段"的定义,想到考察部分和:令

$$A_i = a_1 + a_2 + \cdots + a_i \quad (1\leqslant i\leqslant 19),$$

$$B_m = b_1 + b_2 + \cdots + b_m \quad (1\leqslant m\leqslant 88),$$

我们要证明存在 i,j,m,n,其中 $1\leqslant i<j\leqslant 19$,$1\leqslant m<n\leqslant 88$,使

$$A_j - A_i = B_n - B_m.$$

至此,已经将证题目标转化为"两个元素相等",但等式两边两个元素的"类型"不同,一为"A"型,一为"B"型.

为了将之转化为两个同类元素相等,再将上式变为

$$A_j - B_n = A_i - B_m.$$

若考察所有形如 A_i-B_m 的元素,则其变化范围太大,难以找到两个元素相等.由此想到筛选"好元素":仅考察使得 $A_i-B_m\geqslant 0$ 的元素 A_i-B_m(好元素).

为了保证这样的好元素存在,可进一步优化假设,不妨设 $A_{19}\geqslant B_{88}$,但考察所有使 $A_i-B_m\geqslant 0$ 的元素 A_i-B_m,其元素的变化范围仍很大,为了使其减小变化范围,再一次筛选好元素.

对每一个 m,设满足 $A_{f(m)}-B_m\geqslant 0$ 的最小自然数为 $f(m)$,记

$$t_m = A_{f(m)} - B_m,$$

即在每一个"非负类"中取一个代表元,再次选取部分元素 $t_1,t_2,\cdots,t_{88}$,则

$$t_m \geqslant 0 \quad (m = 1,2,\cdots,88),$$

且

$$t_m = A_{f(m)} - B_m = A_{f(m)-1} + a_{f(m)} - B_m < a_{f(m)} \leqslant 88,$$

其中由 $f(m)$的最小性,有 $A_{f(m)-1} - B_m < 0$.

所以 $t_m \in \{0,1,2,\cdots,87\}$.

若有一个 $t_m = 0$,则 $A_{f(m)} = B_m$,结论成立.

若有一个 $m \in \{1,2,\cdots,88\}$,使 $t_m = 0$,则 $A_{f(m)} = B_m$,即

$$a_1 + a_2 + \cdots + a_{f(m)} = b_1 + b_2 + \cdots + b_m,$$

结论成立.

若所有 $t_m \neq 0 (1 \leqslant m \leqslant 88)$,则 $t_1, t_2, \cdots, t_{88} \in \{1,2,\cdots,87\}$,此时必有 $1 \leqslant i < j \leqslant 88$,使 $t_i = t_j$,即

$$A_{f(i)} - B_i = A_{f(j)} - B_j,$$

所以

$$A_{f(i)} - A_{f(j)} = B_i - B_j,$$

即

$$a_{f(i)} + a_{f(i)+1} + \cdots + a_{f(j)} = b_i + b_{i+1} + \cdots + b_j,$$

结论成立.

4.2 去掉“小抽屉”

所谓“稀元素”,它包括两个方面的含义:第一个含义是,它所在的抽屉中元素个数很少,我们称为“小抽屉”;第二个含义是,从直观上看,这些元素在给定范围中的分布非常稀散,此时,去掉这些“稀元素”,则可使剩下元素的分布范围相对以前的范围大大减小.

例 1 一个口袋里有 100 个球,其中有 28 个为红色,20 个为绿色,12 个为黄色,20 个为蓝色,10 个为白色,10 个为黑色.要从中摸出

一些球，使得必有15个球同色，问至少要摸出多少个球？

分析与解　本题尽管比较容易，但需要用到去掉小抽屉的技巧.

我们先构造反例，尽可能多摸出一些球，使它们没有15个同色，这显然只需每一种颜色的球不多于14个即可.

首先，白球、黑球、黄球都可摸出，共有 $10+10+12=32$ 个.

其次，红球、绿球、蓝球每一种都可摸出14个，共有 $14\cdot 3=42$ 个.

于是，若摸出这样的74个球，则它们中没有15个同色，若摸出 $n(n<74)$ 个球，则在上述74个球中摸出 n 个，它们中也没有15个同色.

所以摸出球的个数不少于75个球.

下面证明摸出75个球足够保证有15个球同色.

如果直接将75个球归入6个抽屉(6种颜色)，则由抽屉原理，只能找到不少于 $\left[\frac{75}{6}\right]+1=13$ 个球同色.

所以，我们需要去掉小抽屉!

显然，有3个抽屉中球都很少：10个为白色，10个为黑色，12个为黄色.去掉这3个抽屉，还剩下3个抽屉，而剩下的元素有 $75-(10+10+12)=43$ 个.

将这43个球归入另3个抽屉，由抽屉原理，必有 $\left[\frac{43}{3}\right]+1=15$ 个球同色.

综上所述，至少要摸出75个球.

例2　求最小的正整数 n，使得对于满足条件 $\sum_{i=1}^{n} a_i=2\,007$ 的任一具有 n 项的正整数数列 $a_1,a_2,\cdots,a_n$，其中必有连续的若干项(包括1项)之和等于30.(2007年中国东南地区数学奥林匹克试题)

分析与解　我们先证明 $n\geqslant 1\,018$.

实际上,如果 $n\leqslant 1\,017$,则先考虑 $n=1\,017$ 的情形,我们证明:存在一个具有 1 017 项的整数数列 $a_1,a_2,\cdots,a_{1\,017}$,其中不存在和为 30 的连续若干项.

要使任何连续若干项的和不等于 30,则其和要么不大于 29,要么不小于 31,由于整个数列各项的和为常数 2 007,要使数列尽可能长,则每个数要尽可能小,于是,可取数列中小于 30 的项都为 1,而大于 30 的项都为 31.

此外,我们尽可能多地取一些项为 1,但不能有连续 30 个项为 1,于是,可取连续 29 个项为 1,然后取一个项为 31,如此下去,可得到最长的一个任何连续的若干项(包括 1 项)之和都不等于 30 的正整数数列.

其中,$a_1=a_2=\cdots=a_{29}=1,a_{30}=31$,且对 $i=1,2,\cdots,1\,987$,$a_{30+i}=a_i$,即 $\{a_k\}$为

$$\underbrace{1,1,\cdots,1}_{29个1},31,\underbrace{1,1,\cdots,1}_{29个1},31,\underbrace{1,1,\cdots,1}_{29个1},\cdots,\underbrace{1,1,\cdots,1}_{29个1},31,\underbrace{1,1,\cdots,1}_{27个1}.$$

此数列可分成 34 段,前 33 段中每段各有 30 个项,其中有连续 29 个项为 1,1 个项为 31,最后一段有 27 个项,每个项都是 1.该数列共有 $30\cdot 33+27=990+27=1\,017$ 个项,且

$$\sum_{i=1}^{n}a_i=33\cdot(29+31)+27=33\cdot 60+27=2\,007.$$

考察该数列中任意连续 k 个项,如果这 k 个项中包含有一个项为 31,则这 k 个项的和大于 30;

如果这 k 个项中不包含为 31 的项,则这 k 个项是在两个相邻的 31 之间的连续 k 个 1,此时 $k\leqslant 29$,其和不大于 29.

所以 $n=1\,017$ 不合乎要求.

如果 $n<1\,017$,则在上述数列中取定前 $n-1$ 个项,并将后面的 $1\,018-n$ 个项相加作为最后一个项,得到长为 n 的其和为 2 007 的整

数数列.

考察该数列中任意连续 k 个项,如果这 k 个项中包含有一个项为 31,则这 k 个项的和大于 30;

如果这 k 个项中不包含为 31 的项,且不包含最后一个项,则这 k 个项是在两个相邻的 31 之间的连续 k 个 1,此时 $k\leqslant 29$,其和不大于 29;

如果这 k 个项中不包含为 31 的项,且包含最后一个项,此时最后一个项必定大于 31,从而这 k 个项的和大于 31.

所以 $n<1\,017$ 不合乎要求.

下面证明 $n=1\,018$ 合乎要求,即对任何满足条件 $\sum_{i=1}^{1\,018} a_i = 2\,007$ 的长为 1 018 的正整数数列 $a_1, a_2, \cdots, a_{1\,018}$,必有连续的若干项之和等于 30.

为此,记 $S_k = \sum_{i=1}^{k} a_i (k = 1,2,\cdots,1\,018)$,则

$$1 \leqslant S_1 < S_2 < \cdots < S_{1\,018} = 2\,007.$$

将集合$\{1,2,\cdots,2\,007\}$划分为如下 1 017 个子集(抽屉):

$\{1,31\}$, $\{2,32\}$, $\cdots$, $\{30,60\}$,

$\{61,91\}$, $\{62,92\}$, $\cdots$, $\{90,120\}$,

$\{121,151\}$, $\{122,152\}$, $\cdots$, $\{150,180\}$,

……

$\{60 \cdot 32 + 1, 60 \cdot 32 + 31\}$, $\{60 \cdot 32 + 2, 60 \cdot 32 + 32\}$, $\cdots$, $\{60 \cdot 32 + 30, 60 \cdot 32 + 60\}$,

$\{1\,981\}$, $\{1\,982\}$, $\cdots$, $\{2\,007\}$,

其中有 $33\times 30=990$ 个二元子集以及 27 个单元子集.

去掉其中 27 个小抽屉,最多去掉 27 个数,将其余的数归入剩下的 990 个抽屉,必定有$\left[\frac{1\,018-27}{990}\right]+1=2$ 个数属于同一个二元子集,设这

两个数为 S_i,$S_j(i<j)$,则 $S_j-S_i=30$,即 $a_{i+1}+a_{i+2}+\cdots+a_j=30$.

综上所述,n 的最小值为 1 018.

该问题有如下一些推广.

推广 1 给定正整数 m,求最小的正整数 n,使得对于满足条件 $\sum_{i=1}^{n} a_i = m$ 的任一长为 n 的正整数数列 $a_1,a_2,\cdots,a_n$,其中必有连续的若干项(包括 1 项)之和等于 30.

推广 2 给定正整数 m,r,求最小的正整数 n,使得对于满足条件 $\sum_{i=1}^{n} a_i = m$ 的任一长为 n 的正整数数列 $a_1,a_2,\cdots,a_n$,其中必有连续的若干项(包括 1 项)之和等于 r.

上述两个问题都有相当大的容量,有兴趣的读者可作深入的研究.

例 3 在 $\{1,2,\cdots,100\}$ 中任取 r 个元素,都有其中 3 个元素 a,b,$c(a<b<c)$,使得 $a\mid b$,$b\mid c$,求 r 的最小值.(原创题)

分析与解 先构造整除链 $(2k-1)2^0$,$(2k-1)2^1$,$(2k-1)2^2$,$\cdots$,对该链中的任何 3 个数 a,b,$c(a<b<c)$,都有 $a\mid b$,$b\mid c$,由此可见,应构造如下一些抽屉:

$$A_1=\{2^0,2^1,2^2,\cdots,2^6\},$$

$$A_2=\{3\cdot 2^0,3\cdot 2^1,3\cdot 2^2,\cdots,3\cdot 2^5\},$$

$$A_3=\{5\cdot 2^0,5\cdot 2^1,5\cdot 2^2,5\cdot 2^3,5\cdot 2^4\},$$

$$A_4=\{7\cdot 2^0,7\cdot 2^1,7\cdot 2^2,7\cdot 2^3\},$$

$$A_5=\{9\cdot 2^0,9\cdot 2^1,9\cdot 2^2,9\cdot 2^3\},$$

$$A_6=\{11\cdot 2^0,11\cdot 2^1,11\cdot 2^2,11\cdot 2^3\},$$

$$A_7=\{13\cdot 2^0,13\cdot 2^1,13\cdot 2^2\},$$

$$A_8=\{15\cdot 2^0,15\cdot 2^1,15\cdot 2^2\},$$

$$A_9=\{17\cdot 2^0,17\cdot 2^1,17\cdot 2^2\},$$

$$A_{10}=\{19\cdot 2^0,19\cdot 2^1,19\cdot 2^2\},$$
$$A_{11}=\{21\cdot 2^0,21\cdot 2^1,21\cdot 2^2\},$$
$$A_{12}=\{23\cdot 2^0,23\cdot 2^1,23\cdot 2^2\},$$
$$A_{13}=\{25\cdot 2^0,25\cdot 2^1,25\cdot 2^2\},$$
$$A_{14}=\{27\cdot 2^0,27\cdot 2^1\},\quad A_{15}=\{29\cdot 2^0,29\cdot 2^1\},$$
$$A_{16}=\{31\cdot 2^0,31\cdot 2^1\},\quad A_{17}=\{33\cdot 2^0,33\cdot 2^1\},$$
$$A_{18}=\{35\cdot 2^0,35\cdot 2^1\},\quad A_{19}=\{37\cdot 2^0,37\cdot 2^1\},$$
$$A_{20}=\{39\cdot 2^0,39\cdot 2^1\},\quad A_{21}=\{41\cdot 2^0,41\cdot 2^1\},$$
$$A_{22}=\{43\cdot 2^0,43\cdot 2^1\},\quad A_{23}=\{45\cdot 2^0,45\cdot 2^1\},$$
$$A_{24}=\{47\cdot 2^0,47\cdot 2^1\},\quad A_{25}=\{49\cdot 2^0,49\cdot 2^1\},$$
$$A_j=\{2j-1\}\quad (j=26,29,\cdots,50).$$

当 $i\geqslant 14$ 时,抽屉 A_i 中不多于两个元素,因而是“小抽屉”,去掉这些抽屉中的 $2\cdot 12+25=49$ 个元素,则取出的 r 个元素中至少还有 $r-49$ 个元素,这些元素都属于 $A_1,A_2,\cdots,A_{13}$ 这 13 个集合,从而必有一个集合中元素个数不少于$\dfrac{r-49}{13}$,令$\dfrac{r-49}{13}>2$,得 $r>75$.

所以,当 $r=76$ 时,一定有其中 3 个元素 $a,b,c(a<b<c)$,使得 $a\mid b,b\mid c$.

下面证明 $r\geqslant 76$.

若 $r\leqslant 75$,令 $A=\bigcup\limits_{i=1}^{25}B_i\cup\{51,53,55,\cdots,99\}$,其中

$$B_i=\{(2i-1)\cdot 2^0,(2i-1)\cdot 2^1\}\quad (i=1,2,\cdots,25),$$

则 $|A|=25\cdot 2+25=75$.

取 A 中的 r 个数,则这 r 个数中不存在 3 个元素 $a,b,c(a<b<c)$,使得 $a\mid b,b\mid c$,矛盾.所以 $r\geqslant 76$.

综上所述,r 的最小值是 76.

4.3 寻找"空抽屉"

所谓寻找"空抽屉",就是证明某些抽屉中没有元素,我们称这样的抽屉为空抽屉.

如果存在空抽屉,则只需将其中的元素归入那些非空的抽屉中,由此便可在一个抽屉中找到较多的元素.

寻找空抽屉包括如下一些情形.

1. 证明某个抽屉为空抽屉

例 1 设 n 是大于 1 的奇数,求证:$2^t-1(t=1,2,\cdots,n-1)$中至少有一个为 n 的倍数.

分析与证明 我们的目标是找到整数 $t(1\leqslant t\leqslant n-1)$,使

$$2^t-1\equiv 0\ (\text{mod}\ n).$$

为了便于利用抽屉原理,我们将其转化为两个同类型的元素同余

$$2^t\equiv 2^0(\text{mod}\ n).$$

因为 n 是奇数,$(2,n)=1$,于是,由同余的性质可知,上式等价于

$$2^{t+i}\equiv 2^i(\text{mod}\ n),$$

即

$$2^j\equiv 2^i(\text{mod}\ n).$$

由此可见,应以 $2^t(t=0,1,2,\cdots,n-1)$为元素,以模 n 的剩余类为抽屉,但题中只有 n 个元素,又有 n 个抽屉,找不到一个"大抽屉"含有两个元素.

但稍作思考便发现,剩余类 $\bar{0}$ 为空抽屉.

实际上,因为 2 为质数,如果 $n\mid 2^i(i\in\mathbf{N})$,则 $n=2^j(j<i)$,这与 n 是大于 1 的奇数矛盾,所以 $n\nmid 2^i(i\in\mathbf{N})$,即 $\bar{0}$ 为空抽屉.

将 n 个数 $2^0,2^1,2^2,\cdots,2^{n-1}$归入模 n 的另 $n-1$ 个剩余类:$A_i=$

$\{x \mid x \equiv i \pmod{n}\}(1 \leqslant i \leqslant n-1)$,由抽屉原理,必有两个数在同一抽屉中,即存在 2^i,$2^j(i<j)$,使

$$2^i \equiv 2^j \pmod{n}.$$

所以

$$0 \equiv 2^j - 2^i = 2^i(2^{j-i}-1) \pmod{n}.$$

又$(n,2^t)=1$,所以 $2^{j-i} \equiv 1 \pmod{n}$.

取 $t=j-i$,则 $2^t-1 \equiv 0 \pmod{n}$,即 2^t-1 为 n 的倍数.

综上所述,命题获证.

例 2 对于数集 M,定义 M 的和为 M 中各数的和,记为 $S(M)$.设 M 是若干个不大于 15 的自然数组成的集合,且 M 的任何两个不相交的子集有不同的和,求 $S(M)$的最大值.

分析与解 本题是 4.1 节例 3 中的问题,那里的解答采用的是筛选好元素的方法,这里我们用寻找空抽屉的方法给出另一个解答.

注意到 M 满足$S(A) \neq S(B)$,从而 M 的所有子集对应的和并非是连续的,有很多整数值取不到,即有多个空抽屉.

首先,同原来的证明,可证明如下的引理.

引理 对任何满足条件的集合 A,若$|A| \leqslant 5$,则 $S(A) \leqslant 61$.

其次证明,若 M 合乎条件,必有$|M| \leqslant 5$.

反设$|M| \geqslant 6$,取 M 的 6 个元素 $a_1,a_2,\cdots,a_6$,不妨设 $a_1<a_2<\cdots<a_6$,那么

$$a_1 \leqslant S(A) \leqslant S(\{a_1,a_2,\cdots,a_6\}) = a_1 + S(M'),$$

其中

$$M' = M \backslash \{a_1\} = \{a_2,a_3,\cdots,a_6\},$$

注意到$|M'|=5$,且 M'也合乎条件,从而由引理,有 $S(M') \leqslant 61$,于是,$a_1 \leqslant S(A) \leqslant a_1+61$,这表明 $S(A)$最多有 62 个取值(舍弃了很多"空抽屉").

但$\{a_1,a_2,\cdots,a_6\}$的非空子集有 $2^6-1=63$ 个,将其归入上述 62

个抽屉,必有两个子集 A,B,使 $S(A)=S(B)$.

令 $A'=A\setminus(A\cap B)$, $B'=B\setminus(A\cap B)$,则 A',B' 不相交,且 $S(A')=S(B')$,与题设条件矛盾.

所以 $|M|\leqslant 5$,进而由上面的引理,有 $S(M)\leqslant 61$.

最后,取 $M=\{15,14,13,11,8\}$,此时,M 合乎条件,$S(M)=61$,故 $S(M)$ 的最大值为 61.

2. 证明某些抽屉中存在空抽屉

例 3 求证:n 个人中,必有两个人,他们在其中认识的人的个数相等,其中"认识"是相互的,如果 A 认识 B,则 B 也认识 A.

分析与证明 我们要找到两个人 x,y,使 $d(x)=d(y)$,其中 $d(x)$ 表示 x 在其中认识的人的个数.

$d(x)$ 的可能值是 $0,1,2,\cdots,n-1$,共有 n 种可能,但只有 n 个人,直接运用抽屉原理,找不到两个人对应的数属于同一抽屉.

我们来发掘空抽屉,可以这样进行反面思考:每个抽屉内各有一个元素可能吗?

这种情况是不可能的!实际上,若有某个人不认识其中的任何一个人(抽屉"0"中有元素),则不可能有人认识所有的人(抽屉"$n-1$"中无元素),由此可知,"0"和"$n-1$"这两个抽屉中必有一个为空的.

由此可知,$d(x)$ 只有 $n-1$ 种可能.

因为 $n>n-1$,所以必有两个人认识的人的个数相等.

3. 对某个抽屉分"空"与"非空"讨论

例 4 任给五个整数,求证:其中必有三个数,其和被 3 整除.(1992 年第二届"长江杯"数学通讯赛试题)

分析与证明 我们要在题给的五个整数中找到三个数 x,y,z,使 $3\mid x+y+z$,即 $x+y+z\equiv 0\pmod 3$.

我们以模 3 的剩余类为抽屉，希望找到三个数 x,y,z 属于同一抽屉.

但因为只有五个元素数，而有三个抽屉，由抽屉原理，只能找到 $\left[\frac{5}{3}\right]+1=2$ 个数在同一抽屉，不能达到目的.

需要发掘空抽屉！但由题目的条件，并不一定有空抽屉，从而应分“有空抽屉”和“没有空抽屉”这两种情况讨论.

将题中的五个数归入模 3 的剩余类，如果有一个类中没有已知数(存在空抽屉)，则五个数属于模 3 的另两个剩余类，必有 $\left[\frac{5}{2}\right]+1=3$ 个数 x,y,z 在同一类，此时，$x+y+z\equiv 3x\equiv 0 \pmod 3$，结论成立.

如果每一个类中都有已知数(不存在空抽屉)，则在每个类中各取一个数，设为 x,y,z，此时

$$x+y+z\equiv 0+1+2\equiv 0 \pmod 3,$$

结论成立.

综上所述，命题获证.

例 5 一个书架有 5 层，从上到下依次称为第一层、第二层……第五层. 上面放有 15 本书，有些层可以不放书. 证明：每层上书的本数以及相邻两层上书的本数之和这 9 个数中至少有两个是相等的.(1991 年江苏省市初中数学竞赛试题)

分析与证明 设第 i 层上书的本数为 x_i，则问题等价于证明：x_1，x_2，x_3，x_4，x_5，x_1+x_2，x_2+x_3，x_3+x_4，x_4+x_5 中有两个相等.

显然，若直接运用抽屉原理，则因抽屉有 16 个 0～15 的整数值，问题不能解决，因而应分某些抽屉是否存在空抽屉进行讨论.

(1) 若有某个 $x_i=0$(一个特殊的非空抽屉)，则 $x_i+x_{i+1}=x_{i+1}$，结论成立.

(2) 若有某两个 x_i，x_j，使 $x_i=x_j$，则结论成立.

(3) 设所有 x_i 不为 0 且互不相等,则

$$x_1+x_2+x_3+x_4+x_5 \geqslant 1+2+3+4+5=15,$$

又由条件可知

$$x_1+x_2+x_3+x_4+x_5=15,$$

从而上述不等式等号成立,所以 x_1,x_2,x_3,x_4,x_5 是 1,2,3,4,5 的一个排列.

考察 $x_1,x_2,x_3,x_4,x_5,x_1+x_2,x_2+x_3,x_3+x_4,x_4+x_5$ 的取值,它们都不超过 $5+4=9$.

下面证明 7,8,9 这 3 个值在上述 9 个数中不同时出现(即 7,8,9 中必有一个为空抽屉).

否则,因为有 9,则 4 与 5 相邻,不妨设为(4,5).

又有 8,所以 5 与 3 相邻,得到(4,5,3),从而 3,4 分别位于 5 的两侧.

但还有 7,而 7 只能分解为 $2+5$,$3+4$,但 5 不能再与 2 相邻,所以只能是 3 与 4 相邻,这样一来,3,4,5 两两相邻,矛盾.

所以,$x_1,x_2,x_3,x_4,x_5,x_1+x_2,x_2+x_3,x_3+x_4,x_4+x_5$ 只有 8 种取值,而 $9>8$,由抽屉原理,必有两个相等,命题获证.

例 6　设 a 为正数,求证:在 $a,2a,3a,\cdots,(n-1)a$ 中,至少有一个数,它与其最近的整数之差的绝对值不超过 $\frac{1}{n}$.

分析与证明　首先注意 ia 与其最近整数之差的绝对值,就是 $\{ia\}$ 与其最近整数之差的绝对值,于是只需考察数 $\{a\},\{2a\},\cdots,\{(n-1)a\}$ 即可.

因为 $\{a\},\{2a\},\cdots,\{(n-1)a\}$ 都在区间 $[0,1)$ 中,将区间 $[0,1)$ 等分为 n 个小区间:$\left[0,\frac{1}{n}\right),\left[\frac{1}{n},\frac{2}{n}\right),\cdots,\left[\frac{n-1}{n},1\right)$.

如果 $\left[0,\frac{1}{n}\right)$ 含有其中一个数 $\{ia\}$(非空的抽屉),则 $|\{ia\}-0|\leqslant$

$\frac{1}{n}$,结论成立;

如果$\left[\frac{n-1}{n},1\right)$含有其中一个数$\{ia\}$(非空的抽屉),则$|\{ia\}-1|\leqslant\frac{1}{n}$,结论成立;

如果$\{a\},\{2a\},\cdots,\{(n-1)a\}$都不在$\left[0,\frac{1}{n}\right)\cup\left[\frac{n-1}{n},1\right)$中(有两个空抽屉),则 $n-1$ 个数都在剩下的 $n-2$ 个小区间中,必定有一个小区间含有其中的两个数,设为$\{ia\}$、$\{ja\}$($1\leqslant i<j\leqslant n-1$),则

$$|\{ia\}-\{ja\}|\leqslant\frac{1}{n}.$$

注意到

$$\begin{aligned}\{ia\}-\{ja\}&=(ia-[ia])-(ja-[ja])\\&=(ia-ja)-([ia]-[ja]),\end{aligned}$$

所以

$$\begin{aligned}\{ja\}-\{ia\}&=(ja-ia)-([ja]-[ia])\\&=(j-i)a-([ja]-[ia]),\end{aligned}$$

故

$$|(j-i)a-([ja]-[ia])|=|\{ja\}-\{ia\}|\leqslant\frac{1}{n},$$

即$(j-i)a$ 合乎要求.

例 7 设 $n\geqslant2$,求 n 阶简单图 G 中度相同的顶点的个数的最小值.

分析与解 设图 G 中度相同的顶点的个数为 r,我们先证明 $r\geqslant2$.

对任一顶点 A,其度 $d(A)$满足 $0\leqslant d(A)\leqslant n-1$,即各顶点的度只有 n 种取值.

但若存在点 A,使 $d(A)=0$,则对其他任何点 B,有 B 与 A 不相

邻,从而 $d(B)<n-1$,这表明:两个抽屉"0""$n-1$"中至少有一个为空抽屉,所以 $d(A)$ 只有 $n-1$ 种取值,由抽屉原理,必有两个点 A,B,使得 $d(A)=d(B)$,即 $r\geqslant 2$.

下面证明对任何自然数 $n\geqslant 2$,都存在使 $r=2$ 的图 G,这只需让 G 各点的度尽可能不同即可.

设 G 的 n 个顶点为 $A_1,A_2,\cdots,A_n$,当且仅当 $i+j\geqslant n+1$ 时,A_i,A_j 连边.

此时,$A_1,A_2,\cdots,A_{\frac{n}{2}-1}$ 的度分别为 $1,2,\cdots,\left[\frac{n}{2}\right]-1$;$A_n,A_{n-1},\cdots,A_{\frac{n}{2}+2}$ 的度分别为 $n-1,n-2,\cdots,\left[\frac{n}{2}\right]+1$;而 $A_{\frac{n}{2}}$,$A_{\frac{n}{2}+1}$ 的度都为 $\left[\frac{n}{2}\right]$,所以只有 $A_{\frac{n}{2}}$,$A_{\frac{n}{2}+1}$ 的度相等,其余各点的度互不相同,即 $r=2$.

综上所述,r 的最小值为 2.

4.4　避开"大抽屉"

为了找到若干个数具有某种性质,我们可将其转化为若干个数属于同一抽屉,但有些问题,或者因抽屉太多,或者因元素太少,难以找到若干个元素属于同一抽屉,此时,我们可采用反证法,假定结论不成立,则不存在大抽屉,由此断言,每个抽屉中至多有多少个已知元素,进而得到与目标相关的结论.

例 1　从 1,2,…,9 中任取 n 个数,其中一定可以找到若干个数(至少一个,也可以是全部),它们的和能被 10 整除,求 n 的最小值.(2008 年全国初中数学竞赛试题)

分析与解　因为题给的数的个数较少,可逐步试验来找 n 的最小值.

当 $n=1,2,3$ 时,显然不合乎条件(取 1,2,3 即可).

当 $n=4$ 时,若取 1,2,3,则达到饱和(无法增加任何数),但这并不能说明最小值是 $n=4$,因为还可更换所取的数.

先去掉已取的 3,即可取 1,2,4,逐步试验 5,6,7,8,9,发现都不能再取.

又去掉已取的 4,即可取 1,2,5,逐步试验 6,7,8,9,发现取 6 即可(取数方法是不唯一的,比如,原解答取的数是 1,3,5,8).

于是,当 $n\leqslant 4$ 时,在 1,2,5,6 中取 n 个数,则其中没有若干个数的和能被 10 整除,所以 $n\geqslant 5$.

下面证明 $n=5$ 合乎条件,即证明:从 $1,2,\cdots,9$ 中任取 5 个数,其中一定可以找到若干个数,它们的和能被 10 整除,一个充分条件是若干数的和为 10,于是想到将其和为 10 的两个数组成一个抽屉,然后期望找到两个数属于同一抽屉.

用反证法.假定可以取出 5 个数,其中没有若干个数的和能被 10 整除,将 $1,2,\cdots,9$ 分为如下 5 组:

$$\{1,9\},\quad \{2,8\},\quad \{3,7\},\quad \{4,6\},\quad \{5\},$$

则取出的数只能含有各组中的一个数,从而必取出 5.

(1) 如果在第一组中取出 1,则不取 9,由 $1+5+4=10$,知不取 4,从而取 6.

由 $1+6+3=10$,知不取 3,从而取 7.

由 $1+7+2=10$,知不取 2,从而取 8,但 $5+7+8=20$ 是 10 的倍数,矛盾.

(2) 如果在第一组中取出 9,则不取 1,由 $9+5+6=20$,知不取 6,从而取 4.

由 $9+4+7=20$,知不取 7,从而取 3.

由 $9+3+8=20$,知不取 8,从而取 2,但 $5+3+2=10$ 是 10 的倍数,矛盾.

综上所述，n 的最小值为 5.

例 2　在 7×8 的方格棋盘中，每个方格都放有一枚棋.如果两枚棋所在的方格有公共顶点，则称这两枚棋是相连的.现在从这些棋中取出 k 枚棋，使剩下的棋中没有 5 枚棋在一条直线(横、竖、斜 45°)上依次相连，求 k 的最小值.(2007 年全国高中数学联赛加试试题)

分析与解　如果有 5 枚棋在同一直线的连续 5 个方格，则称这连续 5 个方格为一个大抽屉.为了避开大抽屉，很易发现这样的“规则块”——同行(列)的连续 5 个方格，其中必定有空(没有棋的方格).进而发现，规则块不需要这样细，任何 $5\times k$ 的块都是规则块，其中至少有 k 个空.

由此想到对棋盘进行如下的分割：

先在棋盘左边分割出一个 7×5 的块 P，再在棋盘右上角分割出一个 5×3 的块 Q，则 P 中至少 7 个空，Q 中至少 3 个空，从而棋盘中至少 10 个空，即 $k\geqslant10$.

能否有 $k=10$?

如果 $k=10$，则右下角 2×3 的块中没有空，由对称性，棋盘四角的 2×3 的块中都没有空，于是想到对棋盘作如下的分割(图 4.1)：

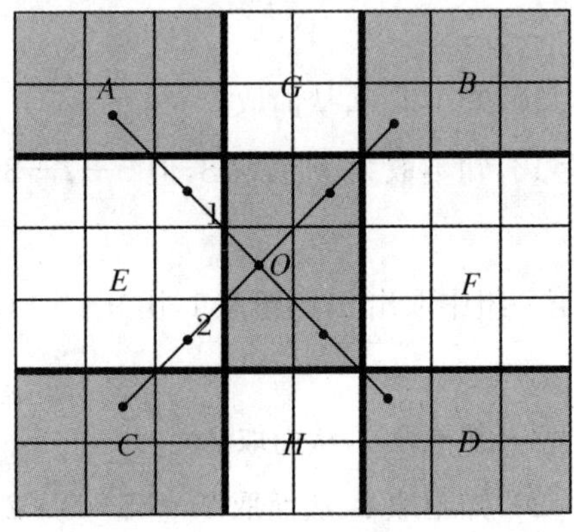

图 4.1

用4条直线将棋盘划分为 A,B,C,D,E,F,G,H,O 共9个区域.

由条件, $A\cup G$ 中至少两个空, $E\cup O$ 中至少3个空, $C\cup H$ 中至少两个空, $B\cup F$ 中至少3个空,从而 $k\geqslant 2+3+2+3=10$.

如果 $k=10$,则上述不等式等号都成立,从而区域 D 中没有空.

由对称性,区域 A,B,C,D 中都没有空.

此外,因为 $A\cup G$ 中至少两个空, $B\cup F$ 中至少3个空, $D\cup H$ 中至少两个空, $C\cup E$ 中至少3个空,又棋盘中只有10个空,从而区域 O 中没有空.

于是,10个空都在区域 E,F,G,H 中,且 E,F 中各恰有3个空, G,H 中各恰有两个空.

如果图4.1中的格1,2都是空,则因为 $C\cup E$ 的每列至少一个空,从而 $C\cup E$ 中至少4个空,所以 E 中至少4个空,矛盾.于是格1,2中至少有一个不是空.

至此,考察图4.1中的两条直线,其中至少有一条是5子相连,矛盾.

所以 $k\geqslant 11$.

当 $k=11$ 时,如图4.2所示,我们采用"马步"布子,则棋盘中没有同一直线上的5子相连.

<table>
<tr><td>1</td><td></td><td></td><td></td><td></td><td>6</td><td></td><td></td></tr>
<tr><td></td><td></td><td></td><td>5</td><td></td><td></td><td></td><td></td></tr>
<tr><td></td><td>2</td><td></td><td></td><td></td><td></td><td>9</td><td></td></tr>
<tr><td></td><td></td><td></td><td></td><td>8</td><td></td><td></td><td></td></tr>
<tr><td></td><td></td><td>3</td><td></td><td></td><td></td><td></td><td>11</td></tr>
<tr><td>7</td><td></td><td></td><td></td><td></td><td>10</td><td></td><td></td></tr>
<tr><td></td><td></td><td></td><td>4</td><td></td><td></td><td></td><td></td></tr>
</table>

图4.2

综上所述，$k_{\min}=11$.

构图的思路：先设 a_{11} 为空（图 4.3），考察 a_{11} 所在的行、列、对角线，可知 a_{16}，a_{61}，a_{66} 都为空.

接下来考察 a_{12}，a_{21} 所在的行、列、对角线，这一组线上的空尽可能不在前一组线（图中的粗线）上，于是可考虑令 a_{23} 或 a_{32} 为空.

如果 a_{23} 为空，则得到横向斜率为负的"马步"方式取其他空，此时纵向的空是斜率为正的"马步"方式，但此时需要 12 个空，不合要求（图 4.3）；

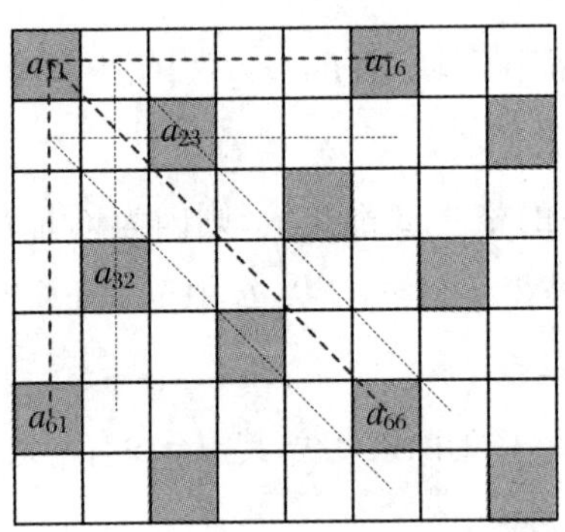

图 4.3

如果 a_{32} 为空，则得到纵向斜率为负的"马步"空（图 4.4），此时横向是斜率为正的"马步"空，恰好 11 个空，合乎要求.

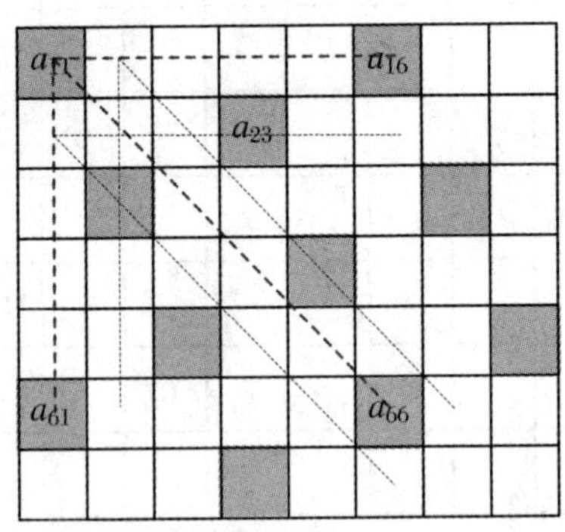

图 4.4

例3 设$A\subseteq\{0,1,2,\cdots,29\}$,满足:对任何整数$k$及$A$中任意数$a,b$($a,b$可以相同),$a+b+30k$均不是两个相邻整数之积.试求出所有元素个数最多的$A$.(2003年中国集训队选拔考试试题)

分析与解 设A满足题中条件且$|A|$最大,先考察A中数的性质.

因为对两个相邻整数$a,a+1$,有

$$a(a+1)\equiv 0,2,6,12,20,26\pmod{30},$$

于是对任意$a\in A$,取$b=a,k=0$,可知

$$2a\not\equiv 0,2,6,12,20,26\pmod{30},$$

即

$$a\not\equiv 0,1,3,6,10,13,15,16,18,21,25,28\pmod{30}.$$

因此

$$A\subseteq M=\{2,4,5,7,8,9,11,12,14,17,19,20,22,23,24,26,27,29\}.$$

为了避开"大抽屉",将M分拆成下列10个子集:

$A_1=\{2,4\}$, $A_2=\{5,7\}$, $A_3=\{8,12\}$, $A_4=\{11,9\}$,

$A_5=\{14,22\}$, $A_6=\{17,19\}$, $A_7=\{20\}$, $A_8=\{23,27\}$,

$A_9=\{26,24\}$, $A_{10}=\{29\}$,

则其中每一个子集A_i至多包含A中一个元素,故$|A|\leqslant 10$.

若$|A|=10$,则每个子集A_i恰好包含A中一个元素,于是,$20\in A$,$29\in A$.

由$20\in A$知$12\notin A$,从而$8\in A$,$14\in A$,这样$4\notin A$,$24\notin A$.因此$2\in A$,$26\in A$.由$29\in A$知$7\notin A$,$27\notin A$,从而$5\in A$,$23\in A$,这样$9\notin A$,$19\notin A$,因此$11\in A$,$17\in A$.

综上所述,所求的集合$A=\{2,5,8,11,14,17,20,23,26,29\}$,经验证,$A$满足要求.

例4 设$X=\{1,2,\cdots,2\,001\}$,求最小的正整数m,使其适合要

求：对 X 的任何一个 m 元子集 W，都存在 $u,v\in W$（u,v 可以相同），使得 $u+v$ 是 2 的方幂.（2001 年中国数学奥林匹克试题）

分析与解　为叙述问题方便，如果 $u+v$ 是 2 的方幂，则称 u,v 是一个对子.我们从反面考虑，如果 X 的子集 W 不含对子，则 W 最多有多少个元素？显然，我们如果能将 X 划分成若干块，使每一块中任何两个数对是对子，则 W 只能含每一块中的一个元素.于是，令

$$A_i=\{1\,024-i,1\,024+i\}\quad (i=1,2,\cdots,977),$$

$$B_j=\{32-j,32+j\}\quad (j=1,2,\cdots,14),$$

$$C=\{15,17\},$$

$$D_k=\{8-k,8+k\}\quad (k=1,2,\cdots,6),$$

$$E=\{1,8,16,32,1\,024\}.$$

假定 W 不含有对子，则 W 不能含有 E 中的元素，且最多只能含有各 A_i,B_j,D_k 与 C 中的一个元素，于是

$$|W|\leqslant 977+14+6+1=998.$$

这表明，当 $|W|\geqslant 999$ 时，W 中必有对子，也就是说，$m=999$ 合乎条件.

其次，若 $|W|=998$ 且 W 不含有对子，则 W 恰含各 A_i,B_j,D_k 与 C 中的一个元素，令

$$W=\{1\,025,1\,026,\cdots,2\,001\}\cup\{33,34,\cdots,46\}\cup\{17\}\cup\{9,10,14\},$$

容易验证 W 中没有对子.

于是，当 $m<999$ 时，取 W 的一个 m 元子集，则该子集中没有对子，于是 $m\geqslant 999$.

综上所述，m 的最小值为 999.

例 5　设集合 $S=\{1,2,\cdots,50\}$，X 是 S 的任意子集，$|X|=n$.求最小正整数 n，使得集合 X 中必有三个数为直角三角形的三条边长.

分析与解 设直角三角形三边长分别为 x,y,z,有 $x^2+y^2=z^2$,其正整数解可表示为

$$x=k(a^2-b^2),\quad y=2kab,\quad z=k(a^2+b^2),\qquad ①$$

其中 $k,a,b\in\mathbf{N}^*$ 且 $(a,b)=1,a>b$.

首先,x,y,z 中必有一个为5的倍数.否则,若 a,b,c 均不是5的倍数,则 a,b,c 都是形如 $5m\pm1,5m\pm2$ 的数($m\in\mathbf{N}$),则

$$a^2\equiv\pm1\ (\mathrm{mod}\ 5),\quad b^2\equiv\pm1\ (\mathrm{mod}\ 5),\quad c^2\equiv\pm1\ (\mathrm{mod}\ 5),$$

而 $c^2=a^2+b^2\equiv0$ 或 ±2,矛盾!

令 $A=\{S$ 中所有与5互质的数$\}$,则 $\mathrm{card}\,A=40$.

若以10,15,25,40,45分别作直角三角形的某边长,则由式①知可在 A 中找到相应的边构成如下直角三角形:

(10,8,6), (26,24,10), (15,12,9), (17,15,8), (39,36,15), (25,24,7), (40,32,24), (41,40,9), (42,27,36).

此外,A 中再没有能与10,15,25,40,45构成直角三角形三边的数.

令 $M=A\cup\{10,15,25,40,45\}\setminus\{8,9,24,36\}$,则 $\mathrm{card}\,M=41$.

由以上分析可知,A 中三数不能组成直角三角形,由于 M 中不含8,9,24,36,所以10,15,25,40,45在 M 中找不到可搭配成直角三角形三边的数.即 M 中任三数均不构成直角三角形三边,所以 $n\geqslant42$.

另一方面,由式①的整数解可作集合:

$$B=\{3,4,5,17,15,8,29,21,20,25,24,7,34,16,\\ 30,37,35,12,50,48,14,41,40,9,45,36,27\},$$

其中互不相交的每连续三个数都可作直角三角形三边,$\mathrm{card}\,B=27$.

$S\setminus B$ 中元素的个数为 $50-27=23$,在 S 中任取42个数,因 $42-23=19$,于是,取的42个数中必含有 B 中的19个数,因此 B 中至少有一条横线上的三个数在所选的42个数中,即任取42个数,其中至少有三数可作直角三角形三边.

综上所述,n 的最小值为 42.

习　题　4

1. 从 1,2,…,100 中取出 55 个不同的数,试证:

(1) 必有两个数的差为 10;

(2) 必有两个数的差为 12;

(3) 未必有两个数的差为 11.

2. 有 50 个球,其中 15 个为红色,6 个为黄色,12 个为蓝色,5 个为白色,3 个为黑色,还有 9 个没有颜色.从中取出一些球,要使一定有 10 个同色的球,那么至少要取出多少个球?

3. 将 1,2,…,10 排成一圈,求证:一定有三个相邻的数的和不小于 18.

4. 某学生在黑板上写出了 17 个正整数,试证:从这 17 个数中可以选出 5 个数,它们的和能被 5 整除.(2005 年北京市中学生数学竞赛试题)

5. 设 $f(x)=x^2+px+q(-1\leqslant x\leqslant 1)$,试求 $M=\max|f(x)|$ 达到最小时 $f(x)$ 的表达式.

6. 设 $a=\lg z+\lg\left(\dfrac{x}{yz}+1\right)$,$b=\lg\dfrac{1}{x}+\lg(xyz+1)$,$c=\lg y+\lg\left(\dfrac{1}{xyz}+1\right)$,记 a,b,c 中最大者为 M,求 M 的最小值.(1997 年全国高中数学联赛试题)

7. 最多能找多少个两两不相等的正整数使其任意三个数之和为质数,并证明你的结论.(2013 年清华大学自主招生试题)

8. 已给集合 $S=\{1,2,3,\cdots,1\,997\}$,$A=\{a_1,a_2,\cdots,a_k\}$是 S 的子集,具有下述性质:A 中任意两个不同元素之和不能被 117 整除.试

确定 k 的最大值,并证明你的结论.(1997 年江苏省高中数学竞赛试题)

9. 求最小的正整数 n,使得对于满足条件 $\sum_{i=1}^{n} a_i = 31$ 的任一长为 n 的正整数数列 $a_1, a_2, \cdots, a_n$,其中必有连续的若干项(包括 1 项)之和等于 30.

10. 将正 27 边形的每个顶点染红色或蓝色,使任何两个红点之间都至少有多边形的两个顶点.试证:一定可以找到 3 个蓝色的点,它们构成一个正三角形的顶点.(1992 年圣彼得堡数学竞赛试题)

11. 将平面上每个点都以红、蓝两色之一着色,试证:存在有两个内角分别为$\frac{2\pi}{7}$,$\frac{4\pi}{7}$,该两角的夹边长为 1 996 的三角形,其三个顶点同色.(1996 年北京市中学生数学竞赛高一复试题)

12. 在 1,2,…,20 中最多能选出多少个数,使其中任何一个选出来的数都不是另一个选出来的数的 2 倍.并问:这样的取数方法有多少种?

13. 自然数 k 满足如下性质:在 1,2,…,1 988 中,可取出 k 个不同的数,使其中任何两个数的和不被这两个数的差整除.求 k 的最大值.(第 26 届莫斯科数学竞赛试题)

14. 在集合 $X=\{1,2,\cdots,50\}$ 的子集 S 中,任何两个元素的平方和不是 7 的倍数,求 $|S|$ 的最大值.

习题 4 解答

1. (1) 将 100 个数分成 50 组:(1,11),(2,12),…,(10,20);(21,31),(22,32),…,(30,40);…,(50,60);…,(90,100),其中每组的两个数相差 10.从中取出 55 个数,必有$\left[\frac{55}{50}\right]+1=2$ 个数在同一个组,这两个数的差为 10.

(2) 将 100 个数分成 49 组. 首先每连续 24 个数分成 12 组: (1,13),(2,14),…,(12,24);(25,37),(26,38),…,(36,48);…,(60,72);…,(84,96). 再将剩下的 4 个数每个单独为一组:(97,98,99,100),其中前 48 组每组的两个数相差 12. 从中取出 55 个数,最后一组最多 4 个数,其他组至少 51 个数,必有$\left[\frac{51}{49}\right]+1=2$个数在同一个组,这两个数的差为 12.

(3) 令

$$A_1=\{1,2,\cdots,11\},\quad A_2=A_1+22=\{23,24,\cdots,33\},$$
$$A_3=A_2+22=\{45,46,\cdots,55\},$$
$$A_4=A_3+22=\{67,68,\cdots,77\},$$
$$A_5=A_4+22=\{89,90,\cdots,99\},$$

取集合 $A=A_1\cup A_2\cup A_3\cup A_4\cup A_5$ 中的 55 个数,则没有两个数的差为 11. 实际上,对 A 中任意两个数 $a,b(a<b)$,如果 a,b 属于同一个子集 A_i,则 $b-a\leqslant 10$;如果 a,b 属于两个不同的子集 $A_i,A_j(i<j)$,则

$$\begin{aligned}b-a&\geqslant\min\{A_j\}-\max\{A_i\}\geqslant(\min\{A_i\}+22)-\max\{A_i\}\\&=22+\min\{A_i\}-\max\{A_i\}=22-10=12.\end{aligned}$$

我们还可以证明只有两种构造反例的方法.

令 $B_1=\{11\times0+1,11\times1+1,\cdots,11\times9+1\}$,因为 $|B_1|=10$,B_1 中最多取出 5 个数,且只有两种取出 5 个数的方法.

$B_2=\{11\times0+2,11\times1+2,\cdots,11\times8+2\}$,因为 $|B_2|=9$,B_2 中最多取出 5 个数,且只有一种取出 5 个数的方法.

$B_3=\{11\times0+3,11\times1+3,\cdots,11\times8+3\}$,因为 $|B_3|=9$,B_3 中最多取出 5 个数,且只有一种取出 5 个数的方法.

……

$B_{11}=\{11\times0+11,11\times1+11,\cdots,11\times8+11\}$,因为 $|B_{11}|=9$,

B_{11}中最多取出 5 个数，且只有一种取出 5 个数的方法.

于是，在 B_1 中取出 5 个数，有两种方法. 在 $B_2, B_3, \cdots, B_{11}$ 中各取出 5 个数，有唯一方法. 从而只有两种构造反例的方法.

2. 至少要取出 42 个球.

首先，若取出 42 个球，去掉黄色、白色、黑色及无色的球，至多去掉 $6+5+3+9=23$ 个，于是红色、蓝色的球至少有 19 个，由抽屉原理，必有 $\left[\frac{19}{2}\right]+1=10$ 个球同色.

其次，取出这样 41 个球，其中红色的有 9 个，黄色的有 6 个，蓝色的有 9 个，白色的有 5 个，黑色的有 3 个，无色的有 9 个，此时没有 10 个球同色.

最后，若取出 $r<41$ 个球，则在上述 41 个球中取 r 个球，其中仍没有 10 个同色.

3. 设圆周上的数依次为 $a_1, a_2, \cdots, a_{10}$，不妨设 $a_1=1$（因为 1 最小，将其舍弃），令 $S_i=a_i+a_{i+1}+a_{i+2}(i=1,2,\cdots,10)$，考察 $S_2=a_2+a_3+a_4, S_5=a_5+a_6+a_7, S_8=a_8+a_9+a_{10}$（筛选部分元素，使其互不相交），则

$$S_2+S_5+S_8=a_2+a_3+\cdots+a_{10}=2+3+\cdots+10=54.$$

于是，S_1, S_2, S_3 中至少有一个不小于 $\left[\frac{54}{3}\right]=18$，证毕.

4. 如果 17 个数除以 5 的余数包含 0,1,2,3,4 中的每一个，则每类选取一个数，5 个数除以 5 的余数分别是 0,1,2,3,4，则这 5 个数的和被 5 整除.

如果 17 个数除以 5 的余数至多有 4 种不同数字，由抽屉原理，至少有一类中含有 $\left[\frac{17}{4}\right]+1=5$ 个数，于是，从中选取 5 个数，其除以 5 的余数相同，则这 5 个数的和被 5 整除.

综上所述，命题获证.

5. 当$|p|\leqslant 2$时，$-1\leqslant -\frac{p}{2}\leqslant 1$，于是，根据二次函数最值的特点，筛选部分函数值，然后利用平均值估计，有

$$M=\max\left\{|f(1)|,|f(-1)|,\left|f\left(-\frac{p}{2}\right)\right|\right\}$$

$$\geqslant\frac{|f(1)|+|f(-1)|+2\left|f\left(-\frac{p}{2}\right)\right|}{4}$$

$$\geqslant\frac{\left|f(1)+f(-1)-2f\left(-\frac{p}{2}\right)\right|}{4}=\frac{2}{4}+\frac{p^2}{8}\geqslant\frac{1}{2}.$$

当$|p|>2$时，有

$$M=\max\{|f(1)|,|f(-1)|\}\geqslant\frac{|f(1)|+|f(-1)|}{2}$$

$$\geqslant\frac{|f(1)-f(-1)|}{2}=|p|\geqslant 2.$$

于是，恒有$M\geqslant\frac{1}{2}$. 其中等号在$p=0$及$f(1)=f(-1)=-f(0)$时成立，解得$p=0,q=-\frac{1}{2}$. 所以$f(x)=x^2-\frac{1}{2}$.

另解：因为$-1<0<1$，所以

$$M\geqslant\max\{|f(1)|,|f(-1)|,|f(0)|\}$$

$$\geqslant\frac{|f(1)|+|f(-1)|+2|f(0)|}{4}$$

$$\geqslant\frac{|f(1)+f(-1)-2f(0)|}{4}=\frac{1}{2},$$

其中等号在$f(1)=f(-1)=-f(0)$时成立，即

$$1+p+q=1-p+q=-q,$$

解得$p=0,q=-\frac{1}{2}$.

所以 $f(x)=x^2-\frac{1}{2}$.

6. 因为

$$a=\lg z+\lg\left(\frac{x}{yz}+1\right)=\lg\left(z\cdot\left(\frac{x}{yz}+1\right)\right)=\lg\left(\frac{x}{y}+z\right),$$

$$b=\lg\frac{1}{x}+\lg(xyz+1)=\lg\frac{xyz+1}{x}=\lg\left(yz+\frac{1}{x}\right),$$

$$c=\lg y+\lg\left(\frac{1}{xyz}+1\right)=\lg\left(y\cdot\left(\frac{1}{xyz}+1\right)\right)=\lg\left(\frac{1}{xz}+y\right).$$

由已知,x,y,z 为正数,于是

$$\begin{aligned}a+c&=\lg\left(\left(\frac{x}{y}+z\right)\cdot\left(\frac{1}{xz}+y\right)\right)\\&=\lg\left(\left(\frac{1}{yz}+yz\right)+\left(x+\frac{1}{x}\right)\right)\\&\geqslant\lg(2+2)=\lg 4,\end{aligned}$$

所以 $M\geqslant\frac{1}{2}(a+c)\geqslant\lg 2$,等号在 $x=y=z=1$ 时成立,所以 M 的最小值为 $\lg 2$.

7. 至多有四个.

首先可以取 1,3,7,9 这四个数,它们任意三个数之和分别为 11,13,17,19 符合质数定义.

下面再证明五个正整数不符合题意.

若有五个正整数,则考虑质数被 3 除的余数,如果有一个数的余数为 0,那么考虑余下的四个数被 3 除的余数,如果余数既有 1 也有 2,那么这两个数与前面余数为 0 的数的和刚好为 3 的倍数,故不符合题意,如果余下四个数的余数均相等,显然取余下四个数中的三个数,则这三个数的和为 3 的倍数而不是质数,也不符合题意,如果这五个数被 3 除的余数都不等于 3,则由抽屉原理,至少有三个数被 3 除的余数相同,这三个数的和是 3 的倍数而不是质数,也不符合题意. 综上可知,不存在五个正整数符合题意,即至多有四个正整数符合题意.

8. 将集合 S 划分为两两不相交的子集的并 $F_0\cup F_1\cup\cdots\cup F_{116}$,这里 F_i 是 S 中除以 117 余数为 i 的元素的集合($i=0,1,\cdots,116$),F_i 的元素个数记作 $|F_i|$,则 $|F_0|=17$,$|F_1|=|F_2|=|F_3|=\cdots=|F_8|=18$,$|F_9|=\cdots=|F_{116}|=17$. F_0 中的元素最多只能有一个选入 A 中,而 F_k 与 F_{117-k} 中只能有一个集合的元素全在 A 中. 为使 A 中元素尽量多,故应将 $F_1,F_2,\cdots,F_8$ 全部选入 A 中. 因此这个 A 中元素共有 $1+|F_1|+|F_2|+\cdots+|F_{58}|=995$ 个,故 $k_{\max}=995$.

9. n 的最小值为 30.

首先取数列 $\{a_k\}$ 为

$$2,\underbrace{1,1,\cdots,1}_{27\text{个}1},2,$$

该数列共有 $2+27=29$ 个项,且

$$\sum_{i=1}^{n} a_i = 2+27+2 = 31.$$

考察该数列中任意连续 k 个项,如果这 k 个项中至多包含有一个项为 2,则这 k 个项的和不大于 $2+27=29$;

如果这 k 个项中包含两个为 2 的项,则这 k 个项的和为 31.

所以 $n=29$ 不合乎要求.

如果 $n<29$,则在上述数列中取定前 $n-1$ 个项,并将后面的 $30-n$ 个项相加作为最后一个项,得到长为 n 的其和为 31 的整数数列.

同样可知,$n<29$ 不合乎要求.

下面证明 $n=30$ 合乎要求,即对任何满足条件 $\sum\limits_{i=1}^{30} a_i = 31$ 的长为 30 的正整数数列 $a_1,a_2,\cdots,a_{30}$,必有连续的若干项之和等于 30.

实际上,因为 $\sum\limits_{i=1}^{30} a_i = 31 > 30$,由抽屉原理可知,$a_1,a_2,\cdots,a_{30}$ 中至少有一个项大于 1,从而

$$31 = a_1 + a_2 + \cdots + a_{30} \geqslant 2 + \underbrace{1 + 1 + \cdots + 1}_{29个1} = 31,$$

于是,不等式成立等号,所以 $a_1,a_2,\cdots,a_{30}$ 中恰有一个项为2,其余的项都为1.

由此可见,a_1,a_{30} 中必有一个为1,不妨设 $a_{30}=1$,那么

$$a_1 + a_2 + \cdots + a_{29} = 31 - 1 = 30.$$

综上所述,n 的最小值为30.

10. 我们先尽可能多地找"蓝色"点,再从中发现"构成正三角形"的3点.但由于蓝色点太多,而红色点很少,从反面考虑红色点更方便.当蓝点足够多时,由抽屉原理容易证明结论成立;当蓝点不够多时,则先找正三角形,然后证明其中有一个为蓝色.

先证明红点个数至多为9.实际上,考察任意连续3个顶点,若其中至少有两个红点,则这两个红点之间至多有1个顶点,与题意矛盾.所以,连续3个顶点中至多有一个红点.

将27个顶点分成9组,每组都是3个连续的顶点,则每组中至多有一个红点,所以红点个数至多为9.

(1) 如果有9个红点,则每连续3顶点中恰有一个红点.

下面证明红点在圆周上均匀排列.

实际上,不妨设 A_1 为红点,则 A_2,A_3 为蓝点.

再考察 A_2,A_3,A_4,可知 A_4 为红点.

再考察 A_3,A_4,A_5,可知 A_5 为蓝点.

如此下去,可知 A_{3k+1} 为红点,其余点为蓝点.

此时,$\triangle A_2A_{11}A_{20}$ 为蓝色正三角形,结论成立.

(2) 如果少于9个红点,则考察9个没有公共顶点的正三角形(筛选部分元素)$\triangle A_kA_{k+9}A_{k+18}(k=1,2,\cdots,9)$,由抽屉原理,其中至少有一个三角形中没有红点,此三角形为蓝色正三角形,结论成立.

综上所述,命题获证.

11. 筛选部分元素：

任作一边长为 1 996 的正七边形 $A_1A_2A_3A_4A_5A_6A_7$，将其 7 个顶点归入两种颜色，由抽屉原理，必有 4 点同色，而在这同色的 4 点中必有两点是相邻顶点. 为确定起见，不妨设其中的两点是 A_1，A_2，并且它们均为红色.

(1) 当 A_4 或 A_6 中有一个是红色时，比如 A_6 是红色，则 $\triangle A_1A_2A_6$ 合乎要求.

(2) 当 A_4 与 A_6 都是蓝色时，若 A_7 是蓝色，则 $\triangle A_4A_6A_7$ 为所求；若 A_3 为蓝色，则 $\triangle A_3A_4A_6$ 为所求；若 A_3，A_7 皆为红色，则 $\triangle A_1A_7A_3$ 为所求.

12. 令

$$A_1=\{1,2,4,8,16\},\quad A_2=\{3,6,12\},\quad A_3=\{5,10,20\},$$
$$A_4=\{7,14\},\quad A_5=\{9,18\},\quad A_6=\{11\},\quad A_7=\{13\},$$
$$A_8=\{15\},\quad A_9=\{17\},\quad A_{10}=\{19\}.$$

因为 $\{1,2\}$，$\{4,8\}$，$\{16\}$ 三个集合的每一个中最多取出一个数，所以 A_1 中最多可取 3 个数. 如果 A_1 中取出 3 个数，则必取 16，于是不能取 8，所以必取 4，于是不能取 2，所以必取 1，因而只有唯一的方法在 A_1 中取出 3 个数. 同理可知，A_2 中最多可取两个数，而且只有唯一的方法取出两个数. A_4，A_5 中都最多可取 1 个数，但都有两种方法取出两个数. 其他集合都最多取出 1 个数，且只有唯一的取法. 于是，最多可取出 $3+2+2+(1+1)+1\cdot5=14$ 个数. 而且等号可以成立. 取数共有 $2\cdot2=4$ 种方法. 取出来的数构成的集合为

$$X\cup Y_i\quad(i=1,2,3,4),$$

其中

$$X=\{1,4,16,3,12,5,20,11,13,15,17,19\},$$
$$Y_1=\{7,8\},\quad Y_2=\{7,9\},\quad Y_3=\{14,8\},\quad Y_4=\{14,9\}.$$

故取出来的数的个数的最大值为 14.

另解：令

$$A_1=\{1,2\},\quad A_2=\{3,6\},\quad A_3=\{4,8\},$$

$$A_4=\{5,10\},\quad A_5=\{7,14\},A_6=\{9,18\}.$$

则每个集合中最多取出一个数，所以这些集合中最多可取 6 个数. 这些集合外还有 8 个数，所以最多可取出 $6+8=14$ 个数. 若取出 14 个数，则必取 11,12,13,15,16,17,19,20. 注意取了 12,16,20 后不能取 6,8,10，所以必取 3,4,5. 又取了 4 后不能取 2，所以必取 1. 剩下 A_5，A_6 中各取出 1 个数，共有 $2\cdot 2=4$ 种方法.

13. k 的最大值为 663. 首先证明 $k\leqslant 663$. 我们注意如下的事实：当 $x-y=1$ 或 2 时，有 $x-y\mid x+y$. 由此可知，在任何连续 3 个自然数中任取两个数 x,y，必有 $x-y\mid x+y$. 当 $k>663$ 时，令

$$A_i=\{3i-2,3i-1,3i\}\quad(i=1,2,\cdots,662),$$

$$A_{663}=\{1\,987,1\,988\},$$

将取出的 $k\geqslant 664$ 个数归入上述 663 个集合，至少有一个集合含有其中的两个数 x,y，此时显然有 $x-y\mid x+y$，矛盾. 其次，当 $k=663$ 时，令 $A=\{1,4,7,\cdots,1\,987\}$，对 A 中的任何两个数 a_i,a_j，有

$$a_i-a_j=(3i-2)-(3j-2)=3(i-j),$$

$$a_i+a_j=(3i-2)+(3j-2)=3(i+j-1)-1,$$

所以 a_i-a_j 不整除 a_i+a_j.

14. 将 X 划分为两个子集

$$A_1=\{x\mid x\equiv 0,x\in X\ (\mathrm{mod}\ 7)\},\quad A_2=X\backslash A_1,$$

则 $|A_1|=7$，$|A_2|=43$. 显然，S 最多含有 A_1 中的 1 个数，于是 $|S|\leqslant 43+1=44$. 另一方面，对任何整数 x，若 $x\equiv 0,\pm 1,\pm 2,\pm 3\ (\mathrm{mod}\ 7)$，则 $x^2\equiv 0,1,4,2\ (\mathrm{mod}\ 7)$，由此可见，如果 $x^2+y^2\equiv 0$，则 $x^2\equiv y^2\equiv 0$，于是，令 $S=A_2\cup\{7\}$，则 S 合乎要求，此时 $|S|=44$. 故 $|S|$ 的最大值为 44.

第5章 精细讨论

我们知道，利用抽屉原理可以找到一个抽屉含有“较多”的元素．但这一估计是比较粗糙的，比如，究竟是哪个抽屉含有“较多”的元素？有几个抽屉含有“较多”的元素？含有“较多”的元素的抽屉究竟含有多少个元素？含有“较多”的元素的抽屉中含有的又是哪些元素？这就需要我们对这些问题进行精细的讨论，方能达到解题目标．

为叙述问题方便，我们称元素个数不少于平均数的抽屉为“大抽屉”，称大抽屉中的元素为“紧元素”．

5.1 谁为“大抽屉”

抽屉原理告诉我们，若干抽屉中必定有大抽屉，但有些问题，仅知道存在大抽屉还不能获解，此时，我们可讨论哪个抽屉为大抽屉，然后对大抽屉中的元素进行深入讨论，获取与题目结论相关的一些信息，使问题获解．

例1 设 A,B,C,D,E 是平面上的5个点，其中任何3点不共线．

(1) 如果在这些点中连7条线段，证明：必存在其中3个点，他们两两相连构成一个三角形．

(2) 如果在这些点中连9条线段，证明：必存在其中4个点，他们两两相连构成一个完全四边形．

分析与证明 对于目标(1)，我们不仅要找3条线段，而且要使这

3条线段两两有公共点,因此,我们应着眼于找有公共端点的线段.

由此可见,要以7条线段的14个“端点”为元素,以已知点A,B,C,D,E为抽屉.

将14个端点归入5个抽屉,由抽屉原理,必有1个抽屉含有$\left[\frac{14}{5}\right]+1=3$个元素,即某个已知点被作为3个端点,即该点引出3条线段.

尽管我们已找到共端点的3条线段,但仍然没有找到三角形,从而还要由这3条共端点的线段扩充为三角形,于是,必须讨论谁为“大抽屉”.

不妨设A引出3条线段AB,AC,AD(点A为大抽屉),如果B,C,D中有两点连,则结论成立.

否则,另$7-3=4$条线段都由点E引出(图5.1),从而有线段EA,EB,EC,ED,此时有$\triangle ABE$,结论成立.

对于目标(2),同样应着眼于找有公共端点的线段.

以9条线段的18个“端点”为元素,以已知点A,B,C,D,E为抽屉.

将18个端点归入5个抽屉,由于每个点至多引出4条线段,而$18=5\cdot 3+3$,所以必有3个大抽屉,即有3个点各引出4条线段.

不妨设A,B,C各引出4条线段(A,B,C都为3个大抽屉),则ABC构成三角形,且D与A,B,C都相连(图5.2),从而$ABCD$是一个完全四边形.

注 对于目标(2),还可采用如下的“去边法”.

如果5个点两两连边,则有10条边,共有$C_5^4=5$个完全四边形.

但图中只连9条边,需去掉一条边,而一条边至多属于$C_3^2=3$个完全四边形,于是,去掉一条边后,至多去掉图中的3个完全四边形,所以至少还有$5-3=2$个完全四边形.

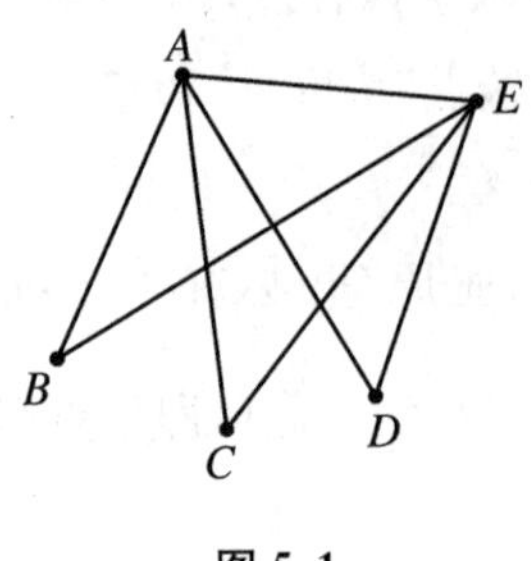

图 5.1

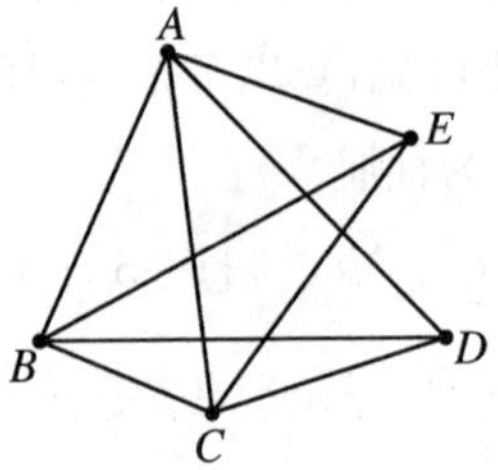

图 5.2

例 2　有 $n(n\geqslant 6)$个人聚会,已知:

(1) 每个人至少同其中$\left[\frac{n}{2}\right]$个人互相认识;

(2) 对于其中任何$\left[\frac{n}{2}\right]$个人,或者其中有两个人互相认识,或者余下的人中有两个人互相认识.

求证:这 n 个人中必有 3 个人两两认识.(1996 年全国高中数学联赛试题)

分析与证明　用点表示人,当且仅当两人认识时,两点之间连线,得到一个简单图 G,我们要证明 G 中有三角形.

先看看条件的作用:对于若干人的集合 X,由条件(1)可知,如果$|X|<\left[\frac{n}{2}\right]$,则 X 中的点 A 要与 X 外的一点连边.

由条件(2)可知,如果$|X|=\left[\frac{n}{2}\right]$,则 X 中有边或 $\bar{X}=G\backslash X$ 中有边.

为了找到三角形,可先从一条边入手,在此基础上找另两条边与其组成三角形.

任取 G 的一条边 ab,则要找一点 c,使 c 与 a 相邻,且与 b 相邻,即 c 既属于 a 的邻域,又属于 b 的邻域,于是,令

$$A=\{a\text{ 的邻点}\},\quad B=\{b\text{ 的邻点}\}.$$

下面在 A,B 中找点 c.

若 $A\cap B\neq\varnothing$,取 $c\in A\cap B$,则 a,b,c 组成三角形,结论成立;

若 A 中有两个相邻的点 p,q,则 a,p,q 组成三角形,结论成立;

若 B 中有两个相邻的点 p,q,则 b,p,q 组成三角形,结论成立.

这样的讨论过程太烦琐,下改用反证法的模式叙述(这里的反证法只是为了使表述简单):

假设图 G 中无三角形,则 $A\cap B=\varnothing$,且 A 中的点互不相邻,B 中的点互不相邻(图 5.3).

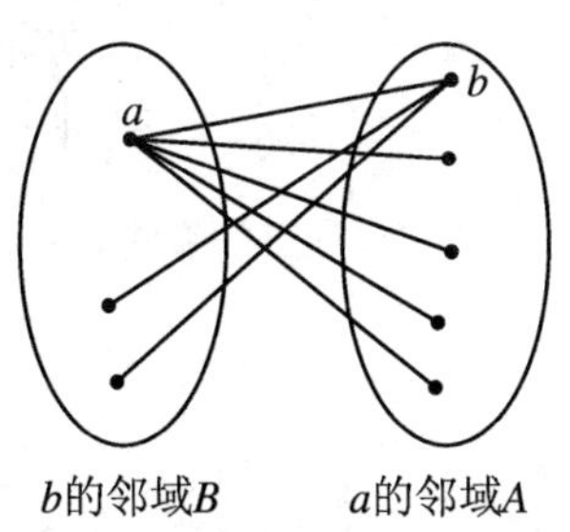

图 5.3

现在利用条件(2),由 $\left[\frac{n}{2}\right]$元集找新的边.

由于 $|A|\geqslant\left[\frac{n}{2}\right]\geqslant\frac{n-1}{2}$, $|B|\geqslant\left[\frac{n}{2}\right]\geqslant\frac{n-1}{2}$,于是 $|A|+|B|\geqslant n-1$.

但 $|A|+|B|\leqslant n$,所以 $|A|+|B|=n$ 或 $n-1$,分别对这两种情况寻找三角形.

(ⅰ)若 $|A|+|B|=n$,又 $A\cap B=\varnothing$,所以 $|A\cup B|=n$,此时 A,B 包含了 G 的所有顶点,由反向抽屉原理,不妨设 $|A|\leqslant\frac{n}{2}$,又 $|A|\in\mathbf{Z}$,所以 $|A|\leqslant\left[\frac{n}{2}\right]$.

但依题意,$|A|\geqslant\left[\frac{n}{2}\right]$,所以 $|A|=\left[\frac{n}{2}\right]$.

于是,由条件(2),或者 A 中有两点相邻,或者 B 中有两点相邻,从而得到三角形,矛盾.

(ⅱ)若 $|A|+|B|=n-1$,又 $A\cap B=\varnothing$,所以 $|A\cup B|=n-1$,

此时 A,B 外恰有一个点 c，其中 c 与 a,b 都不相邻，即 $c\notin A$ 且 $c\notin B$（图 5.4）.

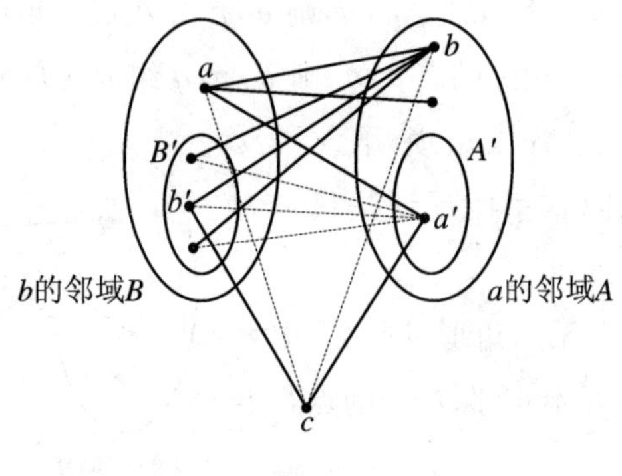

图 5.4

又依题意，$|A|\geqslant\left[\dfrac{n}{2}\right]\geqslant\dfrac{n-1}{2}$，同理 $|B|\geqslant\left[\dfrac{n}{2}\right]\geqslant\dfrac{n-1}{2}$. 于是 $n-1=|A|+|B|\geqslant n-1$，此不等式等号成立，即 $|A|=|B|=\dfrac{n-1}{2}$，且 n 为奇数.

此时，$|A|=|B|=\dfrac{n-1}{2}=\left[\dfrac{n}{2}\right]$，可以利用条件(2)找边，但 A,B 中没有边，从而补集 $\bar{A},\bar{B}$ 中有边，注意到这样的边只能以 c 为顶点，我们立足于找以 c 为顶点的三角形.

显然，另外两个点不能都在 A 中或都在 B 中，是因 A,B 中无边，只能是一个点 a' 在 A 中，另一个点 b' 在 B 中. 于是，令

$$A'=\{c\text{ 在 }A\text{ 中的邻点}\},\quad B'=\{c\text{ 在 }B\text{ 中的邻点}\},$$

显然，A',B' 中的点不相邻，从而期望 A' 中有一点 a' 与 B' 中一点 b' 相连.

先要证 $A'\neq\varnothing,B'\neq\varnothing$（各存在一个点与 c 相邻），此属否定性问题，可考虑反证法.

如果 $A'=\varnothing$,由条件 $d(c)\geqslant\left[\frac{n}{2}\right]$,想到估计 $d(c)$导出矛盾.

由 $A'=\varnothing$,得

$$\begin{aligned} d(c)&=|B'|\leqslant|B|-1\quad(\text{因为 } a\notin B')\\ &=\frac{n-1}{2}-1<\frac{n-1}{2}, \end{aligned}$$

这与 $d(c)\geqslant\left[\frac{n}{2}\right]=\frac{n-1}{2}$矛盾,所以 $A'\neq\varnothing$,同理 $B'\neq\varnothing$.

取 A'中的一个点 a',它能否与 B'中的一个点连呢?直接判断存在困难,可从反面考虑(相当于反证法),想象 a'与 B'中任何点都不相连,看看会发生什么情况?注意题目条件是关于度的信息:$d(a')\geqslant\frac{n-1}{2}$,想到估计 $d(a')$.

因为 a'与 B'中任何点都不相连,所以

$$d(a')\leqslant 1+|B\backslash B'|=1+\frac{n-1}{2}-|B'|=\frac{n+1}{2}-|B'|.$$

至此,要导出矛盾,只需

$$\frac{n+1}{2}-|B'|<\frac{n-1}{2},\quad\text{即}\quad|B'|>1,$$

这是易于证明的.

因为 $d(c)\geqslant\left[\frac{n}{2}\right]\geqslant 3$,所以$|A'|+|B'|\geqslant 3$,因此不妨$|B'|\geqslant 2$.于是

$$|B\backslash B'|\leqslant\frac{n-1}{2}-2=\frac{n-5}{2}.$$

取 A'中的一个点 a',如果 a'不与 B' 中任何点相邻,则

$$d(a')\leqslant 1+|B\backslash B'|\leqslant 1+\frac{n-5}{2}=\frac{n-3}{2}<\frac{n-1}{2},$$

矛盾,所以 a'至少与 B' 中一个点 b'相邻,得到三角形 $ca'b'$,矛盾.

综上所述,命题获证.

例 3　设 X 是一个 56 元集合,求最小的正整数 n,使得对 X 的任意 15 个子集,只要它们中任何 7 个的并的元素个数都不少于 n,则这 15 个子集中一定存在 3 个,它们的交非空.(2006 年中国数学奥林匹克试题)

分析与解　首先证明 $n=41$ 合乎条件.

用反证法.假设存在 X 的 15 个子集,它们中任何 7 个的并不少于 41 个元素,而任何 3 个的交都为空集,则每个元素至多属于两个子集,不妨设每个元素恰属于两个子集(否则在一些子集中添加一些元素,上述条件仍然成立),由抽屉原理,必有一个子集(大抽屉),设为 A,至少含有$\left[\frac{56\times 2}{15}\right]+1=8$ 个元素.

又设其他 14 个子集为 $A_1,A_2,\cdots,A_{14}$.

考察不含 A 的任何 7 个子集,都对应 X 中的 41 个元素,所有不含 A 的 7-子集组一共至少对应 $41C_{14}^7$个元素.

另一方面,对于元素 a,若 $a\notin A$,则 $A_1,A_2,\cdots,A_{14}$中有两个含有 a,于是 a 被计算 $C_{14}^7-C_{12}^7$次;

若 $a\in A$,则 $A_1,A_2,\cdots,A_{14}$中有 1 个含有 a,于是 a 被计算 $C_{14}^7-C_{13}^7$次,于是

$$\begin{aligned}41C_{14}^7&\leqslant(56-|A|)(C_{14}^7-C_{12}^7)+|A|(C_{14}^7-C_{13}^7)\\&=56(C_{14}^7-C_{12}^7)-|A|(C_{13}^7-C_{12}^7)\\&\leqslant 56(C_{14}^7-C_{12}^7)-8(C_{13}^7-C_{12}^7),\end{aligned}$$

即

$$48C_{12}^7+8C_{13}^7\leqslant 15C_{14}^7,$$

化简得

$$3\times 48+4\times 13\leqslant 15\times 13,$$

即 $196\leqslant 195$,矛盾.

其次证明 $n\geqslant 41$.

用反证法.假定 $n\leqslant 40$,设 $X=\{1,2,\cdots,56\}$,令

$$A_i=\{x\in X\mid x\equiv i\ (\mathrm{mod}\ 7)\}\quad (i=1,2,\cdots,7),$$

$$B_j=\{x\in X\mid x\equiv j\ (\mathrm{mod}\ 8)\}\quad (j=1,2,\cdots,8).$$

显然

$$|A_i|=8,\quad |A_i\cap A_j|=0\quad (1\leqslant i<j\leqslant 7),$$

$$|B_j|=7,\quad |B_i\cap B_j|=0\quad (1\leqslant i<j\leqslant 8).$$

此外,由中国剩余定理,$|A_i\cap B_j|=1(1\leqslant i\leqslant 7,1\leqslant j\leqslant 8)$.

于是,对其中任何3个子集,必有两个同时为 A_i,或同时为 B_j,其交为空集.

对其中任何7个子集,设有 $t(0\leqslant t\leqslant 7)$个为 A_i,$7-t$ 个为B_j,则由容斥原理,这7个子集的并的元素个数为

$$\begin{aligned}8t+7(7-t)-t(7-t)&=49-t(6-t)\\&\geqslant 49-9\quad (\text{因为}\ 0\leqslant t\leqslant 7)\\&=40.\end{aligned}$$

于是任何7个子集的并不少于40个元素,但任何3个子集的交为空集,所以 $n\geqslant 41$.

综上所述,n 的最小值为41.

例4 给定整数 $n\geqslant 3$.证明:集合 $X=\{1,2,\cdots,n^2-n\}$能写成两个不相交的非空子集的并,使得每一个子集均不包含 n 个元素 a_1,a_2,$\cdots$,a_n,其中 $a_1<a_2<\cdots<a_n$,满足 $a_k\leqslant\dfrac{a_{k-1}+a_{k+1}}{2}(k=2,3,\cdots,n-1)$.(2008年中国数学奥林匹克试题)

分析与证明 先理解题中的关键条件 $a_k\leqslant\dfrac{a_{k-1}+a_{k+1}}{2}$,类比到等差中项,可将其变形为

$$a_k-a_{k-1}\leqslant a_{k+1}-a_k\quad (k=2,3,\cdots,n-1).\qquad ①$$

于是,如果存在满足式①的 n 个元素 $a_1,a_2,\cdots,a_n$,其中 $a_1<a_2$

$<\cdots<a_n$，则 $a_1,a_2,\cdots,a_n$ 实质上就是一个间距递增的序列.

这样一来，我们只需找到集合 S,T，使 $S\cap T=\varnothing$，$S\cup T=X$，且 S,T 都不包含长为 n 的间距递增的序列.

假定已经找到了合乎要求的 S,T，在 S 中任取 n 个元素 $a_1,a_2,\cdots,a_n$，其中 $a_1<a_2<\cdots<a_n$，我们需要证明该数列不满足条件式①，也就是说，数列 $a_1,a_2,\cdots,a_n$ 中必有连续的 3 个项 a_{k-1},a_k,a_{k+1}（$k\geqslant2$，以保证 a_{k-1} 有意义），使得 $a_k-a_{k-1}>a_{k+1}-a_k$.

采用分割法，期望找到 A 及 a_{k-1},a_k,a_{k+1}，使

$$a_k-a_{k-1}>A,\quad 且\quad a_{k+1}-a_k<A. \tag{②}$$

首先考虑 $a_{k+1}-a_k<A$，为了便于进行估计间距，我们将 S 分拆成若干个子集的并 $S=S_1\cup S_2\cup\cdots\cup S_p$，其中每个 S_i 都是由若干个连续正整数组成的集合，记为 $S_i=\{x_i,x_i+1,\cdots,x_i+r_i\}$.

由于 S 中不含长为 n 的间距递增的序列，于是要求 $|S_i|\leqslant n-1$（$1\leqslant i\leqslant p$）.

假定满足式②的 a_{k-1},a_k,a_{k+1} 已找到，为了便于进行估计间距，限定 a_k,a_{k+1} 属于同一个子集 S_i，那么，显然有

$$a_{k+1}-a_k\leqslant x_i+r_i-x_i=r_i.$$

下面只需找到 a_{k-1}，使 $a_k-a_{k-1}>A$. 这就要求 a_{k-1} 尽可能小，注意到 $a_{k-1}<a_k$，有 $a_{k-1}\in S_1\cup S_2\cup\cdots\cup S_{i-1}$（其中假定 $S_1,S_2,\cdots,S_p$ 中的元素是由小到大划分的，即 S_1 中的元素都小于 S_2 中的元素等），这里，为了使 S_{i-1} 有意义（即 S_i 的前面还有子集），需要限定 $i\geqslant2$，此时 $a_{k-1}\leqslant x_{i-1}+r_{i-1}$.

于是，$a_k-a_{k-1}\geqslant x_i-(x_{i-1}+r_{i-1})$.

为了满足式②，只需 $x_i-(x_{i-1}+r_{i-1})>r_i$，即

$$x_i-x_{i-1}>r_i+r_{i-1}=|S_i|+|S_{i-1}|-2. \tag{③}$$

上述推理有一个前提：需要 a_k,a_{k+1}（$k\geqslant2$）属于同一个子集

$S_i(2\leqslant i\leqslant p)$,即要求 $a_2,a_3,\cdots,a_n$ 中必定有两个数属于某个 S_i,且 S_i 不是 S_1.

为了使 a_k,a_{k+1} 不同时属于 S_1,取 $|S_1|=1$ 即可.

为了使 $a_2,a_3,\cdots,a_n$ 中必定有两个数属于某个 $S_i(2\leqslant i\leqslant p)$,由抽屉原理,只要 $p-1<n-1$,即 $p\leqslant n-1$ 即可,特别地,可取 $p=n-1$.

但当 a_k,a_{k+1} 属于同一个子集时,未必属于上述特别指定的 $S_i(i\geqslant 2)$,为了解决这一点,我们让 a_k,a_{k+1} 同属于任意一个子集 $S_i(2\leqslant i\leqslant n-1)$都能得出上面的结论,即让式③对任意 $i\geqslant 2$ 都成立.

于是,我们需要构造

$$S_i=\{x_i,x_i+1,\cdots,x_i+r_i\}\quad(i=1,2,\cdots,n-1),$$

使对任意 $i>1$,都有

$$x_i-x_{i-1}>r_i+r_{i-1}=|S_i|+|S_{i-1}|-2,$$

且

$$|S_1|=1,\quad |S_i|\leqslant n-1.$$

对称地,我们需要构造

$$T_i=\{y_i,y_i+1,\cdots,y_i+t_i\}\quad(i=1,2,\cdots,n-1),$$

使对任意 $i>1$,都有

$$y_i-y_{i-1}>t_i+t_{i-1}=|T_i|+|T_{i-1}|-2,$$

且

$$|T_1|=1,\quad |T_i|\leqslant n-1.$$

为了使不等式容易成立,可取 $|S_i|=|T_i|(1\leqslant i\leqslant n-1)$.

此外,注意到

$$\sum_{i=1}^{n-1}|S_i|+\sum_{i=1}^{n-1}|T_i|=n^2-n=2(1+2+\cdots+(n-1)),$$

及

$$|S_1|=1,\quad |T_1|=1,$$

可取$|S_i|=|T_i|=i(1\leqslant i\leqslant n-1)$.于是,有

$$S_1=\{1\},\quad T_1=\{2\},\quad S_2=\{3,4\},\quad T_2=\{5,6\},$$

$$S_3=\{7,8,9\},\quad T_3=\{10,11,12\},\quad \cdots.$$

一般地,定义

$$\left.\begin{aligned}S_k&=\{k^2-k+1,k^2-k+2,\cdots,k^2\}\\T_k&=\{k^2+1,k^2+2,\cdots,k^2+k\}\end{aligned}\right.\quad(k=1,3,\cdots,n-1),$$

令$S=\bigcup\limits_{k=1}^{n-1}S_k,T=\bigcup\limits_{k=1}^{n-1}T_k$.

下面证明S,T即为满足题目要求的两个子集.

首先,显然有$S\cap T=\varnothing,S\cup T=X$.

其次,在S中任取n个元素$a_1,a_2,\cdots,a_n$,其中$a_1<a_2<\cdots<a_n$.

若$a_2\in S_1$,而$|S_1|=1$,则$a_1\notin S_1$,从而$a_1\notin S$,矛盾.所以$a_2\notin S_1$.

于是,$a_2,a_3,\cdots,a_n\in S_2\cup S_3\cup\cdots\cup S_{n-1}$.

由抽屉原理,必有某个大抽屉$S_j(1<j<n)$中含有其中至少两个数,设此大抽屉中含有的最小的一个数为a_k,则$a_k,a_{k+1}\in S_j$,且$a_{k-1}\in S_1\cup S_2\cup\cdots\cup S_{j-1}$.

由$a_k,a_{k+1}\in S_j$,得

$$a_{k+1}-a_k\leqslant j^2-(j^2-j+1)=j-1.$$

由$a_{k-1}\in S_1\cup S_2\cup\cdots\cup S_{j-1},a_k\in S_j$,得

$$a_k-a_{k-1}\geqslant(j^2-j+1)-(j-1)^2=j.$$

所以$a_k-a_{k-1}>a_{k+1}-a_k$,即$a_k>\dfrac{a_{k-1}+a_{k+1}}{2}$,所以$a_1,a_2,\cdots,a_n$不满足条件$a_k\leqslant\dfrac{a_{k-1}+a_{k+1}}{2}$.

于是,S中不存在满足题设的n个元素.

同样可证,T中亦不存在这样的n个元素,故S,T为满足题中要

求的两个子集.

注 S_i, T_i的构造有很多方法,但上述构造最简单.此外,还有一种较简单的构造是基本均匀构造,即各$|S_i|$,$|T_i|$尽可能相等.

因为除$|S_1|=1$,$|T_1|=1$外,还有n^2-n-2个元素,有$2n-4$个集合.注意到

$$n^2-n-2=(n+1)(n-2)=(2n-4)\cdot\frac{n+1}{2},$$

于是,若n为奇数,则可令$|S_i|=|T_i|=\frac{n+1}{2}(i=2,3,\cdots,n-1)$.此时,显然有

$$|S_1|=1,\quad |T_1|=1,\quad |S_i|\leqslant n-1,\quad |T_i|\leqslant n-1.$$

此外

$$x_i-x_{i-1}=|S_{i-1}|+|T_{i-1}|=|S_{i-1}|+|S_i|>|S_i|+|S_{i-1}|-2,$$
$$y_i-y_{i-1}=|T_{i-1}|+|S_i|=|T_{i-1}|+|T_i|>|T_{i-1}|+|T_i|-2,$$

从而构造合乎条件.

若n为偶数,则可令

$$|S_i|=\frac{n}{2},\quad |T_i|=\frac{n}{2}+1\quad (i=2,3,\cdots,n-1).$$

此时,显然有

$$|S_1|=1,\quad |T_1|=1,\quad |S_i|\leqslant n-1,\quad |T_i|\leqslant n-1.$$

此外

$$x_i-x_{i-1}=|S_{i-1}|+|T_{i-1}|=|S_{i-1}|+|S_i|+1>|S_i|+|S_{i-1}|-2,$$
$$y_i-y_{i-1}=|T_{i-1}|+|S_i|=|T_{i-1}|+|T_i|-1>|T_{i-1}|+|T_i|-2,$$

从而构造合乎条件.

例5 设自然数$n\geqslant 2$,将$(4n-3)\times(4n-3)$方格表每个方格都染红、蓝二色之一,证明或否定:S中一定有$2\times n$的子表,其中所有方格同色,其中所谓$k\times l$子表是由S中第k行、第l列相交得出的kl个方格.

分析与证明　结论是肯定的，证明如下：

在二色$(4n-3)\times(4n-3)$棋盘中，由抽屉原理，必有一色的方格不少于

$$\left[\frac{1}{2}(4n-3)^2\right]+1=\frac{1}{2}\left((4n-3)^2+1\right)$$

个，设为红色（大抽屉）.

令 $X=\{1,2,\cdots,4n-3\}$为 $4n-3$ 个列的序号的集合，令 A_i 为第 i 行所有红格所在列的序号的集合，则

$$\sum_{i=1}^{4n-3}|A_i|\geqslant\frac{1}{2}\left((4n-3)^2+1\right).$$

不妨设 $\sum\limits_{i=1}^{4n-3}|A_i|=\frac{1}{2}\left((4n-3)^2+1\right)$（则去掉棋盘中若干个红格），我们只需证明：存在 i,j 使 $|A_i\cap A_j|\geqslant n$.

设第 i 行有 m_i 个红格，则

$$\sum_{i=1}^{4n-3}m_i=\sum_{i=1}^{4n-3}|A_i|=\frac{1}{2}\left((4n-3)^2+1\right).$$

$$\begin{aligned}\sum_{1\leqslant i<j\leqslant 4n-3}|A_i\cap A_j|&=\sum_{i=1}^{n}C_{m_i}^2=\frac{1}{2}\left(\sum_{i=1}^{4n-3}m_i^2-\sum_{i=1}^{4n-3}m_i\right)\\&\geqslant\frac{1}{2}\left(\frac{\left(\sum\limits_{i=1}^{4n-3}m_i\right)^2}{\sum\limits_{i=1}^{4n-3}1}-\sum_{i=1}^{4n-3}m_i\right)\\&=\frac{1}{2(4n-3)}\left(\sum_{i=1}^{4n-3}m_i\right)\left(\sum_{i=1}^{4n-3}m_i-(4n-3)\right)\\&=\frac{1}{2(4n-3)}\cdot\frac{1}{2}\left((4n-3)^2+1\right)\\&\quad\cdot\frac{1}{2}\left((4n-3)^2+1-2(4n-3)\right)\\&>\frac{1}{2(4n-3)}\cdot\frac{1}{2}(4n-3)^2\cdot\frac{1}{2}(4n-4)^2\end{aligned}$$

$$= (4n-3)(4n-4)(n-1)$$

$$= \frac{1}{2}(n-1)C_{4n-3}^{2}.$$

所以,存在 i,j,使 $|A_i \cap A_j| > n-1$,即 $|A_i \cap A_j| \geqslant n$,命题获证.

另证 称同行或同列的一个红格与一个蓝格构成一个好对子,假设不存在同色的 $2\times n$ 子表,考察某一列,设有 x 个红格,y 个蓝格,则有 xy 个好对子,但由

$$xy \leqslant \left(\frac{x+y}{2}\right)^2 = \frac{1}{4}(4n-3)^2,$$

得

$$xy \leqslant \left[\frac{1}{4}(4n-3)^2\right] = (2n-1)(2n-2),$$

所以,每一列好对子个数不多于 $(2n-1)(2n-2)$,所有好对子个数 $S \leqslant (4n-3)(2n-1)(2n-2)$.

另一方面,考察任意两行,由于无同色的 $2\times n$ 子表,这两行中至多有 $n-1$ 个红对子,至多有 $n-1$ 个蓝对子,所以这两行中至少有 $4n-3-2(n-1)=2n-1$ 个好对子,故

$$S \geqslant (2n-1)C_{4n-3}^{2} = (4n-3)(2n-1)(2n-2).$$

所以 $S=(4n-3)(2n-1)(2n-2)$,上述不等式等号都成立,于是任意两行中都恰有 $4n-3$ 个红格,于是红格总数为

$$(4n-3)C_{4n-3}^{2} = (4n-3)^2(2n-2).$$

但其中有重复计算,每个红格出现在 $4n-4$ 个 2 行对中,于是红格总数为

$$\frac{(4n-3)^2(2n-2)}{4n-4} = \frac{1}{2}(4n-3)^2,$$

这不是整数,矛盾.

例 6 求证:在 40 个不同的正整数所组成的等差数列中,至少有一项不能表示成 2^k+3^r 的形式,其中 k,r 是非负整数.(2009 年 IMO

中国国家队选拔考试试题)

分析与证明 假设存在一个各项不同,且均能表示成 2^k+3^r 的形式的 40 项等差数列,设这个等差数列为 $a,a+d,a+2d,\cdots,a+39d$,其中 a,d 是正整数.

设 $m=[\log_2(a+39d)]$, $n=[\log_3(a+39d)]$,下面证明 $a+26d,a+27d,\cdots,a+39d$ 中至多有一个不能表示成 2^m+3^r 或者 2^k+3^n 的形式(k,r 是非负整数).

若 $a+26d,a+27d,\cdots,a+39d$ 中的某一个 $a+hd$ 不能表示成 2^m+3^r 或者 2^k+3^n 的形式,由假设,一定存在非负整数 b,c,使得 $a+hd=2^b+3^c$.

由 m 和 n 的定义知 $b\leqslant m,c\leqslant n$,又因为 $a+hd$ 不能表示成 2^m+3^r 或者 2^k+3^n 的形式,所以 $b\leqslant m-1,c\leqslant n-1$.

若 $b\leqslant m-2$,则

$$a+hd\leqslant 2^{m-2}+3^{n-1}=\frac{1}{4}\cdot 2^m+\frac{1}{3}\cdot 3^n$$

$$\leqslant\frac{7}{12}\cdot(a+39d)<a+26d,$$

矛盾.

若 $c\leqslant n-2$,则

$$a+hd\leqslant 2^{m-1}+3^{n-2}=\frac{1}{2}\cdot 2^m+\frac{1}{9}\cdot 3^n$$

$$\leqslant\frac{11}{18}\cdot(a+39d)<a+26d,$$

矛盾.

因此只有 $b=m-1,c=n-1$,即 $a+26d,a+27d,\cdots,a+39d$ 中至多有一个不能表示成 2^m+3^r 或者 2^k+3^n 的形式.

因此,这 14 个数中至少有 13 个可以写成 2^m+3^r 或者 2^k+3^n 的形式,由抽屉原理,至少有 $\left[\frac{13}{2}\right]+1=7$ 个数可表示为同一种形式.

下面讨论谁为大抽屉.

(1) 若有 7 个数可以表示成 2^m+3^r 的形式,设它们为

$$2^m+3^{r_1},\quad 2^m+3^{r_2},\quad \cdots,\quad 2^m+3^{r_7},$$

其中 $r_1<r_2<\cdots<r_7$,则 $3^{r_1},3^{r_2},\cdots,3^{r_7}$ 是某个公差为 d 的 14 项等差数列中的 7 项.但

$$13d\geqslant 3^{l_7}-3^{l_1}\geqslant\left(3^5-\frac{1}{3}\right)\cdot 3^{l_2}>13(3^{l_2}-3^{l_1})\geqslant 13d,$$

矛盾.

(2) 有 7 个数可以表示成 2^k+3^n 的形式,设它们为

$$2^{k_1}+3^n,\quad 2^{k_2}+3^n,\quad \cdots,\quad 2^{k_7}+3^n,$$

其中 $k_1<k_2<\cdots<k_7$,则 $2^{k_1},2^{k_2},\cdots,2^{k_7}$ 是某个公差为 d 的 14 项等差数列中的 7 项.但

$$13d\geqslant 2^{k_7}-2^{k_1}\geqslant\left(2^5-\frac{1}{2}\right)\cdot 2^{k_2}>13(2^{k_2}-2^{k_1})\geqslant 13d,$$

矛盾.

综上所述,命题获证.

5.2 谁为“紧元素”

抽屉原理告诉我们,在某些元素中必定有“紧元素”,但有些问题,仅知道存在“紧元素”,还不能获解,此时,我们可讨论哪些元素为“紧元素”,然后根据“紧元素”的特征,获取与题目结论相关的一些信息,使问题获解.

例 1 有 13 位运动员,他们着装的运动服号码分别是 1～13 号.试问:这 13 名运动员能否站成一个圆圈,使得任意相邻的两名运动员号码数之差的绝对值都不小于 3 且不大于 5? 如果能,试举一例;如果不能,请说明理由.(2003 年北京市中学生数学竞赛试题)

分析与解 答案是否定的.

假定可以按要求排列,我们将号码数分成 A,B 两组,使 A 中的任何两个数在排列中不能相邻.

采用极端构造:A 中的数不相邻,则 A 中的任何两数的"差"$\leqslant 2$,或"差"$\geqslant 6$,从极端考虑可令 $1,2,3\in A$,$11,12,13\in A$.

$$A=\{1,2,3,11,12,13\},\quad B=\{4,5,6,7,8,9,10\}.$$

显然,A 中任何两个数之差的绝对值要么小于 3,要么大于 5,所以 A 中任何两数在排列中不相邻,即 A 中任何两数之间至少有一个 B 中的数.

由于 A 中有 6 个数,这 6 个数排成一圈形成 6 个空,其中"空"是指相邻两个数中间的位置,以"空"为抽屉,将 B 中的数归入 6 个抽屉,由抽屉原理,必有一个抽屉有两个数.

又每个抽屉中至少一数,所以恰有一个抽屉中有两个数,我们称这两个数为"紧元素".

下面讨论谁为紧元素.

考察"4"所在的空,由于 4 只能与 A 中的唯一一个数"1"相邻,从而 4 还必须与 B 中的一个数相邻,这表明,4 必须在"大抽屉"中.

再考察"10"所在的空,由于 10 只能与 A 中的唯一一个数"13"相邻,从而 10 还必须与 B 中的一个数相邻,这表明,10 也必须在"大抽屉"中.

于是,4 与 10 都在大空中相邻,但 $10-4=6>5$,矛盾.

例 2 将正 13 边形的每个顶点染红、蓝二色,每个顶点染一色.证明:存在顶点同色的等腰三角形.

分析与证明 我们的目标是找到 3 个点,同时满足以下条件:

(1) 颜色相同;

(2) 3 点两两相连得到的 3 条线段中有两条相等.

假定先满足目标(1),则应将 13 个顶点归入两种颜色,由抽屉原理,必有$\left[\frac{13}{2}\right]+1=7$个点同色.

尽管我们已找到 7 个同色点,但并没有找到合乎要求的三角形,从而还要在这 7 个点中找到合乎要求(2)的 3 个点,于是,还须进一步讨论谁为“紧元素”.

设正 13 边形的顶点为 $A_1,A_2,\cdots,A_{13}$,它们分布在同一个圆周上,从中取 7 个点为“紧元素”,必定有两个“紧元素”在圆周上相邻,不妨设两个相邻的“紧元素”为 A_1,A_2(图 5.5).

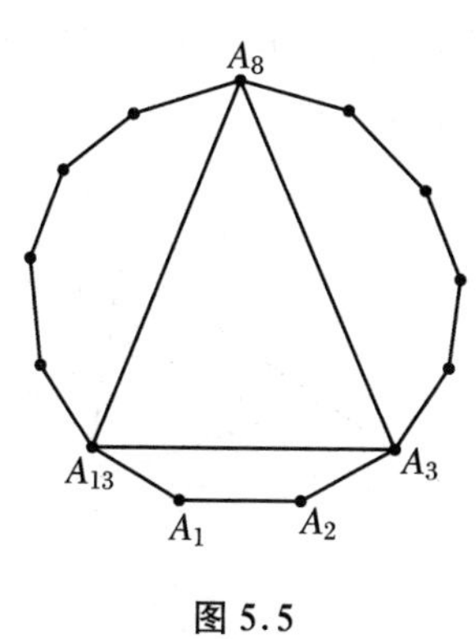

图 5.5

考察顶点为 A_3,A_8,A_{13},如果其中有一个为“紧元素”,则它与 A_1,A_2 构成同色等腰三角形;如果它们都不是“紧元素”,则它们都在另一个抽屉中,从而$\triangle A_3A_8A_{13}$是同色等腰三角形.

综上所述,命题获证.

例 3 若干飞机进行一次空中特技飞行表演,它们排列的队形始终满足以下条件:任何 5 架飞机中都有 3 架排成一直线.为了保证表演过程中的任何时候都至少有 4 架飞机排成一直线,问至少要多少架飞机参与此次表演?(原创题)

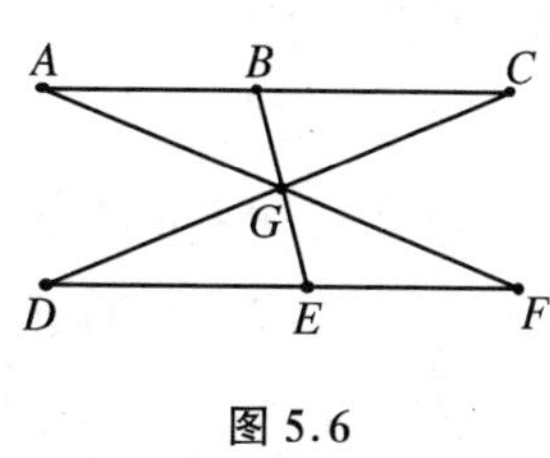

图 5.6

分析与解 用空间的点表示飞机,则问题变为:已知空间 n 个点,其中任何 5 点中都有 3 点共线,如果任何这样的 n 个点中都一定有 4 个点共线,求 n 的最小值.

当 $n\leqslant 7$ 时,如图 5.6 所示,取 $A,B,$

C,D,E,F,G 中的 n 个点，它们满足任何 5 点中都有 3 点共线，但其中没有 4 点共线，所以 $n \geqslant 8$.

下面证明满足条件的 8 个点中一定有 4 点共线.

用反证法. 假定某 8 个点中无 4 点共线.

(1) 如果 8 个点不在同一平面内，取其中不共面的 4 点 A,B,C,D，对这 4 点外的任何一点 P，因为 P,A,B,C,D 这 5 点中都有 3 点共线，而 A,B,C,D 中无 3 点共线，必有 P 在 A,B,C,D 中的某两点所在的直线上.

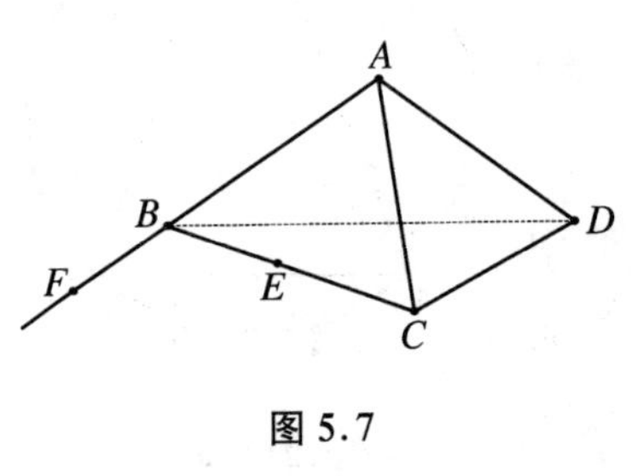

图 5.7

由 P 的任意性，其他的点都在 A,B,C,D 这 4 点连成的 6 条直线上，不妨设直线 BC 上有一点 E（图 5.7).

如果直线 BA 上有一点 F，那么 A,C,E,F 都在平面 ABC 内，这 4 点中无 3 点共线.

又点 D 在平面 ABC 外，于是 A,C,E,F,D 这 5 点中无 3 点共线，矛盾.

所以直线 BA 上没有点，同理，直线 BD,CA,CD 上没有点，于是，剩下的 3 点都在直线 AD 上，得 4 点共线，矛盾.

(2) 如果 8 个点在同一平面内，则它们的凸包只能是三角形或四边形，且凸包的每条边上除顶点外至多还有一个点.

(ⅰ) 若凸包为 $\triangle ABC$，则 $\triangle ABC$ 内部至少有两个点.

如果 $\triangle ABC$ 内部恰有两个点 P,Q，则其边界上有 3 点.

设 BC,CA,AB 上分别有点 D,E,F，则 P,Q 在 $\triangle DEF$ 的内部或边界上（否则，比如 $\triangle AEF$ 内部有一点 P，则五边形 $BCEPF$ 是凸五边形），又 Q 只能在直线 PA,PB,PC 上，不妨设 Q 在直线 PA 上，注意

到直线 AP 必与线段 DB,DC 之一相交,设 AP 与 DC 相交(图 5.8),那么,或者五边形 $DPQFB$ 为凸五边形,或者 D,P,Q,A 共线,都矛盾.

如果△ABC 内部恰有 3 个点 P,Q,R,则其边界上有两点.

不妨设 BC 上有点 D,CA 上有点 E,则 P,Q,R 必须分别在四边形 $ABCD$ 的边 DE 及对角线 AD,BE 上,且每线上各有一点.

设 $P\in DE$,$Q\in AD$,$R\in BE$,又 Q 必须在四边形 $ABPE$ 的边与对角线上,所以 $Q=BP\cap AD$(图 5.9).

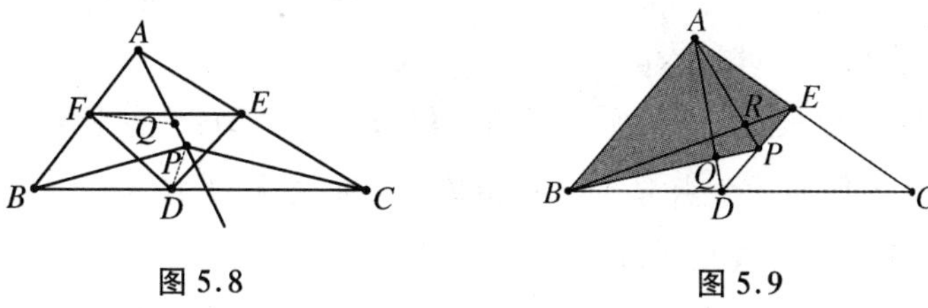

图 5.8　　　　图 5.9

同理 $R=BE\cap AP$,此时,D,C,E,R,Q 中无 3 点共线,矛盾.

如果△ABC 内部至少有 4 点,取其中一点 P,设 AP,BP,CP 分别交 BC,CA,AB 于 A',B',C',令 $M=AP\cup BP\cup CP$,$N=A'P\cup B'P\cup C'P$,则其他 3 点都属于 $M\cup N$.

由抽屉原理,不妨设 N 含有其中的两点 Q,R(紧元素),并设 $Q\in B'P$,$R\in C'P$(图 5.10),由于四边形 $BCQR$ 是凸四边形,而点 A 不在其边或对角线上,所以 A,B,C,Q,R 中无 3 点共线,矛盾.

(ⅱ) 设凸包为四边形 $ABCD$,如果四边形 $ABCD$ 内部至多一个点,则边界上至少有 3 点,从而必有两点分别在四边形两条邻边上,设 P 在 BC 上,Q 在 AB 上,则五边形 $PCDAQ$ 是凸五边形,矛盾.

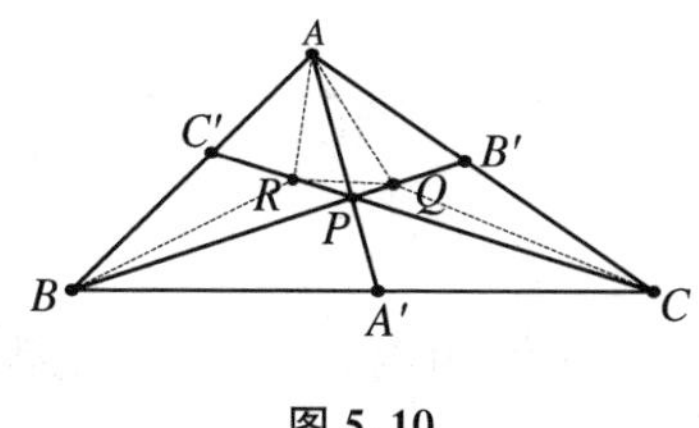

图 5.10

如果四边形 $ABCD$ 内部恰有两个点，则边界上有两点，且这两点在四边形的一组对边上，不妨设 P 在 BC 上，Q 在 AD 上.

此时，四边形 $ABPQ$ 内部不能有点，否则此点与 P,Q,C,D 构成凸五边形.

同理，四边形 $CDQP$ 内部不能有点，于是四边形内部的两点都在 PQ 上，矛盾.

如果四边形 $ABCD$ 内部至少还有 3 个点，则这些点都在对角线 AD，BC 上，必有两点在同一条对角线上，矛盾.

综上所述，8 个点中一定有 4 点共线，故 n 的最小值为 8，即至少要 8 架飞机参与此次表演.

例 4　求具有下列性质的所有自然数 $n(n>5)$：给定平面上 n 个点，若其中任何 5 个点都能被两条直线所覆盖，则所有 n 个点都能被两条直线所覆盖.（原创题）

分析与解　先分析条件的含义，所谓“任何 5 个点都能被两条直线所覆盖”，实质上就是任何 5 点中有 3 点共线. 由此可见，取不同的 5 点组，即可找到有点较多的直线.

易知 $n>9$. 实际上，如果 $5<n\leqslant 9$，则构造图 5.11，取图中 n 个点 $A_1,A_2,\cdots,A_n$，则这 n 个点不能被两条直线所覆盖.

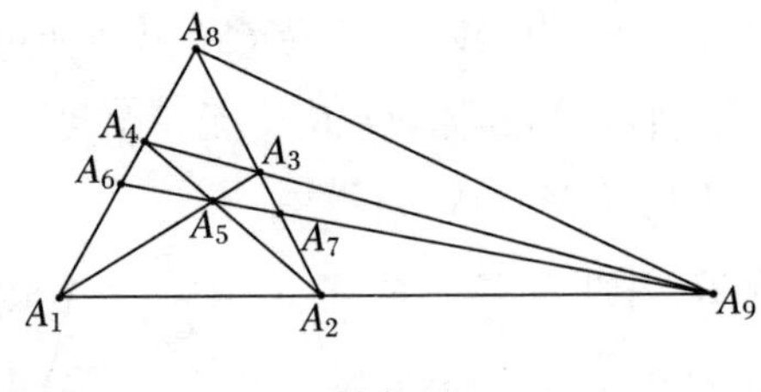

图 5.11

当 $n=10$ 时，反设 n 个点都不能被两条直线所覆盖，取一条含点数最多的直线 l_1，则 l_1 上至多 7 个点，否则 l_1 外至多两个点，可被另外一条直线覆盖,矛盾.

于是,直线 l_1外至少还有 3 个点,取 l_1外的 3 个点 A,B,C 及 l_1 上的两个点 P,Q,由条件,这 5 个点中有 3 点共线,此直线不能是 l_1,否则 A,B,C 中至少有一个属于 l_1,矛盾.

由此可见,除直线 l_1外,至少还有一条直线包含至少 3 个点,再取 l_1外的含点数最多的直线 l_2,则 l_1,l_2上都至少有 3 个点,且 l_1,l_2外至少有一点,设为 P.

假定$|l_1\cup l_2|\geqslant 8$,因为$|l_1\cap l_2|\leqslant 1$,则可取 $A_1,A_2,\cdots,A_7\in l_1\cup l_2$,但非 l_1,l_2的交点.

作直线 $PA_i(i=1,2,\cdots,7)$,交 $l_1\cup l_2$于点 $B_i(i=1,2,\cdots,7)$,当 $B_i\in\{A_1,A_2,\cdots,A_7\}$时,称$(A_i,B_i)$为好对(图 5.12).

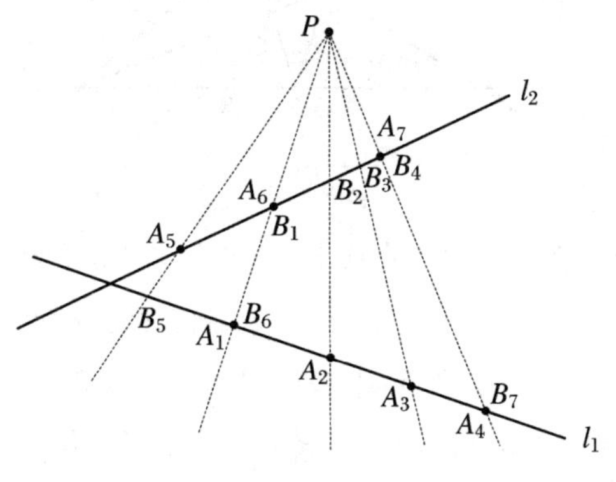

图 5.12

因为 $l_1\cup l_2$上有 7 个点,由抽屉原理,不妨设 l_1上至少有 4 点 A_1,A_2,A_3,A_4(紧元素).

因为 l_2上至少有 3 个点,除 $l_1\cap l_2$外,l_2上至少有两个点,取其中两点 $A_i,A_j(5\leqslant i,j\leqslant 7)$,因为 l_1上至少有 4 个点,其中最少有两个点不是 B_i,B_j,取其中的两个异于 B_i,B_j的点$A_s,A_t(s,t\in\{1,2,3,4\}\setminus\{i,j\})$,那么 P,A_s,A_t,B_i,B_j中无3 点共线,它们不能被两条直线覆

盖,矛盾.

所以$|l_1\cup l_2|\leqslant 7$.

如果$|l_1\cup l_2|=7$,由上所证,只能是l_1,l_2上各有4个点,且其中有一个点是l_1,l_2的公共点.

不妨设A_1,A_2,A_3,A_4共线,A_1,A_5,A_6,A_7共线(图5.13),此时,l_1,l_2外至少有3点P,Q,R.

作直线$A_iA_j(2\leqslant i\leqslant 4,5\leqslant j\leqslant 7)$,在$P,Q,R$中,同时在其中3条直线上的点最多有两个,如图5.13中的A_8,A_9就是这样的点.

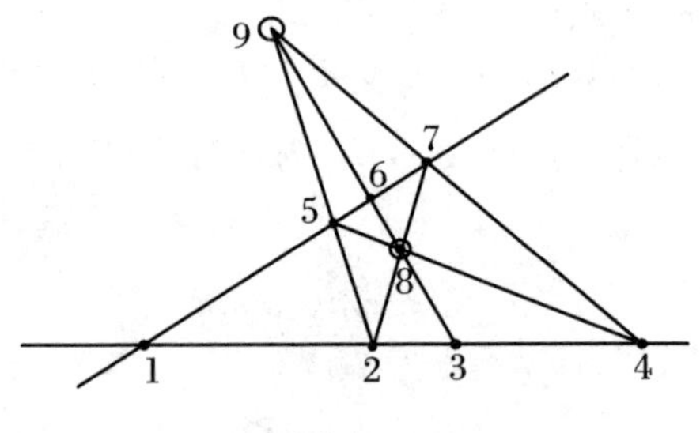

图 5.13

假设P最多在其中两条直线上,则可在这两条直线上各取一个点$A_i,A_j(2\leqslant i<j\leqslant 7)$,使$A_i,A_j,P$不共线,再在这两条直线外各取两个点$A_s,A_t(2\leqslant s<t\leqslant 7)$,则$P,A_i,A_j,A_s,A_t$中无3点共线,矛盾.

如果$|l_1\cup l_2|=6$,则除l_1外,其他直线至多有3个点.此时,l_1,l_2外至少有4点,取其中两点P,Q(图5.14),在直线l_1上取两点A_1,A_2,使A_1,A_2不在直线PQ上(l_1上至少有3个点),在直线l_2上取两点A_3,使A_3不在直线PQ上也不在l_1上(l_2上至少有3个点),于是P,Q,A_1,A_2,A_3中无3点共线,矛盾.

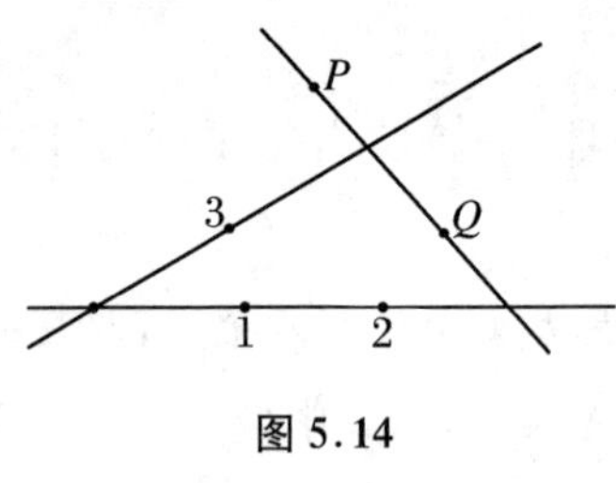

图 5.14

综上所述,所有合乎要求的正整数是 $n \geqslant 10(n \in \mathbf{N})$.

例5 在正 n 边形的每个顶点上各停有一只喜鹊,突然受到惊吓,众喜鹊都飞去.一段时间后,它们又都回到这些顶点上,仍是每个顶点上一只,但未必都回到原来的顶点.求所有正整数 n,使得一定存在3只喜鹊,以它们前后所在的顶点分别形成的三角形或同为锐角三角形,或同为直角三角形,或同为钝角三角形.(2001年中国数学奥林匹克试题)

分析与解 用正 n 边形的顶点表示喜鹊,显然 $n \geqslant 3$,且对 $n=3$,结论显然成立.

当 $n \geqslant 4$ 且 n 为偶数时,取喜鹊 A,B,其原来的位置为正 n 边形的外接圆直径的两端点.若回来后仍为直径的两端点,则任取另一只喜鹊 C,可知前后 AB 都是直径,$\triangle ABC$ 均为直角三角形,结论成立.若回来后 A,B 的位置非直径的两端点,则设回来后 A 的对径点为 C,则飞走前,AB 为直径,$\triangle ABC$ 为直角三角形;飞回来后,AC 为直径,$\triangle ABC$ 为直角三角形,结论成立.

当 $n \geqslant 7$ 且 n 为奇数时,不妨设 A 回到原顶点,否则可通过旋转使得 A 回到原顶点.

过 A 作正 n 边形的外接圆的直径,则在直径两侧各有 $\frac{n-1}{2} \geqslant 3$ 个点.

考虑原来在同一侧的三个点,由抽屉原则,回来后必有两个仍在同一侧,不妨设为 B,C(紧元素),则$\triangle ABC$ 前后均为钝角三角形,结论成立.

当 $n=5$ 时,设原先按顺时针排列为 A,B,C,D,E,返回后按顺时针排列为 A,C,E,B,D,则此时不难验证所有的钝角三角形变为锐角三角形,所有的锐角三角形变为钝角三角形,结论不成立.

综上所述,所求的 n 为所有不小于3且不等于5的整数.

例 6　平面上存在 n 个互异的点，其中任何 3 点中都有两点的距离为 1，求 n 的最大值.

分析与解　我们先依次对 n 的一些特殊取值，构造合乎条件的 n 个点.

首先，$n=3$ 显然合乎条件，构造边长为 1 的正三角形即可.

进而，$n=4$ 显然也合乎条件，构造两个边长为 1 有一条公共边的正三角形即可，此时，两个正三角形构成一个边长为 1 的有一个内角为 60°的菱形.

采用类似的拼合技巧，构造两个边长为 1 有一个内角为 60°的菱形，令两个菱形的一条边重合，将其拼合在一起(图 5.15).

设其中一个菱形为 $ABCD$，另一个菱形为 $CEFD$，此时两个菱形共有 6 个顶点，但这 6 个点并不合乎要求.

比如，当 3 个点都是菱形的锐角顶点 A,C,F 时，其中不存在两点的距离为 1.

很自然地想到，将菱形 $CEFD$ 绕点 C 向 $ABCD$ 所在的一侧作细微的旋转，设菱形旋转到 $CEFG$(图 5.16)，使 $AF=1$，则容易证明 7 点 A,B,C,D,E,F,G 合乎要求.

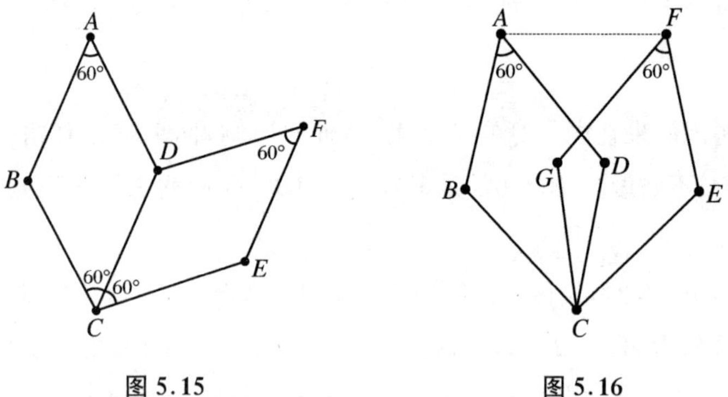

图 5.15　　　　图 5.16

实际上，对任何 3 个点，由抽屉原理，必有两个点(紧元素)属于同一菱形.

下面讨论谁为紧元素.

如果两个紧元素为该菱形同一边上的两个端点,则其距离为1.

如果两个紧元素都为该菱形的锐角顶点,设为 A,C,此时另一个点如果为 F,则 $AF=1$;如果另一个点属于$\{B,D,E,G\}$,则该点与 C 的距离为1.

于是,$n=7$ 合乎条件.

下面证明 $n\leqslant 7$,用反证法.

设 $n\geqslant 8$,取其中 8 个点 $A_1,A_2,\cdots,A_8$,令 $M=\{A_1,A_2,\cdots,A_8\}$.因为任意3个点中有两个点的距离为1,于是,对 M 中任意一个点 A_i,如果 M 中有若干个点到 A_i 的距离都不为1,则这若干个点之间的距离两两都为1. ①

易知,在 $A_1,A_2,\cdots,A_8$ 中,必有两点距离不为1.否则考察 A_1,A_2,A_3,A_4,有$\triangle A_1A_2A_3$,$\triangle A_1A_2A_4$都是正三角形,此时,$A_3A_4>1$,矛盾.

所以,我们不妨设 $A_1A_2\neq 1$.

对任何一点 $A_i(3\leqslant i\leqslant 8)$,由于$\triangle A_1A_2A_i$中至少一条边长为1,从而 $A_1A_i=1$ 或 $A_2A_i=1$,所以 A_i 都在以 A_1,A_2 为圆心、1 为半径的两个圆上(图5.17).

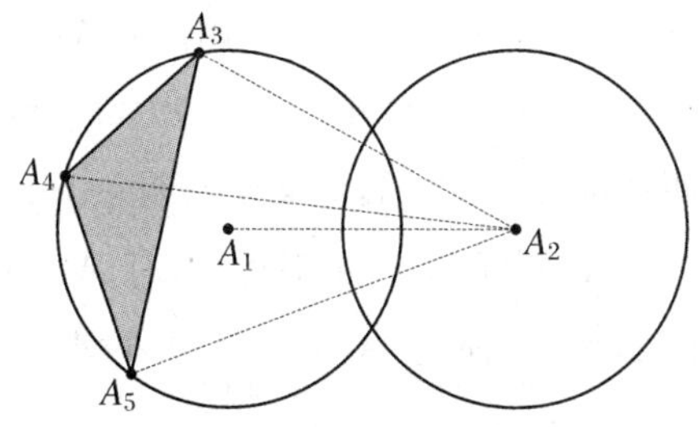

图 5.17

设两圆的交点的集合为 P，令 $N=M\cap P$（因为 P 中的点未必是已知点）.

(1) 若 $|N|\leqslant 1$，则 $|M\backslash N|\geqslant 5$，于是，$M\backslash N$ 中至少有 3 个点在同一个圆上，设为 A_3,A_4,A_5. 由于 $A_2A_3\neq 1,A_2A_4\neq 1,A_2A_5\neq 1$，所以由结论①，$\triangle A_3A_4A_5$ 是正三角形，但 $\triangle A_3A_4A_5$ 的外接圆半径为 1，矛盾.

(2) 若 $|N|=2$，设 $N=\{A_3,A_4\}$，同(1)的证明可知，剩下的 4 个点只能是每个圆上各有两点，设 A_5,A_6 在圆 A_1 上，A_7,A_8 在圆 A_2 上(图 5.18).

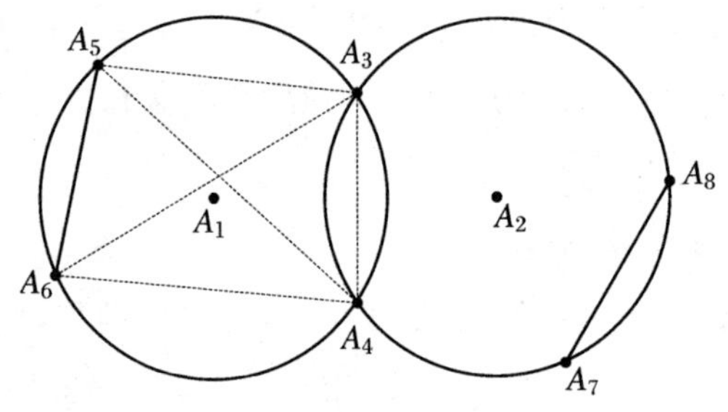

图 5.18

由于 $A_2A_5\neq 1,A_2A_6\neq 1$，所以 $A_5A_6=1$，同理，$A_7A_8=1$.

下面证明 $A_3A_4=1$，考察 $A_3A_5,A_4A_5,A_3A_6,A_4A_6$ 的长.

(ⅰ) 若 $A_3A_5\neq 1,A_4A_5\neq 1$，则 $A_3A_4=1$.

(ⅱ) 若 $A_3A_5=1$，则由于 $A_5A_6=1$，有 $A_3A_6\neq 1$.

若 $A_4A_6=1$，则 $A_3A_5=A_5A_6=A_4A_6=1=r$，所以 A_3A_4 是圆 A_1 的直径，于是两圆重合，所以 $A_4A_6\neq 1$，于是 $A_3A_4=1$.

(ⅲ) 若 $A_4A_5=1$，则同(ⅱ)，由对称性，有 $A_4A_3=1$.

于是恒有 $A_3A_4=1$，从而 $\triangle A_1A_3A_4$，$\triangle A_2A_3A_4$ 都是正三角形，进而 $A_1A_2=\sqrt{3}$，$\angle A_1A_4A_2=120^\circ$(图 5.19).

若 $A_4A_6=1$，则 $\triangle A_1A_6A_4$ 是正三角形，$\angle A_6A_4A_2=60^\circ+120^\circ$

$=180°$,所以 A_6,A_4,A_2共线,所以圆 A_2上仅有一点 A_4到 A_6之距为 1,所以 $A_6A_8\neq1$,$A_6A_7\neq1$,$A_6A_3\neq1$,所以由结论①,$\triangle A_3A_7A_8$为正三角形,矛盾.

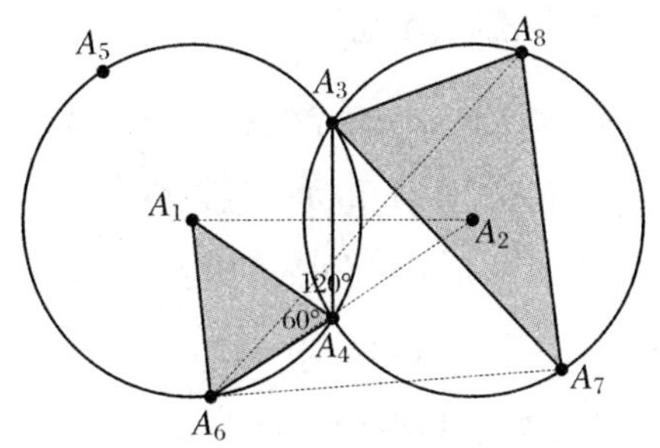

图 5.19

所以 $A_4A_6\neq1$,同理可知 $A_4A_i\neq1(5\leqslant i\leqslant8)$,这样由结论①,$A_iA_j=1$,即四点 A_5,A_6,A_7,A_8中两两之距为 1,矛盾.

所以 $n<8$,从而 n 的最大值为 7.

例 7　有 9 人买书,每人买了 4 种书,每两人所买的书都恰有两种相同,问 9 人共买了几种书?

分析与解　先构造一个合乎条件的例子.

最简单的例子是 9 个人都买了两种相同的书,此时他们共买了 $2+9\times2=20$ 种书.

我们证明,不存在其他形式的买书情况.

实际上,设共买了 r 种书,用 j 表示第 j 种书,第 i 人买的书的集合为 A_i,则

$$A_1\cup A_2\cup\cdots\cup A_9=\{1,2,\cdots,r\}=A.$$

我们的思路是,要证对任何两个集合 A_i,A_j,其交 $A_i\cap A_j$都相同,只需固定一个集合,比如 A_9,使 $A_9\cap A_i(i=1,2,\cdots,8)$都相同.它类似于证明多条直线共点:证各直线都与同一条直线交于同一点.

不妨设 $A_9=\{1,2,3,4\}$，依题意，$|A_9\cap A_i|=2$.

那么 $A_9\cap A_i$ 有哪些可能？共有 6 种可能（A_9 有 6 个二元子集），将 8 个二元子集 $A_9\cap A_i$（$i=1,2,\cdots,8$）归入这 6 种情形，由抽屉原理，必有 $\left[\frac{8}{6}\right]+1=2$ 个相同. 不妨设 2 个紧元素为

$$A_9\cap A_1=A_9\cap A_2=\{1,2\},$$

但如此下去，难于找到 A_3，使其也包含 $\{1,2\}$.

改进：将 A_9 的 6 个二元子集分成 3 组：

$$\{\{1,2\},\{3,4\}\},\quad \{\{1,3\},\{2,4\}\},\quad \{\{1,4\},\{2,3\}\},$$

将 8 个二元集 $A_9\cap A_i$（$i=1,2,\cdots,8$）归入这 3 个组，由抽屉原理，则必有 $\left[\frac{8}{3}\right]+1=3$ 个二元集属于同一组. 不妨设 3 个紧元素为

$$A_9\cap A_1,A_9\cap A_2,A_9\cap A_3\in\{\{1,2\},\{3,4\}\},$$

于是，同上讨论，$A_9\cap A_1$，$A_9\cap A_2$，$A_9\cap A_3$ 中必定有两个相等.

不妨设 2 个紧元素为

$$A_9\cap A_1=A_9\cap A_2=\{1,2\},$$

至此，已有 $\{1,2\}$ 同时包含在 A_9，A_1，A_2 中（图 5.20）.

	1	2	3	4	5	6	7	8	9	10
A_9	o	o	o	o						
A_1	o	o			o	o				
A_2	o	o					o	o		
A_3										
A_k										

图 5.20

下面分两步进行.

第一步：证明 $\{1,2\}$ 包含在 A_3 中；

第二步：证明 $\{1,2\}$ 包含在其他 A_i（$i=4,5,6,7,8$）中.

先完成第一步，不妨设 $A_1=\{1,2,5,6\}$，$A_2=\{1,2,7,8\}$（图5.21）.

	1	2	3	4	5	6	7	8	9	10
A_9	o	o	o	o						
A_1	o	o			o	o				
A_2	o	o					o	o		
A_3			?	?	?	?	?	?		
A_k										

图5.21

若 $A_9\cap A_i\neq\{1,2\}$，则因已证 $A_9\cap A_3\in\{\{1,2\},\{3,4\}\}$，只能是 $A_9\cap A_3=\{3,4\}$，即 $3,4\in A_3$.

由 $|A_1\cap A_3|=2$，且 $1,2\notin A_3$，有 $5,6\in A_3$，同样 $7,8\in A_3$，所以 $|A_3|\geqslant 6>4$，矛盾.

因此，$A_9\cap A_3=\{1,2\}$，不妨设 $A_3=\{1,2,9,10\}$（图5.22）.

	1	2	3	4	5	6	7	8	9	10
A_9	o	o	o	o						
A_1	o	o			o	o				
A_2	o	o					o	o		
A_3	o	o							o	o
A_k										

图5.22

至此，已有 $\{1,2\}$ 同时包含在 A_9,A_1,A_2,A_3 中.

再完成第二步，即对任何 $1\leqslant i\leqslant 9$，必有 $1\in A_i$，$2\in A_i$.

若否，则存在 $4\leqslant k\leqslant 8$，使 $\{1,2\}$ 不包含在 A_k 中，设1,2中恰有 t 个数属于 A_k（$t=0$ 或1），那么，由 $|A_9\cap A_k|=2$，知3,4中恰有 $2-t$ 个数属于 A_k（图5.23）.

	1	2	3	4	5	6	7	8	9	10
A_9	o	o	o	o						
A_1	o	o			o	o				
A_2	o	o					o	o		
A_3	o	o							o	o
A_k	含 t 个		2－t 个		2－t 个		2－t 个		2－t 个	

图 5.23

同样 5,6 中恰有 $2-t$ 个数属于 A_k,7,8 中恰有 $2-t$ 个数属于 A_k,所以

$$|A_k| \geqslant t+4(2-t)=8-3t \geqslant 5>4,$$

矛盾.

所以,$1 \in A_i$,$2 \in A_i$($1 \leqslant i \leqslant 9$).

综上所述,$A_i \cap A_j=\{1,2\}$对任何 $1 \leqslant i<j \leqslant 9$ 成立.所以,所有 $A_i \backslash \{1,2\}$($1 \leqslant i \leqslant 9$)中的两个数共 18 个数互不相同,于是,$r=2+18=20$,即共买了 20 种书.

另解　设 9 人买了 n 种书 $a_1,a_2,\cdots,a_n$,各人买书的集合为 A_1,$A_2,\cdots,A_9$,先证所有 9 人都买了两种相同的书.

反设结论不成立,考察所有的书对(a_i,a_j)($i \neq j$),不妨设(a_1,a_2)在各 A_i 中出现的次数最多,共出现 k 次.

由反设,$k<9$,不妨设$(a_1,a_2) \notin A_9$.

设 $A_1=(a_1,a_2,a_3,a_4)$,A_1 中的书共可构成 6 个不同的书对,$A_2,A_3,\cdots,A_9$ 这 8 个集合均含 A_1 中的一个书对,从而必有 $\left[\frac{8}{6}\right]+1=2$ 个 A_i,A_j($2 \leqslant i<j \leqslant 9$)含有 A_1 的同一个书对,从而 $k \geqslant 3$.

于是,可设 $A_2=(a_1,a_2,a_5,a_6)$,$A_3=(a_1,a_2,a_7,a_8)$(因为任两个 A_i 中恰有两本书相同).

假设 $k\geqslant4$,则又可设 $A_4=(a_1,a_2,a_9,a_{10})$.

由于$\{a_1,a_2\}$不是 A_9 的子集,若 a_1,a_2 都不属于 A_9,则 A_9 与 A_2,A_3,A_4 有相同书对,有 $a_5,a_6,\cdots,a_{10}\in A_9$,$|A_9|\geqslant6$,矛盾.

若 a_1,a_2 恰有一个属于 A_9,则(a_3,a_4),(a_5,a_6),(a_7,a_8),(a_9,a_{10})的每一个书对中至少有一本书属于 A_9,于是,$|A_9|\geqslant5$,矛盾.从而 $k=3$.

考察 $A_4,A_5,\cdots,A_9$,若某个 $A_i(4\leqslant i\leqslant9)$不含 a_1,a_2,则 A_i 中必含 $a_3,a_4,\cdots,a_8$,所以$|A_i|\geqslant6$,矛盾.

于是,$\{a_1,a_2\}$中恰有一个元素属于 $A_i(4\leqslant i\leqslant9)$,又 $A_i(4\leqslant i\leqslant9)$与 A_1,A_2,A_3 均恰有两个相同元素,从而各 $A_i(4\leqslant i\leqslant9)$恰含$(a_3,a_4)$,$(a_5,a_6)(a_7,a_8)$每一个书对中的一个元素,这样,$A_i(4\leqslant i\leqslant9)$是在 4 个书对$(a_1,a_2)$,$(a_3,a_4)$,$(a_5,a_6)$,$(a_7,a_8)$中各取一个元素构成.

于是,$A_i(4\leqslant i\leqslant9)$只有如下 16 种情况,分为 4 组:

$$(a_1,a_3,a_5,a_7),\quad(a_1,a_3,a_6,a_7),$$
$$(a_1,a_3,a_5,a_8),\quad(a_1,a_3,a_6,a_8),$$

$$(a_1,a_4,a_6,a_8),\quad(a_1,a_4,a_5,a_8),$$
$$(a_1,a_4,a_6,a_7),\quad(a_1,a_4,a_5,a_7),$$

$$(a_2,a_3,a_5,a_7),\quad(a_2,a_3,a_6,a_7),$$
$$(a_2,a_3,a_5,a_8),\quad(a_2,a_3,a_6,a_8),$$

$$(a_2,a_4,a_6,a_8),\quad(a_2,a_4,a_5,a_8),$$
$$(a_2,a_4,a_6,a_7),\quad(a_2,a_4,a_5,a_7).$$

由于 $A_4,A_5,\cdots,A_9$ 共 6 个集合,归入上述 4 组,由抽屉原理,必有$\left[\dfrac{6}{4}\right]+1=2$ 个 A_i,A_j 属于同一组,此时,A_i,A_j 并非恰有两个相同元素,矛盾.

故 $n=2+9\times2=20$,即买了 20 种书.

5.3　多少“大抽屉”

抽屉原理告诉我们，在某些抽屉中必定有“大抽屉”，但有些问题，仅知道存在“大抽屉”还不能获解，此时，我们可讨论究竟有多少个“大抽屉”，然后根据各“大抽屉”的特征，获取与题目结论相关的一些信息，使问题获解.

例 1　将数字 1,2,…,8 分别填入八边形 $ABCDEFGH$ 的 8 个顶点上，并且以 $S_1, S_2, \cdots, S_8$ 分别表示 (A, B, C)，(B, C, D)，…，(H, A, B) 这 8 组相邻的 3 个顶点上的数字和.

(1) 试给出一种填法，使得 $S_1, S_2, \cdots, S_8$ 都不小于 12；

(2) 请证明任何填法，都不能使得 $S_1, S_2, \cdots, S_8$ 都不小于 13. (2000 年山东省初中数学竞赛试题)

分析与解　(1) 采用逐增构造即可.

先排 1，接下来应将最大的数 8 与之相邻，以下排尽可能小的数，留下大数使后面的排列容易合乎要求.

由 $1+8+? \geqslant 12$，可知接下来应排 3.

由 $8+3+? \geqslant 12$，可知接下来应排 2(1 已排).

由 $3+2+? \geqslant 12$，可知接下来应排 7.

由 $2+7+? \geqslant 12$，可知接下来应排 4(3 已排).

由 $7+4+? \geqslant 12$，可知接下来应排 5(1,2,3,4 已排).

最后排 6，得到排列

$$1,\ 8,\ 3,\ 2,\ 7,\ 4,\ 5,\ 6$$

合乎要求.

排法不唯一，比如：1,8,3,4,6,2,7,5 也合乎要求.

(2) 可用反证法.

假定存在一种填法 P，使得 $S_i \geqslant 13(i=1,2,\cdots,8)$，我们来推出矛盾.

首先发掘 S_i 的显然特征：对任何 $1\leqslant i\leqslant 8$，有

$$S_i \neq S_{i+1} \quad (\text{其中 } S_9 = S_1). \qquad ①$$

实际上，若存在 $S_i = S_{i+1}$，不妨设

$$S_i = a_i + a_{i+1} + a_{i+2}, \quad S_{i+1} = a_{i+1} + a_{i+2} + a_{i+3},$$

则由

$$a_i + a_{i+1} + a_{i+2} = a_{i+1} + a_{i+2} + a_{i+3},$$

得 $a_i = a_{i+3}$，但顶点上的数是互异的，矛盾.

其次，从整体上考察 $S_1 + S_2 + \cdots + S_8$.

因为每个数都出现在 3 个 S_i 中，每个数被计算 3 次，从而

$$S_1 + S_2 + \cdots + S_8 = 3(1+2+\cdots+8) = 108.$$

将 108 归入 $S_1, S_2, \cdots, S_8$，由平均值抽屉原理，必定有一个 $i(1\leqslant i\leqslant 8)$，使 $S_i \geqslant \left[\dfrac{108}{8}\right]+1=14$，我们称这样的 S_i 为“大抽屉”.

注意到数字特征：$108=13\times 8+4$，且每个 $S_i\geqslant 13$，从而至多有 4 个大抽屉，于是至少有 4 个“小抽屉”(使 $S_i=13$ 的抽屉).

但由式①，任何两个小抽屉 S_i 不相邻，至少要 4 个大抽屉将 4 个小抽屉隔开，于是恰有 4 个大抽屉.

再注意到 $108=13\times 8+4$，从而 4 个大抽屉中的每一个都使 $S_i=14$，又 4 个小抽屉中的每一个都使 $S_i=13$，于是，$S_1, S_2, \cdots, S_8$ 在圆周上是 13，14 交错排列.

不妨设 $a_1+a_2+a_3=13$，$a_2+a_3+a_4=14$，两式相减，得 $a_4-a_1=1$.

利用对称性，我们有(找另一个含有 a_4 的等式)$a_4+a_5+a_6=14$，$a_5+a_6+a_7=13$，两式相减，得 $a_4-a_7=1$.

比较两式，得 $a_1=a_7$，但顶点上的数是互异的，矛盾.

例 2 给定正整数 $n\geqslant 3$，设 $a_1, a_2, \cdots, a_n$ 是 $1,2,\cdots,n$ 的一个排

列，令 $S_i=a_i+a_{i+1}+a_{i+2}(i=1,2,\cdots,n)$，其中规定 $a_{n+i}=a_i$，记 $s=\min\{S_1,S_2,\cdots,S_n\}$，求 s 的最大值.（原创题）

分析与解　本题没有彻底解决，下面介绍我们得到的初步结果，希望读者能将其彻底解决.

因为 $S_1,S_2,\cdots,S_n$ 的平均值为 $\frac{1}{n}\cdot\frac{3n(n+1)}{2}=\frac{3n+3}{2}$，我们猜想 s 的最大值为 $\left[\frac{3n+3}{2}\right]-1=\left[\frac{3n+1}{2}\right]$.

可以证明：对任何排列，一定有 $s\leqslant\left[\frac{3n+1}{2}\right]$.

证明如下：

(1) 当 n 为奇数时，结论是显然的，用反证法.

若所有的

$$S_i\geqslant\left[\frac{3n+1}{2}\right]+1=\frac{3n+1}{2}+1=\frac{3n+3}{2},$$

则

$$S_1+S_2+\cdots+S_n\geqslant n\cdot\frac{3n+3}{2}=\frac{3n(n+1)}{2}.$$

而每个数都出现在 3 个 S_i 中，所以

$$S_1+S_2+\cdots+S_n=3(1+2+\cdots+n)=\frac{3n(n+1)}{2}.$$

从而上述不等式等号成立，所以 $S_1=S_2=\cdots=S_n$，这与 $S_i\neq S_{i+1}$ 矛盾.

(2) 当 n 为偶数时，令 $n=2k$，我们要证明：一定有一个 $S_i\leqslant\left[\frac{3n+1}{2}\right]=3k$.

用反证法. 假定存在一个排列 P，使所有 $S_i\geqslant 3k+1(i=1,2,\cdots,n)$.

首先发掘 S_i 的显然特征：对任何 $1\leqslant i\leqslant n$，有

$$S_i\neq S_{i+1}\quad（其中\ S_{n+1}=S_1）.\qquad ①$$

实际上,若存在 $S_i = S_{i+1}$,不妨设

$$S_i = a_i + a_{i+1} + a_{i+2}, \quad S_{i+1} = a_{i+1} + a_{i+2} + a_{i+3},$$

则由

$$a_i + a_{i+1} + a_{i+2} = a_{i+1} + a_{i+2} + a_{i+3},$$

得 $a_i = a_{i+3}$,但各数是互异的,矛盾.

其次,从整体上考察 $S_1 + S_2 + \cdots + S_n$.

因为每个数都出现在 3 个 S_i 中,每个数被计算 3 次,从而

$$\begin{aligned} S_1 + S_2 + \cdots + S_n &= 3(1 + 2 + \cdots + n) = \frac{3n(n+1)}{2} \\ &= 3k(2k+1). \end{aligned}$$

将 $(3k+1)\cdot 2k + k$ 归入 $S_1, S_2, \cdots, S_{2k}$,由平均值抽屉原理,必定有一个 $i(1\leqslant i\leqslant 2k)$,使 $S_i \geqslant \left[\dfrac{(3k+1)\cdot 2k+k}{2k}\right]+1 = 3k+2$,我们称这样的 S_i 为"大抽屉".

注意到数字特征 $3k(2k+1) = (3k+1)\cdot 2k + k$,且每个 $S_i \geqslant 3k+1$,从而至多有 k 个大抽屉,于是至少有 k 个"小抽屉"(使 $S_i = 3k+1$ 的抽屉).

但由式①,任何两个小抽屉 S_i 不相邻,至少要 k 个大抽屉将 k 个小抽屉隔开,于是恰有 k 个大抽屉.

再注意到 $3k(2k+1) = (3k+1)\cdot 2k + k$,从而 k 个大抽屉中的每一个都使 $S_i = 3k+2$,又 k 个小抽屉中的每一个都使 $S_i = 3k+1$,于是,$S_1, S_2, \cdots, S_{2k}$ 在圆周上是 $3k+1, 3k+2$ 交错排列.

不妨设 $a_1 + a_2 + a_3 = 3k+1$,$a_2 + a_3 + a_4 = 3k+2$,两式相减,得 $a_4 - a_1 = 1$.

利用对称性,我们有(找另一个含有 a_4 的等式)$a_4 + a_5 + a_6 = 3k+2$,$a_5 + a_6 + a_7 = 3k+1$,两式相减,得 $a_4 - a_7 = 1$.

比较两式,得 $a_1 = a_7$,但顶点上的数是互异的,矛盾.

遗留问题：是否存在 1,2,…,n 的一个排列 $a_1,a_2,\cdots,a_n$，使 $s\geqslant\left[\frac{3n+1}{2}\right]$？

我们的结论如下：

(1) n 为奇数时结论可能不成立.

比如，$n=7$ 时，$s_{\max}=11$，排列为 1,7,3,2,6,4,5($4+5+1<11$).可以证明 $n=7$ 不成立，此时 $s_{\max}=10$.

首先，$s\leqslant10$.

否则，所有 $S_i\geqslant11$，称 1,2,3,4 为小数，5,6,7 为大数，由于大数比小数少，从而至少有两个小数相邻.

如果 1,2 相邻，由 $1+2+7<11$，知 1,2 旁边无法排数，矛盾.

如果 1,3 相邻，由 $1+3+7=11$，知 1,3 两旁都要排 7，矛盾.

如果 1,4 相邻，由 $1+4+5<11$，知 1,4 两旁分别排 6,7，此时，剩下的 3 个数 2,3,5 连续排，而 $2+3+5<11$，矛盾.

如果 2,3 相邻，由 $2+3+5<11$，知 2,3 两旁分别排 6,7，此时，剩下的 3 个数 1,4,5 连续排，而 $1+4+5<11$，矛盾.

如果 2,4 相邻，由 $2+4+3<11$，知 2,4 两旁都要排大数，而 1,3 不能相邻，1,3 之间只能排 7，于是 2,4 两旁分别排数 5,6.

若 1 与 2 之间都只间隔一个数，则 $1+7+2<11$，矛盾，所以 1 与 2 之间至少间隔两个数.所以 1 与 4 之间只间隔一个数，2 与 3 之间只间隔一个数，间隔它们的两个数为 5,6，但 $5+1+4<11$，$5+2+3<11$，矛盾.

当排列为 1,7,3,2,6,4,5 时，$s=10$.

综上所述，$s_{\max}=10$.

(2) 猜想 n 为偶数时结论成立.

$n=8$ 时，$s_{\max}=12$，排列为 1,8,3,2,7,4,5,6.

$n=9$ 时，$s_{\max}=14$，排列为 1,9,4,2,8,5,3,6,7.

$n=10$ 时,$s_{\max}=15$,排列为 1,10,4,2,9,5,3,7,6,8.

5.4 多少"紧元素"

抽屉原理告诉我们,在某些元素中必定有不少于 r 个"紧元素",但有些问题,仅知道存在不少于 r 个"紧元素",还不能获解,此时,我们可讨论究竟有多少个元素为"紧元素",然后根据"紧元素"个数,获取与题目结论相关的一些信息,使问题获解.

例 1 半径为 1 的圆(包括边界)中有 8 个点,求证:其中必有两对点,每对的两个点的距离都小于 1.而且存在一种分布,使这样的点对只有两对.

分析与证明 我们将问题转化为:两个点 A,B 属于同一抽屉,这就要求同一抽屉中的任何两个点 A,B,都有 $|AB|<1$,即同一抽屉中的点分布在一个较小的范围内.

注意到我们要找两条长小于 1 的线段,于是,我们需要证明:要么存在一个大抽屉,其中有 3 个点;要么存在两个大抽屉.

为叙述方便,如果两个点,它们的距离小于 1,则称这两个点为一个"对子".

为了找到两个点属于同一抽屉,但只有 8 个点,所以最多可构造 7 个抽屉.显然,不能将圆划分为 7 个扇形来构造抽屉,因为圆心与圆周上的点的距离为 1,不合乎要求.

所以,我们先将圆划分为 6 个全等的扇形,然后再在中央分割出一个小圆作为一个抽屉.

将圆划分为 6 个全等的扇形,再以 $\frac{1}{2}$ 为半径作一个同心圆,则大圆被分成 7 个区域Ⅰ,Ⅱ,Ⅲ,Ⅳ,Ⅴ,Ⅵ,Ⅶ(图 5.24),前 6 个区域都是

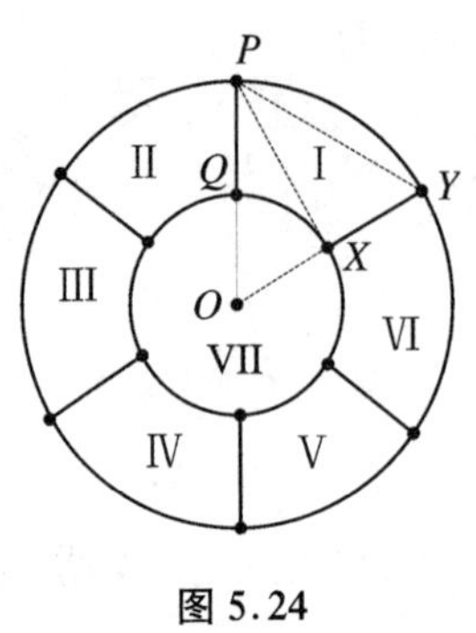

图 5.24

半开半闭的扇环:包含两段圆弧和一条线段边界,中央区域为小圆,不包括边界.

显然,区域Ⅶ内任何两个点之间的距离都小于 1.而对其他区域,比如区域Ⅰ,设其为扇环 $PQXY$,因为$\triangle OYP$ 是正三角形,从而 $PY=1$,进而由正$\triangle OYP$ 的高,得 $PX=\frac{\sqrt{3}}{2}<1$.

所以所有区域内任意两个点都构成一个对子.

(1) 若有某个区域中没有已知点,则 8 个点在其余 6 个区域内,必有一个区域有 3 个点(图 5.25),或者有两个区域各有两个点(图 5.26).对于前者,有 3 个对子.对于后者,有两个对子,结论成立.

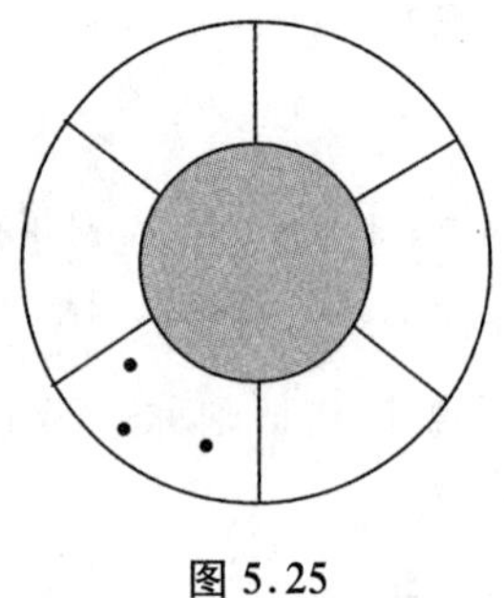
图 5.25

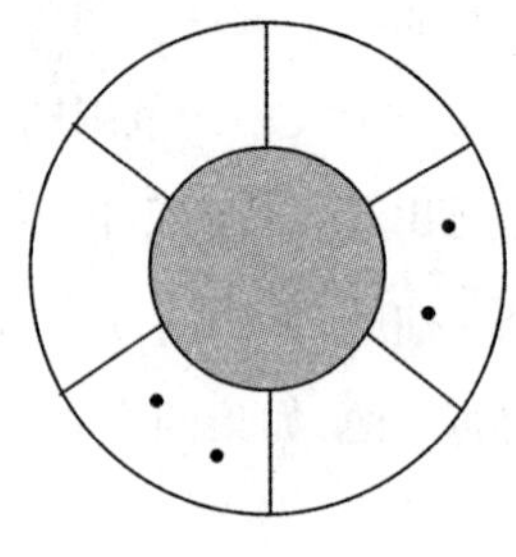
图 5.26

(2) 如果每一个区域中都至少有 1 点,则必有 6 个区域中各有 1 点,一个区域中有两点,这两点构成一个对子.

下面还要找一个对子,再考察中间的小圆被分割成的 6 个小扇形,又有两种情况:

(ⅰ) 如果小圆内有一个已知点不是圆心 O(包括小圆内有两个点的情形),设此已知点为 P(图 5.27),必有一个扇环抽屉与含点 P 的小扇形构成一个大扇形,点 P 与该扇环抽屉中的已知点 Q 又构成一个对子，此对子的两点分别属于两个不同抽屉，从而与前面的那个对子不同，得到两个对子，结论成立.

（ⅱ）如果小圆内只有一个已知点，且此点为圆心 O，此时，考察 O 外的其他 7 个已知点.

如果有一个点 M 不在大圆的周界上，则 O,M 又构成一个对子(图 5.28)，而前面那个对子不含点 O，从而得到两个不同的对子，结论成立.

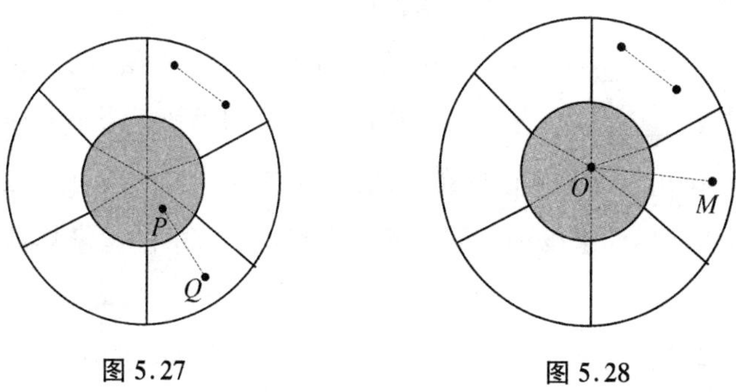

图 5.27　　图 5.28

如果其他 7 个已知点都在大圆的周界上，则考察含有两个已知点的大抽屉，不妨设为区域Ⅵ，绕圆心 O 旋转各区域的分割线，使区域Ⅵ中仍含有两个已知点，且区域Ⅵ的一条线段边界线通过其中一个已知点 A，不妨设 A 同时在区域Ⅰ的边界线上.

考察区域Ⅰ内的已知点 B，如果 B 不在区域Ⅱ的边界线上，则 A 与 B 又构成一个对子，结论成立.

于是，下设 B 在区域Ⅱ的边界线上.

类似地，可设 C 在区域Ⅲ的边界线上……F 在区域Ⅵ的边界线上，此时 F 与区域Ⅵ中的另一个点 G 又构成一个对子，而前面那个对子含有点 A，从而得到两个不同的对子，结论成立.

另一方面，如图 5.29 所示，O,A,B,C,D,E,F,G 这 8 点中恰有两个对子 $\{A,G\}$，$\{F,G\}$. 所以至少有两个对子.

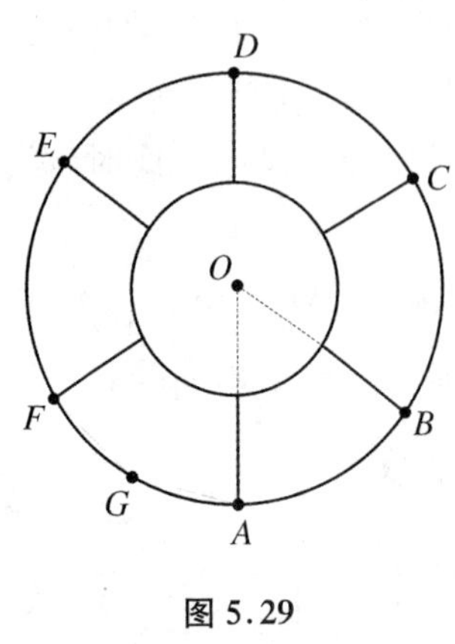

图 5.29

注　若将圆改为正六边形,则至少有 3 个对子,请读者完成证明.

例 2　某国足球联赛有 $n(n\geqslant 6)$ 支球队参加,每支球队都有两套不同颜色的队服,一套为主场队服,一套为客场队服.当两支球队进行比赛时,若两队的主场队服颜色不同,则两队均穿主场队服;若两队的主场队服颜色相同,则主场队穿其主场队服,客场队穿其客场队服.

已知任意两场在 4 支不同球队间的比赛中至少出现 3 种不同颜色的队服.问所有 n 支球队的共 $2n$ 套队服中,至少使用了多少种不同的颜色?(2010 年中国国家集训队测试题)

分析与解　这些队服至少使用了 $n-1$ 种不同的颜色.

首先构造使用 $n-1$ 种颜色的例子:设这 $n-1$ 种颜色为 $C_1,C_2,\cdots,C_{n-1}$,n 支队伍为 $T_1,T_2,\cdots,T_n$,其中,队伍 T_1,T_2 的主场队服的颜色均为 C_1,客场队服的颜色均为 C_2,队伍 $T_i(2\leqslant i\leqslant n)$ 的主场队服颜色为 C_{i-1},客场队服颜色为 C_{i-2}(事实上,这些队伍的客场队服颜色无关紧要).

由题目所述的规则,当两队比赛时,主、客场两支球队的主场队服颜色均会出现在场上.

对于任意两场在 4 支不同球队间的比赛,这 4 支球队的主场队服至少有三种不同的颜色,这些颜色都会出现在比赛中,因此这样的设计满足题目条件.

下面假设可以使用不超过 $n-2$ 种颜色,使得任意两场在 4 支不同球队间的比赛中至少出现三种不同颜色的队服.

不妨设恰好使用了 $n-2$ 种颜色，并设这 $n-2$ 种颜色为 $C_1,C_2,\cdots,C_{n-2}$，令 x_i 为主场队服颜色为 C_i 的队伍的个数，显然 $\sum_{i=1}^{n-2} x_i = n$. 由抽屉原理，至少有一个数 $x_i \geqslant 2$，不妨设大抽屉为 $x_1 \geqslant 2$.

若另外还有一个大抽屉 $x_j \geqslant 2$，则不妨设 a,c 是两支主场队服颜色为 C_1 的队伍，b,d 是两支主场队服颜色为 C_j 的队伍，a 队主场、b 队客场的比赛与 c 队主场、d 队客场的比赛中，4 支队伍均穿其主场队服，场上队员的队服都是 C_1 和 C_j 两种颜色，矛盾.

因此其余的 x_i 全部为 0 或 1，所以 $x_1 \geqslant n-(n-2-1)=3$.

若 $x_1=3$，则 $x_2=x_3=\cdots=x_{n-2}=1$，设主场队服颜色为 C_1 的三支队伍为 a,b,c，并选取另一球队 d，使得 d 的主场队服颜色与 b 的客场队服颜色相同（由 $x_2=x_3=\cdots=x_{n-2}=1$ 必然可以选出），这样在 a 队主场、b 队客场的比赛与 c 队主场、d 队客场的比赛中，只有 b 队穿客场队服，场上队员的队服只有两种不同颜色，矛盾.

若 $x_1 \geqslant 4$，则考虑所有主场队服颜色为 C_1 的队伍的客场队服，以及其他队伍的主场队服，这一共 n 套队服仅有 $n-2$ 种不同的颜色供选择，由抽屉原理，必然存在两套队服颜色相同.

因为前面已经证明除 x_1 外其余的 x_j 全部为 0 或 1，所以必然出现下面两种情况之一.

情况 1：有两支主场队服颜色为 C_1 的队伍，它们的客场队服颜色也相同.

设这两支队伍为 b 和 d，另取两支主场队服颜色为 C_1 的队伍 a，c，则在 a 队主场、b 队客场的比赛与 c 队主场、d 队客场的比赛中，b，d 两队穿客场队服，场上队员的队服只有两种不同颜色，矛盾.

情况 2：有一支主场队服颜色为 C_1 的队伍的客场队服，与另一支队伍的主场队服颜色相同.

设前者为 b，后者为 d，另取两支主场队服颜色为 C_1 的队伍 a,c，

则在 a 队主场、b 队客场的比赛与 c 队主场、d 队客场的比赛中，只有 b 队穿客场队服，场上队员的队服只有两种不同颜色，矛盾.

因此，假设不成立，即无法使用不超过 $n-2$ 种颜色来达到题目要求，故这些队服至少使用了 $n-1$ 种不同的颜色.

例 3 有 21 个女孩和 20 个男孩参加一次数学竞赛，已知：(ⅰ) 每一个参赛者至多解出 6 道题；(ⅱ)对于每一个女孩和每一个男孩，至少有一道题被这一对孩子都解出. 求证：有一道题，至少有 3 个女孩和至少有 3 个男孩都解出.(2004 年 IMO 中国集训队训练题)

分析与证明 先列出一个 21 行 20 列的表格，在第 i 行、第 j 列 $(1\leqslant i\leqslant 21, 1\leqslant j\leqslant 20, i, j\in \mathbf{Z})$ 的格内填上第 i 个女孩和第 j 个男孩共同答出题目的题号(若有不少于两个共同答出的题目，任选一个即可).

对于每一列，因为每个男生至多答对 6 题，所以每一列上至多有 6 个不一样的题号.

对这列的每一格，若填上的题号在这列出现不少于 3 次，则打上蓝圈，所以对每一种题号，要么都打蓝圈，要么都不打圈.

将同一列的 21 个格归入 6 个不同的题号，由抽屉原理，至少有一种题号在该列中出现不少于 $\left[\frac{21}{6}\right]+1=4$ 次，所以每一个列中必有蓝圈.

若某列的蓝圈不多于 10 个，则该列至少剩下 11 格没打蓝圈. 因为有一种题号已被打上蓝圈，所以至多剩下 5 种题号没打蓝圈. 将 11 个没打蓝圈的格归入剩下的 5 个不同的题号，由抽屉原理，至少有一种题号在该列中出现不少于 $\left[\frac{11}{5}\right]+1=3$ 次，应打蓝圈，矛盾.

所以每一列至少有 11 个蓝圈，从而整个表格至少有 $11\times 20=220$ 个蓝圈.

对于每一行，因为每个女生至多答对 6 题，所以每一行也至多有 6

个不一样的题号.

对这行的每一格,若填上的题号在这行出现不少于 3 次,则打上红圈.同上讨论可知,每一行至少有 10 个红圈,整个表格至少有 $10\times 21=210$ 个红圈.

又因为共有 $21\times 20=420$ 格,而 $220+210=430>420$,所以至少有一格被同时打上红圈和蓝圈,设这格所填题号为 M.

对这格所在的列来说,至少有 3 格填的是 M,设第 a_1,a_2,a_3行与这列有公共格.

对这格所在的行来说,至少有 3 格填的是 M,设第 b_1,b_2,b_3列与这行有公共格,所以第 a_1,a_2,a_3名女孩和第 b_1,b_2,b_3名男孩同时答对题号为 M 的题目.

所以有一道题,至少有 3 个女孩和至少有 3 个男孩都解出.

另证 25 个男孩和 25 个女孩的集合分别记为 $B=\{b_1,b_2,\cdots,b_{25}\}$,$G=\{g_1,g_2,\cdots,g_{25}\}$.

试题的集合记为 P.作如下一个表格:在表格中第 i $(1\leqslant i\leqslant 25)$行(即女生 g_i所在的行)与第 j $(1\leqslant j\leqslant 25)$列(即男生 b_j所在的列)处标上 g_i与b_j共同解出的一道题的标号(图 5.30).

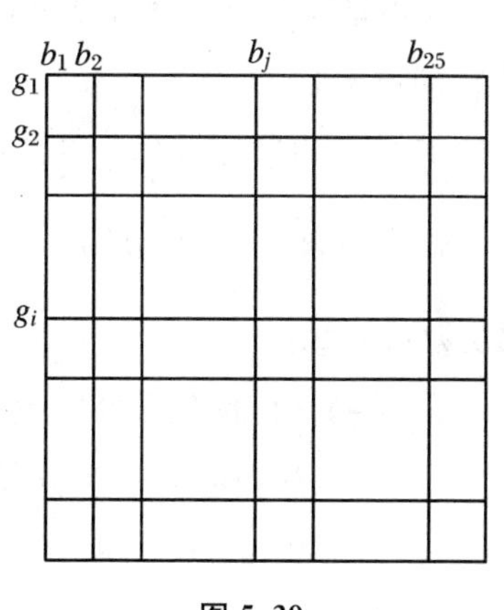

图 5.30

由于$\dfrac{25}{7}>3$,因此,由抽屉原理,第一列中,至少有一道题的标号重复出现 3 次以上,至多有 6 道题的标号重复次数不超过两次.

因此,每一行至多有 2×6 个小方格内题的标号重复次数不超过两次,从而至少有 13 个小方格中的题的标号次数出现不少于 3 次.

由对称性,对每一列也有同样的结论.

因为 $25\times13+25\times13=25\times26>25\times25$,所以,行与列中一定有一个共同的小方格 (g_s,b_t),对于 g_s 和 b_t 都有题的标号重复出现不少于3次,命题获证.

例4　设 n 为大于3的奇数,将正 n 边形的顶点都染某两种颜色之一,必存在同色梯形,求 n 的所有可能值.(原创题)

分析与解　显然,当 $n\leqslant6$ 时,将其中 $k=\left[\frac{n}{2}\right]\leqslant3$ 个点染红色,其余点染蓝色,则不存在同色梯形.

当 $n=7$ 时,设正七边形为 $A_1A_2\cdots A_7$,将 A_1,A_2,A_3,A_5 染红色,其余点染蓝色,则不存在同色梯形.

所以 $n\geqslant9$.

下面证明若 n 为不小于9的奇数,将正 n 边形的顶点2-染色,必存在同色梯形.

对正 n 边形任何两个顶点 A,B,连接 AB,考察劣弧 AB,如果劣弧 AB 上包含正 n 边形的 $r-1\left(r=1,2,3,\cdots,\frac{n-1}{2}\right)$ 个顶点,则称弦 AB 为 r 级边.

当 $n=9$ 时,我们证明2-色正九边形必存在同色梯形.

我们注意这样的事实:如果圆内接四边形 $ABCD$ 为梯形,其中 $AB\,/\!/\,CD$,则必有 $AD=BC$,从而梯形是等腰梯形,由此想到找长度相等的线段.

进一步思考发现,找两条长度相等的线段是不够的,因为这两条长度相等的线段可能有公共点,由此发现一个充分条件:存在3条长度相等的端点全同色的线段.

实际上,由抽屉原理,必有5个点同色,设为红色.

5个红色点可连成 $C_5^2=10$ 条红边(称两个端点为红色的边为红

边),但只有4种不同的级别,必有$\left[\frac{10}{4}\right]+1=3$条红边的长度相等.

如果这3条长度相等的红边不构成正三角形,则其中必有两条红边没有公共顶点,它们构成红色等腰梯形的腰,结论成立;

如果这3条长度相等的红边构成正三角形,则其级别只能为3,不妨设3个红顶点为1,4,7.

此外,至少还有两个红点,每个红点都与1,4,7三点之一构成级别为1的边,产生腰长为1的红色等腰梯形,结论成立.

当$n=11$时,由抽屉原理,必有6个点同色,设为红色.

6个红色点,有$C_6^2=15$条边,但只有5种不同的级别,必有$\frac{15}{5}=3$条边的级别相同.

由于这3条级别相同的边不能构成正三角形,其中必有两条边没有公共顶点,它们构成红色等腰梯形的腰,结论成立.

当$n=13$时,由抽屉原理,必有7个点同色,设为红色.

7个红色点,有$C_7^2=21$条边,但只有6种不同的级别,必有$\left[\frac{21}{6}\right]+1=4$条边的级别相同.

这4条级别相同的边中必有两条边没有公共顶点,它们构成红色等腰梯形的腰,结论成立.

当$n\geqslant15$时,由抽屉原理,必有$\frac{n+1}{2}$个点同色,设为红色.

$\frac{n+1}{2}$个红色点两两相连,得$C_{\frac{n+1}{2}}^2=\frac{1}{2}\cdot\frac{n+1}{2}\cdot\frac{n-1}{2}=\frac{n^2-1}{8}$条红边,但只有$\frac{n-1}{2}$种不同的级别,必有$\left[\frac{n+1}{4}\right]$条红边的级别相同.

因为$n\geqslant15$,$\left[\frac{n+1}{4}\right]\geqslant\left[\frac{15+1}{4}\right]=4$,而4条级别相同的边中必有两条边没有公共顶点,它们构成红色等腰梯形的腰,结论成立.

例 5 设 n 为正奇数,若将正 n 边形的顶点 3-染色,必存在同色梯形,求 n 的最小值.

分析与解 我们要找到常数 c,满足如下两个条件:

(1) 当 $n=c$ 时,任何 3 色的正 n 边形都有同色梯形;

(2) 当 $n<c$ 时,存在 3 色的正 n 边形没有同色梯形.

由于 c 是未知常数,目标(1)不易实现,所以我们先穷举 n 的值,使(2)成立.

显然,当 $n\leqslant 9$ 时,可以这样染色,每一种颜色的点不超过 3 个,则显然不存在同色梯形;

当 $n=11$ 时,构造两个非梯形的同色四边形即可:将标号为 1,2,4,7 的顶点染红色,标号为 8,9,11,3 的顶点染蓝色,其余 3 点染黄色,则不存在同色梯形(图 5.31);

当 $n=13$ 时,构造一个不含梯形的同色五边形,两个非梯形的同色四边形即可:将标号为 1,2,4,7,13 的顶点染红色,标号为 3,6,8,10 的顶点染蓝色,标号为 5,9,11,12 的顶点染黄色,则不存在同色梯形(图 5.32).

所以 $n\geqslant 15$.

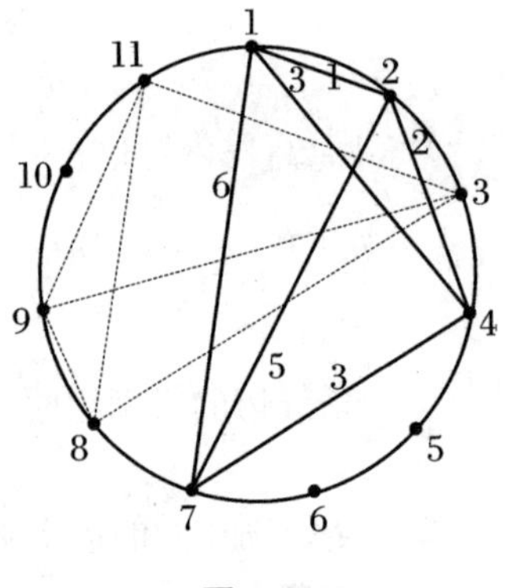

图 5.31

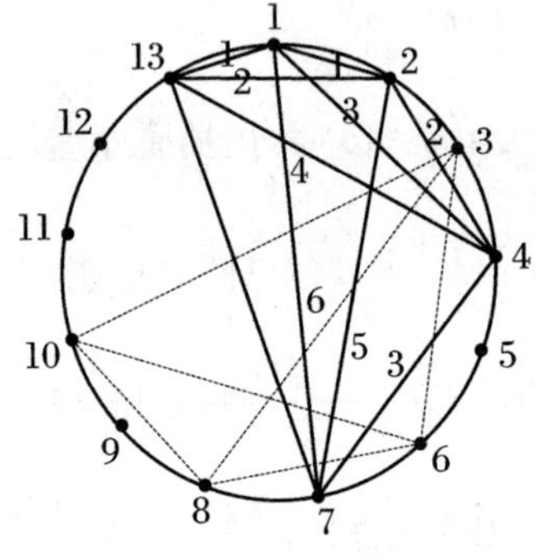

图 5.32

当 $n=15$ 时,易知不能有 6 点同色,从而适当染色,每色 5 个点,且同色点不含梯形.

为了使构造简单,我们寻找所有含有 3 个连续顶点的好 K_5(无顶点构成梯形的 K_5),这样的 K_5 可表示为(1,2,3,×,×).

先考虑(1,2,3,5,×)型,则第 5 顶点可以为 8,9,10,11,12,…,由此猜想:可以将 3 个(1,2,3,×,×)型的 K_5 各染 1 色.

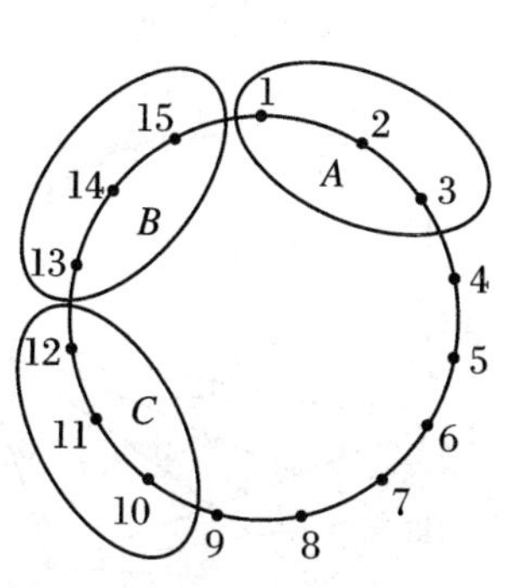

图 5.33

此外,为简单起见,可令这 3 个 K_5 的 3 个连续 3 顶点组 A,B,C 依次相邻(图 5.33).

假设 A 对应的 K_5 为(1,2,3,5,8),而 B 对应的 K_5 只能为(1,2,3,a,×)型,其中 $a\geqslant 7$,取 $a=7$,发现第 5 顶点可以为 10,得到 K_5 为(1,2,3,7,10)(逆向),从而另一个 K_5 为(1,2,3,6,9)(逆向),即按下面的方式染色:

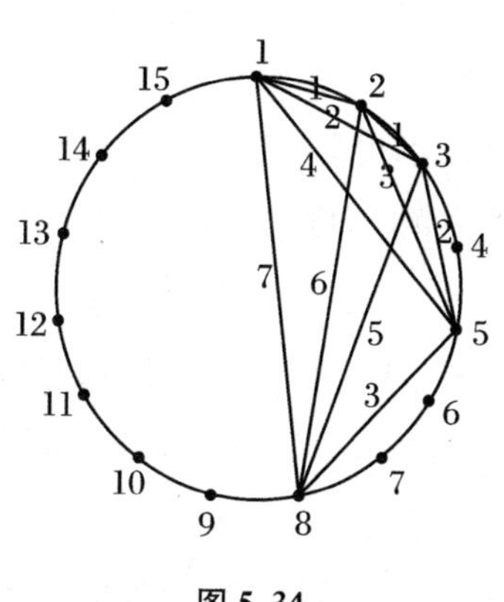

图 5.34

5 个红点为 1,2,3,5,8,它们连成的边的级别分别为 1,1,2,3,2,3,5,4,6,7(图 5.34),其中两个 1 级边共顶点"2",两个 2 级边共顶点"3",两个 3 级边共顶点"5",不存在红色梯形.

5 个蓝点为 4,7,10,11,12,它们连成的边的级别分别为 3,3,1,1,6,4,2,7,5,7(图 5.35),其中两个 3 级边共顶点"7",两个 1 级边共顶点

"11",两个 7 级边共顶点"4",不存在蓝色梯形.

5 个黄点为 6,9,13,14,15,它们连成的边的级别分别为 3,4,1,1,7,5,2,7,6,6(图 5.36),其中两个 1 级边共顶点"14",两个 7 级边共顶点"6",两个 6 级边共顶点"5",此时不存在黄色梯形.

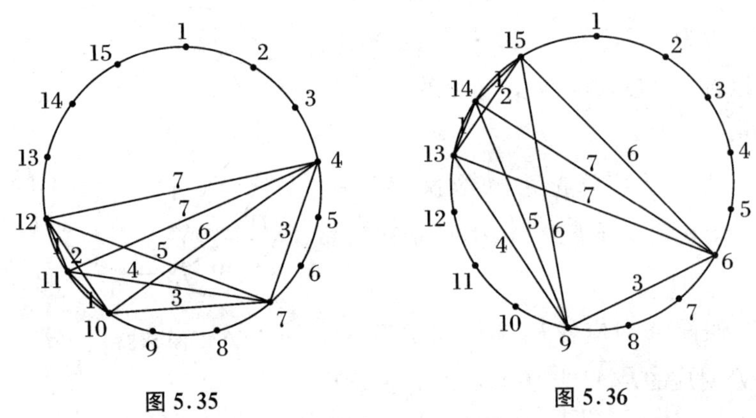

图 5.35　　　　图 5.36

由此可见,上述染色不存在同色梯形,所以 $n\geqslant 17$.

当 $n=17$ 时,我们证明 3-色正 17 边形必存在同色梯形.

注意到 $n=17$ 为奇数,正 17 边形不存在以正 17 边形的顶点为顶点的矩形,从而只需找到两条没有公共端点的长度相等颜色相同的单色线段.实际上,如果两条长度相等的线段不相交,则它们是一个等腰梯形的两条腰;如果两条长度相等的线段相交,则它们是一个等腰梯形的两条对角线.

对正 17 边形任何两个顶点 A,B,连接 AB,考察劣弧 $\overparen{AB}$,如果劣弧 $\overparen{AB}$ 上包含正 17 边形的 $r-1(r=1,2,3,4,5,6,7,8)$ 个顶点,则称弦 AB 为 r 级边.

在 3-色正 17 边形中,有 17 个顶点,只有 3 种颜色,由抽屉原理,存在 $\left[\dfrac{17}{3}\right]+1=6$ 个点同色,设为红色.

从中取定6个红点，令其两两相连得到的红色 K_6 有 $C_6^2=15$ 条红边，但只有8种不同的级别（边所对劣弧的度数），由抽屉原理，必有 $\left[\frac{15}{8}\right]+1=2$ 条红边的级别相同.

(1) 如果存在3条红边的级别相同（3个紧元素），由于17不是3的倍数，从而这3条级别相同的边不构成正三角形，其中必有两条边没有公共顶点，它们构成红色等腰梯形的腰.

(2) 如果不存在3条红边的级别相同（至多两个紧元素），由于 $15=2\cdot 7+1$，从而15条红边只能是某种级别的红边恰有1条，而另外7个级别的红边都恰有两条.

设级别为 $a(1\leqslant a\leqslant 8)$ 的红边恰有1条，有以下3种情况：

（ⅰ）a 为奇数，此时 K_6 中两条2级边必相邻（有公共顶点），不妨设2级边为(1,3)，(3,5)，此时产生4级边(1,5)，另一条4级边与(1,5)相邻，由对称性，不妨设另一条4级边为(5,9). 此时产生8级边(1,9)，另一条8级边与(1,9)相邻，从而另一条8级边只可能为(1,10)或(9,17).

此外，红色 K_6 中有一条6级边(3,9)，另一条6级边与(3,9)相邻，从而另一条6级边只可能为(3,14)或(9,15). 于是 K_6 只有如下4种可能：

$K_6=(1,3,5,9,10,14)$，此时 $9-5=14-10$，结论成立；

$K_6=(1,3,5,9,10,15)$，此时 $10-5\equiv 3-15 \pmod{17}$，结论成立；

$K_6=(1,3,5,9,14,17)$，此时 $9-5\equiv 1-14 \pmod{17}$，结论成立；

$K_6=(1,3,5,9,15,17)$，此时 $3-1=17-15$，结论成立.

（ⅱ）$a=2,4$，此时红色 K_6 中两条3级边必相邻，不妨设3级边为(1,4)，(4,7)，此时产生6级边(1,7)，另一条6级边与(1,7)相邻，由对称性，不妨设另一条6级边为(7,13). 此时产生5级边(1,13)，另一条5级边与(1,13)相邻,从而另一条5级边只可能为(1,6)或(8,13).

此外,K_6中有一条8级边(4,13),另一条8级边与(4,13)相邻,从而另一条8级边只可能为(4,12)或(5,13).于是K_6只有如下4种可能:

$K_6=(1,4,6,7,12,13)$,此时$7-6=13-12$,结论成立;

$K_6=(1,4,5,6,7,13)$,此时$5-4=7-6$,结论成立;

$K_6=(1,4,7,8,12,13)$,此时$8-7=13-12$,结论成立;

$K_6=(1,4,5,6,7,13)$,此时$5-4=7-6$,结论成立.

(ⅲ) $a=6,8$,此时K_6中两条1级边必相邻,不妨设1级边为(1,2),(2,3),此时产生2级边(1,3),另一条2级边与(1,3)相邻,由对称性,不妨设另一条2级边为(3,5).此时产生3级边(2,5),另一条3级边与(2,5)相邻,从而另一条3级边只可能为(2,16)或(5,8).

此外,K_6中有一条4级边(1,5),另一条4级边与(1,5)相邻,从而另一条4级边只可能为(1,14)或(5,9).于是K_6只有如下4种可能:

$K_6=(1,2,3,5,8,9)$,此时$3-2=9-8$,结论成立;

$K_6=(1,2,3,5,8,14)$,此时$8-3\equiv 2-14 \pmod{17}$,结论成立;

$K_6=(1,2,3,5,9,16)$,此时$9-5\equiv 3-16 \pmod{17}$,结论成立;

$K_6=(1,2,3,5,14,16)$,此时$5-3=16-14$,结论成立.

综上所述,n的最小值为17.

注 本题n为奇数的要求可以去掉,这里是为了使构造的分析过程不至于太长而添加的限定.此外,如果我们采用多次使用抽屉原理的技巧,还可得到$n=17$合乎要求的非常简单的证明(见6.1节例5).

习　题　5

1. 某城堡形状为正七边形,每个顶点处都有一个钟楼,每条边代表的一面墙都由两端点处钟楼里的士兵把守.若要使得每一面城墙都至少有7名士兵把守,则至少要安排多少名士兵?(1992年圣彼得堡数学竞赛试题)

2. 设 $a_1,a_2,\cdots,a_{10}$ 是 $1,2,\cdots,10$ 的一个排列,令 $S_i=a_i+a_{i+1}+a_{i+2}(i=1,2,\cdots,10)$,其中规定 $a_{10+i}=a_i$,求 $S_1,S_2,\cdots,S_{10}$ 中最小者的最大值.

3. 某飞行员做飞行射击表演,在空中悬挂着 $n(n\geqslant5)$ 只气球,它们满足条件:任何5只气球中都有3只排成一直线.飞行员可以选择适当的角度,经一次射击就可以击中排列在同一直线上的所有气球.如果不管气球按上述要求如何排列,都可适当进行 r 次射击,击中全部气球,求 r 的最小值.(原创题)

4. 已知集合 $P=\{x\mid x=7^3+a\times7^2+b\times7+c$,其中 a,b,c 为不大于6的正整数$\}$,若 $x_1,x_2,\cdots,x_n$ 为集合 P 中构成等差数列的 n 个元素,求 n 的最大值.(2013年全国高中数学联赛福建省预赛试题)

5. 在 $n\times n$ 棋盘中,每个方格填一个数,使每一行和每一列都成等差数列,这样的一个数表称为一个等差密码表.如果知道了表中某些方格的数就能破译该密码表,则称这些方格的集合为一把钥匙,该集合中的格子数为该钥匙的长度.

(1) 求最小的自然数 s,使 $n\times n(n>3)$ 棋盘中的任何 s 个方格都构成一把钥匙;

(2) 求最小的自然数 t,使 $n\times n(n>3)$ 棋盘中的两条对角线上的任何 t 个方格都构成一把钥匙.

(1994年中国数学集训队选拔考试试题)

6. 在非负数构成的3×9数表

$$P=\begin{pmatrix} x_{11} & x_{12} & x_{13} & x_{14} & x_{15} & x_{16} & x_{17} & x_{18} & x_{19} \\ x_{21} & x_{22} & x_{23} & x_{24} & x_{25} & x_{26} & x_{27} & x_{28} & x_{29} \\ x_{31} & x_{32} & x_{33} & x_{34} & x_{35} & x_{36} & x_{37} & x_{38} & x_{39} \end{pmatrix}$$

中每行的数互不相同,前 6 列中每列的三数之和为 1,$x_{17}=x_{28}=x_{39}=0$,x_{27},x_{37},x_{18},x_{38},x_{19},x_{29} 均大于 0.

如果 P 的前三列构成的数表

$$S=\begin{pmatrix} x_{11} & x_{12} & x_{13} \\ x_{21} & x_{22} & x_{23} \\ x_{31} & x_{32} & x_{33} \end{pmatrix}$$

满足下面的性质(O):对于数表 P 中的任意一列 $\begin{pmatrix} x_{1k} \\ x_{2k} \\ x_{3k} \end{pmatrix}$($k=1,2,\cdots,9$)均存在某个 $i\in\{1,2,3\}$,使得 $x_{ik}\leqslant u_i=\min\{x_{i1},x_{i2},x_{i3}\}$.求证:

(1) 最小值 $u_i=\min\{x_{i1},x_{i2},x_{i3}\}$($i=1,2,3$)一定来自数表 S 的不同列;

(2) 存在数表 P 中唯一的一列 $\begin{pmatrix} x_{1k^*} \\ x_{2k^*} \\ x_{3k^*} \end{pmatrix}$($k^*\neq 1,2,3$)使得 3×3 数表 $S'=\begin{pmatrix} x_{11} & x_{12} & x_{1k^*} \\ x_{21} & x_{22} & x_{2k^*} \\ x_{31} & x_{32} & x_{3k^*} \end{pmatrix}$ 仍然具有性质(O).

(2009 年全国高中数学联赛试题)

7. 给定 $m\in\mathbf{N}^*$,S 是 $A=\{1,2,3,\cdots,2^m n\}$ 的子集,若 $|S|=(2^m-1)n+1$,求证:S 有 $m+1$ 个互异元素 $a_0,a_1,\cdots,a_m$,使 $a_{i-1}\mid a_i$($1\leqslant i\leqslant m$).

又若 $S=(2^m-1)n$,上述结论是否成立?

8. 给定正整数 m,n,设 $x_1,x_2,\cdots,x_m$ 都是正整数,且它们的算术平均值小于 $n+1$,又 $y_1,y_2,\cdots,y_n$ 都是正整数,且它们的算术平均值小于 $m+1$.求证:存在若干个(至少一个)x_i 的和与若干个 y_i(至少

一个)的和相等.(《美国数学杂志》1996年1月号问题1466)

9. 证明:将正15边形的任意6个顶点染红色,必存在4个顶点构成红色的梯形.(原创题)

10. 现有8个盒子,每个盒子里有6个球,每个球用 n 种颜色的一种颜色,使得同一个盒子中没有两个球的颜色相同,任两种颜色不能同时出现在两个或多个盒子中,求 n 的最小值.

11. 设 n 边形 $A_0A_1\cdots A_{n-1}$ 是凸 n 边形,用对角线将之剖分为 $n-2$ 个互不相交的三角形,证明:不论怎样剖分,必存在这些三角形的一种编号:$\triangle_1,\triangle_2,\cdots,\triangle_{n-2}$,使 A_i 是 $\triangle_i$ 的一个顶点($1\leqslant i\leqslant n-2$),并求编号种数.

12. 设 A 是有限集,对任何 $x,y\in A$,若 $x\neq y$,则 $x+y\in A$,求 $|A|$ 的最大值.

13. 设 $a+b+c=0$,求证:$6(a^3+b^3+c^3)^2\leqslant(a^2+b^2+c^2)^3$.

14. 在一个圆周上给定12个红点,求 n 的最小值,使得存在以红点为顶点的 n 个三角形,满足:以红点为端点的每条弦,都是其中某个三角形的一条边.(2009年中国东南地区数学奥林匹克试题)

15. 设 n,p,q 都是正整数,且 $n>p+q$.若 $x_0,x_1,\cdots,x_n$ 是满足下面条件的整数:

(1) $x_0=x_n=0$;

(2) 对每个整数 $i(1\leqslant i\leqslant n)$,或者 $x_i-x_{i-1}=p$,或者 $x_i-x_{i-1}=-q$.

试证:存在一对标号 (i,j),使 $i<j$,$(i,j)\neq(0,n)$,且 $x_i=x_j$.(第37届国际数学奥林匹克试题)

16. 设 $T(n)$ 表示坐标平面上 $[0,n]\times[0,n]$ 内其边通过格点且斜率为 $0,\infty$ 或 ±1 的三角形的个数,求 $T(n)$.(《美国数学月刊》1993年3月号问题3450)

17. 一次比赛共有 4 道选择题,每题有 A,B,C 三个选择项,对参赛的任意三名学生,至少存在一题使他们的答案互不相同,问至多有多少人参加比赛?

18. 对于一个 $m\times m$ 的矩阵 $\boldsymbol{A}$,设 X_i 为第 i 行中的元素构成的集合,Y_j 是第 j 列中的元素构成的集合,$1\leqslant i,j\leqslant m$. 如果 $X_1,X_2,\cdots,X_m,Y_1,Y_2,\cdots,Y_m$ 是不同的集合,则称 $\boldsymbol{A}$ 是“金色的”. 求最小的正整数 n,使得存在一个 $2\,004\times 2\,004$ 的“金色的”矩阵,其每一项元素均属于集合$\{1,2,\cdots,n\}$.

习题 5 解答

1. 先考察某面墙,它至少有 7 名士兵把守,将其归入两个端点,则必有一个端点至少有 4 名士兵,设此端点为 A(大抽屉).

将 A 以外的 6 个点分为 3 组,每一组都是一面墙的两个端点,依题意,每一组都不少于 7 个士兵,于是,所有士兵数不少于 $4+7\cdot 3=25$.

又各钟楼的士兵数分别为 4,3,4,3,4,3,4 时合乎要求,此时的士兵数为 25,故至少需要 25 名士兵.

另解:设 7 个顶点处的士兵个数分别为 $a_1,a_2,\cdots,a_7$,则

$$a_1+a_2\geqslant 7,\quad a_2+a_3\geqslant 7,\quad \cdots,\quad a_6+a_7\geqslant 7,\quad a_7+a_1\geqslant 7,$$

各式相加,得 $2(a_1+a_2+\cdots+a_7)\geqslant 49$. 又 $2(a_1+a_2+\cdots+a_7)$ 为偶数,所以 $2(a_1+a_2+\cdots+a_7)\geqslant 50$,于是,$a_1+a_2+\cdots+a_7\geqslant 25$.

2. $S_1,S_2,\cdots,S_{10}$ 中最小者的最大值为 15.

考察 $S_1+S_2+\cdots+S_{10}$,因为每个数都出现在 3 个 S_i 中,每个数被计算 3 次,从而 $S_1+S_2+\cdots+S_{10}=3(1+2+\cdots+10)=165$,于是 $S_1,S_2,\cdots,S_{10}$ 的平均值为 16.5,猜想其最小者的最大值为$[16.5]=16$,但

16 无法到达,从而修改为 15.

首先构造一个排列,使 $S_1,S_2,\cdots,S_{10}$ 中最小者为 15.

先排 1,然后将最大的数 10 与之相邻,下填尽可能小,留下大数后面容易合乎要求:由 $1+10+?\geqslant 15$,应排 4;接下来由 $10+4+?\geqslant 15$,应排 2(1 已排);由 $4+2+?\geqslant 15$,应排 9;由 $2+9+?\geqslant 15$,应排 5(4 已排);由 $9+5+?\geqslant 15$,应排 3(1,2 已排);由 $5+3+?\geqslant 15$,应排 7;由 $3+7+?\geqslant 15$,应排 6(1,2,3,4,5 已排);最后排 8,得到圆排列 1,10,4,2,9,5,3,7,6,8 合乎要求.

下面证明对任何排列,一定有一个 $S_i\leqslant 15$. 用反证法. 假定存在一个排列 P,使所有 $S_i\geqslant 16(i=1,2,\cdots,10)$.

首先发掘 S_i 的显然特征:对任何 $1\leqslant i\leqslant 10$,有

$$S_i\neq S_{i+1}\quad(其中\ S_{11}=S_1).\qquad ①$$

实际上,若存在 $S_i=S_{i+1}$,不妨设

$$S_i=a_i+a_{i+1}+a_{i+2},\quad S_{i+1}=a_{i+1}+a_{i+2}+a_{i+3},$$

则由 $a_i+a_{i+1}+a_{i+2}=a_{i+1}+a_{i+2}+a_{i+3}$,得 $a_i=a_{i+3}$,但各数是互异的,矛盾.

其次,从整体考察 $S_1+S_2+\cdots+S_{10}$.

因为每个数都出现在 3 个 S_i 中,每个数被计算 3 次,从而

$$S_1+S_2+\cdots+S_{10}=3(1+2+\cdots+10)=165.$$

分析数字特征:$165=16\times 10+5$,因为每个 $S_i\geqslant 16$,从而至多有 5 个 $S_i>16$(将 5 个 1 归入 10 个 S_i 中,至多 5 个非空),于是至少 5 个 $S_i=16$,但由式①,这样的 S_i 不相邻,至少要 5 个大于 16 的 S_i 将其隔开,于是恰有 5 个 $S_i>16$.

又 $165=16\times 10+5$,从而恰有 5 个 $S_i=17$,由此可见,$S_1,S_2,\cdots,S_{10}$ 在圆周上是 16,17 交错排列.

不妨设 $a_1+a_2+a_3=16$,$a_2+a_3+a_4=17$,两式相减,得 $a_4-a_1=1$.

利用对称性,再建立一个含有 a_4 的等式:$a_4+a_5+a_6=17$,$a_5+a_6+a_7=16$,两式相减,得 $a_4-a_7=1$.

比较两式,得 $a_1=a_7$,但顶点上的数是互异的,矛盾.

3. 如果 $n=5$,显然 2 次射击可以击中全部气球. 下设 $n\geqslant6$.

当 n 只气球不共面时,两次射击可以击中全部气球.

实际上,取其中不共面的 4 点 A,B,C,D,对这 4 点外的任何一点 P,因为 P,A,B,C,D 这 5 点中都有 3 点共线,而 A,B,C,D 中无 3 点共线,必有 P 在 A,B,C,D 中的某 2 点所在的直线上.

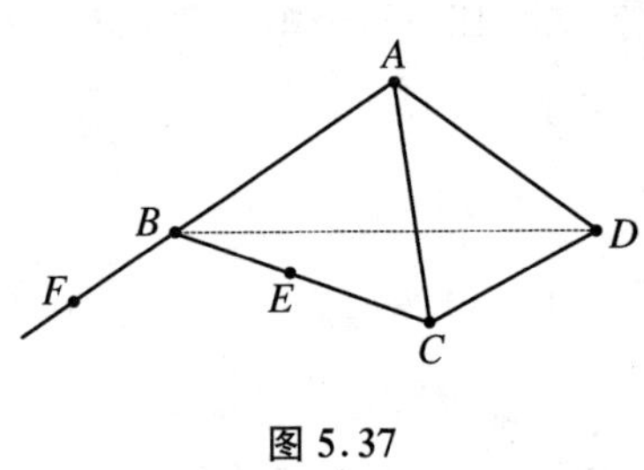

图 5.37

由 P 的任意性,其他的点都在 A,B,C,D 这 4 点连成的 6 条直线上,不妨设直线 BC 上有一点 E(图 5.37).

如果直线 BA 上有一点 F,那么 A,C,E,F 都在平面 ABC 内,且这 4 点中无 3 点共线.

又点 D 在平面 ABC 外,于是 A,C,E,F,D 这 5 点中无 3 点共线,矛盾.

所以直线 BA 上没有点,同理,直线 BD,CA,CD 上没有点,于是,剩下的 3 点都在直线 AD 上,所以直线 BC,AD 覆盖所有的点.

当 n 只气球共面时,如果 $n\geqslant10$,则由 5.2 节例 4 可知,所有点被两条直线覆盖,所以两次射击可以击中全部气球.

如果 $n=6,7$,则第一次射击打掉 3 只,剩下至多 4 只射击两次即可,于是 3 次射击可以击中全部气球.

如果 $n=8,9$,则由 5.2 节例 3 可知,有 4 只共线,第一次射击打掉 4 只,剩下 4 或 5 只,射击两次即可,于是 3 次射击可以击中全部气球.

最后，$n=6,7,8,9$，都存在需要射击 3 次的气球排列(图 5.38).

图 5.38

综上所述，$r_{\min}=\begin{cases}2 & (n=5\text{ 或 }n\geqslant 10);\\ 3 & (n=6,7,8,9).\end{cases}$

4. 首先，1,2,3,4,5,6 都在集合 P 中，且它们构成等差数列，从而 $n=6$ 合乎要求.

下面证明集合 P 中任意 7 个不同的数都不能构成等差数列.

用反证法. 设 $x_1,x_2,\cdots,x_7$ 为集合 P 中构成等差数列的 7 个不同的元素，其公差为 $d(d>0)$.

由集合 P 中元素的特性知，集合 P 中任意一个元素都不是 7 的倍数.

所以，由抽屉原理知，$x_1,x_2,\cdots,x_7$ 这 7 个数中，存在两个数，它们被 7 除的余数相同，其差能被 7 整除.

设 $x_i-x_j(i,j\in\{1,2,3,4,5,6,7\},i<j)$ 能被 7 整除，则 $7\mid(j-i)d$. 而 $(7,j-i)=1$，所以 $7\mid d$.

设 $d=7m$(m 为正整数)，$x_1=7^3+a_1\times 7^2+a_2\times 7+a_3$($a_1,a_2,a_3$ 为不超过 6 的正整数)，则

$$x_i=7^3+a_1\times 7^2+a_2\times 7+a_3+7(i-1)m\quad(i=2,3,\cdots,7).$$

因为

$$x_7\leqslant 7^3+6\times 7^2+6\times 7+6,$$

$$x_7\geqslant 7^3+1\times 7^2+1\times 7+1+7(7-1)m,$$

所以 $1\leqslant m\leqslant 6$，即公差 d 只能为 $7\times 1,7\times 2,\cdots,7\times 6$.

由 $1\leqslant m\leqslant 6$，$(7,m)=1$，知 $m,2m,\cdots,6m$ 除以 7 所得的余数是 $1,2,\cdots,6$ 的一个排列.

因此，存在 $k\in\{1,2,3,4,5,6\}$，使得 a_2+km 能被 7 整除.

设 $a_2+km=7t$(t 为正整数)，则

$$\begin{aligned}x_{k+1} &= 7^3 + a_1 \times 7^2 + a_2 \times 7 + a_3 + 7km \\ &= 7^3 + a_1 \times 7^2 + (a_2 + km) \times 7 + a_3 \\ &= 7^3 + (a_1 + t) \times 7^2 + a_3.\end{aligned}$$

这样,x_{k+1}的七进制表示中,7 的系数(即从左到右第 2 位)为 0,与 $x_{k+1} \in P$ 矛盾.

所以集合 P 中任意 7 个不同的数都不能构成等差数列,即 $n \leqslant 6$.

综上所述,n 的最大值为 6.

5. 先指出如下两个显然的事实:

若一行(列)中已知两个格,则此行(列)可破译.

若两行(列)被破译,则密码表可破译.

(1) 取第一行和第一列的共 $2n-1$ 个格,此时的等差数表中的 a_{22}不确定,从而密码表不能破译,所以 $S \geqslant 2n$.

另一方面,任取 $2n$ 个格,由抽屉原理,至少有两行各有两个格,于是此两行可以破译,从而密码表可以破译.

综上所述,$S_{\min} = 2n$.

(2) 取一条对角线上的 n 个格,此时的等差数表中的 a_{12}不确定,从而密码表不能破译,所以 $t \geqslant n+1$.

另一方面,任取 $n+1$ 个格,由抽屉原理,至少一行有两个格,此行可以破译.

去掉此行,得到$(n-1) \times n$ 数表,考察$(n-1) \times n$ 数表中的各列,由于每行(列)至多只有两格在原对角线上,而剩下的$(n-1) \times n$ 数表中至少还有$n+1-2=n-1 \geqslant 3$ 个取定的格,这 3 个格不能在同一列上,所以必有两列,每列各有一个取定的格,连同前一行已破译的格,此两列可以破译,从而密码表可以破译.

综上所述,$t_{\min} = n+1$.

6. (1) 假设最小值 $u_i = \min\{x_{i1}, x_{i2}, x_{i3}\}(i=1,2,3)$不是取自

数表 S 的不同列，则存在一列不含任何 u_i.

不妨设 $u_i \neq x_{i2}(i=1,2,3)$. 由于数表 P 中同一行中的任何两个元素都不等，于是 $u_i < x_{i2}(i=1,2,3)$.

另一方面，由于数表 S 具有性质(O)，取 $k=2$，则存在某个 $i_0 \in \{1,2,3\}$ 使得 $x_{i_0^2} \leqslant u_{i_0}$，矛盾.

(2) 由抽屉原理知，$\min\{x_{11}, x_{12}\}$，$\min\{x_{21}, x_{22}\}$，$\min\{x_{31}, x_{32}\}$ 中至少有两个值取在同一列.

不妨设 $\min\{x_{21}, x_{22}\} = x_{22}$，$\min\{x_{31}, x_{32}\} = x_{32}$ 在同一列.

由前面的结论知数表 S 的第一列一定含有某个 u_i，所以只能是 $x_{11} = u_1$.

同样，第二列中也必含某个 $u_i(i=1,2)$. 不妨设 $x_{22} = u_2$. 于是 $u_3 = x_{33}$，即 u_i 是数表S 中对角线上的数字.

$$S = \begin{pmatrix} x_{11} & x_{12} & x_{13} \\ x_{21} & x_{22} & x_{23} \\ x_{31} & x_{32} & x_{33} \end{pmatrix}.$$

记 $M=\{1,2,\cdots,9\}$，令集合 $I=\{k \in M \mid x_{ik} > \min\{x_{i1}, x_{i2}\}, i=1,3\}$.

显然 $I=\{k \in M \mid x_{1k} > x_{11}, x_{3k} > x_{32}\}$ 且 $1,2,3 \notin I$. 因为 $x_{18}, x_{38} > 1 \geqslant x_{11}, x_{32}$，所以 $8 \in I$.

故 $I \neq \varnothing$. 于是存在 $k^* \in I$ 使得 $x_{2k^*} = \max\{x_{2k} \mid k \in I\}$. 显然，$k^* \neq 1,2,3$.

下面证明 3×3 数表

$$S' = \begin{pmatrix} x_{11} & x_{12} & x_{1k^*} \\ x_{21} & x_{22} & x_{2k^*} \\ x_{31} & x_{32} & x_{3k^*} \end{pmatrix}$$

具有性质(O).

从上面的选法可知

$$u'_i = \min\{x_{i1}, x_{i2}, x_{ik^*}\} = \min\{x_{i1}, x_{i2}\} \quad (i = 1,3).$$

这说明

$$x_{1k^*} > \min\{x_{11}, x_{12}\} \geqslant u_1, \quad x_{3k^*} > \min\{x_{31}, x_{32}\} \geqslant u_3.$$

又由 S 满足性质(O),取 $k = k^*$,推得 $x_{2k^*} \leqslant u_2$,于是 $u'_2 = \min\{x_{21}, x_{22}, x_{2k^*}\} = x_{2k^*}$.

下面证明对任意的 $k \in M$,存在某个 $i = 1,2,3$ 使得 $u'_i \geqslant x_{ik}$.

若不然,则 $x_{ik} > \min\{x_{i1}, x_{i2}\}(i = 1,3)$ 且 $x_{2k} > x_{2k^*}$. 这与 x_{2k^*} 的最大性矛盾.

因此,数表 S' 满足性质(O).

下面证明唯一性. 设有 $k \in M$ 使得数表

$$S = \begin{pmatrix} x_{11} & x_{12} & x_{1k} \\ x_{21} & x_{22} & x_{2k} \\ x_{31} & x_{32} & x_{3k} \end{pmatrix}$$

具有性质(O),不失一般性,我们假定

$$u_1 = \min\{x_{11}, x_{12}, x_{13}\} = x_{11},$$

$$u_2 = \min\{x_{21}, x_{22}, x_{23}\} = x_{22},$$

$$u_3 = \min\{x_{31}, x_{32}, x_{33}\} = x_{33}.$$

$$x_{32} < x_{31}.$$

由于 $x_{32} < x_{31}$, $x_{22} < x_{21}$,有 $u_1 = \min\{x_{11}, x_{12}, x_{1k}\} = x_{11}$. 又由已知条件知:或者(1) $u_3 = \min\{x_{31}, x_{32}, x_{3k}\} = x_{3k}$,或者(2) $u_2 = \min\{x_{21}, x_{22}, x_{2k}\} = x_{2k}$.

如果(1)成立,由数表 S 具有性质(O),有

$$u_1 = \min\{x_{11}, x_{12}, x_{1k}\} = x_{11},$$

$$u_2 = \min\{x_{21}, x_{22}, x_{2k}\} = x_{22},$$

$$u_3 = \min\{x_{31}, x_{32}, x_{3k}\} = x_{3k}.$$

由于数表 S 满足性质(O),所以对于 $3 \in M$ 至少存在一个 $i \in$

$\{1,2,3\}$使得 $u_i \geqslant x_{ik^*}$. 由 $k^* \in I$ 知, $x_{1k^*} > x_{11} = u_1$, $x_{3k^*} > x_{32} = u_3$. 于是只能有 $x_{2k^*} \leqslant u_2 = x_{2k}$. 类似地, 由 S'满足性质(O)及 $k \in M$ 可推得$x_{2k} \leqslant u'_2 = x_{2k^*}$. 从而 $k^* = k$.

7. 对 $x = 2^r k$(k 为奇数, r 为非负整数), 称 k 为 x 的奇数部分.

若 x 的奇数部分不大于 n, 则称 x 为好数, 我们来计算好数的个数.

显然, $B = \{1,2,\cdots,n\}$中的数都是好数.

对 B 中任何一个奇数 k, 存在非负整数 t, 使 $2^t k \leqslant n$ 且 $2^{t+1} k > n$. 这样

$$n < 2^{t+i} k \leqslant 2^{t+m} k = 2^m 2^t k \leqslant 2^m n \quad (1 \leqslant i \leqslant m),$$

于是, 对每个奇数 k, 以 k 为奇数部分且在 $A \backslash B$ 中的好数有 m 个, $A \backslash B$中共有$\left[\frac{n+1}{2}\right] m$ 个好数, 所以, A 中有$n + \left[\frac{n+1}{2}\right] m$ 个好数.

这样, S 中至少有 $n + \left[\frac{n+1}{2}\right] m - (n-1) = m\left[\frac{n+1}{2}\right] + 1$ 个好数.

将其归入$\left[\frac{n+1}{2}\right]$个奇数部分, 由抽屉原理, 必有 $m+1$ 个数的奇数部分相同, 将这 $m+1$ 个数由小到大排列即可.

另证: 将所有不大于 n 的正奇数记为 $a_1 < a_2 < \cdots < a_r$ $\left(r = \left[\frac{n+1}{2}\right]\right)$, 令 $A_i = \{a_i, a_i \times 2, a_i \times 2^2, \cdots, a_i \times 2^{t_i}\}$ $(1 \leqslant i \leqslant r)$, 其中 t_i满足: $a_i \times 2^{t_i} \leqslant 2^m n < a_i \times 2^{t_i+1}$.

A 中共有n 个数 $2^m, 2 \times 2^m, 3 \times 2^m, \cdots, n \times 2^m$ 为 2^m的倍数, 它们都是好数.

下面考察 A 中非 2^m 的倍数的好数. 显然, A_i 中共有 $a_i, a_i \times 2, a_i \times 2^2, \cdots, a_i \times 2^{m-1}$ 这 m 个好数, 于是各 A_i 中共有这样的好数 mr 个.

由此可知，A 中的好数共有 $mr+n$ 个.

又 $|S|=(2^m-1)n+1$，所以，S 中至少有 $mr+1$ 个好数.

由抽屉原理，必有 $m+1$ 个好数属于同一个 A_i，结论成立.

当 $|S|=(2^m-1)n$ 时，结论不成立.

比如，取 $S=\{n+1,n+2,\cdots,2^m n\}$，若 S 中有 $a_0,a_1,\cdots,a_m$ 互异，且 $a_{i-1}|a_i$，则

$a_m \geqslant 2a_{m-1} \geqslant 2^2 a_{m-2} \geqslant 2^2 a_{m-3} \geqslant \cdots \geqslant 2^m a_0 \geqslant 2^m(n+1) > 2^m n$，矛盾.

8. 对 $0 \leqslant j \leqslant m, 0 \leqslant k \leqslant n$，令 $s_j=\sum\limits_{i=1}^{j} x_i, t_k=\sum\limits_{i=1}^{k} y_i$.

若 $s_m=t_n$，则结论成立.

以下不妨设 $s_m>t_n$，令 $A=\{(j,k)\mid 0 \leqslant j<m, 0 \leqslant k \leqslant n\}$，则 A 中有 $m(n+1)>s_m$ 个元素，由抽屉原理，A 中存在两个不同的元素 $(j,k),(j',k')$，使

$$s_j+t_k \equiv s_{j'}+t_{k'} \pmod{s_m},$$

即

$$s_j-s_{j'} \equiv t_{k'}-t_k \pmod{s_m}.$$

不妨设 $k' \geqslant k$，因为 $|s_j-s_{j'}|<s_m$，且 $0 \leqslant t_{k'}-t_k \leqslant t_n<s_m$，所以 $t_{k'}-t_k>0$.

于是，有

$$s_j-s_{j'}=t_{k'}-t_k \quad \text{或} \quad s_j-s_{j'}=t_{k'}-t_k-s_m.$$

对于前者，有 $\sum\limits_{i=j'+1}^{j} x_i=\sum\limits_{i=k+1}^{k'} y_i$；对于后者，有 $\sum\limits_{i=1}^{j} x_i+\sum\limits_{i=j'+1}^{m} x_i=\sum\limits_{i=k+1}^{k'} y_i$.

9. 对正15边形任何两个顶点 A,B，连接 AB，考察劣弧 $\overset{\frown}{AB}$，如果劣弧 $\overset{\frown}{AB}$ 上包含正15边形的 $r-1(r=1,2,3,4,5,6,7)$ 个顶点，则称弦

AB 为 r 级边.

红色 K_6 有 $C_6^2=15$ 条边,但只有 7 种不同的级别,必有 $\left[\frac{15}{7}\right]+1=3$ 条边的级别相同.

如果这 3 条级别相同的边不构成正三角形,则其中必有两条边没有公共顶点,它们构成红色等腰梯形的腰;

如果这 3 条级别相同的边构成正三角形,则其级别都为 5,不妨设 3 个红顶点为 A,B,C(图 5.39).

此外,至少还有 3 个红点,每个红点都与 A,B,C 之一构成级别为 1 或 2 的边(考察它与 A,B,C 中最近一个点构成的边),由抽屉原理,必有两个红点 $P,Q\notin\{A,B,C\}$,使 $PX=PY$,其中 $X,Y\in\{A,B,C\}$(图 5.40).

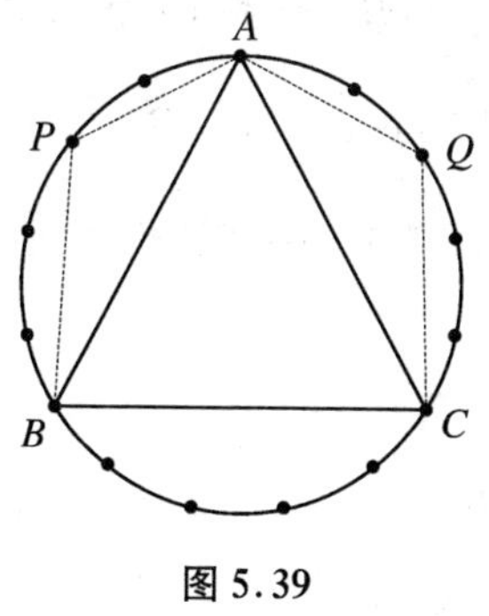

图 5.39

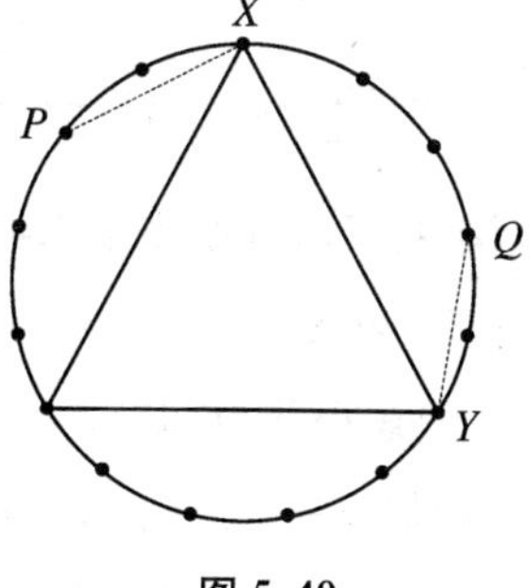

图 5.40

如果 $X=Y$,不妨设 $X=Y=A$,则由 $PA=QA$ 可知,$PB=QC$,从而 P,Q,C,B 构成红色等腰梯形.

如果 $X\neq Y$,则 P,Q,X,Y 是红色等腰梯形的 4 个顶点.

10. 当 $n=23$ 时,令

$$A_1=\{1,2,3,\cdots,6\},\quad A_2=\{1,7,8,\cdots,11\},$$

$$A_3=\{1,12,13\cdots,16\},\quad A_4=\{2,7,12,17,18,19\},$$

$$A_5=\{3,8,13,17,20,21\},\quad A_6=\{4,9,14,17,22,23\},$$

$A_7 = \{5,10,15,18,20,22\}$，　$A_8 = \{6,11,16,19,21,23\}$，

其中 A_i 是第 i 个盒子中的球的颜色代号的集合，所以 $n=23$ 满足要求.

当 $n \leqslant 22$ 时，不妨设 $n=22$，8 组为 8 个集合 $A_1, A_2, \cdots, A_8$，共 $6 \times 8 = 48$ 个元素，48 个元素染成 22 种颜色，必有 3 个元素染同一种色. 不妨设为 1，则这 3 个元素属于 3 个集合，不妨设 $1 \in A_1, 1 \in A_2, 1 \in A_3$，由已知条件，在 $A_4, A_5, \cdots, A_8$ 中，每个集合最多只能在 A_1, A_2, A_3 中各取一个元素（不能取 2 个或 3 个）. 若取了 4 个，则必有 $\left[\frac{4}{3}\right]+1=2$ 个元素同属于 A_1, A_2, A_3 中的一个和 $A_4, A_5, \cdots, A_8$ 中的一个，矛盾. 所以，只需考虑 $A_5, \cdots, A_8$ 这 5 个集合余下的三个元素的情况. 这些元素只能染上剩下 6 种颜色的一种，即把 $17, 18, \cdots, 22$（共 6 个）分为 5 个三元组，设为 $B_1, B_2, \cdots, B_5$，一共 15 个元素，则必有 $\left[\frac{15}{6}\right]+1=3$ 组同时拥有一个元素，设 $17 \in B_1, 17 \in B_2, 17 \in B_3$，则 B_1, B_2, B_3 剩下的 6 个元素互相同，即为 $17, 18, \cdots, 22$，这与一个集合中有两个 17 矛盾.

故 n 的最小值为 23.

11. 我们证明，恰有一种编号合乎条件.

对 n 归纳，当 $n=3,4$ 时，结论显然成立.

假设结论对小于 n 的自然数成立，考虑凸 n 边形的任意一个剖分，将 n 条边归入 $n-2$ 个三角形，由于每个三角形至多含多边形的两条边，从而由抽屉原理，必有两个三角形各含多边形的两条边.

而当多边形的两条边属于同一个三角形时，此两条边只能是两邻边.

由上述讨论，n 边形 $A_0A_1\cdots A_{n-1}$ 的剖分中必存在剖分 $\triangle A_{i-1}A_iA_{i+1}$（$1 \leqslant i \leqslant n-2$），是因 $\triangle A_{n-1}A_0A_1$，$\triangle A_0A_{n-1}A_{n-2}$ 不

同时存在.

因为 A_i 仅属于唯一的$\triangle A_{i-1}A_iA_{i+1}$,从而$\triangle A_{i-1}A_iA_{i+1}$必编号为 i.

去掉此三角形,剩下多边形 $A_0A_1\cdots A_{i-1}A_{i+1}A_{i+2}\cdots A_{n-1}$,用 $1,2,\cdots,i-1,i+1,\cdots,n-2$ 编号,有唯一方法,命题获证.

12. $|A|$的最大值为 3.

设 A 中元素个数为 n,若 $n>3$,则由抽屉原理,必有两个元素符号相同,不妨设有两个数为正数.设最大的两个正数为 $a,b(a<b)$,那么 $a+b>b$,于是 $a+b\notin A$,矛盾.所以 $n\leqslant 3$.又 $A=\{0,1,-1\}$合乎条件,所以 n 的最大值为 3.

13. 注意本题的字母并非正数,需确定哪些字母取正值.

因为 $a+b+c=0$,由抽屉原理,a,b,c 中必有两个在$(-\infty,0]$,$[0,\infty)$中的同一区间中,由对称性,不妨设 $a,b\geqslant 0,c\leqslant 0$.

由 $a+b+c=0$,得 $c=-(a+b)$,不等式右边消去 c,得

$$a^2+b^2+c^2=a^2+b^2+(a+b)^2=2(a^2+b^2+ab).$$

又

$$\begin{aligned}&a^3+b^3+c^3-3abc\\&\quad=(a+b+c)(a^2+b^2+c^2-ab-bc-ca)=0,\end{aligned}$$

有 $a^3+b^3+c^3=3abc$,于是不等式左边消去 c,得

$$a^3+b^3+c^3=3abc=-3ab(a+b).$$

这样,原不等式等价于(消去负数 c)

$$8(a^2+b^2+ab)^3\geqslant 54a^2b^2(a+b)^2,$$

即

$$2(a^2+b^2+ab)\geqslant 3\sqrt[3]{2a^2b^2(a+b)^2}.$$

因为不等式右边含有两种结构 ab 与 $a+b$,从而在不等式左边凑 ab 与 $a+b$.

$$2(a^2+b^2+ab)=a(a+b)+b(a+b)+(a^2+b^2)$$

（凑 ab 与 $a+b$）

$$\geqslant a(a+b)+b(a+b)+2ab$$

$$\geqslant 3\sqrt[3]{2a^2b^2(a+b)^2}.$$

不等式获证.

14. 设红点集为 $A=\{A_1,A_2,\cdots,A_{12}\}$，过点 A_1 的弦有 11 条，而任一个含顶点 A_1 的三角形，恰含两条过点 A_1 的弦，由抽屉原理，这 11 条过点 A_1 的弦，至少要分布于 $\left[\dfrac{11}{2}\right]+1=6$ 个含顶点 A_1 的三角形中.

同理知，过点 $A_i(i=2,3,\cdots,12)$ 的弦，也各要分布于 6 个含顶点 A_i 的三角形中，这样就需要 $12\times6=72$ 个三角形，而每个三角形有三个顶点，三角形都被重复计算了三次，因此至少需要 $\dfrac{72}{3}=24$ 个三角形，即 $n\geqslant24$.

下面证明 $n=24$ 合乎条件. 不失一般性，考虑周长为 12 的圆周，其十二等分点为红点，以红点为端点的弦共有 $C_{12}^2=66$ 条. 若某弦所对的劣弧长为 k，就称该弦的跨度为 k；于是红端点的弦只有 6 种跨度，其中，跨度为 $1,2,\cdots,5$ 的弦各 12 条，跨度为 6 的弦共 6 条.

如果跨度为 $a,b,c(a\leqslant b\leqslant c)$ 的弦构成三角形的三条边，则必满足以下两条件之一：或者 $a+b=c$；或者 $a+b+c=12$.

于是红点三角形边长的跨度组 (a,b,c) 只有如下 12 种可能：

$(1,1,2)$，$(2,2,4)$，$(3,3,6)$，$(2,5,5)$，$(1,2,3)$，$(1,3,4)$，$(1,4,5)$，$(1,5,6)$，$(2,3,5)$，$(2,4,6)$，$(3,4,5)$，$(4,4,4)$.

考察下面跨度组的一种搭配：取 $(1,2,3)$，$(1,5,6)$，$(2,3,5)$ 型各 6 个，$(4,4,4)$ 型 4 个；这时恰好得到 66 条弦，且其中含跨度为 $1,2,\cdots,5$ 的弦各 12 条，跨度为 6 的弦共 6 条.

构造如下：先作 $(1,2,3)$，$(1,5,6)$，$(2,3,5)$ 型的三角形各 6 个，

(4,4,4)型的三角形3个,再用3个(2,4,6)型的三角形来补充.

(1,2,3)型6个,其顶点标号为

$$\{2,3,5\},\quad \{4,5,7\},\quad \{6,7,9\},$$
$$\{8,9,11\},\quad \{10,11,1\},\quad \{12,1,3\};$$

(1,5,6)型6个,其顶点标号为

$$\{1,2,7\},\quad \{3,4,9\},\quad \{5,6,11\},$$
$$\{7,8,1\},\quad \{9,10,3\},\quad \{11,12,5\};$$

(2,3,5)型6个,其顶点标号为

$$\{2,4,11\},\quad \{4,6,1\},\quad \{6,8,3\},$$
$$\{8,10,5\},\quad \{10,12,7\},\quad \{12,2,9\};$$

(4,4,4)型3个,其顶点标号为

$$\{1,5,9\},\quad \{2,6,10\},\quad \{3,7,11\};$$

(2,4,6)型3个,其顶点标号为

$$\{4,6,12\},\quad \{8,10,4\},\quad \{12,2,8\}.$$

(每种情况下的其余三角形都可由其中一个三角形绕圆心适当旋转而得.)

这样共得到24个三角形,且满足本题条件,故 n 的最小值为24.

15. 不妨设 $(p,q)=1$(否则,设 $(p,q)=d>1$ 时,记 $p=dp_1$,$q=dq_1$,则 $(p_1,q_1)=1$. 考虑数列 $\frac{x_0}{d},\frac{x_0}{d},\frac{x_1}{d},\cdots,\frac{x_n}{d}$ 即可).

由于 $x_i-x_{i-1}=p$ 或 $-q(i=1,2,\cdots,n)$,这 n 个差中如果有 a 个为 p,b 个为 $-q$,则 $x_n=ap-bq$,且 $a+b=n$.

因此 $ap=bq$,$q\mid a$. 令 $a=kq$,则 $b=kp$.

因为 $n=k(p+q)$,$n>p+q$,所以 $k\geqslant 2$.

令 $b_i=x_i-x_{i-1}(i=1,2,\cdots,n)$,则 $b_i=p$ 或 $-q$,而且 p 的个数为 $kq=\frac{n}{p+q}\cdot q$.

若 $b_1,b_2,\cdots,b_{p+q}$ 中有 q 个 p，则 $x_0=x_{p+q}$，结论成立.

不妨设 $b_1,b_2,\cdots,b_{p+q}$ 中 p 的个数少于 q 个，则由抽屉原理，$\{b_1,b_2,\cdots,b_{p+q}\},\{b_{p+q+1},b_{p+q+2},\cdots,b_{2(p+q)}\},\cdots,\{b_{n-p-q+1},\cdots,b_n\}$ 中必有一个集，其中 p 的个数多于 q 个.

设大抽屉 $\{b_{j(p+q)+1},b_{j(p+q)+2},\cdots,b_{(j+1)(p+q)}\}$ 中 p 的个数多于 q 个.

由于 $\{b_i,b_{i+1},\cdots,b_{i+p+q-1}\}$ 与 $\{b_{i+1},b_{i+2},\cdots,b_{i+p+q}\}$ 相比较，两个集中 p 的个数至多差 1，所以当 i 取遍 $1,2,\cdots,j(p+q)+1$ 时，必有一个 i，使 $b_i,b_{i+1},\cdots,b_{i+p+q-1}$ 中 p 的个数恰好为 q 个. 此时

$$\begin{aligned}&(x_{i+p+q-1}-x_{i+p+q-2})+\cdots+(x_i-x_{i-1})\\&=b_i+b_{i+1}+\cdots+b_{i+p+q-1}\\&=p\times q+(-q)\times p=0,\end{aligned}$$

即 $x_{i-1}=x_{i-1+p+q}$，命题获证.

16. 将 4 个值 $0,\infty,1,-1$ 分为两组 $\{0,\infty\},\{-1,1\}$，由于三角形三边的斜率只取以上 4 个值，而且不可能有两边平行，从而由抽屉原理，三边的三个斜率必包含其中一组数中的两个，由此可见，所有三角形都为直角三角形.

进一步可知，三角形的锐角只能是直线 $y=\pm x$ 与坐标轴的夹角，从而三角形为等腰直角三角形.

于是，所有合乎条件的三角形可以分为两类：第一类，斜边的斜率为 ±1；第二类，斜边的斜率为 0 或 ∞.

对于第一类三角形，由对称性，只需计算以

$$\{(a,b),(a+k,b),(a,b+k)\}$$

为顶点集的三角形的个数 $X(n,k)$（图 5.41）.

对于第二类三角形，由对称性，只需计算以

$$\left\{(a,b),(a+k,b),\left(a+\frac{k}{2},b+\frac{k}{2}\right)\right\}$$

为顶点集的三角形的个数 $Y(n,k)$(图 5.42).

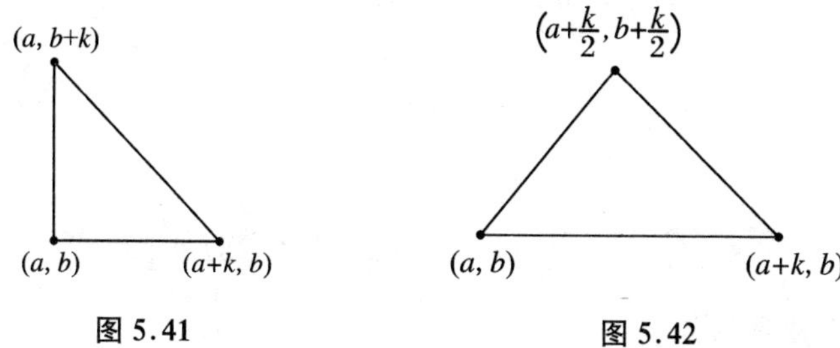

图 5.41　　图 5.42

注意到上述三角形中都有一条边的斜率为 0,从而另外两条边的斜率只能为 ± 1 或 ∞.

又三角形的边通过格点,从而斜率为 0 的边的两个端点必为格点,这样,a,b,k 都是整数.

对于以 $\{(a,b),(a+k,b),(a,b+k)\}$ 为顶点集的三角形,必有

$$0 \leqslant a \leqslant n-k, \quad 0 \leqslant b \leqslant n-k,$$

于是

$$X(n,k) = (n-k+1)^2.$$

对于以 $\left\{(a,b),(a+k,b),\left(a+\frac{k}{2},b+\frac{k}{2}\right)\right\}$ 为顶点集的三角形,必有

$$0 \leqslant a \leqslant n-k, \quad 0 \leqslant b \leqslant \left[n-\frac{k}{2}\right].$$

于是

$$X(n,k) = (n-k+1)\left(\left[n-\frac{k}{2}\right]+1\right),$$

所以

$$\frac{1}{4}T(n) = \sum_{k=1}^{n}(n-k+1)^2 + \sum_{k=1}^{n}(n-k+1)\left(\left[n-\frac{k}{2}\right]+1\right)$$

$$= \sum_{i=1}^{n} i^2 + \sum_{j=1}^{\left[\frac{n}{2}\right]} (n-2j+1)(n-j+1)$$

$$+ \sum_{j=1}^{\left[\frac{n}{2}\right]} (n-2j+2)(n-j+1)$$

$$= \sum_{i=1}^{n} i^2 + \sum_{j=1}^{\left[\frac{n}{2}\right]} (n-j+1)(2n-4j+3).$$

直接展开求和,得

$$T(n) = \begin{cases} \dfrac{6n^3+9n^2+2n-1}{2} & (n\text{ 为奇数}); \\ \dfrac{n(6n^2+9n+2)}{2} & (n\text{ 为偶数}). \end{cases}$$

即

$$T(n) = n(n+1)(3n+1) + \left[\frac{n^2}{2}\right].$$

17. 设有 n 道选择题时至多有 $f(n)$个人参加比赛,易得 $f(1)=3$.

若某题使三个人选择答案互不相同,则称该题分辨了这三人,而 $f(n)$也可理解为 n 道题总共能分辨的最多人数.

考虑第一题,将 $f(n)$个人归入该题的 3 个选项,由抽屉原理,必存在一选项至多有$\left[\dfrac{f(n)}{3}\right]$人选,剩下的 $f(n)-\left[\dfrac{f(n)}{3}\right]$个人中的任意三人都无法由第一题分辨,只能由后 $n-1$ 个题分辨,得到递推关系

$$f(n-1) \geqslant f(n) - \left[\frac{f(n)}{3}\right] \geqslant \frac{2}{3}f(n),$$

所以

$$f(2) \leqslant 4, \quad f(3) \leqslant 6, \quad f(4) \leqslant 9.$$

至多有 9 人参加比赛的例子如下(图 5.43).

其中第 i 行、第 j 列的字母表示第 i 人对第 j 题的选项的选择.

18. 满足这个要求的最小的 n 是 13.

	一	二	三	四
1	A	A	A	A
2	A	B	B	B
3	A	C	C	C
4	B	A	C	B
5	B	B	A	C
6	B	C	B	A
7	C	A	B	C
8	C	B	C	A
9	C	C	A	B

图 5.43

(1) 若有一个 2 004×2 004 的“金色的”矩阵,其元素属于集合$\{1,2,\cdots,n\}$,则 $X_1,X_2,\cdots,X_{2004},Y_1,Y_2,\cdots,Y_{2004}$是$\{1,2,\cdots,n\}$的两两不同的非空子集.所以,有 $4008\leqslant 2^n-1$,即 $n\geqslant 12$.

(2) 假设 $n=12$,即存在一个 2 004×2 004 的“金色的”矩阵,其元素属于集合 $S=\{1,2,\cdots,12\}$.设 $A=\{X_1,X_2,\cdots,X_{2004},Y_1,Y_2,\cdots,Y_{2004}\}$,$X=\{X_1,X_2,\cdots,X_{2004}\}$,$Y=\{Y_1,Y_2,\cdots,Y_{2004}\}$.

因为 S 有 $2^{12}=4096$ 个子集,所以,恰有 $4096-4008=88$ 个子集不在 A 中出现.又因为第 i 行和第 j 列有一个公共元素,所以,对于所有的 $1\leqslant i,j\leqslant 2004$,有

$$X_i\cap Y_j\neq\varnothing.$$

假设存在一对下标 i,j,使得$|X_i\cup Y_j|\leqslant 5$($|B|$表示集合B 中元素的个数),则 $X_i\cup Y_j$ 的补集$S\backslash X_i\cup Y_j$ 至少有 $2^7=128$ 个子集,这些子集均不在 A 中(因为与 X_i 和 Y_j 的交集都是空集),这与“不在 A 中的子集有 88 个”矛盾.

于是，要么所有的行元素分别构成的集合 $X_1, X_2, \cdots, X_{2004}$，要么所有的列元素分别构成的集合 $Y_1, Y_2, \cdots, Y_n$ 满足每个集合中元素的个数都大于3.

实际上，若存在一个集合Y_j，有$|Y_j| \leqslant 3$，则由于对于任意的$i(1 \leqslant i \leqslant n)$，有

$$|X_i \cup Y_j| \geqslant 6 \quad 且 \quad |X_i \cap Y_j| \geqslant 1,$$

所以

$$|X_i| = |X_i \cup Y_j| + |X_i \cap Y_j| - |Y_j| \geqslant 4 \quad (1 \leqslant i \leqslant n).$$

不妨假设对于所有的 $i(1 \leqslant i \leqslant n)$，有$|X_i| \geqslant 4$. 设 $k = \min\limits_{1 \leqslant i \leqslant 2004} |X_i|$，则存在 i，使得$|X_i| = k$. 于是，$S \backslash X_i$ 中长度小于k 的子集均不在X中(因为 k 是行元素构成的集合中元素个数的最小值)，也均不在 Y 中(因为这些子集与 X_i 的交集是空集). 若 $k = 4$，则 $S \backslash X_i$ 中长度分别为 0,1,2,3 的子集共有 $C_8^0 + C_8^1 + C_8^2 + C_8^3 = 93 > 88$，矛盾. 若 $k = 5$，则 $S \backslash X_i$ 中长度小于 5 的子集共有 $C_7^0 + C_7^1 + C_7^2 + C_7^3 + C_7^4 = 99 > 88$，矛盾. 于是，$k \geqslant 6$，即 X 中不包含长度小于 6 的 S 的子集. 但最多有 88 个子集不在 A 中，于是，至少有 $C_{12}^0 + C_{12}^1 + C_{12}^2 + C_{12}^3 + C_{12}^4 + C_{12}^5 - 88 = 1\,498$ 个 S 的长度小于 6 的子集在 Y 中，它们的补集的长度大于 6，且均不属于 X(因为 Y 中集合的补集与这个集合的交集是空集，所以，Y 中集合的补集不能在X 中)，从而，至少有 $2 \times 1\,498 = 2\,996$个 S 的子集不在X 中. 但$4\,096 - 2\,996 < 2\,004$，矛盾.

于是，对$\forall\, 1 \leqslant i, j \leqslant n$，有$|X_i| \geqslant 4$，$|Y_j| \geqslant 4$. 但这样一来，$S$ 的子集中至少有$C_{12}^0 + C_{12}^1 + C_{12}^2 + C_{12}^3 > 88$ 个子集不在 A 中，矛盾. 因此，$n \geqslant 13$.

当 $n = 13$ 时，定义矩阵序列如下：

$$\boldsymbol{A}_1 = \begin{pmatrix} 1 & 1 \\ 2 & 3 \end{pmatrix}, \quad \boldsymbol{A}_m = \begin{pmatrix} \boldsymbol{A}_{m-1} & \boldsymbol{A}_{m-1} \\ \boldsymbol{A}_{m-1} & \boldsymbol{B}_{m-1} \end{pmatrix} \quad (m = 2, 3, \cdots),$$

其中 $\boldsymbol{B}_{m-1}$ 是一个 $2^{m-1}\times 2^{m-1}$ 的矩阵,且所有元素均为 $m+2$.对于每一个 $m(m\geqslant 1)$,$\boldsymbol{A}_m$ 是元素属于集合$\{1,2,\cdots,m+2\}$的 $2^m\times 2^m$ 的矩阵.下面证明 $\boldsymbol{A}_m$ 是金色的矩阵.

显然,$\boldsymbol{A}_1$ 是金色的矩阵.假设 $\boldsymbol{A}_{m-1}$ 是金色的矩阵,则 $\boldsymbol{A}_{m-1}$ 的行元素和列元素分别构成的集合 $X_1,X_2,\cdots,X_{2^{m-1}}$;$Y_1,Y_2,\cdots,Y_{2^{m-1}}$ 两两不同,且均为集合$\{1,2,\cdots,m+1\}$的子集.于是,$\boldsymbol{A}_m$ 的行元素和列元素分别构成的集合为 $X_1,X_2,\cdots,X_{2^{m-1}},X_1\cup\{m+2\},X_2\cup\{m+2\},\cdots,X_{2^{m-1}}\cup\{m+2\}$;$Y_1,Y_2,\cdots,Y_{2^{m-1}},Y_1\cup\{m+2\},Y_2\cup\{m+2\},\cdots,Y_{2^{m-1}}\cup\{m+2\}$,它们也是两两不同的.所以,对于所有的正整数 m,$\boldsymbol{A}_m$ 是金色的矩阵.

设 $n=2^{m-1}+j$,其中 $1\leqslant j\leqslant 2^{m-1}$,则金色的矩阵 $\boldsymbol{A}_m$ 的左上角 $n\times n$ 的子矩阵也是金色的矩阵,其中 $n\times n$ 的金色的矩阵中的元素属于集合$\{1,2,\cdots,m+2\}$,$n\in(2^{m-1},2^m]$.因为 $2^{10}<2\,004<2^{11}$,所以,存在一个 $2\,004\times 2\,004$ 的金色的矩阵,其元素属于集合$\{1,2,\cdots,13\}$.

第 6 章　多层次运用

有些问题中，需要多次使用抽屉原理，而且各次使用抽屉原理中的元素与抽屉都不尽相同，我们称为抽屉原理的多层次运用．

本章介绍抽屉原理多层次运用的几种常见方式．

6.1　改造“紧元素”

第一次使用抽屉原理后，我们找到了若干个紧元素．但由这些紧元素往往还不能得出我们所需的结果，此时，可对紧元素进行改造，产生新的元素，再将之归入新的抽屉，使问题获解．

例 1　对 3×7 棋盘的每个方格染红、蓝二色之一，求证：存在一个由若干方格构成的矩形，它的 4 个角上的方格同色．

分析与证明　为找同色矩形，可立足于找同行（或同列）的多个格同色，进而从中找到同色矩形．

因为每一个列有 3 个格，只有两种颜色，由抽屉原理（第一层次），每一列中必有 $\left[\frac{3}{2}\right]+1=2$ 个格同色．

现在对“紧元素”（同色格）进行改造，以产生新的元素．

将同一列的两个同色格的中心用一条线段连接，得到一条竖立的单色线段（新元素）．

7 个列共有 7 条竖立的单色线段，将它们归入两种颜色，由抽屉原理（第二层次），必有 $\left[\frac{7}{2}\right]+1=4$ 条竖立的单色线段同色，不妨设是红色.

将4条竖立的红色线段都投影到第一列，则其投影的位置（两个红格所在行的代号）只有 $C_3^2=3$ 种可能(1,2)，(2,3)，(1,3)，由抽屉原理（第三层次），4个投影必有两个的位置相同，这两个投影对应的两条竖立的红色线段构成一个红色矩形，结论成立.

上述方法可以改进，构造“颜色＋位置”的二维抽屉，则过程得到简化.每一个列有3个格，只有两种颜色，由抽屉原理，同列中必有 $\left[\frac{3}{2}\right]+1=2$ 个格同色，构成一个对子.每列中对子的位置有 $C_3^2=3$ 种可能，有两种颜色，于是颜色与位置共有 $3\times2=6$ 种搭配，由抽屉原理，必有两个对子的位置和颜色都相同，这两个对子的4个格同色且在同一个矩形的4个角上，结论成立.

注　可以适当将3×6棋盘的方格2-染色，使之不存在同色矩形，一种染色方案如下，其中数字表示相应方格中的颜色代号：

1,1,1,2,2,2

2,2,1,2,1,1

1,2,2,1,1,2

例2　将 $4\times n$ 方格棋盘的方格3-染色，必有同色矩形，求 n 的最小值.

分析与解　首先证明，将 4×19 方格棋盘的方格3-染色，必有同色矩形.

将棋盘每一列的4个格归入3种颜色，由抽屉原理（第一层次），必有两个格同色.

将同一列的两个同色格的中心用一条线段连接，得到一条竖立的单色线段（新元素）.

19个列共有19条竖立的单色线段，每一条竖立的单色线段有 $C_4^2=6$ 种位置分布，有3种可能的颜色，从而共有 $3\cdot6=18$ 种位置与颜色的搭配(二维抽屉).

将 19 条竖立的单色线段归入这 18 个二维抽屉,由抽屉原理(第二层次),必有两条同位置同颜色的竖立单色线段,它们构成同色矩形.

其次,按如下方式对 4×18 方格棋盘的方格 3-染色,则不存在同色的矩形,其中数字表示相应方格中的颜色代号:

1,1,1,2,2,2　2,2,2,3,3,3,3,3,3,1,1,1

1,2,2,1,1,3　2,3,3,2,2,1,3,1,1,3,3,2

2,1,3,1,3,1　3,2,1,2,1,2,1,3,2,3,2,3

3,3,1,3,1,1　1,1,2,1,2,2,2,2,3,2,3,3

另一种构造方式如下:

1,1,1,2,3,2,3,3,3,1,1,1,2,2,2,1,1,1

1,2,2,1,1,3,3,1,1,3,3,2,2,1,1,2,2,3

3,1,3,1,2,1,1,3,2,3,2,3,3,2,3,2,3,2

2,3,1,3,1,1,2,2,3,2,3,3,1,3,2,3,2,2

综上所述,n 的最小值为 19.

例 3　将集合 $X=\{1,2,3,4,\cdots,100\}$ 任意划分为 7 个子集,试证:至少有一个子集,或者含有 4 个不同的数 a,b,c,d,满足 $a+d=b+c$;或者含有 3 个不同的数 a,b,c,满足 $a+c=2b$.

分析与证明　将 X 的 100 个元素归入它的 7 个子集,由抽屉原理,至少有一个子集,比如 A,它至少含有 X 中的 $\left[\frac{100}{7}\right]+1=15$ 个数(紧元素).

下面对"紧元素"进行改造,以产生新的元素.

对子集 A 中任意两个数 a,b,不妨设 $a<b$,考虑所有的差 $b-a$,至少共有 $C_{15}^2=105$ 个差.

而每个差 $b-a$ 都满足 $1\leqslant b-a\leqslant99$,最多有 99 种可能取值,将

105 个差归入这 99 种取值，由抽屉原理，其中必有 $\left[\frac{105}{99}\right]+1=2$ 个差相等.

设 $d-c=b-a$，其中 $a<b$，$c<d$，且 $(a,b)\neq(c,d)$.

如果 a,b,c,d 互不相等，则 A 中有 4 个不同的数 a,b,c,d，满足 $a+d=b+c$；

如果 $a=d$ 或 $b=c$，则 A 中有 3 个不同的数 b,c,d，使 $b+c=2d$，或 A 中有 3 个不同的数 a,b,d，使 $a+d=2b$.

综上所述，命题获证.

例 4　一个正九边形各顶点分别染上红、绿两色，任意三顶点确定一个三角形，若三顶点同色，则称此三角形为同色三角形. 求证：必存在两个同色三角形，它们颜色相同且全等.（1993 年德国数学奥林匹克试题）

分析与证明　分两步走，先找同色三角形，然后在其中找全等三角形.

将正九边形的 9 个顶点归入两种颜色，至少有 5 个顶点同色，不妨设为红色.

现在对 5 个紧元素（红色点）进行改造，使之产生新的元素.

取定其中 5 个红色顶点，它们构成 10 个红色三角形.

我们希望从上述 10 个红色三角形中找到两个全等的三角形，不难发现，如果其中有两个三角形全等，则其中一个三角形适当旋转后可与另一个三角形重合，于是，我们将正九边形绕其中心 O 依次旋转 $\frac{2k\pi}{9}$ $(k=1,2,\cdots,9)$，经 9 次旋转后，每个红色三角形有 9 个不同的位置，共得到 $9\times10=90$ 个不同位置（新元素）.

而正九边形的顶点共构成 $C_9^3=84$ 个不同位置的三角形，将上述旋转所得 90 个位置归入这 84 个位置，必定有两个旋转所得重合，但同一个红色三角形旋转所得的 9 个位置是互不相同的,从而必定是两个不同红色三角形对应同一旋转位置,故这两个红色三角形全等.

例 5 求具有如下性质的最小正整数 n:将正 n 边形的每一个顶点任意染上红、黄、蓝三种颜色之一,那么这 n 个顶点中一定存在四个同色点,它们是一个等腰梯形的顶点.(2008 年中国数学奥林匹克试题)

分析与解 本题是 5.4 节中的例 5,那里给出了一个解法,这里利用改造"紧元素"的技巧给出一个简单的解法.

首先证明 $n=17$ 合乎要求.

注意到 $n=17$ 为奇数,正 17 边形不存在以正 17 边形的顶点为顶点的矩形,从而只需找到两条没有公共端点的长度相等、颜色相同的单色线段.实际上,如果两条长度相等的线段不相交,则它们是一个等腰梯形的两条腰;如果两条长度相等的线段相交,则它们是一个等腰梯形的两条对角线.

将正 17 边形的顶点归入 3 种染色,由抽屉原理(第一层次,颜色抽屉),必存在 $\left[\frac{17-1}{3}\right]+1=6$ 个顶点为同一种颜色,不妨设为黄色.

下面对"紧元素"(黄点)进行改造,以产生新的元素.取定其中 6 个黄色点,将这 6 个点两两连线,可以得到 $C_6^2=15$ 条黄线段(新元素).

由于这些线段的长度只有 $\left[\frac{17}{2}\right]=8$ 种可能,将 15 条黄色线段归入 8 种长度,由抽屉原理(第二层次,数值抽屉),必出现如下的两种情况之一:

(1) 有 3 条黄色线段长度相同.

注意到 $3\nmid 17$,不可能出现这 3 条线段两两有公共顶点的情况,所以存在两条黄色线段,顶点互不相同,这两条线段的 4 个顶点即满足题目要求.

(2) 有 7 对长度相等的黄色线段.

此时,我们对"紧元素"(各对长度相等的黄色线段)进行研究,了解其特征,以便将其归入新的抽屉.

如果存在一对长度相等的黄色线段没有公共的顶点,则这两条线段的 4 个顶点即满足题目要求.

下设每一对长度相等的黄色线段都有一个公共的顶点,7 对长度相等的线段对应 7 个公共的黄色顶点,将这 7 个点归入取定的 6 个黄点,由抽屉原理(第三层次,位置抽屉),必有两对黄色线段的公共顶点是同一个点 P.

由圆的性质可知,点 P 引出的一对长度相等的黄色线段必定关于过 P 的直径对称. 由于点 P 引出两对长度相等的黄色线段,这 4 条线段的另 4 个顶点组成的四边形是关于过 P 的直径对称的四边形,但它不是矩形,只能是等腰梯形,结论成立.

所以,$n=17$ 合乎要求.

下面证明 $n\geqslant 17$,即当 $n\leqslant 16$ 时,n 都不合乎要求,此时,可以将正 n 边形的顶点适当 3-染色,使其不存在同色的等腰梯形.

实际上,用 $A_1,A_2,\cdots,A_n$ 表示正 n 边形的顶点(按顺时针方向),M_1,M_2,M_3 分别表示三种颜色的顶点集.

当 $n=16$ 时,令

$$M_1=\{A_5,A_8,A_{13},A_{14},A_{16}\},$$

$$M_2=\{A_3,A_6,A_7,A_{11},A_{15}\},$$

$$M_3=\{A_1,A_2,A_4,A_9,A_{10},A_{12}\}.$$

对于 M_1,点 A_{14} 到另 4 个顶点的距离互不相同,而另 4 个点刚好是一个矩形的顶点.

类似于 M_1,可验证 M_2 中不存在 4 个顶点是某个等腰梯形的顶点.

对于 M_3，其中 6 个顶点刚好是 3 条直径的顶点，所以任意 4 个顶点要么是某个矩形的 4 个顶点，要么是某个不等边四边形的 4 个顶点．

当 $n=15$ 时，令

$$M_1=\{A_1,A_2,A_3,A_5,A_8\},$$
$$M_2=\{A_6,A_9,A_{13},A_{14},A_{15}\},$$
$$M_3=\{A_4,A_7,A_{10},A_{11},A_{12}\},$$

每个 M_i 中均无 4 点是等腰梯形的顶点．

当 $n=14$ 时，令

$$M_1=\{A_1,A_3,A_8,A_{10},A_{14}\},$$
$$M_2=\{A_4,A_6,A_7,A_{11},A_{12}\},$$
$$M_3=\{A_2,A_6,A_9,A_{13}\},$$

每个 M_i 中均无 4 点是等腰梯形的顶点．

当 $n=13$ 时，令

$$M_1=\{A_5,A_6,A_7,A_{10}\},$$
$$M_2=\{A_1,A_8,A_{11},A_{12}\},$$
$$M_3=\{A_2,A_3,A_4,A_9,A_{13}\},$$

每个 M_i 中均无 4 点是等腰梯形的顶点．

在上述情形中去掉顶点 A_{13}，染色方式不变，即得到 $n=12$ 的染色方法；

然后再去掉顶点 A_{12}，即得到 $n=11$ 的染色方法；

继续去掉顶点 A_{11}，得到 $n=10$ 的染色方法．

当 $n\leqslant 9$ 时，可以使每种颜色的顶点个数小于 4，从而无 4 个同色顶点是某个等腰梯形的顶点．

综上所述，所求的 n 的最小值为 17．

6.2 剔除"紧元素"

在第一次运用抽屉原理,找到若干个紧元素后,去掉其中紧元素,对剩下元素再运用抽屉原理.

例1 给定12个整数,试证:其中必有8个不同的整数 $a_1,a_2,\cdots,a_8$,使 $(a_1-a_2)(a_3-a_4)(a_5-a_6)(a_7-a_8)$ 是3 465的倍数.

分析与证明 注意到 $3\,465=5\times7\times9\times11$,从而只需证明 $(a_1-a_2)(a_3-a_4)(a_5-a_6)(a_7-a_8)$ 同时被5,7,9,11整除,其充分条件是 $(a_1-a_2)(a_3-a_4)(a_5-a_6)(a_7-a_8)$ 中的每一个因式恰好被5,7,9,11中的一个整除.

考察模11的剩余类,有11种情形,而 $12>11$,所以,必有两个数,设为 a_1,a_2,使 $a_1\equiv a_2\pmod{11}$.

去掉 a_1,a_2(去掉紧元素),还剩下10个数,再考察模9的剩余类,有9种情形,而 $10>9$,所以,又必有两个数,设为 a_3,a_4,使 $a_3\equiv a_4\pmod 9$.

再去掉 a_3,a_4(又去掉紧元素),还剩下8个数,再考察模7的剩余类,有7种情形,而 $8>7$,所以,又必有两个数,设为 a_5,a_6,使 $a_5\equiv a_6\pmod 7$.

又去掉 a_5,a_6,还剩下6个数,再考察模5的剩余类,有5种情形,而 $6>5$,所以,又必有两个数,设为 a_7,a_8,使 $a_7\equiv a_8\pmod 5$.

而5,7,9,11两两互质,所以

$$3\,465\mid(a_1-a_2)(a_3-a_4)(a_5-a_6)(a_7-a_8).$$

例2 将 130×7 方格棋盘的每个方格都染红、蓝二色之一,求证:对棋盘的每一行的染色方式,下列两种情形必有之一发生.

(1) 存在3行染色方式相同;

(2) 存在两组,每组两行,同一组的两行染色方式相同.

分析与证明　考察每一行的染色方式,因为每个格有两种染色方式,从而一行的染色方式共有 $2^7=128$ 种可能.

由于有 130>128 行,由抽屉原理(第一层次),必有两行染色方式相同,设其染色方式为 A.

去掉上述相同两行中的一行(去掉一个紧元素),剩下 129 行,因为 129>128,再由抽屉原理(第二层次),又有两行染色方式相同,设其染色方式为 B.

如果 A 与 B 相同,则有 3 行的染色方式都为 A,结论(1)成立.

如果 A 与 B 不相同,于是有两行的染色方式为 A,另两行的染色方式为 B,结论(2)成立.

综上所述,命题获证.

例 3　设 $A_1,A_2,\cdots,A_{1\,066}$ 都是有限集 X 的子集,且 $2|A_i|>|X|>9(i=1,2,\cdots,1\,066)$. 求证:可以找到 X 的 10 个元素 $x_1,x_2,\cdots,x_{10}$,使得每个 A_i 至少含其中的一个元素.

分析与证明　想象元素 $x_i(i=1,2,\cdots,10)$ 为炮弹,子集 $A_j(j=1,2,\cdots,1\,066)$ 为碉堡,如果 $x_i\in A_j$,则 x_i 将 A_j 炸毁.

现在要用 10 个炮弹将所有碉堡炸毁,当然希望一个炮弹炸掉的碉堡越多越好,从而应取出那些在各子集中出现次数较多的元素.

注意 $|X|>9$,只是为了保证 X 有 10 个元素可取.

对所有 $i=1,2,\cdots,1\,066$,令 n_i 是 x_i 在 $A_1,A_2,\cdots,A_{1\,066}$ 中出现的次数,那么 $n_1+n_2+\cdots+n_m=|A_1|+|A_2|+\cdots+|A_{1\,066}|$(行和等于列和).

由于 $|A_i|>\dfrac{1}{2}|X|$,所以,$n_1+\cdots+n_m>\dfrac{1\,066}{2}|X|=533|X|$.

于是,由平均值抽屉原理,至少有某个 n_i,设为 n_1,使 $n_1\geqslant\left[\dfrac{553|X|}{|X|}\right]+1=534=\left[\dfrac{1\,066}{2}\right]+1$,即至少有一个元素 x_1,它在这些

集合中出现的次数 $d(x_1)\geqslant 534$.

去掉含 x_1 的集合，至多剩下 $t_1\leqslant 1\,066-534=532$ 个集合，设为 $A_1,A_2,\cdots,A_{532}$.

令 $X'=X\backslash\{x_1\}$，则对所有 $j=1,2,\cdots,532$，$|A_j|>\frac{1}{2}|X|>\frac{1}{2}|X'|$.

同上所证，至少有一个元素 x_2，它在这些集合中出现的次数 $d(x_2)\geqslant\left[\frac{532}{2}\right]+1=267$.

再去掉其中含 x_2 的集合，至多剩下 $t_2\leqslant 532-267=265$ 个集合，设为 $A_1,\cdots,A_{265}$.

如此下去，存在 x_3，它在剩下的集合中出现的次数 $d(x_3)\geqslant\left[\frac{265}{2}\right]+1=133$，对应的 $t_3\leqslant 265-133=132$，存在 x_4，它在剩下的集合中出现的次数 $d(x_4)\geqslant\left[\frac{132}{2}\right]+1=67$，对应的 $t_4\leqslant 132-67=65$，同理有

$$d(x_5)\geqslant\left[\frac{65}{2}\right]+1=33,\quad t_5\leqslant 65-33=32,$$

$$d(x_6)\geqslant\left[\frac{32}{2}\right]+1=17,\quad t_6\leqslant 32-17=15,$$

$$d(x_7)\geqslant\left[\frac{15}{2}\right]+1=8,\quad t_7\leqslant 15-8=7,$$

$$d(x_8)\geqslant\left[\frac{7}{2}\right]+1=4,\quad t_8\leqslant 7-4=3,$$

$$d(x_9)\geqslant\left[\frac{3}{2}\right]+1=2,\quad t_9\leqslant 3-2=1.$$

至此，最多剩下一个集合，在此集合中取出一个元素作为 x_{10} 即可.

例 4 对 K_n 的边进行 2-染色,必有两个同色三角形,且这两个同色三角形同色,求 n 的最小值.(原创题)

分析与解 先证 $n=7$ 合乎条件.

实际上,我们在 1.5 节的例 1 中已证明,2 色 K_6 中一定有两个同色三角形.

于是,可在 2-色 K_7 中取其中一个同色$\triangle ABC$,去掉点 A 及其关联的边,由上面的结论,在剩下的 2 色 K_6 中又有两个同色三角形,连同$\triangle ABC$,一共有 3 个同色三角形.

将 3 个同色三角形归入两种颜色,由抽屉原理,必有两个同色三角形同色.

下面证明 $n\geqslant7$,用反证法.设 $n\leqslant6$.

若 $n=6$,则 2 色 K_6 中必有两个同色三角形,设有一个红色$\triangle ABC$ 和一个蓝色三角形.

如果蓝色三角形与红色$\triangle ABC$ 没有公共顶点,则设蓝色三角形为$\triangle DEF$(图 6.1),考察 A 向$\triangle DEF$ 引出的 3 条边,必有两条同色,设 AD,AE 同色.

若 AD,AE 同为蓝色,则有两个蓝色三角形$\triangle DEF$,$\triangle DEA$,不合要求,于是 AD,AE 同为红色.

同理,B 向$\triangle DEF$ 也引出两条红边,这两条红边的另两个端点中必有一个属于$\{D,E\}$,不妨设 BE 为红色,则得到两个红色$\triangle ABC$,$\triangle ABE$,不合要求.

如果蓝色三角形与红色$\triangle ABC$ 有一个公共顶点,则设蓝色三角形为$\triangle ADE$(图 6.2),由对称性,不妨设 FB 为蓝色,如果 FC 为红色,则由$\triangle CEF$,得 CE 为蓝,由$\triangle CDE$,得 CD 为红,由$\triangle CDF$,得 FD 为蓝,由$\triangle AFD$,得 AF 为红,由$\triangle BCD$,得 BD 为蓝,由$\triangle BDE$,得 BE 为红,得到两个红色三角形$\triangle ADE$,$\triangle BDE$,不合要求.

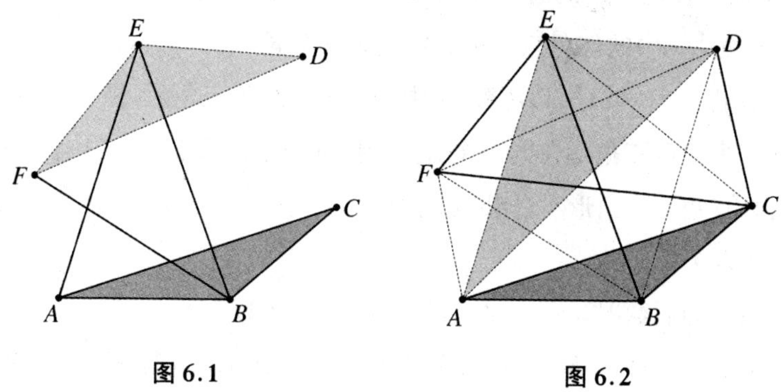

图 6.1　　　　图 6.2

于是，FC 为蓝色，如此下去，得到下述构图(图 6.3)，其中只有两个同色三角形，但这两个同色三角形不同色，矛盾.

若 $n\leqslant 6$，则在图6.3中去掉 $6-n$个点及其关联的边，同样矛盾.

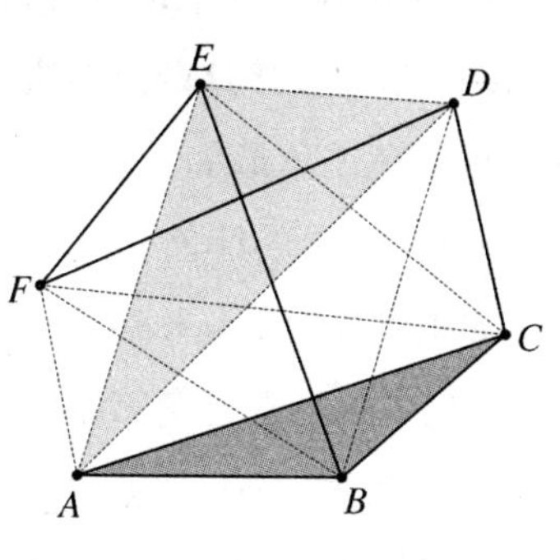

图 6.3

综上所述，n 的最小值为 7.

例 5　求最大的正整数 r，使以任何方式将 2 014 阶完全图 k_{2014} 的边 2-染色时，总存在 r 个同色三角形，其中任何两个三角形没有公共顶点，但这些同色三角形的颜色未必相同.(原创题)

分析与解　我们考虑一般的情形，对 $3t+1$ 阶完全图 k_{3t+1} 的边 2-染色，总存在 r 个同色三角形，求 r 的最大值.

先证明 $r\leqslant t-1$.

当 t 为奇数时，令 $t=2s-1$，则 $3t+1=6s-2$.

构造两个没有公共顶点的红色 K_{3s-1}，两个红色 K_{3s-1}之间的边都染蓝色，得到一个 2 色的 $3t+1$ 阶完全图 G.

对 G 中任何 3 个顶点，由抽屉原理，必有两个点在同一个 K_{3s-1}

中,从而连接这两点的边为红色,所以 G 中没有蓝色三角形.

显然,G 中的红色三角形必定属于某个 K_{3s-1} 中.

如果 $r \geqslant t = 2s - 1$,考察 G 中 $2s-1$ 个红色三角形,由抽屉原理,必有 s 个红色三角形在同一个 K_{3s-1} 中,但 K_{3s-1} 只有 $3s-1$ 个顶点,从而必有两个三角形有公共点,矛盾.

所以 $r \leqslant t-1$.

当 t 为偶数时,令 $t = 2s$,则 $3t+1 = 6s+1$.

构造一个红色 K_{3s-1} 和一个红色 K_{3s+2},使 K_{3s-1} 与 K_{3s+2} 没有公共顶点,将 K_{3s-1} 与 K_{3s+2} 之间的边都染蓝色,得到一个 2 色的 $3t+1$ 阶完全图 G.

对 G 中任何 3 个顶点,由抽屉原理,必有两个点在红色 K_{3s-1} 或 K_{3s+2} 中,从而连接这两点的边为红色,所以 G 中没有蓝色三角形,即 G 中的同色三角形都为红色.

显然,G 中的红色三角形必定属于 K_{3s-1} 或 K_{3s+2} 中.

如果 $r \geqslant t = 2s$,考察 G 中 $2s$ 个红色三角形,由抽屉原理,要么有 s 个红色三角形在红色 K_{3s-1} 中,但 K_{3s-1} 只有 $3s-1$ 个顶点,从而必有两个三角形有公共点,矛盾;要么有 $s+1$ 个红色三角形在红色 K_{3s+2} 中,但 K_{3s+2} 只有 $3s+2$ 个顶点,从而这 $s+1$ 个三角形中必有两个有公共点,矛盾.

所以 $r \leqslant t$.

其次,用归纳法证明:以任何方式将 k_{3t+1} 的边 2-染色时,总存在 $t-1$ 个同色三角形,其中任何两个三角形没有公共顶点.

当 $t=2$ 时,由于 2 色的 K_7 中有同色三角形,结论显然成立.

设结论对小于 t 的正整数成立,考察 t 的情形,取 k_{3t+1} 的一个同色$\triangle ABC$,去掉点 A, B, C,由归纳假设,剩下的图 $k_{3(t-1)+1}$ 中有 $k-1$ 个同色三角形,其中任何两个三角形没有公共顶点.

连同$\triangle ABC$,共有 t 个两两没有公共点的同色三角形,结论成立.

综上所述,$r_{\max}=t-1$,特别地,当 $t=671$ 时,$r_{\max}=670$.

有些问题,需要同时用到"改造紧元素"和"去掉紧元素"这两个技巧.我们举一个例子.

例6 设 M 是1 985个不同自然数的集合,M 中每一数的质因数都小于26,求证:M 中存在4个不同的数,它们的积是一个自然数的4次方.(第26届IMO试题)

分析与证明 我们的目标是,找到题中的4个数 a,b,c,d,使 $abcd=x^4$,其中 $x\in\mathbf{N}$.先将 $abcd$ 分解为两个元素的积$(ab)\cdot(cd)$,则目标等价于

$$(ab)\cdot(cd)=x^4.$$

受2.2节中例5的启发,可继续将目标转化为

$$\sqrt{ab}\cdot\sqrt{cd}=x^2\quad(\text{划归到前述问题}).$$

由此想到以$\sqrt{ab}$为元素,然后找到两个这样的元素,使其积为平方数,但同时$\sqrt{ab}$要为整数,即 ab 为平方数.

由此可见,解题要分两步进行:第一步,先找到若干个"两数积"为平方数;第二步,以上述每一个积的算术平方根为新元素,再继续找到两新元素的积为平方数.

因为小于26的质数有9个,设为 $p_1,p_2,\cdots,p_9$,对 M 中任何一个数a,令 $a=p_1^{r_1}p_2^{r_2}\cdots p_9^{r_9}$,于是 M 中每一个数a,都对应一个九元数组$(r_1,r_2,\cdots,r_9)$,这样一共得到1 985个数组.

考察这些数组各分量的奇偶性,共有 $2^9=512<1\,985$ 种可能,于是由抽屉原理(第一层次),必有两个数 a_1,b_1,对应的数组各分量同奇偶,从而 a_1b_1为平方数;

考察集合 $M_1=M\backslash\{a_1,b_1\}$(去掉两个紧元素),则$|M_1|=1\,985-2=1\,983$,注意到 $512<1\,983$,由抽屉原理(第二层次),又有两个数

a_2,b_2,其对应的数组各分量同奇偶,从而 a_2b_2 为平方数;

如此下去,可找到 736 对互异的数$\{a_1,b_1\},\{a_2,b_2\},\cdots,\{a_{736},b_{736}\}$,使 a_ib_i 都为平方数.

不妨设 $a_1b_1=(p_1^{r_1}p_2^{r_2}\cdots p_9^{r_9})^2$,并令 a_1b_1 对应九元数组$(r_1,r_2,\cdots,r_9)$(改造紧元素),则上述 736 对数中每一对数的积都分别对应一个九元数组.

同样考察这些数组各分量的奇偶性,共有 29 = 512<736 种可能,于是必有两个积 a_ib_i,a_jb_j 对应的数组$(r_1,r_2,\cdots,r_9),(t_1,t_2,\cdots,t_9)$各分量同奇偶,于是

$$\begin{aligned}a_ib_i\cdot a_jb_j&=(p_1^{r_1}p_2^{r_2}\cdots p_9^{r_9})^2(p_1^{t_1}p_2^{t_2}\cdots p_9^{t_9})^2\\&=(p_1^{r_1+t_1}p_2^{r_2+t_2}\cdots p_9^{r_9+t_9})^2\\&=\left(p_1^{\frac{r_1+t_1}{2}}p_2^{\frac{r_2+t_2}{2}}\cdots p_9^{\frac{r_9+t_9}{2}}\right)^4.\end{aligned}$$

注意到$\dfrac{r_i+t_i}{2}$为整数,从而命题获证.

6.3　等 容 分 组

将题中的元素分成若干组,然后建立任意两组之间元素的一个一一对应关系.先对第一组中的元素利用抽屉原理,找到第一组中的若干个紧元素,然后由其对应关系,找到这些紧元素在第二组中的对应元素,并对这些对应元素使用抽屉原理,又找到第二组中若干个紧元素,如此下去,直至找到最后一组中的若干个紧元素,设这些紧元素为 $a_1,a_2,\cdots,a_r$,最后由 $a_1,a_2,\cdots,a_r$,找到它们在各组中的对应元素,由此得到我们要求的对象.

例 1　将 1,2,3,…,10 中的每一个数都染红、蓝二色之一,证明:存在 4 个不同的数 $a,a+1,b,b+1$,使 a 与 b 同色,且 $a+1$ 与 $b+1$

同色.(原创题)

分析与证明　为了找到"a 与 b 同色,且 $a+1$ 与 $b+1$ 同色",容易想到先找 a,b 在同一抽屉,再找 $a+1,b+1$ 在同一抽屉.

为了保证4个数不同,可让 a,b 同奇偶,此时 $a+1,b+1$ 也同奇偶.

将1,2,…,14分成如下两组:

$$A_1=\{1,3,5,7,9\},\quad A_2=\{2,4,6,8,10\},$$

将 A_1 中的数归入两种颜色,由抽屉原理,必有3个数同色,设为 a_1,a_2,a_3.

考察这些紧元素在 A_2 中的对应数 a_1+1,a_2+1,a_3+1,将3个对应数归入两种颜色,由抽屉原理,其中又有两个数同色,不妨设为 a_1+1,a_2+1.

令 $a=a_1,b=a_2$,命题获证.

如果我们以目标元(数对)为元素,则只需使用一次抽屉原理.实际上,为了使"a 与 b 同色,且 $a+1$ 与 $b+1$ 同色",只需以$(a,a+1)$为元素,以$(b,b+1)$为另一元素,找到两个元素对应分量都同色即可.

考察数对(x,y)的染色,只有如下4种可能:

(红,红), (红,蓝), (蓝,红), (蓝,蓝).

考察5个形如$(a,a+1)$的数对(1,2),(3,4),(5,6),(7,8),(9,10),必有两个数对染色完全相同,设为$(a,a+1)$,$(b,b+1)$,于是,a,b 同色,且 $a+1,b+1$ 同色.

例2　给定平面上的一个$\triangle ABC$,将$\triangle ABC$内部的所有点染两种颜色之一,试证:存在两个相似三角形,它们的6个顶点互不相同且同色.(全国高中数学联赛试题改编)

分析与证明　设 O 为$\triangle ABC$ 的内心,以 O 为圆心在$\triangle ABC$ 内

部作3个同心圆 u,v,w,再过 O 作17条射线,分别交3个圆于点 $A_i,B_i,C_i(1\leqslant i\leqslant 17)$.

将第1个圆上的17个点 $A_1,A_2,\cdots,A_{17}$ 归入两种颜色,由抽屉原理,必有其中9个点同色,不妨设这9个点为 $A_1,A_2,\cdots,A_9$.

将第2个圆上与上述9个紧元素对应的9个点 $B_1,B_2,\cdots,B_9$ 归入两种颜色,由抽屉原理,必有其中3个点同色,不妨设这5个点为 $B_1,B_2,\cdots,B_5$.

将第3个圆上与上述5个紧元素对应的5个点 $C_1,C_2,\cdots,C_5$ 归入两种颜色,由抽屉原理,必有其中3个点同色,不妨设这3个点为 C_1,C_2,C_3.

考察3组点 (A_1,A_2,A_3),(B_1,B_2,B_3),(C_1,C_2,C_3),其中每一组中3个点都同色,将这3组归入两种颜色,由抽屉原理,必有其中两组点同色,这两组中的每一组的3个点构成一个三角形,且这两个三角形相似,命题获证.

例3 某次运动会有5个城市的运动员参加比赛,每个城市都派出若干名运动员参加一共49个项目的比赛,对其中任何一个城市代表队,每个项目都至少有一人参加比赛,每个人至多参加其中一个项目的比赛.试证:可以从中找到9个同性别的运动员,他(她)们分别来自3个不同的城市,参加3个不同项目的比赛.(原创题)

分析与证明 设5个城市的代号为 $A_1,A_2,\cdots,A_5$,49个项目的代号为 $B_1,B_2,\cdots,B_{49}$,对每一个城市 $A_i(1\leqslant i\leqslant 5)$,在每一个项目中各取出一名运动员作为代表(若有多名运动员参加同一项目则任取其中一名),这样共取出了245名运动员.

作一个 5×49 的方格棋盘,用其第 i 行第 j 列的格 a_{ij} 表示第 i 个城市参加第 j 个项目比赛的运动员代表.

现将棋盘的每个方格都染红、蓝二色之一,其中红色代表男性运动员，蓝色代表女性运动员，则问题转化为：存在3行3列，它们交成的9个方格同色.

考察第1行的方格，将49个格归入两种颜色，由抽屉原理，必有其中25个格同色，不妨设是前25个格同色.

考察第2行的前25个方格，将这25个格归入两种颜色，由抽屉原理，必有其中13个格同色，不妨设是前13个格同色.

考察第3行的前13个方格，将这13个格归入两种颜色，由抽屉原理，必有其中7个格同色，不妨设是前7个格同色.

考察整个棋盘的前3行，其中每一行的前7格都是同一种颜色，将这3行归入两种颜色，由抽屉原理，必有其中两行同色，不妨设这两行为第1,2行，它们的前7个方格都是红色.

考察第4行的前7个方格，如果其中有3个红色方格，不妨设为前3格，则第1,2,4行的前3个方格组成的9个格都是红色，结论成立.下设第4行的前7个方格至多有两个红色方格，则至少有5个蓝色方格，不妨设是前5个格.

考察第5行的前5个方格，将这5个格归入两种颜色，由抽屉原理，必有其中3个格同色，不妨设是前3个格同色.

现在，考察整个棋盘的前3列，其中每一行的前3格都是同一种颜色，将这5行归入两种颜色，由抽屉原理，必有其中3行同色，这3行的前3个方格共9个格同色，命题获证.

例4　有49个选手参加数学竞赛，共有3个题，每题得分可以是0～7的整数，求证：从中可以找出两位选手A,B，其中A对每题的得分不少于B的得分.

分析与证明　用$(a,b,c)(0\leqslant a,b,c\leqslant 7)$表示某选手在第1,2,3题中的得分，在直角坐标系中，考察格点$(a,b)(0\leqslant a,c\leqslant 7)$.

若格点(a,b)是某个选手在第1,2题中的得分，则把此点染红色，这样，每个选手的得分都对应一个红点.

若有两个红点重合,则对应选手 X,Y 合乎条件.

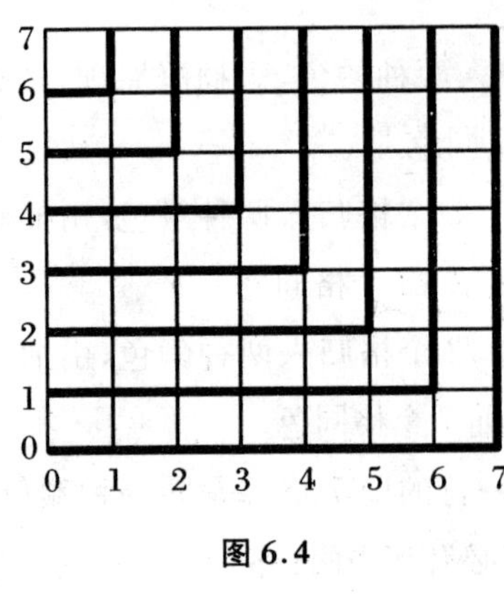

图 6.4

否则,将所有 49 个红点归入如下 8 个集合,每个集合 A_i 由直角 $(0,i)\to(7-i,i)\to(7-i,7)$ 上的点构成($0\leqslant i\leqslant 7$)(图 6.4).

去掉小抽屉 A_4,A_5,A_6,A_7,由于 $|A_4|+|A_5|+|A_6|+|A_7|=16$,从而 A_0,A_1,A_2,A_3 中至少有 $49-16=33$ 个点,由抽屉原理,必有一个直角上有 9 个红点,设为 $(a_1,b_1),(a_2,b_2),\cdots,(a_9,b_9)$ $(a_1\leqslant a_2\leqslant\cdots\leqslant a_9)$.

考察$(a_1,b_1,c_1),(a_2,b_2,c_2),\cdots,(a_9,b_9,c_9)$.

由于 $0\leqslant c_i\leqslant 7$,由抽屉原理,必有 $c_i=c_j(1\leqslant i\leqslant j\leqslant 9)$,于是,$(a_i,b_i,c_i),(a_j,b_j,c_j)$满足 $a_i\leqslant a_j,b_i\leqslant b_j,c_i\leqslant c_j$,它们对应的选手合乎要求.

6.4　多环节运用

在解题过程中,我们常常要证明若干个结论,而在证明这些结论的各个环节中,我们可能都要用到抽屉原理.

例 1　设 A_1,A_2,A_3,A_4,A_5,A_6是平面上的 6 个点,其中任何 3 点不共线.如果在这些点中连 r 条线段,必存在其中 4 个点,他们两两相连,求 r 的最小值.(1989 年全国初中数学联赛试题改编)

分析与解　我们先尽可能多地连边,使其中没有两两相连的 4 个点.

所谓“没有两两相连的 4 个点”,换句话说,就是任何 4 个点中都有两个点不连边，我们将其转化为：任何4个点中都有两个点属于同一抽屉，这只需构造3个抽屉，每个抽屉中的任何两点都不相连.

注意到共有6个点，构造3个抽屉，为使构造简单，可使每个抽屉中各有两个点，且这两个点之间不连边，而不同抽屉中的任何两点都连边，得到如下构造(图6.5).

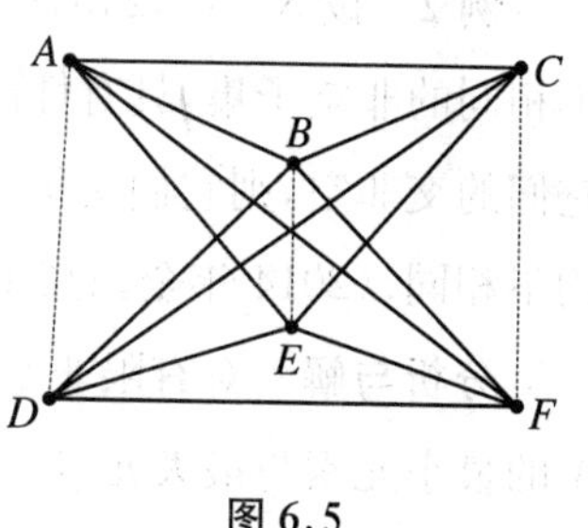

图 6.5

此时，图中有12条边.但对其中任何4个点，将其归入3个抽屉$\{A,D\}$，$\{B,E\}$，$\{C,F\}$，必有两个点属于同一抽屉，这两个点不相连，从而图中没有两两相连的4个点，所以$r=12$不合乎要求.

若$r<12$，则在图6.5中去掉$12-r$条边，得到有r条边的图，此图中也没有两两相连的4个点，所以$r\leqslant 12$都不合乎要求，故$r\geqslant 13$.

下面证明$r=13$合乎要求.

为了找到4个点两两相连，我们立足于找共点的线段，自然想到尽可能找到多条线段共一个端点.

将13条线段的26个端点归入6个已知点(抽屉)，由于每个抽屉至多5个点(引出5条线段)，而$26=6\cdot 4+2$，所以由抽屉原理，必有两个点各引出5条线段.

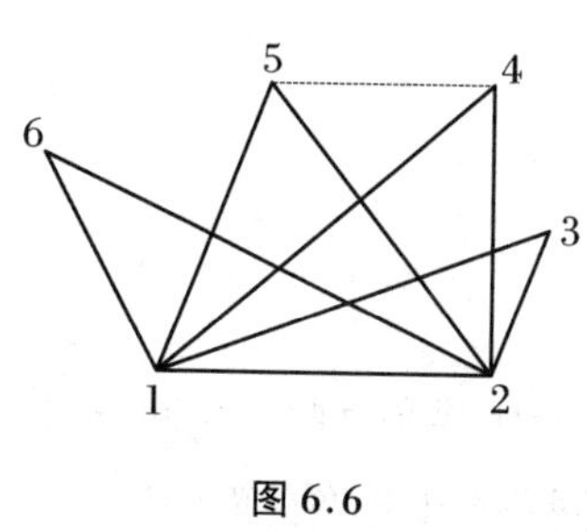

图 6.6

设这两个点为A_1，A_2(图6.6)，以A_1，A_2为端点的线段有$5+5=10$条，但其中线段A_1A_2计算了两次，所以A_1，A_2共引出9条线段.

这样，A_3，A_4，A_5，A_6之间连的线段有$13-9=4$条，取其中一条线段A_iA_j，则A_1，A_2，A_i，A_j是合乎条件

的 4 个点.

综上所述,r 的最小值为 13.

例 2 设 $S=\{1,2,3,\cdots,100\}$,求最大的整数 k,使得 S 有 k 个互不相同的非空子集,具有性质:对这 k 个子集中任意两个不同子集,若它们的交非空,则它们交集中的最小元素与这两个子集中的最大元素均不相同.(2014 年全国高中数学联赛加试试题)

分析与解 对有限非空实数集 A,用 $\min A$ 与 $\max A$ 分别表示 A 的最小元素与最大元素.

考虑 S 的所有包含 1 且至少有两个元素的子集,一共 $2^{99}-1$ 个,它们显然满足要求,这是因为

$$\min(A_i\cap A_j)=1<\max A_i,$$

故 $k=2^{99}-1$ 合乎要求.

下面证明 $k\geqslant 2^{99}$ 时不存在满足要求的 k 个子集.

我们用数学归纳法证明:对整数 $n\geqslant 3$,在集合 $S_n=\{1,2,\cdots,n\}$ 的任意 $m(\geqslant 2^{n-1})$ 个不同非空子集 $A_1,A_2,\cdots,A_m$ 中,存在两个子集 $A_i,A_j(i\neq j)$,使

$$A_i\cap A_j\neq\varnothing,\quad 且\quad \min(A_i\cap A_j)=\max A_i. \tag{①}$$

显然只需对 $m=2^n-1$ 的情形证明上述结论.

当 $n=3$ 时,将 $S_3=\{1,2,3\}$ 的全部 $2^3-1=7$ 个非空子集分成如下 3 组:

第一组:$\{3\},\{1,3\},\{2,3\}$;

第二组:$\{2\},\{1,2\}$;

第三组:$\{1\},\{1,2,3\}$.

由抽屉原理,S_3 的任意 $2^{3-1}=4$ 个非空子集必有两个在同一组中,取同组中的两个子集分别记为 A_i,A_j,同一组中排在前面的记为 A_i,则 A_i,A_j 满足式①.

假设结论在 $n(n\geqslant 3)$ 时成立,考虑 $n+1$ 的情形.

对集合 $S_{n+1}=\{1,2,\cdots,n,n+1\}$ 的任意 2^n 个子集,有以下两种情况:

(1) 若其中至少有 2^{n-1} 个子集不含 $n+1$,则它们是 $S_n=\{1,2,\cdots,n\}$ 的 2^{n-1} 个子集,对其利用归纳假设,可知存在两个子集满足式①.

(2) 若其中至多有 $2^{n-1}-1$ 个子集不含 $n+1$,则至少有 $2^{n-1}+1$ 个子集含 $n+1$,设这些子集为 $A_1,A_2,\cdots,A_t(t\geqslant 2^{n-1}+1)$,将这些子集中的 $n+1$ 去掉,则得到 $S_n=\{1,2,\cdots,n\}$ 的 $2^{n-1}+1$ 个子集 A'_1, $A'_2,\cdots,A'_t$,其中 $A'_i=A_i\setminus\{n+1\}$.

由于 $S_n=\{1,2,\cdots,n\}$ 的全体子集可分成 2^{n-1} 组,每组两个子集互补,由抽屉原理,$A'_1,A'_2,\cdots,A'_t$ 中一定有两个 A'_i,A'_j 属于同一组,即 $A'_i\cup A'_j=\{1,2,\cdots,n\}$,$A'_i\cap A'_j\neq\varnothing$.因此,相应地有两个子集 A_i,A_j,满足 $A_i\cap A_j=\{n+1\}$,这两个集合显然满足式①.

所以,结论对 $n+1$ 成立.

因此,$k\leqslant 2^{n-1}-1$,取 $n=100$,得 $k\leqslant 2^{99}-1$.

综上所述,所求 k 的最大值为 $2^{99}-1$.

例3　对给定的正整数 $m(m\geqslant 3)$,若存在大于1的正整数 n,使存在由 $1,2,\cdots,n$ 构成的 $m\times n$ 的连续等差数表(每行都是 $1,2,\cdots,n$ 的一个排列,每列都是公差大于0的等差数列的一个排列),试证:$n\geqslant m$,且 $n\neq m+k(1\leqslant k\leqslant m-1)$.(原创题)

分析与证明　我们称公差大于0的等差数列为好数列,先证明 $n\geqslant m$,用反证法.如果 $n<m$,则每列 m 个数都属于 $\{1,2,\cdots,n\}$,由抽屉原理,必有两个相同数,从而该列中的数不构成好数列,矛盾.

再证明 $n\neq m+k(1\leqslant k\leqslant m-1)$,分两种情况.

(1) 当 $m+1\leqslant n\leqslant 2m-2$ 时,每列 m 个数都属于 $M=\{1,2,\cdots,$

$2m-2\}$,由 M 中的数构成的公差大于 1 的等差数列最多有 $m-1$ 个项,比如 $1,3,5,\cdots,2m-3$ 及 $2,4,\cdots,2m-2$,从而 M 中长为 m 的好数列只能是连续自然数,从而好数列只能是 $1,2,\cdots,m;2,3,\cdots,m+1;\cdots,m-1,m,\cdots,2m-2$.

上述 $m-1$ 个好数列的共同特征是都含有 $m-1$ 与 m,我们只需利用每列都含有 m 这一特点即可.

由于每一个列中都有 m,所以 m 至少共出现 $n>m$ 次,但数表只有 m 行,由抽屉原理,至少有一行含有两个 m,该行中的数不构成好数列,矛盾.

(2) 当 $n=2m-1$ 时,每列 m 个数都属于 $M=\{1,2,\cdots,2m-1\}$,由 M 中的数构成的公差大于 1 的等差数列只有唯一一个:$1,3,5,\cdots,2m-1$.

如果有两个列都是 $1,3,5,\cdots,2m-1$,则第一行中有两个 1,该行中的数不构成好数列,矛盾.所以最多有一个列是 $1,3,5,\cdots,2m-1$,其余的 $2m-2$ 列都是连续自然数,这些列对应的好数列只能是 $1,2,\cdots,m;2,3,\cdots,m+1;\cdots;m,m+1,\cdots,2m-1$.

上述 m 个好数列的共同特征是都含有 m,所以 m 至少共出现 $2m-2=m+(m-2)>m$ 次,但数表只有 m 行,由抽屉原理,至少有一行含有两个 m,该行中的数不构成好数列,矛盾.

综上所述,命题获证.

例 4　任取 6 个格点 $P_i(x_i,y_i)$,使它们满足 $|x_i|\leqslant 2,|y_i|\leqslant 2$,且其中任何 3 点不共线.求证:存在以 P_i 为顶点的三角形,它的面积不大于 2.(1992 年全国高中数学联赛试题)

分析与证明　由题设,6 个格点分布在 5 条横向格线和 5 条纵向格线上.

为了讨论问题的方便,设 5 条横向格线由上至下依次为 a_1,

a_2，…，a_5；5 条纵向格线由左至右依次为 b_1，b_2，…，b_5.

称面积不大于 2 的三角形为好三角形，用反证法. 假定不存在格点好三角形，将 6 个格点归入 5 条横向格线 a_i，必有一条横向格线上有两个点.

我们期望由此两点去找好三角形，因而应知道此两点具体在何处，所以需对"谁为大集"进行讨论.

(1) 若 a_2 上有两点，则 a_1，a_3 上无点，否则有好三角形(图 6.7)，将其余 4 点归入 a_4，a_5，必有 3 点构成好三角形，矛盾.

(2) 若 a_4 上有两点，则由对称性，同样矛盾.

(3) 若 a_1 上有两点，则 a_2 上无点，否则有好三角形(图 6.8)，矛盾.

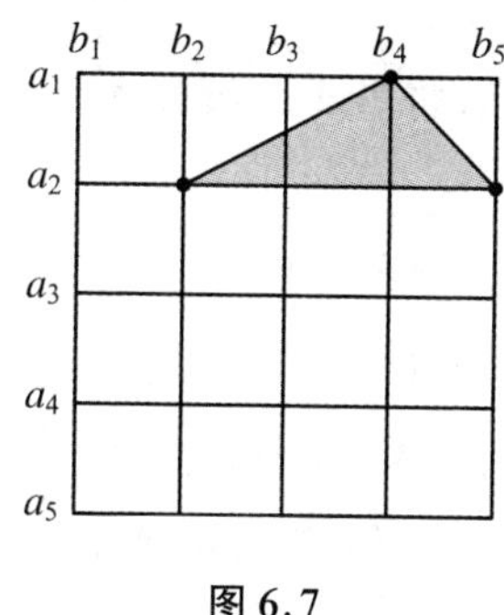

图 6.7

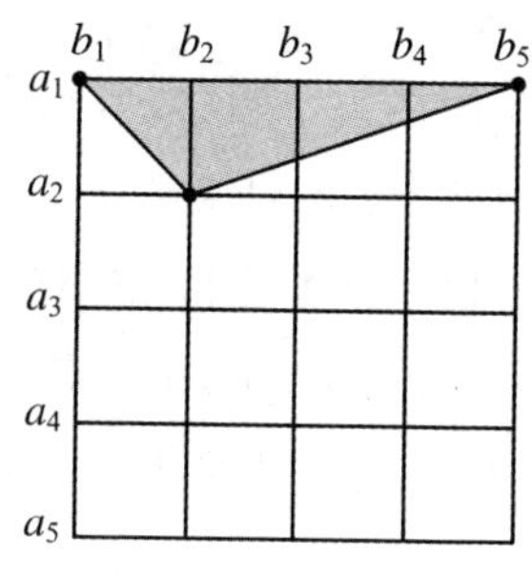

图 6.8

将其余 4 点归入 a_3，a_4，a_5，必有一直线上有两点(再讨论"谁为大集").

如果 a_4 上有两点(图 6.9)，则 a_3，a_5 上无点，从而 4 个点都在 a_4 上，矛盾；

如果 a_3 上有两点(图 6.10)，则 a_4 上无点，剩下的两个点都在 a_5 上.

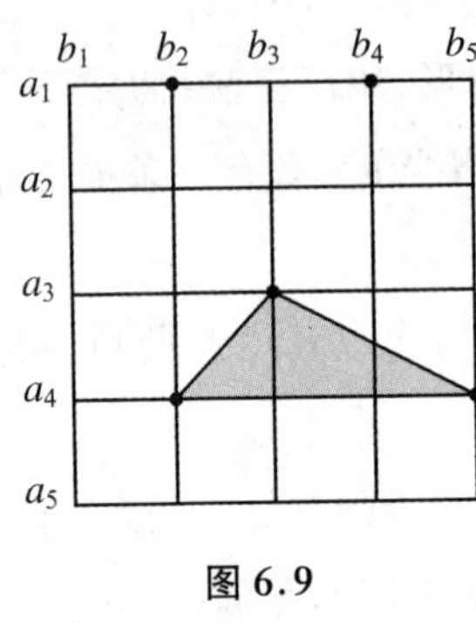

图 6.9

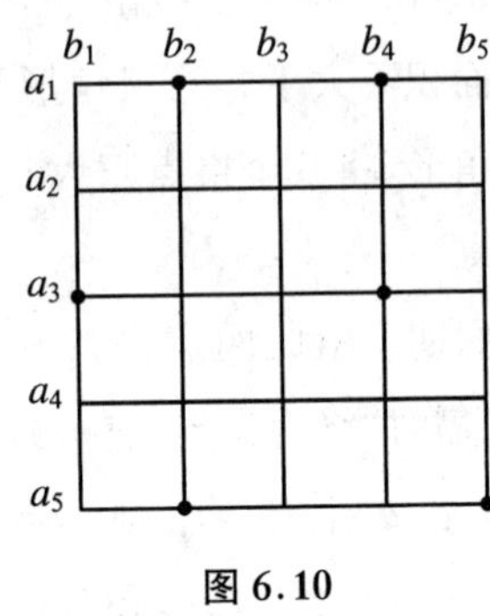

图 6.10

如果 a_5上有两点,则 a_4上无点,剩下的两个点都在 a_3上.

于是,对第(3)种情况,只能是 a_1,a_3,a_5上各有两点.

(4) 若 a_5上有两点,则同(3),由对称性,只能是 a_1,a_3,a_5上各有两点.

(5) 若 a_3上有两点,则 a_2,a_4上无点.将另 4 点归入 a_1,a_5,必然是每条直线上各有两点.

综合以上各种情况,必然是 a_1,a_3,a_5上各有两点.

由对称性,b_1,b_3,b_5上各有两点(图 6.11).

在 a_3上(保证边长为 2)任取其中一点 A(图 6.12),并设 A 在纵向格线 b_i(i 为奇数)上,又 b_i上还有一点 B,但 B 在 a_1或 a_5上,所以 $|AB|=2$.

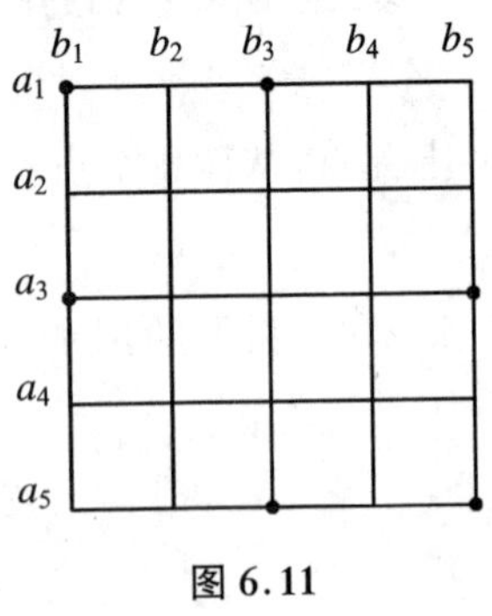

图 6.11

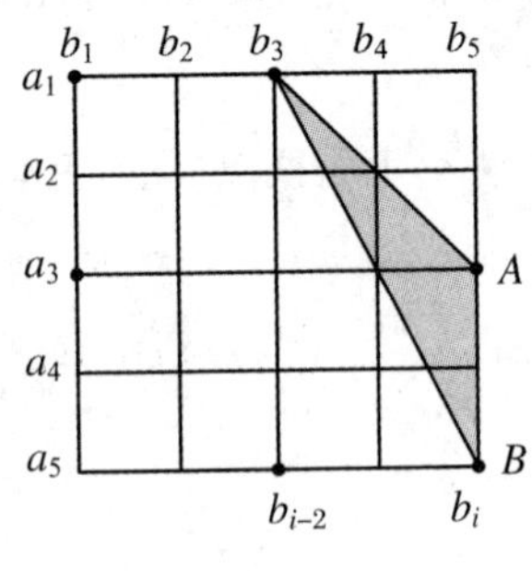

图 6.12

此时，b_{i+2}（或 b_{i-2}）上无点，这与 b_1，b_3，b_5 上各有两点矛盾.

综上所述，命题获证.

如果采用避开大抽屉的技巧，则可得到本题的一个简单而巧妙的证明.

另证　将有3个点构成好三角形转化为有3个点属于同一抽屉，这只需构造抽屉，使其中任何3点都构成好三角形.用反证法.假定不存在合乎要求的3个点，采用避开大抽屉的技巧：如图6.13所示，将 4×4 棋盘分割出一个 4×1 矩形 A，一个 1×2 矩形 B 和一个 2×2 矩形 C，这些矩形覆盖了 4×4 棋盘的所有格点（但没有覆盖整个棋盘）.

将选取的6个点归入 A，B，C 三个矩形，由于不存在合乎要求的3个点，所以每个矩形中至多两个点（避开大抽屉），但共有6个点，从而每个矩形中恰有两个点，于是 B 中恰有两个点.

将图旋转 90°，连续旋转4次，由对称性，可知图6.14中阴影部分各有两个点，从而共选取了8个点，矛盾.

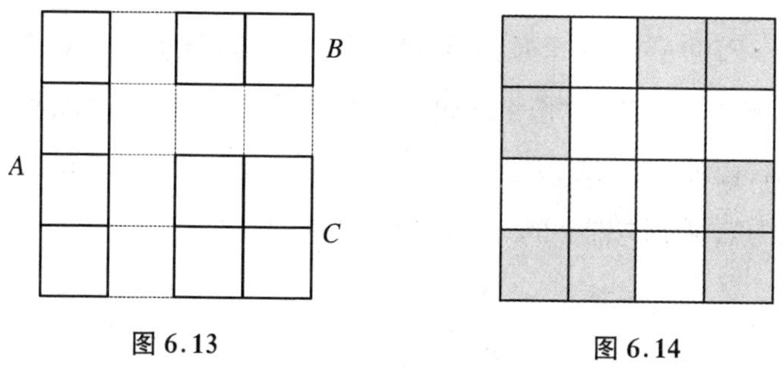

图 6.13　　图 6.14

例5　设 P_1，P_2，…，P_5 是面积为1的 $\triangle ABC$ 内的5个点，证明：由这些点构成的两个三角形，其面积都不大于 $\frac{1}{4}$.

分析与证明　称面积不大于 $\frac{1}{4}$ 的三角形为好三角形，考察 P_1，

$P_2,\cdots,P_5$的凸包，设为凸 k 边形.

(1) 若 $k=5$，则 $P_1P_2\cdots P_4P_5$ 是凸五边形，由熟知的结论，其中必有一个三角形为好的.

不妨设 P_1是好三角形的一个顶点，去掉点 P_1（紧元素），则另 4 个点又构成一个凸四边形 $P_2P_3P_4P_5$，其中又有一个好三角形，该好三角形不含点 P_1 为顶点，从而与前面的好三角形不同，结论成立（图 6.15）.

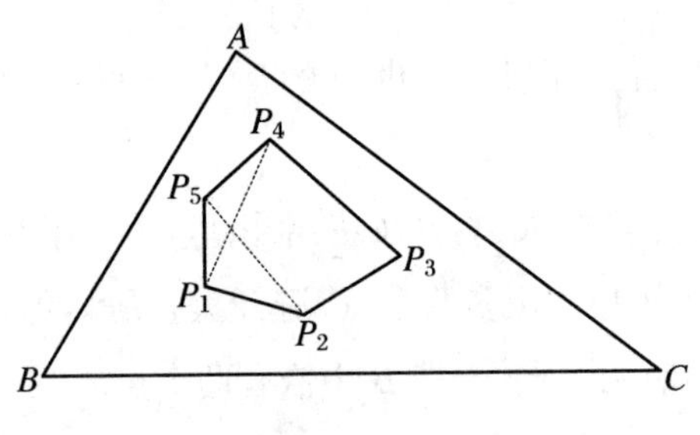

图 6.15

(2) 若 $k=4$，设 P_5在凸四边形 $P_1P_2\cdots P_4$内（图 6.16）. 凸四边形 $P_1P_2\cdots P_4$ 中必有 3 个顶点构成一个好三角形. 此外，连接 P_5P_1，P_5P_2，P_5P_3，P_5P_4，它们将凸包分割为 4 个小三角形，面积和不大于 1，所以，由抽屉原理，其中必有一个是好三角形，该好三角形含有点 P_5为顶点，从而与前面的好三角形不同，结论成立.

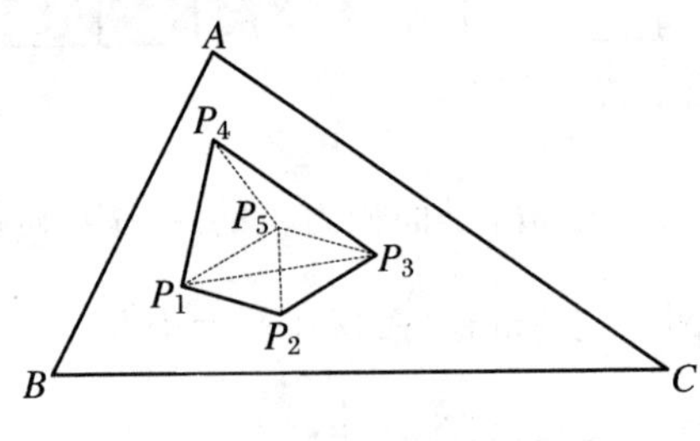

图 6.16

(3) 若 $k=3$,则当另两点都在凸包的边界上时,有两个面积为零的三角形.

当有一个点在边界上、一个点在内部时,有一个面积为零的三角形(图 6.17).再将内部一点与其他 4 点相连,得到 4 个三角形,由抽屉原理,其中必有一个三角形为好的(图 6.17).

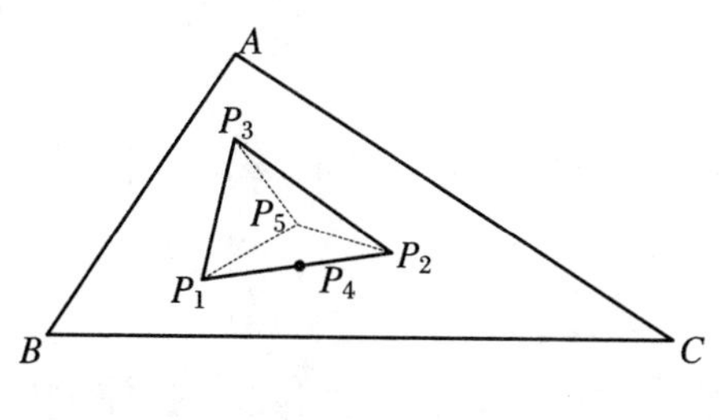

图 6.17

如果另两点都在内部,设 P_4,P_5 在 $\triangle P_1P_2P_3$ 内,利用点 P_4,P_5 将 $\triangle P_1P_2P_3$ 剖分为 5 个小三角形,面积和不大于 1,由抽屉原理,至多有 3 个的面积大于 $\frac{1}{4}$,所以其中必有两个是好三角形,结论成立.

(4) 若 $k\leqslant 2$,则有两个面积为零的三角形,结论成立.

例 6　在平行四边形 $ABCD$ 内(包括边界)有 5 个点,求以这 5 个点为顶点的所有三角形中,面积不大于四边形 $ABCD$ 的面积的 $\frac{1}{4}$ 的三角形的个数的最小值,其中规定三点共线时,对应三角形的面积为零.

分析与解　我们先证明如下的引理.

引理　平行四边形内的三角形面积不大于四边形面积的一半.

实际上,不妨设 $\triangle PQR$ 在平行四边形 $ABCD$ 内.

如果 $\triangle PQR$ 有一条边平行于 $ABCD$ 的某条边,不妨设 $PQ /\!/ AB$ (图 6.18),则 R 到 PQ 之距 $d_1\leqslant D$ 到 AB 之距 d.

于是

$$S_{\triangle PQR}=\frac{1}{2}PQ\cdot d_1\leqslant\frac{1}{2}PQ\cdot d\leqslant\frac{1}{2}AB\cdot d\leqslant\frac{1}{2}S_{\square ABCD},$$

结论成立.

如果$\triangle PQR$的任何边都不平行于$ABCD$的任何边,则分别过P,Q,R作AD的平行线,交AB于P_1,Q_1,R_1,不妨设R_1在P_1,Q_1之间(图6.19).设过R作AD的平行线分别交AB,CD,PQ于R_1,R_2,M,则由前面所证,有

$$S_{\triangle PMR}\leqslant\frac{1}{2}S_{\square AR_1R_2D},\quad S_{\triangle RMQ}\leqslant\frac{1}{2}S_{\square R_2R_1BC},$$

所以

$$S_{\triangle PQR}=S_{\triangle PMR}+S_{\triangle RMQ}\leqslant\frac{1}{2}S_{\square AR_1R_2D}+\frac{1}{2}S_{\square R_2R_1BC}=\frac{1}{2}S_{\square ABCD},$$

结论成立.

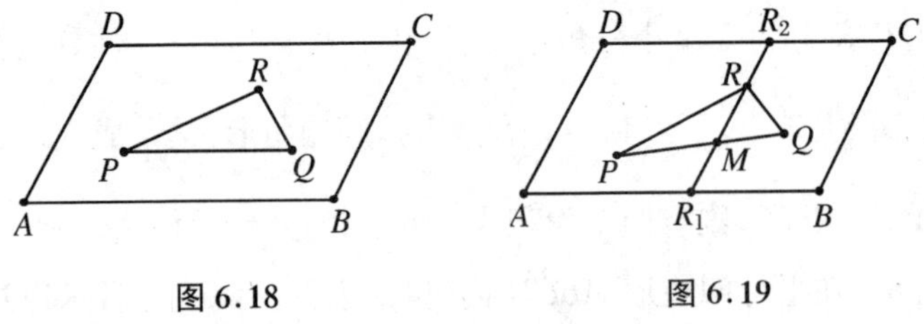

图 6.18　　图 6.19

解答原题:设题给平行四边形为$\square ABCD$,不妨设$S_{\square ABCD}=1$,如果三点构成的三角形的面积不大于$\frac{1}{4}$,则称此三点为好的三点组,简称好组.

分别取AB,CD,AD,BC的中点E,F,G,H,设EF,GH相交于点O,则EF,GH将四边形$ABCD$分割为4个小平行四边形(图6.20),其中必有一个小平行四边形内(包括边界,下同)含有题给5点中的两个点,不妨设平行四边形$AEOG$内有两个点M,N.

(1) 如果平行四边形$OHCF$内不多于一个已知点,则考察不在平

行四边形 $OHCF$ 内的任意一个非 M,N 的已知点 X，则三点 X,M,N 要么在平行四边形 $ABHG$ 内，要么在平行四边形 $AEFD$ 内，由引理，X,M,N 是好组.

注意到这样的点 X 至少有两个，从而得到两个好组.

如果 R 在平行四边形 $OFDG$ 内（图 6.20），则三点 R,M,N 在平行四边形 $AEFD$ 内，而三点 R,P,Q 在平行四边形 $GHCD$ 内，由引理，R,M,N 与 R,P,Q 都是好组，从而得到两个好组.

同样，如果 R 在平行四边形 $EBHO$ 内，则得到两个好组.

(2) 如果平行四边形 $OHCF$ 内至少有两个已知点，设 P,Q 是平行四边形 $OHCF$ 内的两个已知点，考察另外一个已知点 R.

如果 R 在平行四边形 $OHCF$ 或平行四边形 $AEOG$ 内，不妨设 R 在平行四边形 $OHCF$ 内（图 6.21），此时，考察 5 点 M,N,P,Q,R 的凸包，其凸包在凸六边形 $AEHCFG$ 内，且 $S_{凸六边形AEHCFG}=1-\frac{1}{8}-\frac{1}{8}=\frac{3}{4}$.

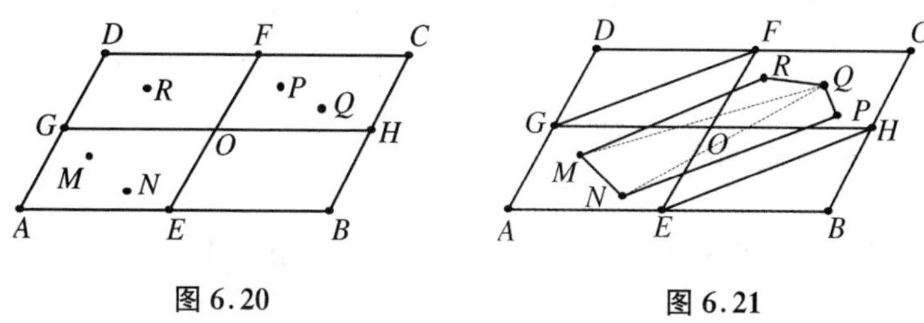

图 6.20　　图 6.21

（ⅰ）如果凸包是凸五边形，不妨设凸包为 $MNPQR$，此时，$S_{\triangle MQR}+S_{\triangle MNQ}+S_{\triangle NPQ}\leqslant\frac{3}{4}$，从而由抽屉原理，$M,Q,R$；$M,N,Q$ 和 N,P,Q 中至少有一个为好组. 又 P,Q,R 在平行四边形 $OHCF$ 内，P,Q,R 是好组，共有两个好组.

（ⅱ）如果凸包是凸四边形，设凸包为 $A_1A_2A_3A_4$，另一个已知点为 A_5，其中 $A_i\in\{M,N,P,Q,R\}(i=1,2,3,4,5)$，此时，

$S_{凸四边形A_1A_2A_3A_4}\leqslant\frac{3}{4}$.

若 A_5 在四边形 $A_1A_2A_3A_4$ 的边界上,不妨设 A_5 在 A_3A_4 上(图 6.22),则 $A_3A_4A_5$ 是好组. 又 $S_{\triangle A_1A_4A_5}+S_{\triangle A_1A_2A_5}+S_{\triangle A_2A_3A_5}=S_{凸四边形A_1A_2A_3A_4}\leqslant\frac{3}{4}$,从而由抽屉原理,$A_1,A_4,A_5$;$A_1,A_2,A_5$ 和 A_2,A_3,A_5 中至少有一个为好组,共有两个好组.

若 A_5 在四边形 $A_1A_2A_3A_4$ 的内部(图 6.23),连接 A_5A_i($i=1,2,3,4$),则 $S_{\triangle A_1A_2A_5}+S_{\triangle A_2A_3A_5}+S_{\triangle A_3A_4A_5}+S_{\triangle A_4A_1A_5}=S_{凸四边形A_1A_2A_3A_4}\leqslant\frac{3}{4}$,从而由抽屉原理,$A_1,A_2,A_5$;$A_2,A_3,A_5$;$A_3,A_4,A_5$ 和 A_4,A_1,A_5 中至少有两个为好组.

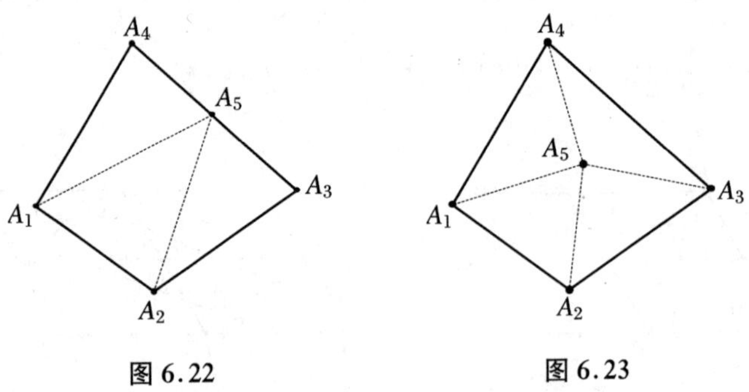

图 6.22　　图 6.23

(ⅲ) 如果凸包是三角形,设凸包为 $\triangle A_1A_2A_3$,另两个已知点为 A_4,A_5,其中 $A_i\in\{M,N,P,Q,R\}$($i=1,2,3,4,5$),此时,$S_{\triangle A_1A_2A_3}\leqslant\frac{3}{4}$.

考察点 A_4,若 A_4 在 $\triangle A_1A_2A_3$ 的边界上,不妨设 A_4 在 A_1A_2 上,则 A_1,A_2,A_4 是好组. 若 A_4 在 $\triangle A_1A_2A_3$ 的内部,则连接 A_4A_i($i=1,2,3$),有 $S_{\triangle A_1A_2A_4}+S_{\triangle A_2A_3A_4}+S_{\triangle A_3A_1A_4}=S_{\triangle A_1A_2A_3}\leqslant\frac{3}{4}$,从而由抽

屉原理，A_1,A_2,A_4；A_2,A_3,A_4 和 A_3,A_1,A_4 中至少有一个为好组.

于是，A_4 必与 A_1,A_2,A_3 中的两个构成好组. 同样，A_5 必与 A_1，A_2,A_3 中的两个构成好组. 共得两个好组.

(ⅳ) 如果凸包为线段，则 5 点中任意 3 点都是好组.

综上所述，不论何种情况，5 点中都至少有两个好组.

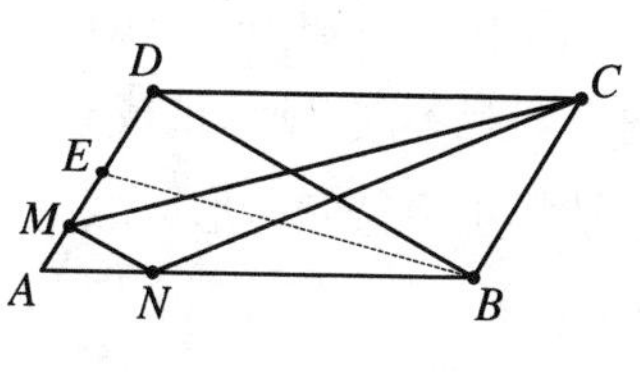

图 6.24

最后，如图 6.24 所示，在平行四边形 $ABCD$ 的边 AD，AB 上取点分别为 M,N，使 $AN:NB=AM:MD=2:3$，则 M,N,B,C,D 这 5 点中恰有两个好组.

实际上，考察任意一个三点组 X，如果 X 中不含 M,N，则三点组为 BCD，显然不是好组. 如果 X 中恰含 M,N 中的一个，不妨设含有点 M，设 AD 的中点为 E，则 $S_{\triangle MBD}>S_{\triangle EBD}=\dfrac{1}{4}$，所以三点组 MBD 不是好组. 而 $S_{\triangle MBC}=\dfrac{1}{2}$，$S_{\triangle MCD}>S_{\triangle ECD}=\dfrac{1}{4}$，所以 M,B,C 和 M,C,D 都不是好组.

如果 X 中同时含 M,N，则

$$\begin{aligned}S_{\triangle MNC}&=1-S_{\triangle NBC}-S_{\triangle MCD}-S_{\triangle AMN}\\&=1-\frac{3}{5}S_{\triangle ABC}-\frac{3}{5}S_{\triangle ACD}-\frac{4}{25}S_{\triangle ABD}\\&=1-\left(\frac{3}{5}+\frac{3}{5}+\frac{4}{25}\right)\cdot\frac{1}{2}=1-\frac{17}{25}=\frac{8}{25}>\frac{1}{4},\end{aligned}$$

所以 M,N,C 不是好组，从而图中恰有 M,N,B 和 M,N,D 是好组.

故面积不大于四边形 $ABCD$ 的面积的 $\dfrac{1}{4}$ 的三角形的个数的最小值为 2.

另解 先作平行四边形的一条中位线 MN，将平行四边形分割为两个小平行四边形，则必有一个小平行四边形中含有 3 个点，得到一个好组.

再作平行四边形的另一条中位线 EF，同样也得到一个好组，如果两个好组不同，则结论成立，否则，此三点组位于平行四边形 $ABCD$ 角上某个小平行四边形区域Ⅰ内(图 6.25).

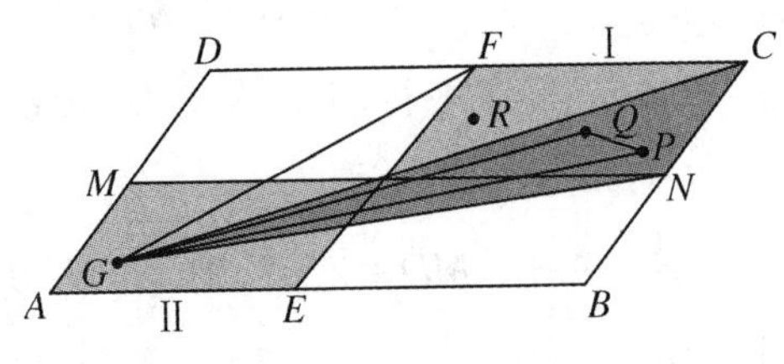

图 6.25

如果与区域Ⅰ相对的角上小平行四边形区域Ⅱ中没有点，则 5 点都在平行四边形 $EBCF$ 或 $MNCD$ 内，则任何三点都是好组，结论成立. 否则，设区域Ⅱ内有一点 G，区域Ⅰ内有 3 点 P,Q,R. 因为四边形 $GNCF$ 覆盖了 3 点 P,Q,R，所以$\triangle GNC$ 和$\triangle GCF$ 中至少有一个包含其中的两点，不妨设$\triangle GNC$ 中含有点 P,Q，那么，$S_{\triangle GPQ}\leqslant S_{\triangle GNC}=\frac{1}{2}S_{\triangle GBC}$. 由引理，$S_{\triangle GBC}\leqslant\frac{1}{2}S_{\square ABCD}=\frac{1}{2}$，所以 $S_{\triangle GPQ}\leqslant\frac{1}{2}S_{\triangle GBC}\leqslant\frac{1}{2}\cdot\frac{1}{2}=\frac{1}{4}$，故 G,P,N 又是一个好组.

例 7 给定平面上 5 个点，其中无三点共线，求证：以这些点为顶点的三角形中，至多有 7 个是锐角三角形.

分析与证明 先进行数值分析：5 个点一共可以构成 $C_5^3=10$ 个三角形，而目标中的数字 7 与三角形总数 10 相当接近，这使我们想到要从反面估计：将“至多 7 个锐角三角形”等价变换为“至少 3 个三角形是非锐角的三角形”.

但“非锐角的三角形”这句话比较拗口，因此我们可以下一个这样的定义：如果一个角是钝角或直角，则称为优角，有一个内角为优角的三角形称为优角三角形，这样问题转化为证明至少有3个优角三角形.

为此，利用凸包即可.

考察所给5个点的凸包，因为无三点共线，可设凸包为凸 k 边形（$k\geqslant 3$）.

（1）当 $k=5$ 时，设凸五边形为 $A_1A_2A_3A_4A_5$，由于 $A_1+A_2+\cdots+A_5=540^\circ$，从而由抽屉原理，至少有两个内角是优角.

另外，还要找一个优角，不能再找凸五边形的内角，此时，应利用凸四边形，因为凸四边形至少有一个内角是优角.

（ⅰ）若两个优角是凸五边形的两个相邻角，设为 A_1，A_2（图6.26），那么，连接 A_1A_3，凸四边形 $A_1A_3A_4A_5$ 中又有一个优角，结论成立.

（ⅱ）若两个优角是凸五边形的两个不相邻的角，设为 A_1，A_3（图6.27），那么，连接 A_1A_3，凸四边形 $A_1A_3A_4A_5$ 中又有一个优角，结论成立.

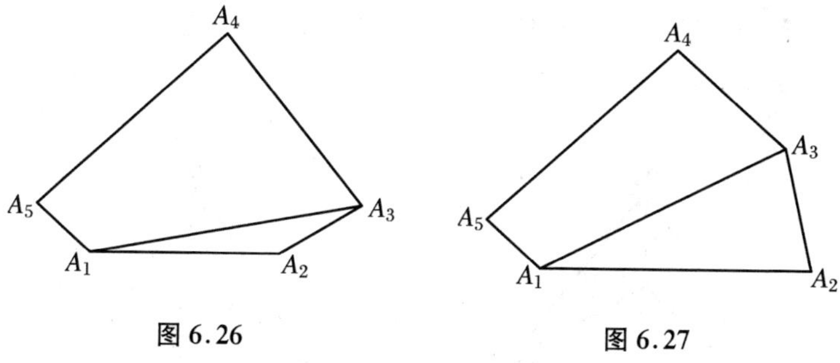

图6.26　　　图6.27

注　此处按如下论证可避免分类. 五边形中至少有两个优角，而每个优角对应一个3点组，但只有5个点，从而两个优角必有公共点，去掉此公共点，则两个优角都被去掉，剩下 4 个点必有一个优角.

(2) 当 $k=4$ 时，设凸四边形为 $A_1A_2A_3A_4$，由于 $A_1+A_2+A_3+A_4=360^\circ$，从而由抽屉原理，至少有一个内角是优角，还要找两个优角，这必须利用还未用到的点 A_5.

显然，点 A_5 在凸四边形 $A_1A_2A_3A_4$ 的内部，考察以 A_5 为顶点的角，易想到分别连接 A_5A_1，A_5A_2，A_5A_3，A_5A_4，但 A_5 引出的 4 个角的和为 360°，由抽屉原理，只能找到其中的一个角为优角. 能否减少抽屉个数？即能否使 A_5 只与凸包的 3 个顶点相连？假定依次连接线段 A_5A_1，A_5A_2，A_5A_3，但此时 A_5 引出的 3 个角中可能有大于 180° 的角，同样找不到两个优角.

为了找到两个以上的优角，必须利用凸包的剖分.

连接对角线 A_1A_3，则 A_5 不在对角线 A_1A_3 上，不妨设 A_5 在 $\triangle A_1A_2A_3$ 内(图 6.28)，依次连接 A_5A_1，A_5A_2，A_5A_3，则 A_5 引出的三个角的总和为 360°，由抽屉原理，必有两个优角，共得到 3 个优角，结论成立.

(3) 当 $k=3$ 时，设凸包为 $\triangle A_1A_2A_3$，点 A_4，A_5 在 $\triangle A_1A_2A_3$ 内(图 6.29)，依次连接 A_4A_1，A_4A_2，A_4A_3，则 A_5 不在这些连线 A_4A_i 上，不妨设 A_5 在 $\triangle A_1A_3A_4$ 内，依次连接线段 A_5A_1，A_5A_3，A_5A_4，则 A_4，A_5 各引出的 3 个角的总和都为 360°，由抽屉原理，A_4，A_5 处各有两个优角，共得到 4 个优角，结论成立.

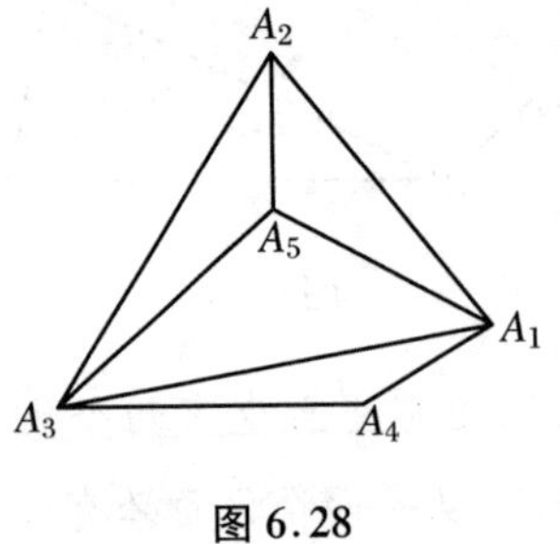

图 6.28

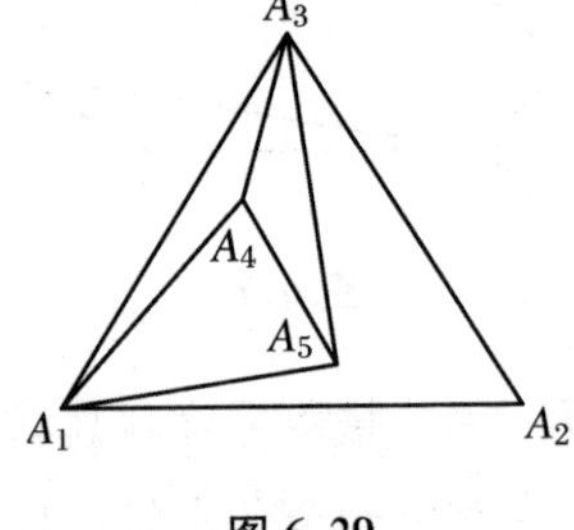

图 6.29

另证　先证明任何4点(其中无3点共线)中至少有一个优角.

实际上,考察4点的凸包,若凸包为凸四边形 $A_1A_2A_3A_4$,由于 $A_1+A_2+A_3+A_4=360^\circ$,从而至少有一个内角是优角;若凸包为 $\triangle A_1A_2A_3$,则 A_4 在 $\triangle A_1A_2A_3$ 内,此时连接 A_4A_1,A_4A_2,A_4A_3.

因为 $\angle A_1A_4A_2+\angle A_2A_4A_3+\angle A_3A_4A_1=360^\circ$,所以至少有一个角是优角.

现在,对于任意5个点,共有 $C_5^4=5$ 个四点组,可得到5个优角,而每个优角属于 $C_2^1=2$ 个4点组,至多被计算两次,于是优角的个数 $f\geqslant\frac{5}{2}$,所以 $f\geqslant3$.

我们称上述计算方法为"等容量子集对应计数法",其基本思想是:选择适当的数 k,则给定的集合 X(其中 $|X|=n$)共有 C_n^k 个 k 子集,假定每个 k 子集都对应 r 个待求的对象,从而可得到 rC_n^k 个待求的对象,然后考察每个对象可属于多少个 k 子集,剔除重复计算即可得到待求的对象的个数.

例8　如果一个角是钝角或直角,则称为优角,有一个内角为优角的三角形称为优角三角形,任给平面上 n 个点,其中无3点共线,以这些点为顶点的优角三角形个数的最小值记为 $g(n)$,求证:$g(4)=1$,$g(5)=3$,$g(n)\geqslant\frac{n(n-1)(n-2)}{20}$.(原创题)

分析与证明　首先,当 $n=4$ 时,考察 n 个点的凸包.

若凸包为四边形,设为凸四边形 $A_1A_2A_3A_4$,由于 $A_1+A_2+A_3+A_4=360^\circ$,从而由抽屉原理,至少有一个内角是优角,得到优角三角形;

若凸包为三角形,设为 $\triangle A_1A_2A_3$,则点 A_4 在 $\triangle A_1A_2A_3$ 的内部,此时,$\angle A_1A_4A_2+\angle A_2A_4A_3+\angle A_3A_4A_1=360^\circ$,由抽屉原理,其中至少有一个角是优角,得到优角三角形,所以 $g(4)\geqslant1$.

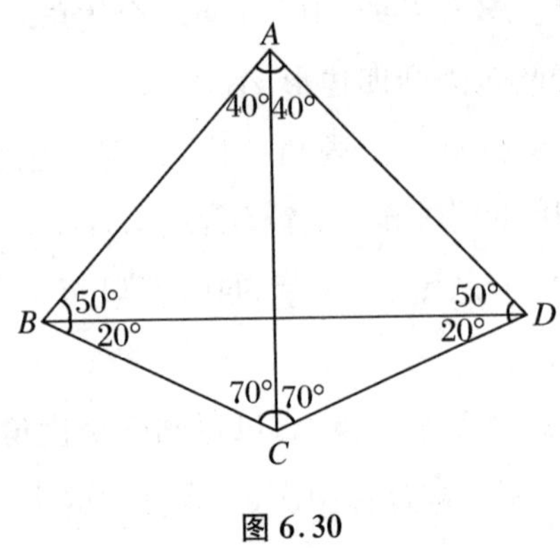

图 6.30

如图 6.30 所示,构造筝形 $ABCD$,其中恰有一个优角 $\triangle BCD$,所以 $g(4)=1$.

当 $n\geqslant 5$ 时,由上题可知,每个 5 点组可以构成 3 个优角三角形,这样共得到 $3C_n^5$ 个优角三角形,但其中有重复计数:每个三角形属于 C_{n-3}^2 个 5 点组,每个三角形被计数 C_{n-3}^2 次,所以

$$g(n)\geqslant\frac{3C_n^5}{C_{n-3}^2}=\frac{n(n-1)(n-2)}{20}.$$

特别地,当 $n=5$ 时,$g(5)\geqslant\frac{5\cdot 4\cdot 3}{20}=3$.

此外,以 BC 为直径作半圆,在半圆外作等腰 $\triangle ABC$,使 $\angle BAC=160^\circ$,分别过 B,C 作直线 $l_1\perp AB$,$l_2\perp AC$,过 A 作直线 $l_3\perp AC$,$l_4\perp AB$,四条直线交成一个平行四边形,在此平行四边形位于半圆外面的部分作线段 PQ,使 $PQ/\!/BC$,且 $PB=QC$(图 6.31),我们证明 A,B,C,P,Q 这 5 点中恰有 3 个优角三角形 $\triangle ABC$,$\triangle BPQ$,$\triangle CPQ$.

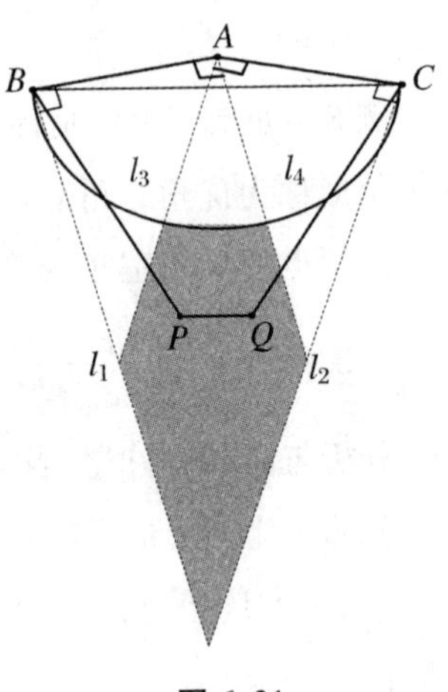

图 6.31

实际上,先去掉点 A,考察剩下的 4 点 B,C,P,Q,由 $l_1\perp AB$,知 $\angle ABP$ 为锐角;由点 P 在半圆外,知 $\angle BPC$ 为锐角,此时只有两个优角三角形 $\triangle BPQ$,$\triangle CPQ$.

再去掉点 B，考察剩下的4点 A,P,Q,C. 由 $l_3\perp AB$，知 $\angle PAC$，$\angle PAQ$ 为锐角；由 $AP=AQ$，知 $\angle APQ$ 为锐角，此时只有一个优角 $\triangle CPQ$.

再去掉点 P，考察剩下的4点 A,B,Q,C. 由 $l_1\perp AB$，知 $\angle ABQ$ 为锐角；由 $l_3\perp AB$，知 $\angle BAQ$ 为锐角；由 $l_4\perp AC$，知 $\angle QAC$ 为锐角；由点 Q 在半圆外，知 $\angle BQA<\angle BQC$ 为锐角，$\angle AQC<\angle BQC$ 为锐角，此时没有优角三角形.

故 $g(5)=3$.

注 利用上述命题，可以解决第11届IMO中的一个问题：给定平面上100个点，其中无3点共线，求证：以这些点为顶点的三角形中，至多有70%是锐角三角形.

实际上，优角三角形的个数至少为 $\dfrac{100\times99\times98}{20}=5\times99\times98$，它们在所有三角形中占的比例为 $\dfrac{100\times99\times98}{C_{100}^3}\geqslant30\%$.

遗留问题：给定平面上 n 个点，其中无3点共线，它们构成的锐角三角形的个数为 A_n，构成的直角三角形的个数为 B_n，构成的钝角三角形的个数为 C_n，求 A_n,B_n,C_n 的最大值与最小值.

此题的容量相当大，我们只知道 A_n,B_n 的最小值为0，C_n 的最大值为 C_n^3. 实际上，在半圆弧上取 n 个点，则对其中任意3点都构成一个圆周角，但它所对弧为优弧，从而是钝角.

而上面两题实际上告诉我们 A_4,A_5 的最大值分别为3，7.

易知，B_4,B_5 的最大值分别为4，7.

实际上，矩形的4个顶点构成4个直角三角形(图6.32). 又如图6.33所示，作正方形 $ABCD$ 及其外接圆，在正方形外部取一点 P，使 $PA=PD$，且 $PA\perp PD$，则5点 P,A,B,C,D 中有7个直角三角形.

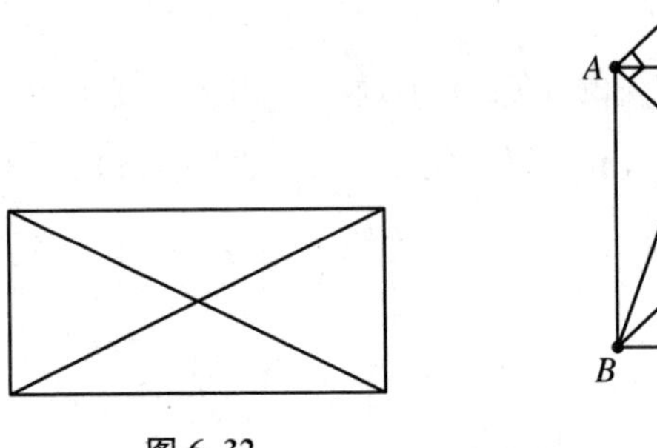

图 6.32

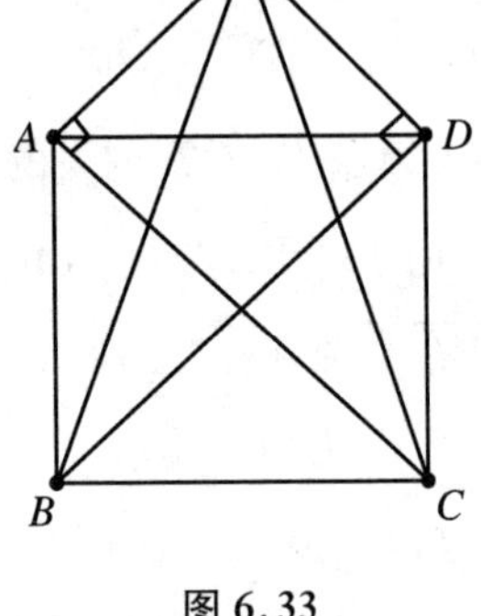

图 6.33

这两个构图也告诉我们，C_4，C_5的最小值分别为 0，2，实际上，我们只需证明 5 点中必定有两个钝角三角形即可.

考察 5 个点的凸包，若凸包为五边形，设为凸五边形 $A_1A_2A_3A_4A_5$.

由于 $A_1+A_2+\cdots+A_5=540^\circ=4\cdot 90^\circ+180^\circ$，从而至少有两个角是钝角.

若凸包为四边形，设为凸四边形 $A_1A_2A_3A_4$.

如果四边形 $A_1A_2A_3A_4$是矩形，则点 A_5在矩形外(图 6.34)，此

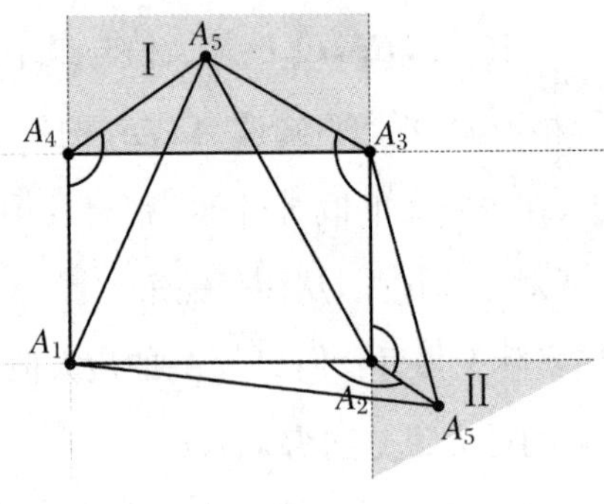

图 6.34

时矩形的 4 条边所在直线将矩形外的部分划分为 8 个区域，若点 A_5

在Ⅰ型区域内，则$\angle A_5A_4A_1$，$\angle A_5A_3A_2$为钝角；若点A_5在Ⅱ型区域内，则$\angle A_5A_2A_1$，$\angle A_5A_2A_3$为钝角；如果四边形$A_1A_2A_3A_4$不是矩形，由于$A_1+A_2+A_3+A_4=360^\circ$，从而至少有一个内角是钝角，不妨设$\angle A_1A_2A_3$为钝角，而点$A_5$在矩形内，有$\angle A_1A_5A_2+\angle A_2A_5A_3+\angle A_3A_5A_4+\angle A_4A_5A_1=360^\circ$，又无 3 点共线，从而又至少有一个角是钝角.

若凸包为三角形，设为$\triangle A_1A_2A_3$，则点A_4，A_5在$\triangle A_1A_2A_3$的内部，此时，$\angle A_1A_4A_2+\angle A_2A_4A_3+\angle A_3A_4A_1=360^\circ$，其中至少有一个角是钝角，$\angle A_1A_5A_2+\angle A_2A_5A_3+\angle A_3A_5A_1=360^\circ$，其中至少有一个角是钝角.

例 9　某次考试有 5 道选择题，每题都有 4 个不同的答案供选择，每人每题恰选 1 个答案. 在 2 000 份答卷中发现存在一个n，使得任何n份答卷中都存在 4 份，其中每两份都至多有 3 个题的答案相同，求n的最小可能值.(2000 年中国数学奥林匹克试题)

分析与解　将每道题的 4 种答案分别记为 1,2,3,4，每份试卷上的答案记为(a,b,c,d,e)，其中$a,b,c,d,e\in\{1,2,3,4\}$.

将后 4 个答案完全一致的 4 份答卷归入一组，得到$4^4=256$个四元组

$$\{(1,b,c,d,e),(2,b,c,d,e),(3,b,c,d,e),(4,b,c,d,e)\},$$

其中$b,c,d,e\in\{1,2,3,4\}$.

由于$2\,000=256\times7+208$，故由抽屉原理，有 8 份答卷属于同一个四元组.

取出这 8 份答卷后(去掉紧元素)，余下的 1 992 份答卷中仍有 8 份属于同一个四元组.

再取出这 8 份试卷，由抽屉原理，余下的 1 984 份试卷中又有 8 份属于同一个四元组.

又取出这 8 份试卷,三次共取出 24 份试卷. 这 24 份试卷只属于 3 个不同的四元组,由抽屉原理,其中任何 4 份中总有两份的答案属于同一个四元组,由此可见,$n=24$ 不满足题目要求.

如果 $n<24$,则取出上述 24 份试卷中的 n 份试卷,这 n 份试卷也不满足题目要求,所以 $n\geqslant 25$.

下面证明 $n=25$ 合乎要求. 令

$$S=\{(a,b,c,d,e)\mid a+b+c+d+e\equiv 0\pmod 4,\\ a,b,c,d,e\in\{1,2,3,4\}\}.$$

设

$$p=(a_1,b_1,c_1,d_1,e_1),\quad q=(a_2,b_2,c_2,d_2,e_2)$$

是 S 中任意两个不同元素,如果

$$(a_1,b_1,c_1,d_1)=(a_2,b_2,c_2,d_2),$$

那么,由

$$a_1+b_1+c_1+d_1+e_1\equiv 0\pmod 4,$$

$$a_2+b_2+c_2+d_2+e_2\equiv 0\pmod 4,$$

得

$$e_1\equiv -(a_1+b_1+c_1+d_1)\equiv -(a_2+b_2+c_2+d_2)\\ \equiv e_2\pmod 4,$$

所以 $e_1=e_2$,矛盾.

故

$$(a_1,b_1,c_1,d_1)\neq(a_2,b_2,c_2,d_2),$$

从而 $|S|\leqslant 4^4=256$.

又对任何四元组

$$(a,b,c,d)\quad(a,b,c,d,e\in\{1,2,3,4\}),$$

由 $a+b+c+d+e\equiv 0\pmod 4$,可有唯一的 $e\in\{1,2,3,4\}$,使 $(a,b,c,d,e)\in S$,从而 $|S|\geqslant 4^4=256$,于是 $|S|=256$.

取 S 中的250个元素，令每一个元素都恰有8人同时选用作为他们的答卷，共得到 $250 \cdot 8 = 2\,000$ 份答卷，由抽屉原理的反向形式2可知，对其中任何25份答卷，总有 $\left[\frac{25}{8}\right]+1=4$ 个抽屉含有这些答卷，在这些抽屉中各取出一份答卷，则这4份答卷是 S 中的4个不同元素.

而对 S 中任何两个不同元素 $p=(a_1,b_1,c_1,d_1,e_1)$，$q=(a_2,b_2,c_2,d_2,e_2)$，如果其中有4个分量对应相等，则必定有 $p=q$，矛盾.从而 p,q 至多3个分量对应相等，也即这4份答卷中，每两份都至多有3个题的答案相同，满足题目要求.

综上可知，所求的 n 的最小可能值为25.

本题是抽屉原理中的一类典型问题，我们称为(n,p,q,r)型问题：给定正整数 n，考虑所有满足某种条件的 n 个元素，对其中任何 p 个元素，都有其中 q 个数，使得任何 r 个元素都具有某种性质，求 p 的最小值.

解决方案　一方面，将题中 n 个元素归入若干个抽屉，使同一抽屉中的任何 r 个元素都不具有题设的性质.

找 t 个"大抽屉"$A_1,A_2,\cdots,A_t$，其中 $t=\left[\frac{q-1}{r-1}\right]$，则当 $p\leqslant|A_1|+|A_2|+\cdots+|A_t|$时，取 $A_1\cup A_2\cup\cdots\cup A_t$ 中的p 个元素，这 p 个元素都在 $A_1,A_2,\cdots,A_t$ 中，对其中任意 q 个数，由抽屉原理，必有一个集合 A_i，使$|A_i|\geqslant\frac{q}{t}$.

易知$\frac{q}{t}>r-1$，即 $q>(r-1)t$，否则，有

$$q\leqslant(r-1)t=(r-1)\left[\frac{q-1}{r-1}\right]\leqslant(r-1)\frac{q-1}{r-1}=q-1,$$

矛盾，所以$\frac{q}{t}>r-1$.

于是,$|A_i|\geqslant\frac{q}{t}>r-1$,从而$|A_i|\geqslant r$,则这 r 个元素不具有题设的性质,矛盾.从而 $p\geqslant|A_1|+|A_2|+\cdots+|A_t|+1$.

另一方面,当 $p=|A_1|+|A_2|+\cdots+|A_t|+1=p_0$时,先构造一个集合 $A=\{a_1,a_2,\cdots,a_s\}$,使 A 中任何 r 个元素都具有题设的性质.

用 A 中每一个元素都对应一个抽屉,且同一抽屉中的 r 个元素不具有题设的性质,而分布在 r 个不同抽屉中的 r 个元素具有题设的性质.

对每个抽屉,让其至多含有 $t=\left[\frac{p_0-1}{r-1}\right]$个元素,这样,由抽屉原理的反向形式 2 可知,对其中任何 p_0个元素,归入上述抽屉,其含有元素的抽屉个数不小于$\frac{p_0}{t}$.

易知$\frac{p_0}{t}>q-1$,即 $p_0>(q-1)t$,否则,有

$$p_0\leqslant(q-1)t=(q-1)\left[\frac{p_0-1}{r-1}\right]\leqslant(q-1)\frac{p_0-1}{r-1}=p_0-1,$$

矛盾,所以$\frac{p_0}{t}>q-1$.

从而至少有 q 个抽屉含有元素,在这些抽屉中各取出一个元素,则这 q 个元素分别属于q 个不同抽屉.

根据抽屉的构造,这 q 个元素中,任何 r 个元素都具有某种性质,满足题目要求.

所以 $p_{\min}=|A_1|+|A_2|+\cdots+|A_t|+1$.

6.5 微步运用

在有些问题中,抽屉原理的应用只是整个解题过程中的一个微小

步骤,更多的过程是对紧元素、大抽屉或其他对象进行深入的讨论,我们称为抽屉原理的微步运用.

例1　是否存在正整数 m,使全体正整数可分割为 m 个没有公共项的无穷等比数列的并?(原创题)

分析与解　不存在合乎条件的正整数 m.

采用间距分析,基本想法是,等比数列的间距越来越大,到后面必定跳过一些正整数.

实际上,假定全体正整数可分割为 m 个没有公共元素的无穷等比数列的并,则这些等比数列的公比不能全为1,否则它们只包含 m 个不同自然数,矛盾.

设共有 r 个公比不为1的等比数列 $\{a_n^{(1)}\},\{a_n^{(2)}\},\cdots,\{a_n^{(r)}\}$,公比分别为 $q_1,q_2,\cdots,q_r$,由于是无穷数列,从而公比都大于1.

由于 $m-r$ 个公比为1的等比数列只包含 $m-r$ 个不同自然数,从而可找到正整数 M,使 $n>M$ 时,n 属于 r 个等比数列 $\{a_n^{(1)}\}$,$\{a_n^{(2)}\},\cdots,\{a_n^{(r)}\}$ 之一.

考察其中第 i 个等比数列 $\{a_n^{(i)}\}$.

因为

$$a_{n+1}^{(i)}-a_n^{(i)}=q_ia_n^{(i)}-a_n^{(i)}=(q_i-1)a_n^{(i)},$$

又 $q_i-1>0$,且 $a_n^{(i)}$ 严格递增,从而间距 $a_{n+1}^{(i)}-a_n^{(i)}$ 是严格递增的,可以找到正整数 N_i,使 $n>N_i$ 时,$a_{n+1}^{(i)}-a_n^{(i)}>m$(间距大于 m).

取 $N=\max\{N_i(1\leqslant i\leqslant m)\}$,则 $n>N$ 时,对每一个 i,有

$$a_{n+1}^{(i)}-a_n^{(i)}>m\quad(\text{即从第 }N+1\text{ 项起,所有序列的间距都大于 }m).\qquad ①$$

取正整数 k,使 $k>M$(保证 k 及以后的数都属于 r 个数列),且使 k 大于每一个序列的前 N 个项(保证 k 及以后的数都属于 r 个数列的"后段"),从而 $m+1$ 个数 $k,k+1,k+2,\cdots,k+m$ 中每一个数

都属于某个序列的第 N 个项之后.

因为 $r \leqslant m < m+1$,由抽屉原理,其中必定有两个数 $a, b \in \{k, k+1, k+2, \cdots, k+m\}$, $a < b$,使 a, b 属于同一个序列的第 N 个项之后.

由式①知, $b - a > m$,这与 $a, b \in \{k, k+1, k+2, \cdots, k+m\}$ 矛盾.

所以不存在合乎条件的正整数 m.

例 2　设 k 是给定的正整数, $f(f(x)) = f^k(x)$,求实系数多项式 $f(x)$.(第 7 届加拿大数学竞赛试题)

分析与解　若 $f(x) = c$,则 $c = c^k$,所以 $c = 0$ 或 $c^{k-1} = 1$.

当 $c = 0$ 时, $f(x) = 0$ 显然是合乎条件的解.

此外,当 $k = 1$ 时, $c^{k-1} = 1$ 恒成立,所以 $f(x) = c$(c 为任何实数);

当 $k > 1$ 且 k 为奇数时, $c = \pm 1$;

当 $k > 1$ 且 k 为偶数时, $c = 1$.

若 $f(x)$非常数,不妨设 $f(x)$的次数为 n($n \in \mathbf{N}$),则 $f(x)$至少有一个根.

注意到 $f(f(t)) = (f(t))^k$,所以对任意实数 t,有 $f(t)$都是方程 $f(x) = x^k$ 的根.

由于 $f(x)$非常数,可以证明 $f(x)$的值域为无限集.

实际上,反设 $f(x)$的值域为有限集$\{a_1, a_2, \cdots, a_r\}$,则 $f(x) = a_i$($i = 1, 2, \cdots, r$)的解集的并为 $\mathbf{R}$,由抽屉原理,必存在方程 $f(x) = a_i$ 的解集是无限集,于是 $f(x) - a_i$ 是零多项式,矛盾.

于是 $f(t)$至少有 $k+n$ 个不同取值,即方程 $f(x) = x^k$ 至少有 $k+n$ 个不同的根.

但 $k+n > k$, $k+n > n$,所以 $f(x) - x^k$ 是零多项式.故有 $f(x)$

$=x^k$.

综上所述,当 $k=1$ 时,$f(x)=c$(c 为任何实常数)或 $f(x)=x$;

当 $k>1$ 且 k 为奇数时,$f(x)=0$,$f(x)=1$,$f(x)=-1$ 或 $f(x)=x^k$;

当 $k>1$ 且 k 为偶数时,$f(x)=0$,$f(x)=1$ 或 $f(x)=x^k$.

例 3　对图 G 中任意两点,连接它们的最短链的长度称为它们的距离,图 G 中所有两点间的距离的最大值称为 G 的直径,记为 $d(G)$.

设 G,$\bar{G}$ 都是 n 阶简单连通图,求 $d(G)+d(\bar{G})$的最大值.(第1期数学新星问题征解)

分析与解　显然 $n\geqslant 4$,否则,G,$\bar{G}$ 中必有一个不连通,矛盾.

用 $d(A,B)$,$\bar{d}(A,B)$分别表示两点 A,B 在 G,$\bar{G}$ 中的距离,我们将 G,$\bar{G}$ 作在一个图中,其中 G 的边用实边表示,$\bar{G}$ 的边用虚边表示.先证明下面的结论:

若 $d(G)\geqslant 3$,则 $d(\bar{G})\leqslant 3$.

实际上,设 A,B 是 G 的直径的两个端点,选择 A,B 为中间元,其他任意两点之间距离都通过其与 A 或 B 的距离来估计.

由于 $d(G)\geqslant 3$,所以 $d(A,B)\geqslant 3$,于是 AB 为虚边,且对 A,B 外的任意一点 P,PA,PB 不能都是实边,否则 $d(A,B)=2$,矛盾.所以 PA,PB 中至少有一条是虚边.

考虑任意两个点 M,N,如果$\{M,N\}=\{A,B\}$,则 $\bar{d}(M,N)=1$.如果 $M\in\{A,B\}$,$N\notin\{A,B\}$,则因 NA,NB 中至少有一条是虚边,且 AB 是虚边,所以 $\bar{d}(M,N)\leqslant 2$.如果 $N\in\{A,B\}$,$M\notin\{A,B\}$,则同理有 $\bar{d}(M,N)\leqslant 2$.如果 $M\notin\{A,B\}$,$N\notin\{A,B\}$,则因 MA,MB 中至少有一条是虚边,NA,NB 中至少有一条是虚边,且 AB 是虚边,所以 $\bar{d}(M,N)\leqslant 3$.于是,不论哪种情况,都有 $\bar{d}(M,N)\leqslant 3$,所以 $d(\bar{G})\leqslant 3$.

进一步可知,若 $d(G)\geqslant 4$,则 $d(\bar{G})\leqslant 2$.否则,$d(\bar{G})\geqslant 3$,在上述结论中将 G 换成 $\bar{G}$,有 $d(G)\leqslant 3$,与 $d(G)\geqslant 4$ 矛盾.

下面证明 $d(G)+d(\bar{G})\leqslant \max\{6,n+1\}$.

(1) 若 $d(G)\leqslant 3$,$d(\bar{G})\leqslant 3$,则

$$d(G)+d(\bar{G})\leqslant 6\leqslant \max\{6,n+1\}.$$

(2) 若 $d(G)\geqslant 4$,则由上面所证,有 $d(\bar{G})\leqslant 2$.又 G 中连接 A,B 的路有 $d(G)+1$ 个顶点(含 A,B),且这些顶点互异,否则不是最短路,于是 $d(G)+1\leqslant n$.所以

$$d(G)+d(\bar{G})\leqslant (n-1)+2\leqslant n+1\leqslant \max\{6,n+1\}.$$

另一方面,当 G 是长为 $n-1$ 的链时,有

$$d(G)+d(\bar{G})=\max\{6,n+1\}.$$

实际上,若 $n=4$,则 G 与 $\bar{G}$ 都是长为 3 的链,则

$$d(G)+d(\bar{G})=3+3=6=\max\{6,n+1\}.$$

若 $n\geqslant 5$,则 $d(G)=n-1$,对任意两点 P,Q,如果 P,Q 在 G 中不相连,则 P,Q 在 $\bar{G}$ 中的距离为 1.

如果 P,Q 在 G 中相连,则 P,Q 在 $\bar{G}$ 中的距离不小于 2.

因为 P,Q 在 $\bar{G}$ 中的度都是 $n-3$,其度的和为 $2n-6$,于是,由抽屉原理,P,Q 外的其余 $n-2$ 个点中,至少有一个点向 A,B 之间连边数 $\geqslant \dfrac{2n-6}{n-2}=\dfrac{(n-1)+(n-5)}{n-2}\geqslant \dfrac{n-1}{n-2}>1$,所以至少有一个点与 P,Q 都连边,所以 P,Q 在 $\bar{G}$ 中的距离为 2.

所以,$d(G)+d(\bar{G})=(n-1)+2=n+1=\max\{6,n+1\}$.

综上所述,所求 $d(G)+d(\bar{G})$ 的最小值为 $\max\{6,n+1\}$.

习　题　6

1. 从装有 7 种颜色每色 77 个球的袋中摸球出来,摸时无法判断

颜色，要确保摸出的球装满7盒，每盒7个球，盒中的球同色，问至少要摸出多少个球？（第15届“五羊杯”初中数学竞赛试题）

2. 设a,b,c,d为4个整数，求证：$(b-a)(c-a)(d-a)\cdot(c-b)(d-b)(d-c)$被12整除.

3. 从连续自然数1,2,3,…,2 008中任意取n个不同的数，总存在其中的4个数的和等于4 017，求正整数n的最小值.

4. 给定平面上$n(n\geqslant 5)$个点，其中无三点共线，求证：以这些点为顶点的三角形中，至少有20%是钝角三角形.

5. 平面上给定6个点，其中无3点共线，求证：存在其中3点构成的三角形，使有一个内角不小于120°.（1958年匈牙利数学奥林匹克试题）

6. 给定凸$m(m\geqslant 5)$边形，将其分割为n个钝角三角形，使图中任何线段的内点都不是分割成的三角形的顶点，求n的最小值的所有可能取值.

7. 给定常数$p>0$，将直线上的点2-染色，求证：存在一条线段，此线段的两个端点与它内分此线段的比为p的分点都同色.

8. 对平面上的点2-染色，求证：存在一个边长为1或$\sqrt{3}$的正三角形，它的三个顶点同色.（1986年中国数学奥林匹克试题）

9. 利用“等容分组”技巧证明：对3×7棋盘的每个方格染红、蓝二色之一，必定存在同色矩形.

10. 给定正整数k，在凸n边形中，连所有的对角线，如果可将各边及各对角线k-染色，使得每一条以多边形的顶点为顶点的闭折线上都不是各段同色，求多边形的顶点的个数n的最大值.（第24届全苏数学奥林匹克试题）

11. 某日某城的每户打出去的电话都不超过一次，求证：可以将该城市的住户分成不多于3组，使得同一组中的住户之间在当日彼此

没有通过电话.(第 20 届全俄数学奥林匹克试题)

12. 对 $A=T(a_1,a_2,\cdots,a_{2n})$,定义 $T(A)=(a_{n+1},a_1,a_{n+2},a_2,\cdots,a_{n-1},a_{2n},a_n)$,试问:对哪些自然数 n,上述操作是周期的,即操作有限次后又出现以前出现过的状态?(第 28 届 IMO 备选题)

13. 设集合 $M=\{1,2,3,\cdots,50\}$,正整数 n 满足:M 的任意一个 35 元子集中至少存在两个不同的元素 a,b,使 $a+b=n$ 或 $a-b=n$.求出所有这样的 n.(2011 年中国东南地区数学奥林匹克试题)

14. 设 $A_1,A_2,\cdots,A_{50}$ 是有限集合 X 的 50 个子集,每个子集都含有 X 的半数以上的元素,试证:存在 X 的子集 B,它至多含 5 个元素,并且和集合 $A_1,A_2,\cdots,A_{50}$ 中每一个集合至少有一个公共元.

15. 设 n 是正整数,集合 $M=\{1,2,3,\cdots,2n\}$.求最小的正整数 k,使得对于 M 的任何一个 k 元子集,其中必有 4 个互不相同的元素之和等于 $4n+1$.(2005 年中国东南地区数学奥林匹克试题)

16. 设 S 是满足 $1\leqslant a<b<n$ 的 m 个无序正整数对 (a,b) 组成的集合.求证:至少有 $\dfrac{m(4m-n^2)}{3n}$ 个三元数组 (a,b,c),适合:(a,b),(a,c),(b,c) 都属于 S.(1989 年亚太地区数学奥林匹克试题)

习题 6 解答

1. 当摸出 85 个球时,由抽屉原理可知,必有 $\left[\dfrac{85}{7}\right]+1=13$ 个球同色,将其中 7 个球装一盒,余下 77 个球继续使用抽屉原理.因为 $85=6\cdot 7+43$,当装满 6 盒同色球后,余下 43 个球继续使用抽屉原理,必有 $\left[\dfrac{43}{7}\right]+1=7$ 个球同色,从而又可装满 1 盒,共装满 7 盒.另一方面,6 种颜色的球各取 13 个(每色只能装一盒余 6 个),另外一色的球取 6 个时,此时共取 $13\cdot 6+6=84$ 个球,但只能装满 6 盒,故至少要摸出

85个球.

2. 首先,a,b,c,d 中至少有两个数关于 mod 3 同余,所以 $b-a$, $c-a$, $d-a$, $c-b$, $d-b$, $d-c$ 中必有一个为3的倍数,所以$(b-a)\cdot(c-a)(d-a)(c-b)(d-b)(d-c)$被3整除.

其次,将 a,b,c,d 归入 mod 4 的剩余类.

(1) 若有两个属于同一个类(有空抽屉),则 $b-a$, $c-a$, $d-a$, $c-b$, $d-b$, $d-c$ 中必有一个为4的倍数,此时$(b-a)(c-a)\cdot(d-a)(c-b)(d-b)(d-c)$被4整除.

(2) 若任何两个不属于同一个类(没有空抽屉),则 a,b,c,d 模4的余数分别为0,1,2,3,其中恰有两个奇数和两个偶数,于是这两个奇数及两个偶数的差都是2的倍数,此时$(b-a)(c-a)(d-a)(c-b)\cdot(d-b)(d-c)$被4整除.

无论哪种情况,都有$(b-a)(c-a)(d-a)(c-b)(d-b)(d-c)$被4整除.因为$(3,4)=1$,所以$(b-a)(c-a)(d-a)(c-b)\cdot(d-b)(d-c)$被12整除.

3. n 的最小值为1 007.一方面,当 $n=1\,007$ 时,设 $x_1,x_2,x_3,\cdots,x_{1\,007}$是1,2,3,…,2 008中任意取出的1 007个数.

先将1,2,3,…,2 008分成1 004对,每对数的和为2 009,每对数记作$(m,2\,009-m)$,其中 $m=1,2,3,\cdots,1\,004$.因为2 008个数取出1 007个数后还余1 001个数,所以至少有一个数是1 001个数之一的数对至多为1 001对,因此至少有三对数,不妨记为$(m_1,2\,009-m_1)$, $(m_2,2\,009-m_2)$, $(m_3,2\,009-m_3)$ (m_1,m_2,m_3 互不相等)均为 $x_1,x_2,x_3,\cdots,x_{1\,007}$中的6个数.

又将这2 008个数中的2 006个数(除1 004,2 008外)分成1 003对,每对数的和为2 008,每对数记作$(k,2\,008-k)$,其中 $k=1,2,\cdots,1\,003$.因为2 006个数中至少有1 005个数被取出,所以2 006个数中除去取出的数以外最多有1 001个数，这1 003对数中，至少有两对数是$x_1, x_2, x_3, \cdots, x_{1007}$中的四个数，不妨记其中的一对为$(k_1, 2\,008-k_1)$.又在三对数$(m_1, 2\,009-m_1)$，$(m_2, 2\,009-m_2)$，$(m_3, 2\,009-m_3)$（$m_1, m_2, m_3$互不相等）中至少存在一对数中的两个数与$(k_1, 2\,008-k_1)$中的两个数互不相同，不妨设该对数为$(m_1, 2\,009-m_1)$，于是$m_1+2\,009-m_1+k_1+2\,008-k_1=4\,017$.

当$n \leqslant 1\,006$时，从$1,2,\cdots,2\,008$中取出最大的n个数，则这n个数都属于集合$\{1\,003, 1\,004, \cdots, 2\,008\}$，于是，其中任意四个不同的数之和不小于$1\,003+1\,004+1\,005+1\,006=4\,018>4\,017$，所以$n \leqslant 1\,006$都不合乎要求.

4. 先看$n=5$的情形，因为5个点构成$C_5^3=10$个三角形，从而要证明有两个钝角三角形.

考察5点的凸包，设凸包是凸k边形.

(1) 当$k=5$时，设为凸五边形$A_1A_2A_3A_4A_5$，由于$A_1+A_2+\cdots+A_5=540^\circ>4\times90^\circ+\alpha$（其中钝角$\alpha<180^\circ$），从而由抽屉原理，至少有两个角是钝角，结论成立.

(2) 当$k \leqslant 4$时，其内角不一定有钝角，因而应利用其内部的点构造钝角.利用凸包剖分！

将凸k边形剖分为$k-2$个三角形，必有一个三角形内含有一个已知点，不妨设A_4在$\triangle A_1A_2A_3$内（图6.35），分别连接A_4A_1，A_4A_2，A_4A_3，此时由A_4引出的三个角的总和为360°，由抽屉原理，必有两个角为钝角，结论成立.

一般地，n个点构成C_n^5个5点组，每个5点组可得到两个钝角三角形，所以有$2C_n^5$个钝角三角形.但其中有重复计数：每个钝角三角形属于C_{n-3}^2个5点组，每个三角形被计数C_{n-3}^2次.这样，至少有$\dfrac{2C_n^5}{C_{n-3}^2}$

个钝角三角形,它们在所有三角形中占的比例为$\frac{2C_n^5}{C_{n-3}^2C_n^3}\geqslant 20\%$.

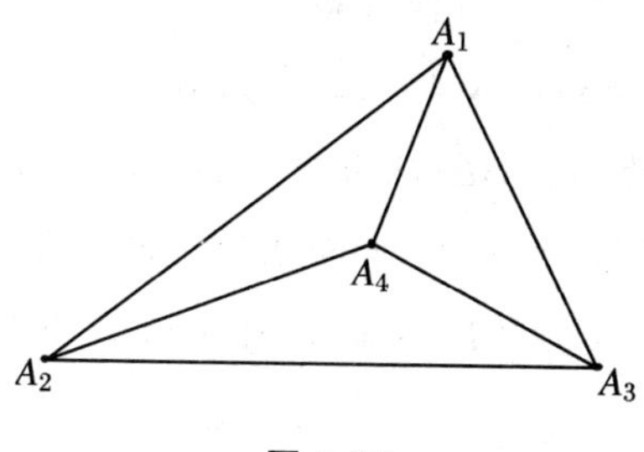

图 6.35

5. 考虑 6 个点的凸包.

(1) 若凸包为六边形,其内角和为 720°,所以由平均值抽屉原理,其最大内角不小于$\frac{1}{6}\cdot 720^\circ=120^\circ$.

(2) 若凸包为 $k(k\leqslant 5)$ 边形,则将凸包剖分为 $k-2$ 个三角形,至少有一个三角形内含有一个已知点,不妨设$\triangle ABC$ 内含有一点 P,连接 PA,PB,PC,则由平均值抽屉原理,点 P 所引出的 3 个角中最大者不小于$\frac{1}{3}\cdot 360^\circ=120^\circ$.

6. $n_{\min}=m$ 或 $m-2$(由凸 m 边形的形状确定).

当 $m=5$ 时,设五边形为 $ABCDE$,由内角和公式可知,至少有一个内角为钝角,设$\angle A$ 为钝角,连接 BE,则$\triangle ABE$ 为钝角三角形.

(1) 若凸四边形 $BCDE$ 不是矩形(有钝角),由 $n=4$ 的情形可知,$BCDE$ 可以分割为不多于 4 个钝角三角形(4 个或 2 个).

(2) 若凸四边形 $BCDE$ 是矩形(图 6.36),则连接 AC,$\triangle ABC$ 为钝角三角形,而四边形 $CDEA$ 非矩形,化为(1).

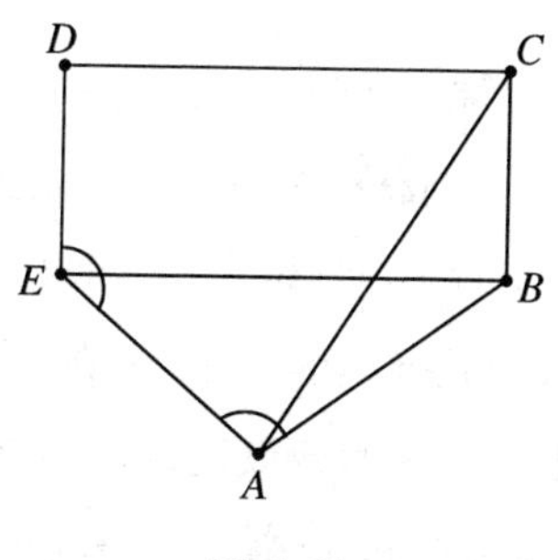

图 6.36

于是，当 $m=5$ 时，$n_{\min}\leqslant 5$.

另一方面，由抽屉原理，$n\geqslant\frac{540}{180}=3$. 下面证明 $n\neq 4$.

若 $n=4$，将 5 条边归入 4 个三角形，必有一个三角形含有五边形的两条相邻边. 设为 AB，AE. 从而必连 BE. 此时，四边形 $BCDE$ 被划分为 3 个钝角三角形，注意到任何边上没有内点为顶点，所以由 $m=4$ 的情形可知，四边形 $BCDE$ 不能被划分为 3 个钝角三角形. 所以 $n\neq 4$.

而 $n_{\min}=3$ 是可能的，$n_{\min}=5$ 也是可能的（图 6.37），其中只有 C，D 为钝角. 若 $n<5$，必有一个三角形含有两条相邻边（图 6.38），必连 BD 或 CE（因为连 AC 时，$\angle ABC=90^\circ$ 非钝角三角形）. 不妨设连 BD，但此时四边形 $ABDE$ 恰有一个钝角，不可能分割为小于 4 个钝角三角形，矛盾.

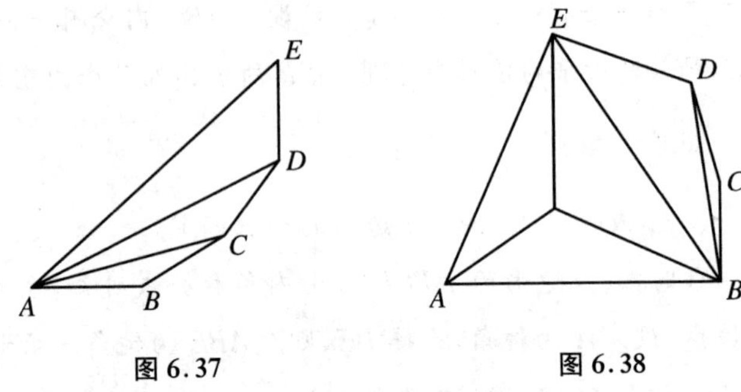

图 6.37　　图 6.38

综上所述，$n_{\min}=5=m$ 或 $n_{\min}=3=m-2$.

一般地，对 m 边形，我们猜想：$n_{\min}=m$ 或 $n_{\min}=m-2$.

对 m 归纳，设结论对小于 m 的自然数成立，考察凸 m 边形 $P_m(m\geqslant 6)$，其中至少有一个内角为钝角，不妨设 $\angle A_1$ 为钝角，连 A_mA_2，由归纳假设，$m-1$ 边形可以分割为不多于 $m-1$ 个钝角三角形，从而 m 边形可以分割为不多于 m 个钝角三角形，即 $n_{\min}\leqslant m$.

若存在凸 m 边形 P_m，使 $n_{\min}=m-1$，则必有一个三角形含有多边形的两条边，不妨设此三角形为 $\triangle A_mA_1A_2$，则剩下的 $m-1$ 边形 P_{m-1} 可以分割为 $m-2$ 个钝角三角形. 由归纳假设可知，P_{m-1} 划分为钝角三角形的最少个数只能是 $m-1$ 和 $m-3$，所以 P_{m-1} 可以分割为钝角三角形的最少个数为 $m-3$. 所以 $n_{\min}=m-2$.

综上所述，$n_{\min}$ 的值只有两种可能：$n_{\min}=m$ 或 $n_{\min}=m-2$.

又 $n_{\min}=m$ 是可能的，只要有 3 个内角非钝角，且其中至少有一个是锐角. 又构造下述的图形可知，$n_{\min}=m-2$ 也是可能的，在小于半圆的弧上作内接 m 边形，此 m 边形可以分割为 $m-2$ 个钝角三角形.

7. 不妨设 $p>1$，在直线上任取 3 点，由抽屉原理，其中必有两个点同色，不妨设 A，B 为 1 色(图 6.39).

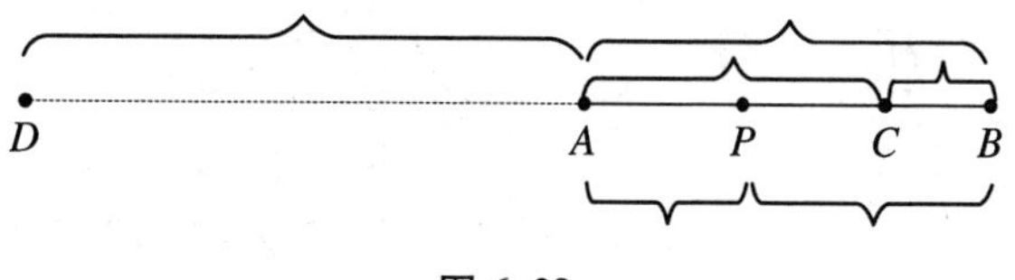

图 6.39

在线段 AB 上取一点 C，使 $\dfrac{AC}{CB}=p$，若 C 为 1 色，则结论成立.

若 C 为 2 色，则在射线 BA 上取一点 D，使 $\dfrac{DA}{AB}=p$.

若 D 为 1 色，则结论成立；若 D 为 2 色，则在 AB 上取一点 P，使 $\dfrac{BP}{PA}=p$.

若 P 为 1 色，则 A，P，B 为所求；若 P 为 2 色，则

$$\frac{DP}{PC}=\frac{DA+AP}{PB+BC}=\frac{pAB+\dfrac{AB}{p+1}}{\dfrac{pAB}{p+1}+\dfrac{AB}{p}}=\frac{p+\dfrac{1}{p+1}}{\dfrac{p}{p+1}+\dfrac{1}{p}}=p.$$

所以，D,P,C 为所求.

8. 找一个充分条件，若所有点同色，结论显然成立.

此外，我们证明必有两个相距为 2 的异色点.

实际上，设 A,B 是两个异色点，若 $AB>2$，则取 AB 的中点 C，由抽屉原理，C 必与 A,B 中的一个异色，如此下去，必可找到两个异色点 P,Q，使 $PQ\leqslant 2$(图 6.40).

以 PQ 为底作等腰△MPQ，使 $MP=MQ=2$，则 M 必与 P,Q 中一个异色，结论成立.

利用上述结论，可取两个相距为 2 的异色点 A,C，再取 AC 的中点B，则 B 与 A,C 中一个同色，与另一个异色.

不妨设 A,B 都是 1 色，C 为 2 色(图 6.41).

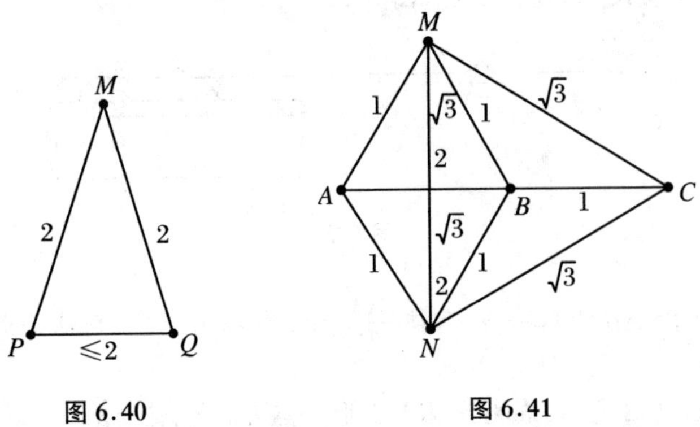

图 6.40　　图 6.41

作正三角形△ABM 及△ABN，若 M,N 中有一个为 1 色，则其与 A,B 构成边长为 1 的 1 色正三角形；若 M,N 都是 2 色，则 M,N,C 是边长为$\sqrt{3}$的 2 色正三角形.

9. 考察第一行(第一组)中的 7 个格，必定有 4 个格同色(第一组中的紧元素)，不妨设前 4 个格为红色.

如果第二行中前 4 个格有两个为红色，则结论成立. 否则，第二行前 4 个格中至少 3 个蓝格(第二组中的紧元素)，不妨设第二行前 3 个格为蓝色.

考察第三行前3个格,必有两个格同色(第三组中的紧元素).

若同色的两格为蓝色,则这两个蓝格与第二行中前3格中的两个蓝格构成一个矩形.

若同色的两格为红色,则这两个红格与第一行中前4格中的两个红格构成一个矩形.

10. n 的最大值为 $2k$.

本题等价于:n 阶完全图 K_n 可适当染色无同色圈,求 n 的最大值.

一方面,当 $n\geqslant 2k+1$ 时,将 G 染 k 色,至少有 $\frac{C_{2k+1}^2}{k}=2k+1=n$ 条边同色,考察 n 个点和这 n 条边构成的子图 G',由于 $\|G'\|\geqslant n=|G'|$,必有同色圈.

另一方面,当 $n=2k$ 时,可适当染色,使之无同色圈.

取正 $2k$ 边形 $A_1A_2\cdots A_{2k}$(图6.42),用1色染折线 $A_1A_2A_{2k}A_3\cdots A_kA_{k+2}A_{k+1}$,将正 $2k$ 边形的各个顶点绕中心旋转 $\frac{(i-1)\pi}{k}$,上述折线旋转后得到的折线染第 $i(2\leqslant i\leqslant k)$ 色,则此染色合乎条件,这只需证明旋转得到的任何两个位置没有重合的边.

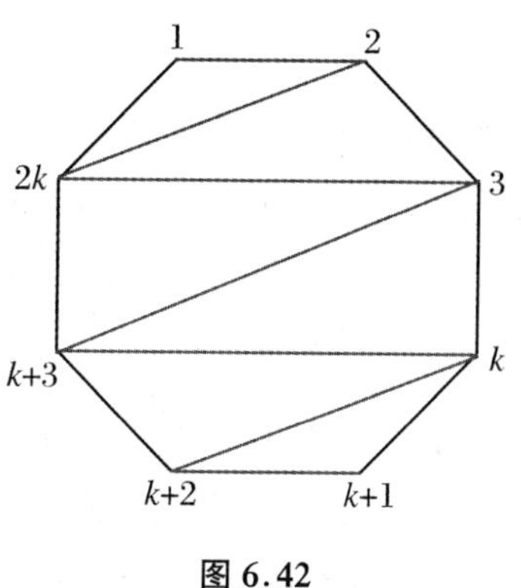

图 6.42

实际上,考察一条 i 色边 a 与一条 j 色边 b,如果 a,b 长度不同,则 a,b 不重合;如果 a,b 长度相同,则因为 i 色边所在的折线旋转角度 $\frac{(j-i)\pi}{k}<\pi$ 到达 j 色边所在的折

线，所以 a,b 方向不同，从而 a,b 也不重合.

另一种构造：对凸 $2k$ 边形 $A_1A_2\cdots A_{2k}$，取它的一条长为 $2k-1$ 的不封闭的折线

$$C_0=(A_1,A_2,A_{2k},A_3,A_{2k-1},\cdots,A_k,A_{k+2},A_{k+1}),$$

此折线的顶点列中奇数号位置上的点的下标除第一项外依次构成公差为 -1 的等差数列，偶数号位置上的点的下标依次构成公差为 -1 的等差数列，且每一条边 A_sA_t 都满足 $s+t\equiv 2$ 或 $3\pmod{2k}$，将此折线的每一条边染 1 色.

将折线 C_0 的所有顶点的下标都增加 $j(j=1,2,\cdots,k-1)$，得到第 j 条折线

$$C_j=(A_{1+j},A_{2+j},A_{2k+j},A_{3+j},A_{2k-1+j},\cdots,A_{k+j},A_{k+2+j},A_{k+1+j}),$$

显然，此折线的每一条边 A_sA_t 都满足 $s+t\equiv 2j+2$ 或 $2j+3\pmod{2k}$，将此折线的每一条边染 j 色.

下面证明任何两条不同的折线没有公共的边.

实际上，对任何 $0\leqslant i<j\leqslant k-1$，考察第 i 条折线中的任意一条边 A_pA_q 和第 j 条折线中的任意一条边 A_sA_t，其中 $p+q\equiv 2i+2$ 或 $2i+3\pmod{2k}$，$s+t\equiv 2j+2$ 或 $2j+3\pmod{2k}$，若 A_pA_q 与 A_sA_t 重合，则 $p+q\equiv s+t\pmod{2k}$，所以 $2i+2$ 或 $2i+3\equiv 2j+2$ 或 $2j+3\pmod{2k}$，所以 $i\equiv j\pmod{2k}$，这与 $0\leqslant i<j\leqslant k-1$ 矛盾.

另解：我们称合乎条件的染色为合格染色. 那么，在任意一种合格染色 P 中，每一种颜色的线段都不多于 $n-1$ 条. 否则，不妨设 P 中有至少 n 条红色线段，我们证明必存在红色圈. 实际上，取定一个恰引出一条红色边的点，去掉此点及其相邻的红色边，再对剩下的点作类似的处理，直至不能再有恰引出一条红色边的点为止. 此时，图中的红色边不可能全部被去掉. 否则，多边形的 n 个顶点全部被去掉. 但这种情形是不可能的，比如 A 是最后被去掉的点，AB 是最后被去掉的红色

边，但点 B 在 A 之前被去掉，从而去掉点 B 时去掉的红色边不是 AB，设为 BC，这样 B 处引出了至少两条红色边，所以，B 不能被去掉，矛盾．所以，图中还剩下一些红色边，但不再有恰引出一条红色边的点，即引出红色边的点至少引出两条红色边．从一个引出红色边的点出发，沿红色边前进，使得每条红色边至多经过一次，直至不能再前进为止，设终止于点 A 处，由于 A 处至少引出两条红色边，这两条红色边都已走过，所以 A 处至少经过了两次，从第一次经过 A 到第二次经过 A 形成一个红色圈，与题意矛盾．所以，每一种颜色的线段都不多于 $n-1$ 条．这样，k 种颜色的边至多有 $k(n-1)$ 条．

因为 K_n 中有 $\frac{1}{2}n(n-1)$ 条边，所以 $k(n-1)\geqslant\frac{1}{2}n(n-1)$，即 $n\leqslant 2k$．

11．用 n 个点表示 n 个住户，若住户 A_i 打通了到住户 A_j 的电话，则连一条 A_i 到 A_j 的有向边，得到一个有向图 G．下面对 n 归纳．

当 $n=1,2,3$ 时，结论显然成立，将每个住户分别作为一个组即可．

设结论对小于 n 的自然数成立，考察 $n(n>3)$ 个点的情形．由题意

$$\| G \| = \sum_{i=1}^{n} | N^{+}(A_i) | \leqslant \sum_{i=1}^{n} 1 = n.$$

于是，由有平均值抽屉原理，必存在一个点，设为 A_1，它的度（包括出度和入度）不大于 2．去掉 A_1 及其关联的边，由归纳假设，剩下的 $n-1$ 个点可以分为不多于 3 组 P,Q,R，使每组中的点不连边．又 A_1 至多与其中的两个组有边相连，将 A_1 归入与 A_1 无边相连的一个组即可．

12．任何正整数 n 都合乎要求．实际上，因为 $2n$ 个数的排列最多有 $(2n)!$ 种，所以由抽屉原理，操作 $(2n)!+1$ 次以后，必有 $i<j$，使

$T^i(A)=T^j(A)$. 又 T 的原像唯一存在,所以

$$T^{i-1}(A)=T^{j-1}(A),\quad T^{i-2}(A)=T^{j-2}(A),\quad \cdots,\quad A=T^{j-i}(A),$$

故操作以 $j-i$ 为周期.

13. 取 $A=\{1,2,3,\cdots,35\}$,则对任意 $a,b\in A$,$a-b,a+b\leqslant 34+35=69$,我们证明 $1\leqslant n\leqslant 69$. 设 $A=\{a_1,a_2,\cdots,a_{35}\}$.

(ⅰ) 当 $1\leqslant n\leqslant 19$ 时,考虑 $1\leqslant a_1<a_2<\cdots<a_{35}\leqslant 50$,$1\leqslant a_1+n<a_2+n<\cdots<a_{35}+n\leqslant 50+19=69$,由抽屉原理,存在 $1\leqslant i,j\leqslant 35$,使 $a_i+n=a_j$,即 $a_i-a_j=n$.

(ⅱ) 当 $51\leqslant n\leqslant 69$ 时,因 $1\leqslant a_1<a_2<\cdots<a_{35}\leqslant 35$,$1\leqslant n-a_{35}<n-a_{34}<\cdots<n-a_1\leqslant 68$,由抽屉原理,至少存在 $1\leqslant i,j\leqslant 35$,使 $n-a_i=a_j$,即 $a_i+a_j=n$.

(ⅲ) 当 $20\leqslant n\leqslant 24$ 时,由于 $50-(2n+1)+1=50-2n\leqslant 50-40=10$,所以 $a_1,a_2,\cdots,a_{35}$ 中至少有 25 个属于 $[1,2n]$. 又由于 $\{1,n+1\}$,$\{n,2n\}$ 至多有 24 个集合,存在 a_i,a_j,使 $\{a_i,a_j\}=\{i,n+i\}$,所以 $a_j-a_i=n$.

(ⅳ) 当 $25\leqslant n\leqslant 34$ 时,因 $\{1,n+1\},\{2,n+2\},\cdots,\{n,2n\}$ 至多有 34 个集合,由抽屉原理,存在 i,j,使 $a_i=i,a_j=n+i$,即 $a_j-a_i=n$.

(ⅴ) 当 $n=35$ 时,$\{1,34\}$,因 $\{2,33\},\cdots,\{17,18\},\{35\},\{36\},\cdots,\{50\}$ 共 33 个集合,所以,存在 $1\leqslant i,j\leqslant 35$,使得 $a_i+a_j=35$.

(ⅵ) 当 $36\leqslant n\leqslant 50$ 时,若 $n=2k+1$,考察 $\{1,2k\},\{2,2k-1\},\cdots,\{k,k+1\},\{2k+1\},\cdots,\{50\}$. 当 $18\leqslant k\leqslant 20$ 时,$50-(2k+1)+1=50-2k\leqslant 50-36=14$;当 $21\leqslant k\leqslant 24$ 时,$50-(2k+1)+1=50-2k\leqslant 50-42=8$,均存在 i,j,使 $a_i+a_j=2k+1=n$.

若 $n=2k$,考察 $\{1,2k-1\},\{2,2k-2\},\cdots,\{k-1,k+1\},\{k\},\{2k\},\{2k+1\},\cdots,\{50\}$. 当 $18\leqslant k\leqslant 19$ 时,$50-(2k+1)+3\leqslant 16$,

$k-1\leqslant 19-1=18$；当 $20\leqslant k\leqslant 23$ 时，$50-(2k+1)+3\leqslant 50-2k+2\leqslant 12$，$k-1\leqslant 23-1=22$；当 $24\leqslant k\leqslant 25$ 时，$50-(2k+1)+3\leqslant 50-2k+2\leqslant 4$，$k-1\leqslant 25-1=24$，所以，均存在 i,j，使 $a_i+a_j=2k$.

14. 设集合 X 中元素个数为 n，子集 $A_1,A_2,\cdots,A_{50}$ 中每一个的元素个数都大于 $\frac{n}{2}$，所有这些子集的元素个数之和大于 $50\cdot\frac{n}{2}=25n$. 由抽屉原理，必有集合 X 的元素，它至少属于 26 个子集，同理可证，对每个 $k<25$，在子集 $A_{i_1},A_{i_2},\cdots,A_{i_k}$ 中至少有 $\left[\frac{k}{2}\right]+1$ 个子集，它们具有公共元素. 在集合 X 中取出一个元素，它至少属于 26 个子集，并作为集合 B 中五个元素之一，去掉包含这个元素的 26 个子集，在余下 24 个子集中取一个元素，它至少属于 13 个子集，去掉这 13 个子集，在余下的 11 个子集中取一个元素，它至少属于 6 个子集，在余下 5 个子集中取一个元素，它属于 3 个子集，剩下两个子集再取一个公共元素即可. 于是，求得集合 X 的至多 5 个元素(在上述过程中所取的元素可能重复)，它们构成集合 B，而子集 $A_1,A_2,\cdots,A_{50}$ 中每一个都至少含有它的一个元素.

15. 首先，考虑 M 的 $n+2$ 元子集 $P=\{n-1,n,n+1,\cdots,2n\}$.

因为 P 中任何 4 个不同元素之和不小于 $(n-1)+n+n+1+n+2=4n+2$，所以 $k\geqslant n+3$.

其次，将 M 的元素配为 n 对，$B_i=(i,2n+1-i)(1\leqslant i\leqslant n)$.

由抽屉原理，对 M 的任意一个 $n+3$ 元子集 A，必有三对 B_{i_1}，B_{i_2}，B_{i_3} 同属于 A(i_1,i_2,i_3 两两不同).

又将 M 的元素配为 $n-1$ 对，$C_i=(i,2n-i)(1\leqslant i\leqslant n-1)$. 由抽屉原理，对 M 的任意一个 $n+3$ 元子集 A，必有一对 C_{i_4} 同属于 A.

因为 C_{i_4} 中只有两个元素，于是，由抽屉原理，前面三对 B_{i_1}，B_{i_2}，B_{i_3} 中至少有一对与 C_{i_4} 无公共元，该对与 C_{i_4} 的 4 个元素互不相同，

且和为 $2n+1+2n=4n+1$.

因此,$k=n+3$ 合乎要求.

综上所述,$k_{\min}=n+3$.

16. 以 $1,2,\cdots,n$ 为顶点,当且仅当 $(i,j)\in S$ 时,i,j 之间连边,得到 n 个顶点的简单图 G,$\|G\|=m$.

于是,问题等价于证明 G 中有 $\dfrac{m(4m-n^2)}{3n}$ 个三角形.

令顶点 i 的度为 d_i,则 $\sum\limits_{i=1}^{n} d_i = 2m$.

对 G 中的任何一条边 (i,j),它的两个端点共向其余的 $n-2$ 个点引出了 d_i+d_j-2 条边(点 i 向 j 以外的点引了 d_i-1 条边,点 j 向 i 以外的点引了 d_j-1 条边),于是,点 i,j 共与 d_i+d_j-2 个点连边,但 i,j 以外只有 $n-2$ 个点,于是,有 $d_i+d_j-2-(n-2)=d_i+d_j-n$ 个点同时与 i,j 相连,得到 d_i+d_j-n 个三角形.所以,G 中三角形的个数不少于 $\sum\limits_{(i,j)\in S}(d_i+d_j-n)$,但每个三角形有 3 条边,被重复计数 3 次,所以,G 中三角形的个数为

$$
\begin{aligned}
k &\geqslant \frac{1}{3}\sum_{(i,j)\in S}(d_i+d_j-n)=\frac{1}{3}\sum_{(i,j)\in S}(d_i+d_j)-\frac{1}{3}\sum_{(i,j)\in S}n \\
&=\frac{1}{3}\sum_{(i,j)\in S}(d_i+d_j)-\frac{1}{3}mn.
\end{aligned}
$$

考察 $S=\sum\limits_{(i,j)\in S}(d_i+d_j)$ 中 d_i 出现的次数,点 i 每连一条边 (i,j),则 d_i 在 S 中出现一次,注意到 i 连了 d_i 条边,从而 d_i 在 S 中共出现 d_i 次,于是

$$
S=\sum_{(i,j)\in S}(d_i+d_j)=\sum_{i=1}^{n} d_i \sum_{j,j\text{与}i\text{连}} 1=\sum_{i=1}^{n} d_i^2.
$$

所以

$$
k\geqslant \frac{1}{3}\sum_{(i,j)\in S}(d_i+d_j)-\frac{1}{3}mn=\frac{1}{3}\sum_{i=1}^{n} d_i^2-\frac{1}{3}mn
$$

$$\geqslant \frac{\left(\sum_{i=1}^{n} d_i\right)^2}{3n} - \frac{1}{3}mn = \frac{m(4m - n^2)}{3n}.$$

本题是极值图论中著名的曼特尔(Mantel)定理,上述证明是被称为组合奇才的匈牙利罗兰大学数学家卢瓦兹(L. Lovasz)在 1972 年给出的,正是由于他找到了该定理的简单证明,才使此结论作为竞赛试题成为可能.